中国机械工业教育协会"十四五"普通高等教育规划教材
普通高等教育人工智能与大数据系列教材

推荐系统

第2版

刘宏志　吴中海　编著

机械工业出版社

本书除了介绍推荐系统的一般框架、典型应用和评测方法外，还图文并茂地介绍了各种典型推荐系统与算法的思想、原理、设计、实现和应用场景。除了介绍基于协同过滤的推荐、基于内容的推荐、基于知识的推荐等经典推荐系统与算法外，还介绍了基于排序学习的推荐、基于异质信息网络的推荐、基于图神经网络的推荐等新型推荐系统与算法。此外，为便于读者快速入门并开展相关工程实践，本书还提供了配套的讲解视频和实验内容。

本书可作为计算机科学与技术、软件工程、数据科学与大数据技术、人工智能等专业高年级本科生和研究生的推荐系统、数据挖掘、人工智能等相关课程的教材或参考书，也可作为从事推荐系统、搜索引擎、数据挖掘等研发工作相关人员的参考书。

本书配有电子课件、源代码等教学资源，欢迎选用本书作教材的老师登录 www.cmpedu.com 注册后获取。

图书在版编目（CIP）数据

推荐系统/刘宏志，吴中海编著．—2 版．—北京：机械工业出版社，2024.5

中国机械工业教育协会“十四五”普通高等教育规划教材　普通高等教育人工智能与大数据系列教材

ISBN 978-7-111-75703-0

Ⅰ.①推…　Ⅱ.①刘…②吴…　Ⅲ.①计算机算法—高等学校—教材　Ⅳ.①TP301.6

中国国家版本馆 CIP 数据核字（2024）第 086132 号

机械工业出版社（北京市百万庄大街 22 号　邮政编码 100037）
策划编辑：路乙达　　　　责任编辑：路乙达
责任校对：贾海霞　张亚楠　　封面设计：张　静
责任印制：任维东
北京中兴印刷有限公司印刷
2024 年 7 月第 2 版第 1 次印刷
184mm×260mm · 15.75 印张 · 385 千字
标准书号：ISBN 978-7-111-75703-0
定价：55.00 元

电话服务　　　　　　　网络服务
客服电话：010-88361066　机　工　官　网：www.cmpbook.com
　　　　　010-88379833　机　工　官　博：weibo.com/cmp1952
　　　　　010-68326294　金　　书　　网：www.golden-book.com
封底无防伪标均为盗版　机工教育服务网：www.cmpedu.com

第 2 版前言

由于具有广泛的应用价值同时又面临诸多挑战，推荐系统一直备受各界关注。自本书第 1 版出版以来，收到了很多读者和授课老师的积极反馈和宝贵建议。在此基础上，结合我们多年的教学与科研积累，从主体内容、内容组织与表现形式、配套资源等多方面对本书进行了修订和升级。

在主体内容方面，通过对各种推荐系统的思想、原理和实现进行系统性抽象与总结，提炼出了推荐系统的统一框架，包括用户建模（画像）、项目建模（画像）、推荐算法等主要模块。在第 1 版重点介绍各种推荐算法的基础上，进一步给出了各种典型推荐系统中用户画像和项目画像的思路与方法，并相应地给出各种实用推荐系统的设计与实现。此外，还增加了一些近年提出并被学界认可或业界应用验证的推荐算法与框架，例如融合深度神经网络与因子分解机的推荐算法、基于注意力机制的推荐算法、基于图神经网络的推荐框架等。

在内容组织与表现形式方面，采用问题引导与示例展示相结合的方式，增加大量可视化图表，通过原理示意图、系统框图、业务流程图等可视化方式直观展示各种推荐算法与系统的思想、设计、实现和应用；引导读者层层递进地深入思考问题，不断优化解决方案，以培养其精益求精的工匠精神。

在配套资源方面，录制了配套的讲解视频，并在中国大学 MOOC、学堂在线等平台上开设了免费在线课程，便于读者线上线下联合学习，进一步提升学习效率。此外，为配合国务院、教育部等部门发布的关于新工科建设的多项规划，开发并开源了书中各种算法、系统和实验配套的源代码，便于读者开展相关的课程实验和工程实践活动，以帮助读者快速入门并不断提高实践动手能力。

本书在编写和相关配套资源的建设过程中，得到了多方支持并获得了一些荣誉，包括获得教育部产学合作协同育人项目资助，荣获北京大学教学成果奖，入选首批工程类专业在线示范课程，入选中国机械工业教育协会“十四五”普通高等教育规划教材等。

在本书的编写过程中，操懿、杜鹰鹏、王新阳等几位北京大学研究生帮助完成了部分资料的整理工作，在此对他们表示感谢。此外，还要感谢使用本书作为教材或参考书的各位老师以及他们所提出的宝贵意见与建议。

由于学识水平有限，书中难免有一些不足之处，敬请广大读者批评指正。

编　者

第 1 版前言

信息技术的飞速发展和互联网的全面普及，加快了数据产生和信息传播的速度。这为人们的生活和工作提供了便捷，同时也带来了困扰——信息超载。为解决这一问题，搜索引擎和推荐系统两种信息过滤系统应运而生。不同于搜索引擎需要“用户主动寻找信息”且反馈结果“千人一面”，推荐系统的目标是“系统主动推送信息”且推荐结果“千人千面”。这样不仅能够把用户从费时费力的信息搜索过程中解放出来，而且还能够帮助用户发现其未知的新兴趣点。

一个好的推荐系统能够让多方受益。从用户的角度，推荐系统能够帮其解决信息超载的问题，进而提高用户的决策效率，同时也能提升用户的幸福感；从平台的角度，推荐系统能够帮助其提高用户的满意度和忠诚度，同时还能给平台带来丰厚的收益，进而帮助其发展壮大；从供应商的角度，推荐系统能够帮助其进行商品推销，特别是能够帮助那些生产和供应非主流商品的供应商得以生存并持续发展；从行业的角度，推荐系统能够帮助其避免头部商品或商家形成完全垄断，进而促进整个行业更加健康和多元化发展。因此，推荐系统已经成功应用于各行各业，并已成为互联网（特别是移动互联网）应用和服务的一种标配。

做好推荐的关键在于两点：个性化和情境化。个性化推荐的目标是实现“千人千面”，其假设不同的用户有不同的偏好和需求，因此应该为不同的用户推荐不同的商品或信息。本书的前半部分主要介绍各种个性化的推荐方法，包括协同过滤、基于内容的推荐、基于知识的推荐和混合推荐。

情境化推荐的目标则是实现“千人万面”，其假设同一用户在不同的情境下（如在不同的场合和不同的人在一起）会有不同的偏好和需求，即“一人多面”。考虑情境信息，一个好的推荐系统应该是在恰当的时间、恰当的地点、恰当的场合，通过恰当的媒介，给用户推荐能满足其偏好、需求和意图的信息。情境化推荐的关键在于对情境的感知和利用。本书后半部分主要介绍各种基于情境感知的推荐算法，既包括适用于不同情境信息的通用算法，如情境预过滤、情境后过滤和情境建模，也包括针对特定情境信息的算法，如基于时空信息的推荐和基于社交关系的推荐。

本书可作为计算机科学与技术、软件工程、数据科学与大数据技术、人工智能等专业的高年级本科生和研究生的相关课程教材，也可作为从事推荐系统、搜索引擎、数据挖掘等研发工作相关人员的参考书。

在本书的编写过程中，李韬治、杜航旗、周昭育、王缤、王澳博等几位研究生以及北京大学选修《推荐技术与应用》课程的部分同学帮助完成了部分资料的整理工作，在此对他们的辛勤劳动表示感谢。

由于学识水平有限，书中难免有一些不足之处，敬请广大读者批评指正。

刘宏志

2019 年 11 月于北京大学

目　录

第1章 概 述

随着信息技术和互联网技术的飞速发展，数据呈爆发式增长。这为人们的生活和工作提供了便捷，同时也带来了困扰——信息超载。如何快速、高效地从海量数据中找到用户需要或是感兴趣的信息，便成了亟待解决的问题。推荐系统应运而生、快速发展，已在诸多领域得到了成功应用，如电商、音乐、视频、广告、求职等。

1.1 推荐系统简介

推荐系统是解决信息超载问题的一种重要工具，通过利用各种可用信息来挖掘和学习用户的兴趣或偏好，进而为用户推荐其感兴趣的内容。与搜索引擎相比，推荐系统能够提供更加个性化的服务。它能够主动向用户推送其感兴趣的商品、音乐、资讯等（统称为项目，Item），将信息过滤过程由“用户主动寻找”转变为“系统主动推送”（用户被动接受）。这样不仅能把用户从费时费力的检索过程中解放出来，而且能帮助用户发现新的兴趣点。

推荐系统的兴起主要受两方面因素的推动：信息超载和长尾效应。

1.1.1 信息超载

19世纪之前信息匮乏，人们渴望能够更快地获得更多的信息，以便更好地做出各种决策。随着电子信息技术的兴起和发展，特别是互联网的出现，实现了信息资源的高度共享，信息和知识的传播与获取变得越来越容易。互联网的兴起和繁荣为人们的生活和工作提供了便捷，同时也带来了新的问题和挑战。网络中的信息呈现爆炸式增长，使得人们每天接收到的信息量已远远超出了个人的处理能力，人们难以从海量信息中找到对自己真正有用的那部分信息，这就是所谓的信息超载问题。

当信息匮乏时，人们期望能够获得更多信息；当信息过多时，又会导致人们无从选择，人们的幸福感不增反降。这是一个典型的选择悖论问题。

据统计，2006年人们每天的阅读数据量为10MB，聆听数据量为400MB；到2015年，人们每天的消费数据量增长到74GB。随着大数据时代的到来，根据数据摩尔定律，全球的数据量每两年翻一番，这将进一步加剧信息超载问题。

为解决信息超载问题，需要有新的技术帮助人们对信息进行过滤，搜索引擎便应运而生。搜索引擎是一种强大的信息检索工具，在对信息进行组织和处理后，主要为用户提供信息检索服务。其根据用户输入的检索条件（如关键词列表）对信息进行过滤，并将合适的结果反馈给用户。搜索引擎在一定程度上缓解了信息超载的问题，谷歌、百度等公司在商业上的成功也证明了这项技术的巨大价值。

从本质上来看，搜索引擎是一种帮助用户“主动寻找信息”的工具，如图 1-1 所示。用户在使用搜索引擎时，需要手动输入检索条件，然后自己判断检索结果中哪些是对自己有用的，哪些是无用的，这是一个费时费力的过程。同时，搜索引擎假设用户在进行搜索之前已经知道自己需要什么，但现实中人们由于认知有限，对自己真正需要的信息可能也并不太了解，如图 1-2 所示。此外，搜索引擎的核心思想是根据用户的检索输入到信息库中进行匹配，缺乏个性化。不同的用户输入同一检索条件，可能是出于完全不同的目的。例如，果农输入“苹果价格”可能是为了解水果市场的价格趋势，电子爱好者输入“苹果价格”可能是为了解新款苹果手机的报价。但搜索引擎都会返回相同的结果，即“千人一面”。

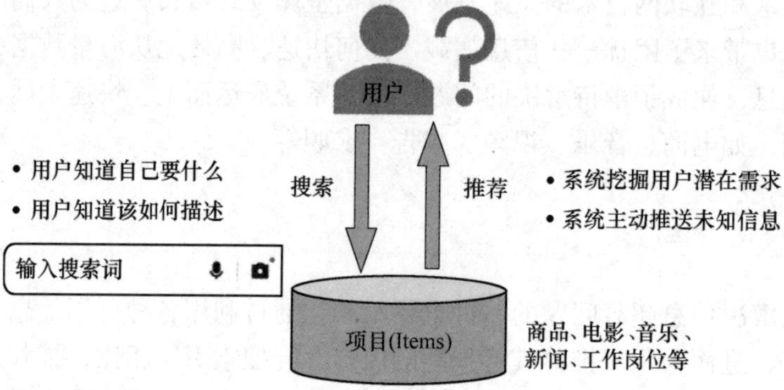

图 1-1　搜索引擎与推荐系统工作机制对比示意图

推荐系统是解决信息超载问题的另一种方法。与搜索引擎相比，它能够主动为用户在海量信息中寻找有价值的信息，根据对用户的画像，预测用户可能感兴趣的信息或商品，并主动将其推送给用户（见图 1-1）。针对不同的用户，推荐系统会根据其偏好或需求为其推荐不同的信息或商品，因此可以做到“千人千面”。

从信息超载的角度，推荐系统被定义为一种主动的信息过滤系统，通过挖掘用户的潜在需求，并主动地将相关信息展示或推送给用户。

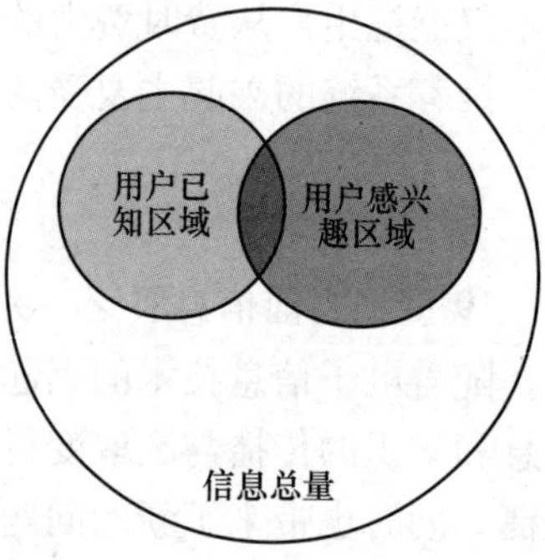

图 1-2　用户已知信息和感兴趣信息关系示意图

1.1.2　长尾效应

推动推荐系统发展的另一个主要因素是供需双方的搜索成本较高，这是信息不对称的一种表现。一方面，商品和服务的提供商（供给方）很难找到或是找不到合适的客户或买家；另一方面，用户或买家（需求方）很难找到或是找不到自己真正需要的商品或服务。图 1-3 是长尾效应示意图，其展示了一条典型的需求线，横坐标表示商品种类（按流行度进行了排序），纵坐标代表相应的需求量。从图中可以看到，需求量大的商品（也称为流行商品）

集中在头部，它们数量不多，但是单个商品的需求量都很大；尾部表示需求量小的非主流商品，它们单个的需求量小，但是数量（种类）多，在需求曲线上形成了一个长长的“尾巴”。

传统的线下实体店销售模式，由于受到店铺物理空间和成本的限制，无法销售所有的商品，而只能选择销售一些流行的、需求量大的商品，进而忽略那些需求量小的非主流商品。随着电商的兴起和科学技术的发展，商品的销售不再受实体店销售空间的限制，商品的生产、储存、流通和销售成本也急剧降低，人们开始关注那些被实体店忽略的非主流商品。这些零散的、非主流的商品累加起来所占据的共同市场份额，可以和主流商品的市场份额相匹敌甚至更大，这就是所谓的长尾效应，如图 1-3 所示。由于长尾效应所蕴含的巨大潜在效益，各个行业都开始关注和发掘这一市场，并且有大量公司或平台因此而获利，如亚马逊（Amazon）、网飞（Netflix）、淘宝等。

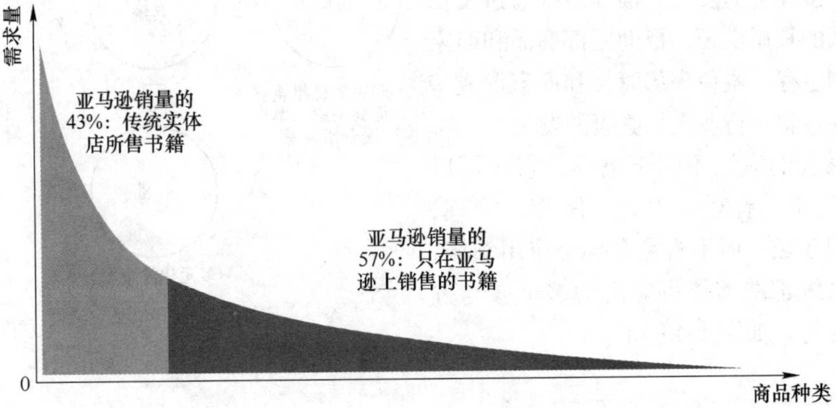

图 1-3　长尾效应示意图

长尾效应的关键就在于“个性化”和“客户力量”。“长尾”代表着大量的、非主流的商品，这也意味着对应有大量的、不同需求的客户。为了让每位客户都能够看到其所喜好的或需要的小众、非主流商品，需要有一个“个性化”的推荐系统。这里隐含假设头部区域的商品通常是热门、主流的商品（图 1-3 中的左边区域），是用户已知的区域；而尾部区域的商品通常是小众、非主流的商品（图 1-3 中的右边区域），是用户未知但可能感兴趣的区域。

从长尾效应的角度，推荐系统被定义为一种个性化的双边匹配系统，其目的是帮助商品和服务的提供商（供给方）找到合适的客户或买家，帮助用户或买家（需求方）找到自己真正需要的商品或服务，进而将恰当的商品（信息）推送给恰当的人。

1.1.3　推荐系统的价值

本质上，推荐系统既是一种信息过滤系统，也是一种双边匹配系统。一方面，帮助用户发现对自己有价值的信息；另一方面，让信息能够展现在对它感兴趣的用户面前，从而实现信息消费者和信息生产者的双赢。

从用户的角度，推荐系统能够帮其解决信息超载的问题。从海量的信息中筛选出用户感兴趣的或是需要的信息，并主动推送给用户，进而提高用户的决策效率，同时也能提升用户的幸福感。

从平台的角度，推荐系统能够帮助其提高用户的满意度和忠诚度。同时，推荐系统还能给平台带来丰厚的收益，进而帮助其发展壮大。根据相关报道，亚马逊（Amazon）35%的销售额来自于推荐系统，网飞（Netflix）75%的观看时长来自推荐系统，谷歌新闻（Google News）38%的新闻点击量来自推荐系统。

从供应商的角度，推荐系统能够帮助其进行商品推销。特别是对于那些生产和供应非主流商品的供应商，推荐系统能够帮助其把商品推销出去，使其得以生存，并且持续发展。

从行业发展的角度，推荐系统能够帮助其更加健康、多元化的发展。推荐系统通过发掘多样、零散的长尾市场，帮助尾部商品和商家得以推广和生存，避免头部商品和商家形成垄断，进而促进整个行业更加健康的发展。

推荐系统的应用不限于电商，它还可以用于新闻资讯、音乐、教育、医疗、管理、金融等不同领域。但不管是在哪个应用领域，好的推荐系统都能够使得应用的多个参与方或相关方受益，如图 1-4 所示。

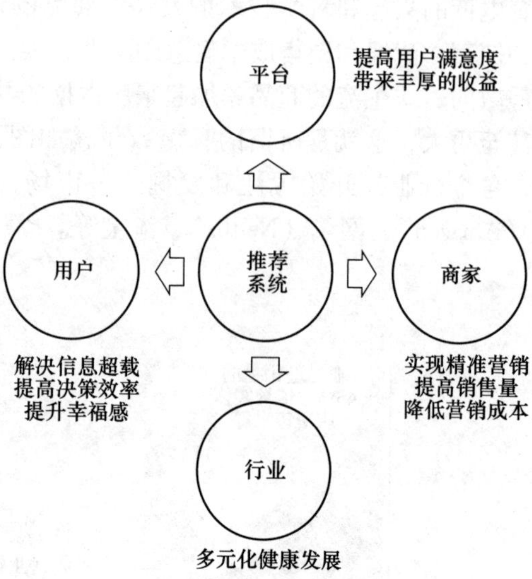

图 1-4 推荐系统的价值示意图

1.2 推荐系统的发展历史

数学家庞加莱曾说过："如果我们想要预见一门学科（例如数学）的将来，最适当的途径是研究这门学科的历史和现状。"

施乐（Xerox）公司的 Tapestry 系统是公开的最早应用协同过滤推荐（Collaborative Filtering）的信息系统，主要用于解决该公司 Palo Alto 研究中心的信息超载问题。在 20 世纪 90 年代初，该研究中心的员工每天会收到大量的电子邮件，导致其难以或无法从中筛选出有用的信息，即出现了信息超载问题。为解决这一问题，施乐公司在 1992 年开发了一套基于协同过滤的内部新闻组文档推荐系统，称为 Tapestry。

推荐系统成为一个相对独立的研究方向一般被认为始自 1994 年麻省理工学院（MIT）和明尼苏达大学（UMN）共同推出的 GroupLens 系统。该系统有两大重要贡献：一是将协同过滤应用于跨网络的新闻推荐系统；二是为推荐问题建立了一个形式化的模型。

1995 年 3 月，卡内基梅隆大学（CMU）的 Robert Armstrong 等人在美国人工智能协会（AAAI）上提出了个性化导航系统 Web Watcher。斯坦福大学（Stanford）的 Marko Balabanovic 等人在同一会议上推出了个性化推荐系统 LIRA。1995 年 8 月，MIT 的 Henry Lieberman 在国际人工智能联合大会（IJCAI）上提出了个性化导航智能体 Letizia。

1996 年，雅虎（Yahoo）推出了个性化入口 My Yahoo。1997 年，AT&T 实验室提出了基于协同过滤的个性化推荐系统 PHOAKS 和 Referral Web。1998 年，亚马逊公司（Amazon）

推出基于项目的协同过滤算法，实现大规模、个性化的线上商品推荐。

2000 年，日电（NEC）研究院的 Kurt 等人为搜索引擎 CiteSeer 增加了个性化推荐功能。2001 年，纽约大学（NYU）的 Gediminas Adoavicius 和 Alexander Tuzhilin 实现了个性化电子商务网站的用户建模系统 1：1Pro。同年，IBM 公司在其电子商务平台 Websphere 中增加了个性化功能，以便商家开发个性化的电子商务网站。

2003 年，谷歌（Google）开创了 AdWords 盈利模式，通过用户搜索的关键词来提供相关的广告。AdWords 提高了广告的点击率，是谷歌广告收入的主要来源。2007 年 3 月开始，谷歌为 AdWords 添加了个性化元素，不仅关注单次搜索的关键词，而且还会对用户一段时间内的搜索历史进行记录和分析，据此了解用户的喜好和需求，更为精确地呈现相关的广告内容。

2006 年 10 月，网飞（美国著名的流媒体和视频网站）宣布启动一项百万美金大奖赛，要求在其现有的推荐系统 Cinematch 的基础上，将电影推荐的准确率提高 10%，来自全球 186 个国家 4 万多支队伍参与了该项比赛。直到 2009 年 9 月 21 日，经过 3 年的努力，一支名为 BellKor’s Pragmatic Chaos（BPC）的团队首次达到了预期目标，并收获了一百万美元的奖金。这次比赛，吸引了来自学界和业界各方的参与，极大地促进了推荐系统研究和应用的发展。

2010 年以后，推荐系统进入快速发展期，除了在电商和广告领域，其在音乐、视频、求职等诸多领域也都得到了成功应用，并慢慢成为各种互联网应用的一种标配。

1.3　典型应用场景

1.3.1　电商

电商是推荐系统应用最早也是最成功的应用场景之一。早在 1999 年，鉴于亚马逊公司个性化推荐系统的影响，其 CEO 杰夫 · 贝佐斯（Jeff Bezos）被评为《时代》周刊的年度封面人物。杰夫 · 贝佐斯提出“如果我在网上有 300 万个客户，我就应该建立 300 万个线上商店”。亚马逊书籍推荐示例如图 1-5 所示。在 2013 年，淘宝推出“千人千面”推荐算法，为每位用户提供个性化的推荐服务，如图 1-6 所示。

图 1-5　亚马逊书籍推荐示例

图 1-6　淘宝“千人千面”推荐算法结果示例

推荐是电商平台的重要流量入口。在电商平台中，推荐无处不在：“你可能还喜欢”“猜你喜欢”“经常一起购买”等。在电商平台中进行商品推荐，可以提高整个平台商品推销的有效转化率，进而增加商品销量。在电商的场景下，用户有各种各样的行为，如搜索、浏览、咨询、加购物车、支付、收藏、评价、分享等，通过分析这些行为记录，能够更精准地理解用户的需求和偏好。通过用户行为分析能够辅助用户画像（打标签），并帮助用户快速找到其需要的商品。

1.3.2　新闻

据统计，2017 年我国网络新闻用户就已达到 6.2 亿，而且随着网络信息技术的普及和发展，其规模还将保持进一步的增长。与此同时，随着 Web2.0 技术和社交媒体的发展，网络新闻呈现出几何级数的增长。这些新闻资讯满足了人们对信息的需求，但同时大量的新闻也给人们带来了信息超载的困扰。为了方便人们获取对自己有用的新闻资讯，缓解信息超载所带来的困扰，各大新闻资讯平台都推出了个性化推荐服务。例如，今日头条以新闻聚合阅读起家，利用个性化推荐技术，打造出了一款千人千面的资讯类 App。正是由于其对用户资讯需求和阅读喜好的准确把握，其在短短几年时间内迅速占领了市场。

不同于电商平台中的一般商品具有较长的生命周期，新闻平台中的新闻资讯生命周期较短，因此对推荐的实时性要求较高，并且在推荐的过程中需要考虑时间衰减效应。此外，新闻资讯类项目通常缺少结构化属性信息可供利用，而且对于不断产生的新的新闻资讯，还缺乏用户的反馈行为信息，这些都给新闻资讯的个性化推荐带来了挑战。对于新的新闻资讯缺少外部可用信息的情况，通常只能采用基于自然语言处理和文本挖掘的方法对资讯内容进行分析，进而对其进行画像。在不断获取得到用户的反馈行为数据以后，如点击、阅读时间、点赞、评论、转发等，可以利用这些用户的画像来修正对项目（新闻资讯）的画像，以进一步提高推荐的准确率。

1.3.3　音乐

音乐是一个典型的长尾项目丰富且用户个性化需求强烈的领域。随着科技的发展，音乐制作的门槛越来越低，每天都会有许多新歌诞生，而个性化推荐很好地解决了冷门歌曲无人问津的问题。小众音乐人的作品也有机会被推荐给适合的听众以提高其自身知名度。作为平台方也能盘活曲库资源，使得长尾音乐作品得以曝光以获取更多的收入。

在音乐类 App 已经步入红海市场的时候，网易云音乐却脱颖而出，2019 年用户量已经突破 8 亿，这其中的一个重要因素就在于其个性化推荐技术。针对不同用户的不同需求，网易云音乐通过私人 FM、每日歌曲推荐、推荐歌单等方式为用户提供个性化的服务，如图 1-7 所示。

图 1-7　网易云音乐中的推荐系统

虽然音乐的生命周期较长，但对于不断产生的新的音乐，由于缺乏用户行为信息，因此只能依靠音乐的属性和内容信息进行项目画像。对于结构化的属性信息，处理方法和其他类型的项目相同。但针对音乐内容，则需要采用音频处理和语音分析技术进行信息抽取和项目画像。

1.4　推荐系统框架

虽然应用场景不同，但是抽象后的推荐系统形式化定义和设计是相同或相似的。推荐系统的目标是高效连接用户和项目，发现并推荐长尾项目，以获取长尾流量，为用户（项目消费者）和项目生产者（或提供者）提供高质量的服务，从而实现平台目标（活跃度、商业获利等）。

一个典型的推荐系统框架如图 1-8 所示，主要包括数据获取、用户建模、项目建模和推荐算法等模块。数据获取模块主要负责收集用户和项目相关的数据，包括用户的行为、偏好、人口统计学资料等和项目的描述（属性）、内容等。除此之外，一些推荐算法（如基于内容和知识的推荐）还需获取一些额外的数据，如领域知识库等。用户建模模块主要负责对用户进行画像。项目建模模块主要负责对项目进行画像。推荐算法模型主要负责根据用户画像和项目画像来计算两者的相关度，并针对每个用户给出推荐结果。

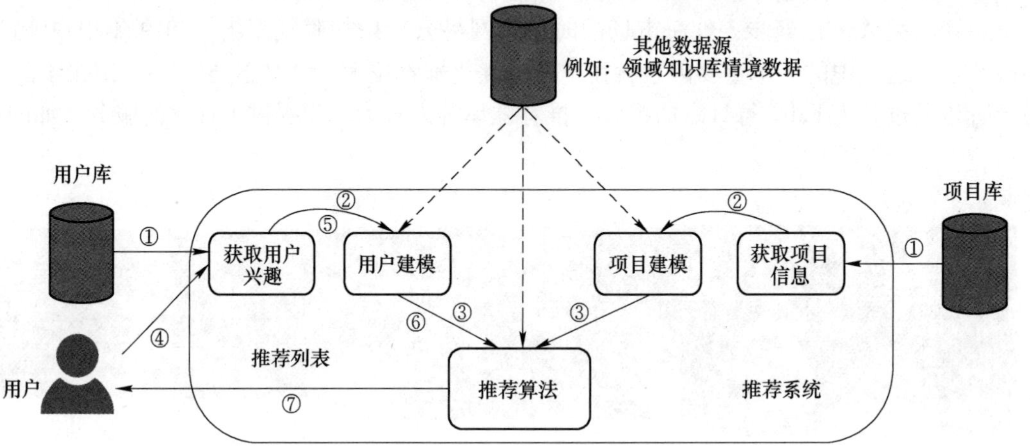

图 1-8　推荐系统框架

推荐系统的目标是给每位用户推荐满足其偏好的项目。由于不同用户的偏好通常不同，所以需要为用户推荐不同的项目列表，如图 1-9 所示。为实现这一目标，推荐系统的关键在于构造或学习用户的效用或偏好函数 f，可表示为

$$f: U \times I \rightarrow R$$

式中，U 表示用户模型（用户画像），包括用户行为、偏好、人口统计学资料等；I 表示项目模型（项目画像），包括项目描述（属性）、内容等；R 表示用户效用值或用户和项目的相关度。

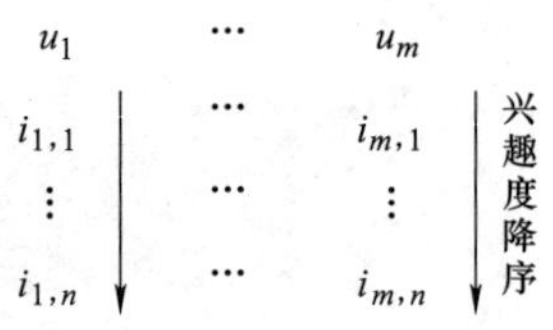

图 1-9　个性化推荐列表示意图

针对每一个目标用户 $u \in U$，推荐系统首先根据函数 f 计算候选项目 $i \in I$ 的相关度 r_{ui}，然后根据相关度值对项目进行排序，最后根据排序结果对用户进行推荐。

实现“千人千面”的个性化推荐，关键在于对用户和项目（商品或信息）进行建模（画像）。在此基础上，才能有效地将两者联系起来，进而实现根据用户的兴趣和爱好向用户推荐其可能感兴趣的信息。

个性化推荐可以模拟商店销售人员向顾客提供商品信息和建议，为顾客提供个性化的决策支持和信息服务。它的目标是既能满足用户意识到的显式需求，又能满足用户没有意识到的隐式需求，让用户拥有超越个体的视野，避免只见树木不见森林。

1.4.1　用户画像

构建推荐系统的核心任务之一在于对用户的特点和兴趣进行建模，也就是人们常说的用户画像。简单来说，用户画像是指从用户相关的各种数据中挖掘和抽取出用户在不同属性上的标签，如年龄、性别、职业、收入等，如图1-10所示。完备且准确的标签体系及赋值能够揭示用户的本质特征，帮助系统进行精准的个性化推荐。

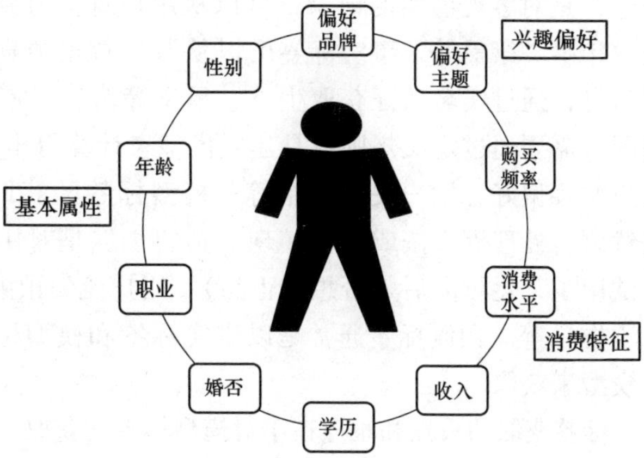

图1-10　用户画像示意图

用户画像的目标是将物理世界的真实人（用户）转化为系统中的数字人，以便系统中其他模块（如推荐算法模型）进行使用。用户画像的过程主要包括两个步骤：标签体系的建立和标签的获取（赋值）。

目前主流的标签体系都是层次化的，可以用树状图表示。首先将标签分为几个大类，然后针对每个大类进行逐层细分。在不同领域或行业，由于业务目标的不同，导致用户画像的标签体系和对应的层级划分也会有较大差异。以电商为例，该领域用户画像标签体系树状示意图如图1-11所示。对于底层（叶子节点）标签一般有两个基本要求：一是每个标签只表示一种含义，避免标签之间的重复和冲突；二是标签最好有一定的语义，方便相关人员理解标签含义。此外，标签的粒度应该适中，粒度太粗会导致区分度不够，粒度过细又会导致标签体系过于复杂而不具有通用性。

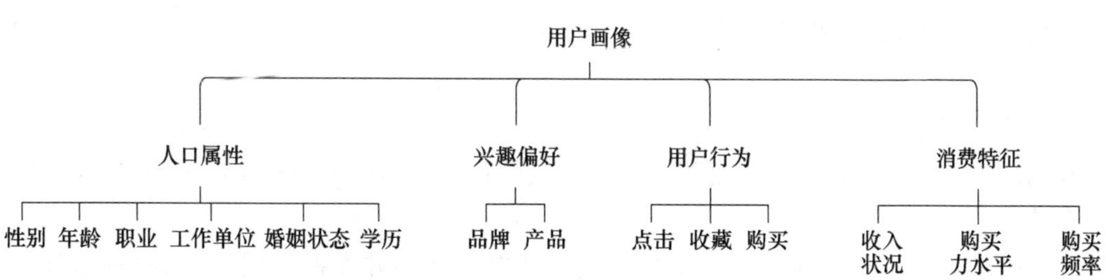

图1-11　电商领域用户画像标签体系树状示意图

除了和用户直接相关的数据，还应挖掘和利用与用户间接相关的数据，如与用户相关的实体的数据：用户居住地相关数据（城市类别：一线、二线、三线等，小区的房价、所在商圈等）、用户工作相关数据（工作单位性质：事业单位、民企、外企等，公司规模、发展阶段、所在行业等）等。

在进行标签获取（赋值）时，只需要对最下层的标签进行赋值，就能够通过逐层映射得到上面各层级的标签。按照处理过程和标签获取的方式，可以将标签分为不同类型：事实标签、模型（推理）标签和预测标签。事实标签表示既定事实，是用户信息的准确描述，是对客观事实的记录，可以从用户身上得到确定的验证，如用户的人口属性：性别、年龄、籍贯等。事实标签可以从原始数据中直接获取得到，如通过用户注册获取性别信息，通过实名认证获取生日、星座等信息。模型标签是对用户潜在（隐藏）特性的刻画，需要通过定义规则或是建立模型来计算得出标签实例，如用户兴趣、用户满意度、用户购买偏好、用户关联关系等。模型标签的获取大多需要通过机器学习、数据挖掘、自然语言处理等方法或模型实现。预测标签是对用户未来行为的预测，如获客预测（用户试用了某化妆品后是否想买正品）、用户流失预测（用户在未来一段时间内有多大概率会流失）等。预测标签通常是以事实标签和模型标签为基础，利用业务规则或是机器学习模型来获取。

标签获取的重点和难点在于对模型标签的获取。事实标签的准确度可以通过问卷、访谈或第三方数据来进行验证，预测标签的准确度可以通过业务数据进行验证，但模型标签的准确度一般很难验证。然而，模型标签的好坏又将直接影响预测标签的好坏。手工构建和获取模型标签需要较强的专业水平和业务敏感度。除了可以通过手工定义模型标签集合，并构建相应的模型进行逐个获取之外，还可以通过一些方法自动地学习模型标签集合，如常用的隐语义模型、嵌入（表征）学习等。

用户画像是一个动态的、不断更新的过程，如图 1-12 所示。当完成初始的用户建模后，所得到的用户模型会被系统用于产生推荐结果。针对用户对推荐结果的反馈，包括点击、跳过、浏览、购买、评论等，用户建模模块会进一步更新用户，产生新的用户模型，以用于下一轮的推荐。如此反复，用户建模模型和推荐与交互模型相互依赖，不断进行迭代更新与优化，以实现更好的推荐效果。

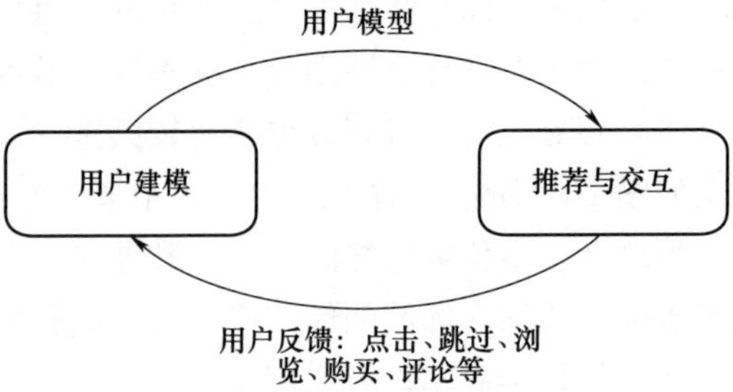

图 1-12　动态用户画像与更新过程

1.4.2　项目画像

和用户画像类似，项目画像是指从项目相关的各种数据中挖掘和抽取出项目在不同属性上的标签。

用户画像的目标是将真实人（用户）转化为数字人，并发掘出用户的偏好和需求；而项目画像的目标则在于将物理世界中的真实项目（如商品、服务等）转化为系统中的数字项目，并对项目进行精准的定位，以便让不同的项目迅速匹配到合适的用户。

项目画像的过程和用户画像相同，主要包括两步：标签体系的建立和标签的获取（赋值）。针对不同类型的项目，需要结合相应的领域和专业知识，构建相应的标签体系。除了项目自身内容和属性相关的标签，通常还需要构建和用户（行为）相关的一些标签，如目标用户人群及相关标签等。

针对不同的原始数据，需要设计相应的标签获取方法。针对结构化属性和用户行为数据的项目标签获取和用户标签获取方法相似。但针对非结构化的项目内容或是描述，则需要设计或采用相应的标签获取方法。例如，针对常见的文本描述（项目简介、用户评论等）内容，通常需要采用自然语言处理和文本挖掘相关的技术；针对视频相关的内容，需要采用视频处理和计算机视觉相关的技术；针对图片相关的内容，需要采用图像处理和分析相关的技术；针对音频相关的内容，则需要采用音频处理和分析相关的技术。

和用户画像类似，除了可以通过手工定义标签集合，并构建相应的方法或模型进行逐个获取之外，还可以通过一些方法自动地学习项目标签，如常用的隐语义模型、嵌入（表征）学习等。

推荐系统的目标是将用户和项目进行匹配，因此用户画像和项目画像会相互影响。可以通过项目画像来进一步完善用户的偏好刻画，即用户偏好于什么特性的项目；同样，也可通过用户画像来进一步完善项目的定位，即项目的目标用户群有什么特性。

如果能够通过用户建模和项目建模得到相互对应的、准确的、细粒度的用户和项目画像，例如，在视频推荐中知道用户喜好哪些主题、风格、明星的视频，并且视频（项目）画像也都有对应的标签，如图 1-13 所示，则只需要简单的规则匹配就能产生推荐结果。但是实际应用中要做到这一点很困难，所以需要通过更复杂的推荐算法来弥补或是解决此问题。

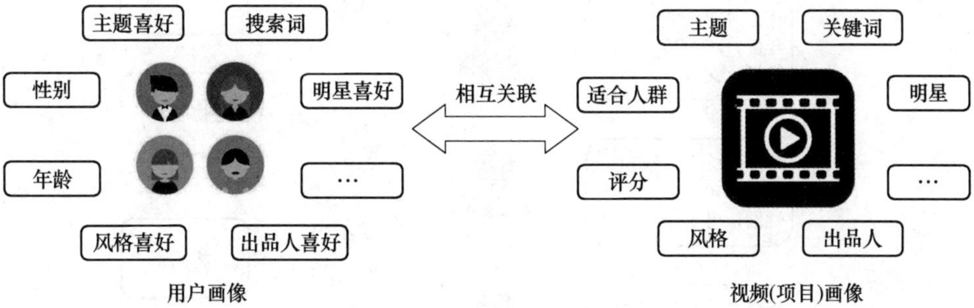

图 1-13 视频推荐中用户画像与项目画像示意图

1.5 推荐算法分类

推荐算法（也称推荐策略）是推荐系统中最为核心和关键的部分，在很大程度上决定了推荐系统性能的优劣。目前，已有很多不同的推荐算法，可以从不同角度对其进行分类，如图 1-14 所示。

1.5.1 基于算法思想的分类

比较常见的一种分类是根据所用信息和算法思想，将推荐算法分为基于人口统计学的推荐、基于内容的推荐、协同过滤、基于知识的推荐和混合推荐。接下来将分别介绍各种推荐算法的基本思想及其优缺点。

1. 基于人口统计学的推荐

基于人口统计学的推荐是最为简单的一种推荐算法，只是简单地根据用户的基本信

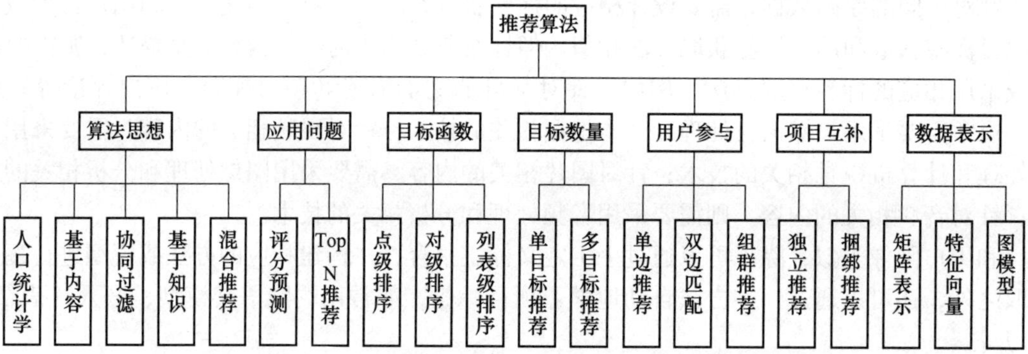

图 1-14　推荐算法分类

息（人口统计学信息）计算用户之间的相似度，然后将相似用户喜欢的项目推荐给当前用户。如图 1-15 所示，首先根据用户的人口统计学属性，如年龄、性别等信息，计算用户之间的相似度。然后，寻找和当前用户（用户 *A*）相似的用户，如用户 *C*。最后，把用户 *C* 喜欢的项目（如物品 *a*）推荐给用户 *A*。这类算法隐含假设相似的用户有着相似的兴趣与偏好，并且利用用户的基本信息进行用户画像，如以年龄、性别、职业等作为用户标签。

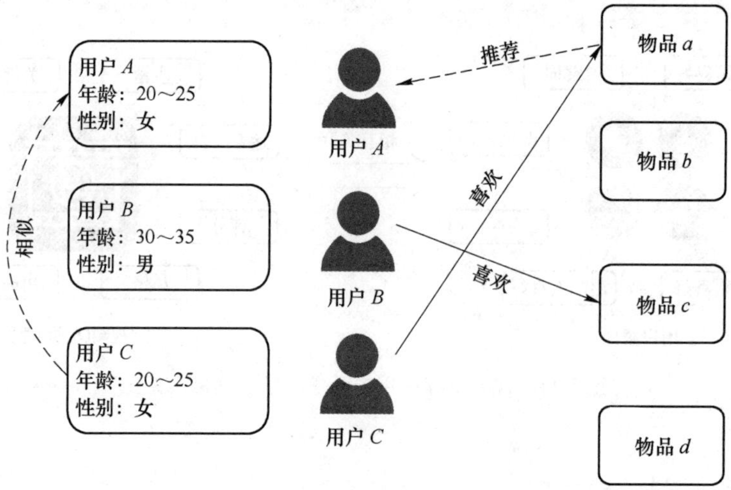

图 1-15　基于人口统计学的推荐算法示意图

基于人口统计学的推荐算法不需要知道当前用户的历史行为数据，因此不存在用户冷启动问题（无法为没有历史行为的新用户进行推荐）。该类算法也不依赖于项目的属性，因此可以无缝接入到其他领域的应用中。但是，该类算法比较粗糙（如一个平台上年龄在 20~25 岁之间的女性用户可能有成千上万人），难以做到个性化，进而导致用户的体验感较差，因此该类算法只适合于简单的推荐。

2. 基于内容的推荐

基于内容的推荐算法的基本思想是为用户推荐与其感兴趣的项目内容相似的项目，即发掘用户曾经喜欢过的项目的特性，并为其推荐类似的项目。如图 1-16 所示，首先根据项目的内容描述信息（如电影的类型）计算项目之间的相似度。然后，寻找和当前用户（用户

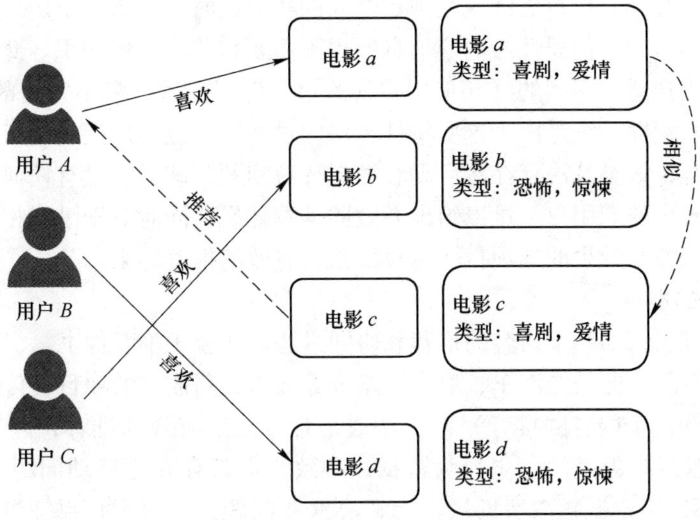

图 1-16 基于内容的推荐算法示意图

A）喜欢过的项目相似的项目，如和电影 a 是同一类型的电影 c。最后，把这些电影（如电影 c）推荐给当前用户（用户 A）。这类算法隐含假设用户兴趣与偏好相对固定，并且利用项目的属性与内容进行项目画像，如以导演、主演、风格等作为视频标签。

基于内容的推荐算法不需要知道被推荐项目的历史行为（相关的用户反馈行为）数据，因此不存在项目冷启动问题（无法将没有历史行为的新项目推荐给合适的用户）。该类算法也不依赖于用户的属性，因此不需要收集可能涉及用户隐私的相关用户信息。但是，该类算法依赖于对项目内容的分析，需要一些相关的领域知识，特别是针对一些非结构化的项目内容（如文本、视频、语音等），需要采用一些专业领域的分析方法（如自然语言处理与分析技术、视频处理与分析技术、音频处理与分析技术等）。此外，该类算法只会给用户推荐和他喜欢过项目相似的项目，因此推荐结果缺乏新颖性。

3. 协同过滤

协同过滤是一种利用集体智慧进行信息过滤的方法，通过借鉴相关（或相似）人群的观点进行推荐。该类算法根据用户的历史行为数据寻找相似用户或项目，然后再基于这些关联性为用户进行推荐。如图 1-17 所示，首先根据用户的历史行为数据计算用户之间的相似度。然后，寻找和当前用户（用户 A）相似的用户，如和用户 A 同样喜欢过物品 a 和 b 的用户 B。最后，把相似用户（用户 B）喜欢过的其他项目（如物品 c）推荐给当前用户（用户 A）。这类算法隐含假设相似的用户会产生相似的行为，并且利用用户的行为信息进行用户画像。

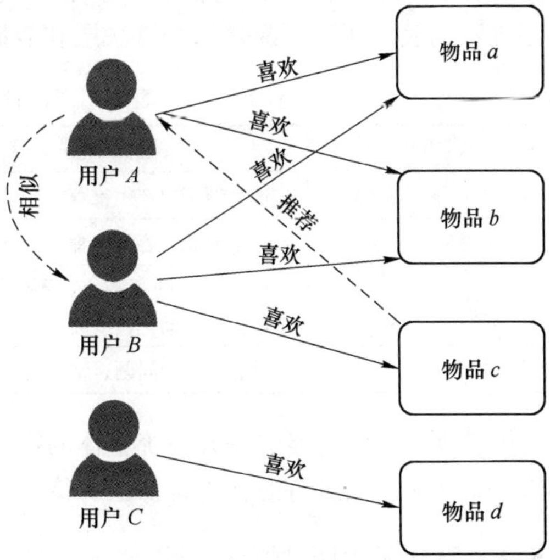

图 1-17 基于用户的协同过滤推荐算法示意图

协同过滤算法在计算用户之间或是项目之间的相似度时，仅依赖于用户的行为数据，不需要知道用户或项目的任何属性或内容信息，也不需要相关的领域知识。此外，该类算法的推荐结果可能是用户意想不到的（相似用户喜欢过，但当前用户还不知道的项目），即推荐结果具有较好的新颖性。正是由于这些特性，协同过滤算法已经广泛应用于各个领域和行业的推荐平台。但是，该类算法存在冷启动和数据稀疏问题，即对于没有任何行为数据的新用户或是行为数据较少的老用户，难以给出有效的推荐结果；同时对于没有相关行为数据的新项目或是相关行为数据较少的老项目，也难以给出有效的推荐结果。

4. 基于知识的推荐

传统的推荐方法，如基于内容的推荐和协同过滤，适合于推荐像书籍、电影、新闻等高频、低成本的消费品。但是像汽车、房产、基金等低频、高成本的项目，传统的个性化推荐方法（协同过滤和基于内容的推荐）都无法或是难以给出有效的推荐，因为这些方法依赖于大量的能够反映用户偏好的历史行为数据，导致它们都存在冷启动问题（用户冷启动或项目冷启动），不适用于低频消费场景。为解决这些问题，可以采用基于知识的推荐算法，利用用户的显式需求和项目的领域知识进行推荐。

基于知识的推荐算法不仅不存在冷启动问题，而且具有较好的可解释性。但是领域知识的获取比较困难，一般需要领域专家的参与，且需要知识整理工程师将专家的知识整理成为规范的、可用的表达形式。此外，基于知识的推荐需要主动地询问用户的需求，这一过程需要用户的参与和交互，可能会降低用户的体验感。

5. 混合推荐

前面介绍的各种基础推荐算法尝试利用不同的信息源，从不同角度来解决个性化推荐问题。这些算法虽各有利弊，但是相互之间存在互补关系，如表1-1所示。如果能有效地将各种算法进行组合或是混合，充分发挥各自的优势，则可以达到更好的推荐效果，这也是各种混合推荐算法的设计动机。现有的各种商用推荐平台中，很少只用一种推荐算法，一般都是通过对多种不同的推荐算法进行混合或组合。如常见的推荐结果混合，先分别是用两种或多种推荐算法产生推荐结果，然后采用某种方法（如投票表决）把推荐结果进行混合而得到最终推荐列表。还有一些是基于算法层和数据层的混合推荐算法。

表1-1　常用推荐算法的优缺点

推荐方法	优点	缺点
基于人口统计学	能为新用户产生推荐	个性化程度低、推荐效果一般
基于内容	结果直观、容易解释	存在新用户问题、推荐结果缺乏新颖性
协同过滤	能发现新的兴趣点、不需要领域知识、个性化、自动化程度高	存在数据稀疏问题、冷启动问题
基于知识	没有冷启动问题、结果具有可解释性	知识获取困难

虽然有效的混合能够提升系统整体的推荐效果，但是如何混合，包括选择哪些基础推荐算法、怎样对它们进行混合等，都还有待进一步的研究。

1.5.2　基于应用问题的分类

另一种常见的算法划分是根据所面向的应用问题，将推荐算法分为两大类：评分预测和

Top-N 推荐。

评分预测问题的目标是根据用户的历史评分（如常见的五星评分）和其他相关数据，预测用户对候选项目的评分值。针对这类问题的推荐算法称为评分预测算法。这类算法主要用于评价网站，如在豆瓣网上，已知用户对其看过的一些书籍的评分，需要预测用户对其他书籍的评分；在 MovieLens 网站上，已知用户对其看过的一些电影的评分，需要预测用户对其他电影的评分。这类算法的输入数据为用户对项目的评分，要求用户采用显式的评分来表示其对项目的偏好程度，因此应用场景相对较少。这类算法的实现通常相对简单，目标为最小化预测评分和真实评分之间的偏差，通常采用均方根误差（Root Mean Squared Error, RMSE）作为评价指标。

Top-N 推荐问题的目标是根据用户的历史行为（如点击、观看、购买等）和其他相关数据，针对目标用户，对候选项目进行排序，并给出排在最前面的 N 个（即 Top-N）项目的列表。针对这类问题的推荐算法称为 Top-N 推荐算法。这类算法广泛应用于各种推荐场景，它的输入通常为用户的隐式反馈数据，不需要用户的显式评分，因此用户体验相对较好。Top-N 推荐的目标是排名前 N 的项目列表能够包含尽可能多的用户感兴趣的项目，并且这些项目的排名尽可能靠前。对应的评价指标通常采用一些分类准确度指标，如精确度（Precision）、召回率（Recall）等，隐含假设 Top-N 的项目被预测为正样本（用户会喜欢或给予正反馈的项目），其他的项目被预测为负样本；或是一些基于排序的指标，如 AUC、nDCG 等。

本质上评分预测问题是（评分）数值预测问题，即回归问题；而 Top-N 推荐问题则是（行为）类别预测问题，即分类问题。

除了上述的两种分类之外，还可以从其他不同角度对推荐算法进行分类。从算法目标函数（也称损失函数）的角度，可以将推荐算法分为点级排序学习、对级排序学习和列表级排序学习。从优化目标数量的角度，可以将推荐算法分为单目标推荐和多目标推荐。从用户参与的角度，可以将推荐算法分为单边推荐、双边推荐和组群推荐。从是否考虑项目互补性的角度，可以将推荐算法分为独立推荐和捆绑推荐。从数据表示的角度，可以将推荐算法分为基于矩阵表示的推荐、基于特征向量表示的推荐和基于图模型的推荐。这些算法都将在后续章节中进行具体介绍。

习题

1. 案例调研：请调研你感兴趣的行业或领域，整理出一个应用推荐系统解决实际问题的案例，并说明推荐系统为参与各方创造的价值。
2. 请简述推荐系统和搜索引擎的异同。
3. 选择一个你感兴趣的应用领域，为其构建用户画像标签体系。
4. 选择一个你感兴趣的应用领域，为其构建项目画像标签体系。
5. 对比分析 1.5.1 节中介绍的各种推荐算法的优缺点。
6. 对比分析评分预测算法和 Top-N 推荐算法的异同。
7. 请调研并分析单边推荐和双边推荐在应用和算法方面的异同。

第 2 章　基于邻域的协同过滤

协同过滤（Collaborative Filtering，CF）是一种利用集体智慧，借鉴相关人群的观点进行信息过滤的方法，它是推荐系统中最为常用的一类算法。该类推荐算法不仅在学术界被深入研究，而且被工业界广泛采用。协同过滤算法可以分为两大类：基于邻域的协同过滤和基于模型的协同过滤。本章主要介绍基于邻域的协同过滤，下一章将介绍基于模型的协同过滤。

2.1　协同过滤简介

在 1.2 节中介绍过施乐公司的 Tapestry 系统，它利用其他用户的显式反馈（标注邮件是否有用），帮助用户过滤邮件。当某封邮件（或文档）被多个用户或是当前用户信任的用户标注为有用时，这封邮件（或文档）会被优先发送给当前用户。

1994 年，麻省理工学院和明尼苏达大学共同推出了一个基于协同过滤的新闻过滤系统，称为 GroupLens。这个系统的主要目标是帮助新闻阅读者从大量新闻中过滤出其感兴趣的新闻内容。阅读者每看过一条新闻内容后都需要给其评分（1～5 分），系统会将该分数记录下来，用以预测相似的用户对该新闻的评分，并根据这些预测的评分给不同的用户推荐其可能感兴趣的新闻。不同于 Tapestry 系统只限于在一个网站或系统内进行信息过滤，GroupLens 能够实现跨网站、跨系统的新闻过滤。

在 GroupLens 之后，出现了大量应用于不同领域的协同过滤系统，如电影推荐系统 MovieLens、音乐推荐系统 Ringo、笑话推荐系统 Jester、书籍（商品）推荐系统 Amazon 等。

2.1.1　基本思想

协同过滤是一种典型的利用集体智慧进行信息过滤的方法。设想当你想看一部电影，但又不知道具体哪部适合你时，你会怎么做？大部分的人可能会问问周围的朋友，看最近有什么好看的电影推荐，而且一般会更倾向于选择兴趣爱好比较相似的朋友的推荐。这就是协同过滤的核心思想：利用集体智慧，借鉴相关人群的观点进行推荐。

协同过滤算法假设为：①物以类聚，人以群分；②过去兴趣相似的用户在未来的兴趣也会相似。具体来说：①相似的用户会产生相似的（历史）行为数据；②相似或相关的项目会经常一起出现（被同一用户或是相似用户点击、观看、购买等）；③用户会喜欢相似用户有过正反馈（点击、观看、购买等）的项目。

基于以上假设，协同过滤根据大量的用户历史行为数据，计算用户之间（或项目之间、用户和项目之间）的相似度或相关度，然后再基于这些关联性为用户进行推荐。

2.1.2　算法分类

从不同的角度，可以对协同过滤算法进行不同的划分。最常见的一种划分是根据算法的思想，将协同过滤算法分为两大类：基于记忆（Memory-based）的协同过滤和基于模型（Model-based）的协同过滤，如图 2-1 所示。前者将整个数据集存储（记忆）在内存中，在推荐时，通过直接在内存中查找相似的用户或项目的记录以给出推荐列表，如常见的基于用户的协同过滤和基于项目的协同过滤。而后者则需要预先训练出一个抽象模型，在推荐时，根据推荐模型计算出推荐列表，如常见的关联规则模型、隐语义（矩阵分解）模型等。

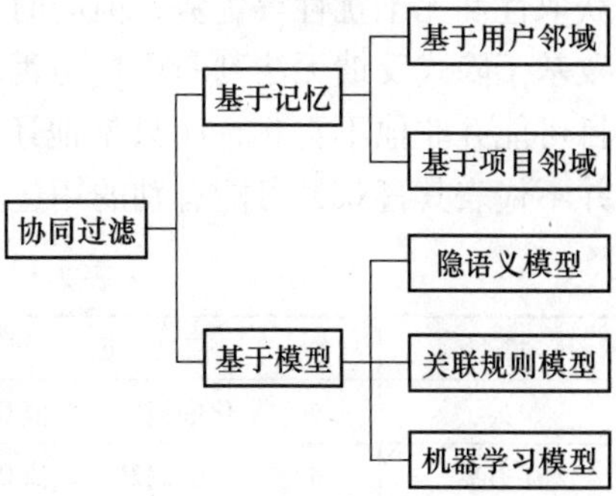

图 2-1　协同过滤算法分类

基于记忆的协同过滤又被称为基于邻域的协同过滤，可细分为两类：基于用户邻域的协同过滤和基于项目邻域的协同过滤。前者主要给用户推荐与其兴趣相似的用户喜欢过的项目，后者则主要推荐与用户之前喜欢过的项目“相似的”项目。

另一种常见的算法划分是根据所面向的应用问题，将协同过滤算法分为两大类：评分预测算法和 Top-N 推荐算法。前者根据历史用户评分数据，预测用户对候选项目的评分值；后者则是根据历史用户行为数据，针对目标用户，对候选项目进行排序，并给出排在最前面的 N 个（Top-N）项目的列表。问题不同，算法评价标准（指标）通常也不同。评分预测算法通常采用评分误差进行评价，而 Top-N 推荐则通常采用精确度、召回率、AUC 等指标进行评价。

2.1.3　一般流程

根据算法的基本原理可知，协同过滤算法流程包括收集数据、寻找邻域（或训练模型）、计算推荐结果几个基本步骤，如图 2-2 所示。

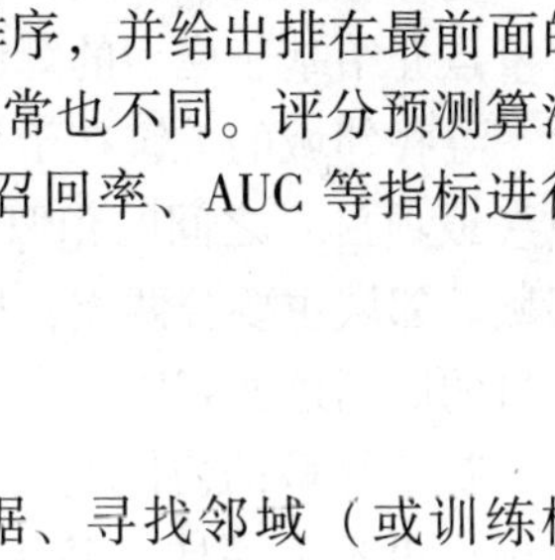

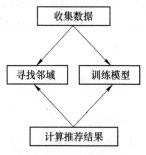

图 2-2　协同过滤算法流程示意图

收集数据的主要目标是收集能够反映用户偏好和项目特性的数据。为了让推荐结果更符合用户的偏好，需要深入了解用户。正如《论语·公冶长》所说，“听其言而观其行”，可以通过用户留下的文字和行为记录来了解用户的兴趣和需求。根据用户对项目偏好的反馈形式，用户行为数据可以分为两类：显式反馈和隐式反馈。显式反馈是指系统或平台显式地从用户那里获取得到的用户偏好数据。在这一过程中，用户是主动地向系统表达其偏好。一般需要用户在消费完项目（如观看完电影）后进行额外的反馈操作，如评分、评级等。一个典型的场景是当使用网约车平台完成用车服务后，平台会提示用户给出反馈：当用户反馈为五颗星时，表示用户很满意或很喜欢；当用户反馈为一颗星时，表示用户很不满意。隐式反馈是指隐含用户对项目偏好信息的用户行为数据，如浏览、点击、购买等。这些行为通常是用户在探索或是消费项目过程中的一些正常操作行为。实际应用中，相比于显式反馈，隐式反馈数据更容易获取，并且数据量更大。常见隐式反馈行为及其作用如表 2-1 所示。虽然隐式反馈相比于显式反馈具有易获取性和无干扰性等优势，但同时也存在缺少负反馈和高噪声等不足。由于缺乏负反馈，导致基于隐式反馈无法判断用户是否真的不喜欢他未反馈的某项目，例如，用户没有购买某项目可能并非他不喜欢，而只是他还未看到此项目。高噪声是指用户的反馈（如购买）有时并不代表其喜欢，可能有别的用途，也可能购买后发现并不喜欢。

表 2-1 常见隐式反馈行为及其作用

用户行为	特 征	作 用
购买	布尔量化的偏好，取值 0 或 1	可以精确地得到用户的偏好
保存书签	布尔量化的偏好，取值 0 或 1	可以精确地得到用户的偏好
标记标签（Tag）	一些单词	可得到用户对项目的理解，同时可以分析出用户的情感：喜欢还是讨厌
评论	一段文字	可得到用户的情感：喜欢还是讨厌
点击流（查看）	一组用户的点击	一定程度上反映了用户的注意力，也可从一定程度上反映用户的喜好
页面停留时间	时间长度信息	一定程度上反映用户的注意力和喜好

在收集得到数据后，基于邻域的算法和基于模型的算法处理方式有所不同。基于邻域的算法进行邻域搜索，基于模型的算法进行模型训练。本章主要介绍基于邻域的算法，下一章将重点介绍基于模型的算法。

寻找邻域的关键在于计算相似度。首先选定相似度（或距离）度量标准，然后计算用户（或项目）之间的相似度，最后根据计算的结果选择最相似的一组用户（或项目）作为邻域。邻域主要分两类：用户邻域和项目邻域，分别对应于基于用户的协同过滤算法和基于项目的协同过滤算法。

基于邻域的协同过滤的最后一步是根据邻域信息计算推荐结果。不同的算法，这一步的操作也不太一样。基于用户的协同过滤是先找到和当前用户兴趣相似的用户，然后把这些用户感兴趣的（如购买过）且对当前用户来说足够新颖的（如还未购买）项目推荐给他。基于项目的协同过滤则是要找到和用户之前有过正反馈（如购买过）的项目相似的项目。

2.2 基于用户的协同过滤

基于用户的协同过滤（User-CF）假设与我（目标用户）兴趣相似的用户喜欢的项目我（目标用户）也会喜欢，并据此进行推荐，如图 2-3 所示。这类算法隐含假设相似的用户会产生相似的（历史）行为数据，并以项目集作为用户画像的标签体系，如图 2-4 所示，以用户对项目的反馈行为作为标签赋值，如表 2-2 所示。在此基础上，便可以根据用户的画像结果对用户之间的相似度进行度量。

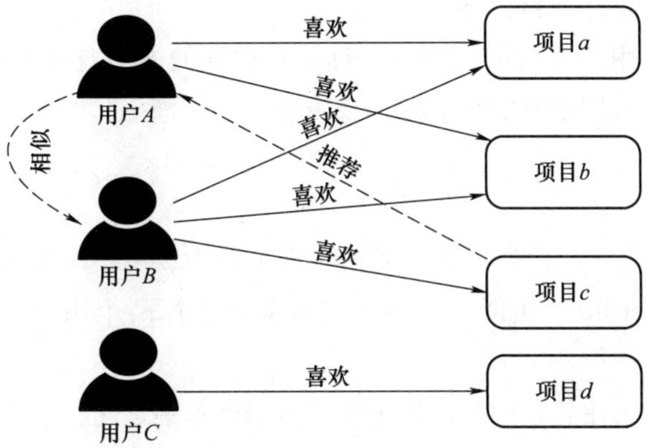

图 2-3　基于用户的协同过滤算法思想示意图

图 2-4　基于用户的协同过滤系统中用户画像示意图

表 2-2　图 2-3 对应的用户画像结果

标签	项目 a	项目 b	项目 c	项目 d
用户 A	1	1		
用户 B	1	1	1	
用户 C				1

假设已经收集到了所需的用户历史行为数据。从给定目标用户的角度，基于用户的协同过滤过程可以分为三个主要步骤：

1）计算用户之间的相似度，并寻找与目标用户兴趣相似的用户集合，称为用户邻域。

2）根据邻域用户的行为数据（感兴趣的项目集），生成候选项目集，即项目召回。

3）根据用户之间的相似度计算目标用户对候选项目的感兴趣程度，并生成推荐列表，即项目排序。

照此思路进行系统实现，虽然思想直观且简单，但是计算复杂过高。针对每个用户进行推荐时，计算复杂度约为 $O(mn)$，其中 m 为用户总数，n 为项目总数。实际应用中，由于 m 和 n 都很大，导致无法实现在线实时推荐。通过进一步分析可知，性能瓶颈在第一步：计算用户间的相似度并确定当前用户的邻域。针对这一问题，可以采用“空间换时间”的策略，通过离线预处理完成第一步，并将计算结果（每个用户的邻域集合）存储起来，以供在线进行第二步和第三步计算时直接使用。

从整个推荐系统的角度，基于用户的协同过滤过程可以分为两个主要步骤：

1）离线预处理：计算用户之间的相似度，据此确定每个用户的邻域，并将结果存储起来。

2）在线推荐：针对当前的活跃用户（目标用户），根据邻域用户的行为和用户之间的相似度，计算推荐列表。

①合并邻域用户感兴趣的项目集，并去除已知的目标用户感兴趣的项目集，得到候选项目集，即项目召回。

②根据用户之间的相似度和邻域用户的行为（隐式反馈或显式评分）计算目标用户对

候选项目的感兴趣程度，并生成推荐列表，即项目排序。

基于用户的协同过滤的关键在于计算用户之间的相似度。计算相似度的方法有很多种，针对不同的问题，基于不同的数据，需要采用不同的相似度计算方法。

2.2.1 Top-N 推荐

Top-N 推荐问题的输入数据通常为隐式反馈行为数据，如用户点击行为、用户购买行为等。针对这类数据，通常采用杰卡德（Jaccard）相似度或者余弦相似度计算两个用户之间的相似度。

杰卡德相似度是一种利用两集合的交集在并集中的占比来度量有限样本集之间相似性和差异性的方法。设 $N(u)$ 表示用户 u 有过正反馈的项目集合，$N(v)$ 表示用户 v 有过正反馈的项目集合。根据杰卡德相似度计算公式，用户 u 和 v 的相似度为

$$\omega_{uv} = \frac{|N(u) \cap N(v)|}{|N(u) \cup N(v)|} \tag{2-1}$$

式中，分子 $N(u) \cap N(v)$ 表示用户 u 和 v 有过正反馈的项目集合的交集（如用户 u 和 v 都购买过的项目的集合）；分母 $N(u) \cup N(v)$ 表示用户 u 和 v 有过正反馈的项目集合的并集（如用户 u 或 v 购买过的项目的集合），如图 2-5 所示。

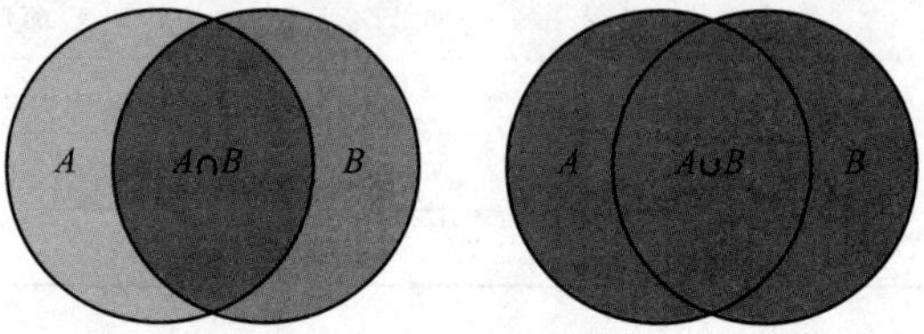

图 2-5 两个集合的交集和并集示意图

余弦相似度是通过计算两个向量的夹角余弦值来评估它们的相似度。给定同一空间中的两个向量 $\boldsymbol{a}$ 和 $\boldsymbol{b}$，它们的余弦相似度计算公式如下：

$$\text{sim}(\boldsymbol{a}, \boldsymbol{b}) = \frac{\boldsymbol{a} \cdot \boldsymbol{b}}{\|\boldsymbol{a}\| \times \|\boldsymbol{b}\|} = \frac{\sum_{i=1}^{n} a_i b_i}{\sqrt{\sum_{i=1}^{n} a_i^2}\sqrt{\sum_{i=1}^{n} b_i^2}} \tag{2-2}$$

式中，$\boldsymbol{a} \cdot \boldsymbol{b}$ 表示向量 $\boldsymbol{a}$ 和向量 $\boldsymbol{b}$ 的点积；$\|\boldsymbol{a}\|$ 表示向量 $\boldsymbol{a}$ 的长度；n 表示空间的维度。对于每个用户 u，都可以表示为项目空间中的一个向量，向量维度 n 表示项目的总数量，向量中每个元素的取值表示用户 u 是否对对应位置的项目有过正反馈，有过正反馈则取值为 1，否则取值为 0。根据余弦相似度计算公式，用户 u 和 v 的相似度为

$$\omega_{uv} = \frac{|N(u) \cap N(v)|}{\sqrt{|N(u)\|N(v)|}} \tag{2-3}$$

式中，分子和杰卡德相似度的分子相同，表示两个用户有过正反馈的项目集合的交集；分母表示两个用户向量长度 $\sqrt{|N(v)|}$ 和 $\sqrt{|N(v)|}$ 的乘积。

假设用户购物情况如表 2-3 所示，现需要向用户 A 推荐项目，则首先需要计算用户 A 和其他用户之间的相似度。用户 A 和 B 都购买过的项目集合为 $\{b\}$，即 $N(A) \cap N(B) = \{b\}$，则用户 A 和 B 的余弦相似度为

表 2-3　用户购物情况

用户	项目列表	用户	项目列表
A	b，d	C	a，b，d
B	a，b，c	D	a，e

$$\omega_{AB} = \frac{1}{\sqrt{2 \times 3}} = \frac{1}{\sqrt{6}}$$

同理，可得用户 A 和 C、用户 A 和 D 的余弦相似度：

$$\omega_{AC} = \frac{2}{\sqrt{2 \times 3}} = \frac{2}{\sqrt{6}}$$

$$\omega_{AD} = \frac{0}{\sqrt{2 \times 2}} = 0$$

针对表 2-3 中的用户行为数据，采用杰卡德相似度，基于用户邻域的 Top-N 推荐流程如图 2-6 所示。

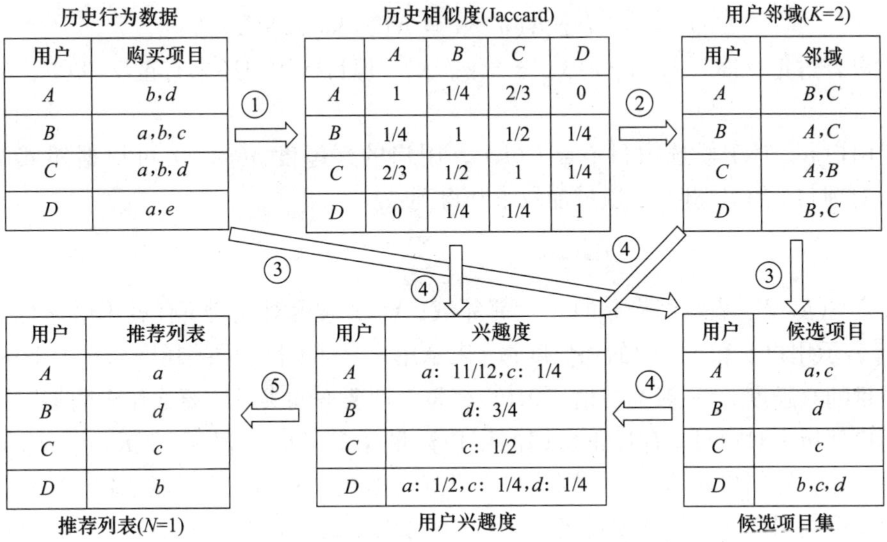

图 2-6　基于用户邻域的 Top-N 推荐流程示意图

杰卡德相似度和余弦相似度都假设所有项目对用户偏好的贡献度是相同的，但实际中这一假设并不合理。例如，假设用户 A、B 和 C 都购买了相同数量的书籍，其中用户 A 和 B 都购买过的只有一本《新华字典》，用户 A 和 C 共同买过的只有一本英文版的 *Recommender Systems Handbook*，根据上面的计算公式，用户 A 和 B 的相似度与用户 A 和 C 的相似度相同。但实际中绝大多人都购买过《新华字典》，两个人都购买过这本书，并不意味着他们有相似的兴趣。而一般只有研究推荐系统的人才可能会购买 *Recommender Systems Handbook*，所以两个人都购买过这本书意味着他们有较大可能都是推荐系统研究者，即有着相似的兴趣。

造成上述问题的主要原因在于杰卡德相似度和余弦相似度都没有考虑到项目的热门度。根据长尾理论可知，如果两个用户同时喜欢一件冷门商品，那么他们之间的相似度应该比同时喜欢一件热门商品更高。基于此思想，可以在相似度计算中引入逆用户频率（Inverse User

Frequency）的概念，对热门项目进行惩罚，进而对相似度度量进行修正。一种常用的修正余弦相似度为

$$\omega_{uv}=\frac{\sum_{i\in N(u)\cap N(v)}\log\frac{n}{n_i}}{\sqrt{|N(u)\|N(v)|}} \tag{2-4}$$

惩罚系数为 $f_i=\log\frac{n}{n_i}$，其中 n 表示总用户数，n_i 表示对项目 i 有过正反馈的用户数。给定数据集，用户总数 n 固定不变，则 n_i 越小，表示对项目 i 有过正反馈的用户越少，该项目越冷门，其对用户之间相似度的影响也就越大。采用同样的方法，可以得到修正的杰卡德相似度。

在获得用户之间的相似度之后，便可据此找出每个用户的邻域。常用的邻域寻找方法为 K 近邻，即找出和目标用户最相似的 K 个用户作为其邻域。设集合 $S(u, K)$ 表示用户 u 的 K 近邻邻域。

进一步，可以得到针对目标用户 u 的候选项目集为

$$C(u)=\{i \mid i\notin N(u)\&i\in N(v)\&v\in S(u, K)\}$$

即邻域用户有过正反馈（$i\in N(v)\&v\in S(u, K)$）但目标用户还未有正反馈（$i\notin N(u)$）的项目集合。

给定用户 u，对于候选项目 $i\in C(u)$，用户的兴趣度 $p(u, i)$ 可根据邻域用户 $v\in S(u, K)$ 对项目 i 的兴趣度 r_{vi} 通过加权求和得到：

$$p(u, i)=\sum_{v\in S(u, K)\cap N(i)}\omega_{uv}r_{vi} \tag{2-5}$$

式中，集合 $S(u, K)$ 表示用户 u 的 K 近邻邻域；$N(i)$ 表示对项目 i 有过正反馈行为的用户集合；ω_{uv} 表示用户 u 和 v 之间的相似度；r_{vi} 表示用户 v 对项目 i 的兴趣度。对于 Top-N 推荐，用户对项目的兴趣度 r_{vi} 一般为二值（0-1）变量，即要么购买过，要么还未购买。式（2-5）表明，用户邻域中对项目 i 有过正反馈的用户数量越多（即集合 $S(u, K)\cap N(i)$ 越大），且这些用户和目标用户 u 越相似，则用户 u 喜好（购买）项目 i 的可能性越大。

在计算得到用户 u 对候选项目集 $C(u)$ 中各项目 i 的兴趣度 $p(u, i)$ 之后，可以按照兴趣度从高到低的顺序对这些项目进行排序，并将排名最前的 N 个（Top-N）项目推荐给目标用户 u。

以表 2-3 中的数据为例，设用户邻域集合大小为 $K=2$，现在需要向当前用户 A 推荐项目。与用户 A 最相似的两个用户为 B 和 C，即用户 A 的邻域为 $S(A, 2)=\{B, C\}$。用户 B 和 C 购买过但用户 A 还未购买过的项目集合为 $\{a, c\}$，用户 A 对这些候选项目的兴趣度分别为

$$p(A, a)=\sum_{v\in S(A, 2)\cap N(a)}\omega_{Av}r_{va}=\omega_{AB}+\omega_{AC}=\frac{1}{\sqrt{6}}+\frac{2}{\sqrt{6}}\approx 1.2247$$

$$p(A, c)=\sum_{v\in S(A, 2)\cap N(c)}\omega_{Av}r_{vc}=\omega_{AB}=\frac{1}{\sqrt{6}}\approx 0.4082$$

如果是要进行 Top-1 推荐，则应该将项目 a 推荐给用户 A。

2.2.2　评分预测

Top-N 推荐问题隐含假设用户有过正反馈（如购买或观看）的项目就是用户喜欢的。但是在实际应用中，很多用户有过正反馈（如购买或观看）的项目，在被用户消费完后可能会给出差评（表示用户并不喜欢）。利用用户评分数据能够更好地对用户偏好进行建模，进而更好地预测用户未来的行为。

评分预测问题和 Top-N 推荐问题不同，主要体现在输入和输出上。Top-N 推荐的输入通常为隐式反馈的 0-1 数值，而评分预测的输入通常为显式反馈的评分数值。Top-N 推荐的输出通常为用户对项目的相对兴趣度，而评分预测的输出依旧为评分，且其数值必须在给定的评分最小值和最大值之间。

虽然基于邻域的评分预测和基于邻域的 Top-N 推荐的流程相同，如图 2-2 所示，但是其中关键的两步寻找邻域和计算推荐结果，有所差异。

基于评分数据，无法再使用杰卡德相似度，但仍可以使用余弦相似度计算用户之间的相似度。同样还是将每个用户 u 表示为项目空间中的一个向量，向量维度 n 为项目的总数量，向量中每个元素的取值表示用户 u 对对应位置的项目评分，如果用户对某个项目还未有过评分，则对应位置的元素取值为 0。对于给定用户 u 和 v，基于评分的余弦相似度计算公式如下：

$$\omega_{uv}=\frac{\sum\limits_{i\in J_{uv}} r_{ui}r_{vi}}{\sqrt{\sum\limits_{i\in J_u} r_{ui}^2\sum\limits_{j\in J_v} r_{vj}^2}} \tag{2-6}$$

式中，$J_{uv}=N(u)\cap N(v)$ 表示用户 u 和 v 都有过评分的项目集合；$J_u=N(u)$ 表示用户 u 有过评分的项目集合；$J_v=N(v)$ 表示用户 v 有过评分的项目集合；r_{ui} 表示用户 u 对项目 i 的评分。式（2-6）假设未观测到的用户对项目的评分的数值都为 0。

假设用户的评分数据如表 2-4 所示，现需要预测用户 A 对项目 d 的评分，则首先需要计算出用户 A 和其他用户之间的相似度。根据余弦相似度计算公式（2-6），可以计算出用户 A 和用户 B、用户 A 和用户 C 的余弦相似度分别为

$$\omega_{AB}=\frac{5\times3+3\times1+3\times1}{\sqrt{(5^2+3^2+3^2)\times(3^2+1^2+1^2+2^2)}}=\frac{21}{\sqrt{43\times15}}\approx0.827$$

$$\omega_{AC}=\frac{5\times3+3\times3+3\times3}{\sqrt{(5^2+3^2+3^2)\times(3^2+3^2+3^2+3^2)}}=\frac{33}{\sqrt{43\times36}}\approx0.839$$

表 2-4　用户评分表示例

用户/项目	*a*	*b*	*c*	*d*
A	5	3	3	?
B	3	1	1	2
C	3	3	3	3

从相似度数值来看，$\omega_{AB}<\omega_{AC}$，即相比于用户 B，用户 A 和用户 C 更相似。但从评分表中可以看出，用户 C 对所有项目的评分都是 3，并未表现出该用户的任何偏好。在四个项

目中，用户 A 和用户 B 都最喜欢项目 a，最不喜欢项目 b 和 c，即用户 A 和用户 B 表现出的相对偏好相似。只是 A、B 两位用户的评分基准不同，用户 A 习惯于打高分（对于最不喜好的项目 b 也打了 3 分），用户 B 习惯于打低分（对于最喜欢的项目 a 也只打了 3 分）。

为解决这一问题，可以采用皮尔逊（Pearson）相似度来计算用户评分之间的相似度，对应的用户 u 和 v 的相似度计算公式如下：

$$\omega_{uv} = \frac{\sum_{i \in J_{uv}} (r_{ui} - \bar{r}_u)(r_{vi} - \bar{r}_v)}{\sqrt{\sum_{i \in J_{uv}} (r_{ui} - \bar{r}_u)^2 \sum_{i \in J_{uv}} (r_{vi} - \bar{r}_v)^2}} \tag{2-7}$$

$$\bar{r}_u = \frac{\sum_{i \in J_u} r_{ui}}{|J_u|}$$

式中，$\bar{r}_u$ 和 $\bar{r}_v$ 分别表示用户 u 和 v 的评分平均值，其他符号的含义和式（2-6）中的相同。本质上，皮尔逊相似度是一种通过变量取值标准差来修正变量之间协方差的相似度度量方法。如果将每个用户的评分都看作一个随机变量，则式（2-7）中的分子表示两个用户评分变量 $r_{u\cdot}$ 和 $r_{v\cdot}$ 之间的协方差，分母表示两个变量的标准差的乘积。

针对表 2-4 中的数据，可以计算出用户 A、B 和 C 的评分平均值分别为

$$\bar{r}_A = \frac{5+3+3}{3} \approx 3.667\ ; \quad \bar{r}_B = \frac{3+1+1+2}{4} = 1.75\ ; \quad \bar{r}_C = \frac{3+3+3+3}{4} = 3$$

对应的用户 A 和用户 B 的皮尔逊相似度为

$$\omega_{AB} = \frac{1.333 \times 1.25 + (-0.667) \times (-0.75) + (-0.667) \times (-0.75)}{\sqrt{(1.333^2 + (-0.667)^2 + (-0.667)^2) \times (1.25^2 + (-0.75)^2 + (-0.75)^2)}} \approx 0.996$$

用户 A 和用户 C 的皮尔逊相似度不存在，即 $\omega_{AC} = 0$。

由此可见，针对评分数据，相比于余弦相似度，更适合于用皮尔逊相似度来度量用户之间的相似度。值得注意的是，皮尔逊相似度度量假设两个随机变量的分布均服从正态。如果数据不满足此假设，可以采用一些秩相关度量，如斯皮尔曼（Spearman）相关系数和肯德尔（Kendall）相关系数。

基于上述的用户相似度，并为了保证预测评分在给定范围内，可以采用如下的公式计算给定的用户-项目对（u，i）的评分预测值 $\hat{r}_{ui}$：

$$\hat{r}_{ui} = \bar{r}_u + \frac{\sum_{v \in N_i(u)} \omega_{uv}(r_{vi} - \bar{r}_v)}{\sum_{v \in N_i(u)} |\omega_{uv}|} \tag{2-8}$$

式中，$\bar{r}_u$ 表示用户 u 的评分平均值；$N_i(u)$ 表示用户 u 的 K 近邻邻域中对项目 i 有过评分的用户集合。根据式（2-8）可知，如果给定某个项目 i，目标用户 u 的所有邻域用户都未对其评过分，则无法预测目标用户 u 对项目 i 的评分。所以在进行评分预测之前，为了减少计算量，可以先针对目标用户 u 过滤掉这些无法预测评分的项目，以得到候选评分项目集 $C(u)$：

$$C(u) = \{i \mid i \notin N(u) \& i \in N(v) \& v \in S(u, K)\}$$

即邻域用户有过评分（$i \in N(v) \& v \in S(u, K)$）但目标用户还未有评分（$i \notin N(u)$）的项目集合，其中 $N(u)$ 表示用户 u 有过评分的项目集合，$S(u, K)$ 表示用户 u 的 K 近邻用户集合。

以表 2-5 中的数据为例，用户 A 和用户 B、C、D 的皮尔逊相似度分别为

$$\omega_{AB} = \frac{1 \times 1 + (-1) \times (-1) + 0 \times 0 + 0 \times 0}{\sqrt{(1^2 + (-1)^2 + 0^2 + 0^2) \times (1^2 + (-1)^2 + 0^2 + 0^2)}} \approx 1$$

$$\omega_{AC} = 0$$

$$\omega_{AD} = \frac{1 \times 0.5 + (-1) \times (-0.5) + 0 \times (-0.5)}{\sqrt{(1^2 + (-1)^2 + 0^2) \times (0.5^2 + (-0.5)^2 + (-0.5)^2)}} \approx 0.816$$

表 2-5　用户评分表示例

用户/项目	*a*	*b*	*c*	*d*	*e*
A	5	3	4	4	?
B	3	1	2	2	2
C	4	4	4	4	4
D	3	2	2	—	3

设用户邻域集合大小为 $K = 2$，现要预测用户 A 对项目 e 的评分。与用户 A 最相似的两个用户分别为 B 和 D，即用户 A 的邻域为 $S(A, 2) = \{B, D\}$ 。用户 B 和 D 对项目 e 的评分分别为 2 和 3，则用户 A 对项目 e 的评分预测值为

$$\hat{r}_{Ae} = \bar{r}_A + \frac{\sum\limits_{v \in N_e(A)} \omega_{Av}(r_{ve} - \bar{r}_v)}{\sum\limits_{v \in N_e(A)} |\omega_{Av}|} = 4 + \frac{1 \times 0 + 0.816 \times 0.5}{1 + 0.816} \approx 4.22$$

基于用户的协同过滤虽然思想简单，实现也比较容易。但是在实际应用中，由于数据往往十分稀疏，大部分用户之间很少有共同反馈过的项目，而有共同反馈过的项目又往往是一些热门项目。因此，导致基于用户的协同过滤算法难以找到真正偏好相似的用户邻域，而且会过度推荐一些用户熟知的热门项目。然而，根据长尾理论，相比于热门项目，更应该推荐一些差异化的、冷门的项目给用户，以更好地挖掘出用户的潜在需求和兴趣爱好。

除了数据稀疏性问题，基于用户的协同过滤还存在可扩展性较差的问题。由于数据量巨大，一般需要采用离线计算的方式来寻找用户邻域。在进行在线推荐时假设用户所处的群体（邻域）不会随着时间的推移而发生改变，但是在实际的应用系统（如电商平台）中，随着用户行为数据的增加，用户之间的距离可能变化得很快，特别是当用户已有的行为数据较少时，变化更加明显。但离线算法又难以及时更新用户间的相似度，导致给出的推荐结果可能并不符合用户当前的兴趣偏好。

2.3　基于项目的协同过滤

基于项目的协同过滤能够在一定程度上避免或缓解基于用户的协同过滤所面临的数据稀疏和可扩展性较差的问题。例如，在电商类平台中，通常用户数远大于项目（商品）数，而且项目的变更频率相对较低，相比于用户之间的相似度来讲，项目之间的相似度更加

稳定。

基于项目的协同过滤（Item-CF）假设用户过去喜欢某类项目，将来还会喜欢类似（相关）项目，并据此进行推荐（见图2-7）。这类算法隐含假设购买人群相似的项目也相似，并以用户集作为项目画像的标签体系（见图2-8），以用户对项目的反馈行为作为标签赋值（见表2-6）。在此基础上，便可以根据项目的画像结果对项目之间的相似度进行度量。

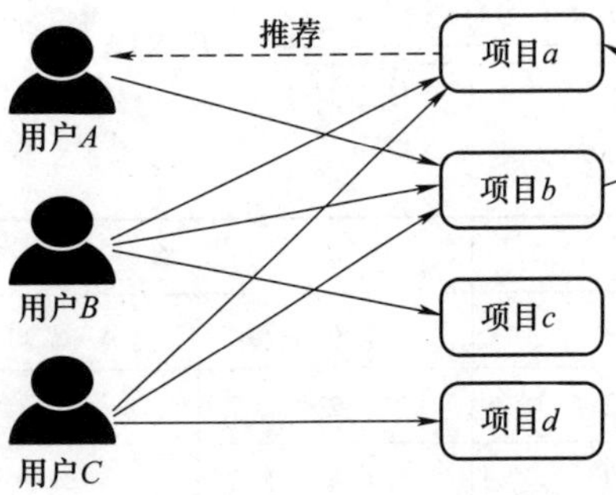

图2-7 基于项目的协同过滤算法思想示意图

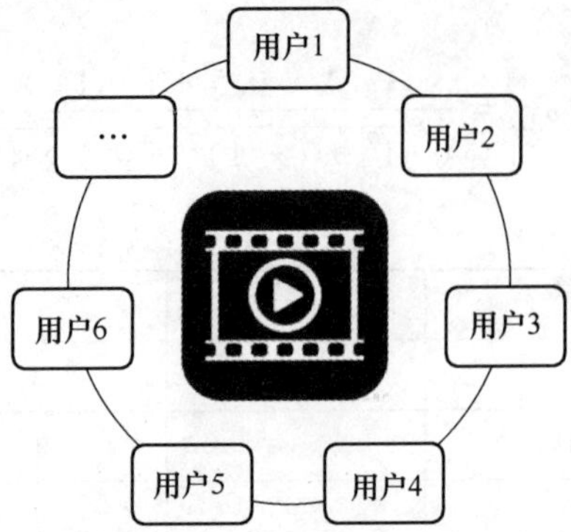

图2-8 基于项目的协同过滤系统中项目画像示意图

表2-6 图2-7对应的项目画像结果

标签	用户 A	用户 B	用户 C
项目 a		1	1
项目 b	1	1	1
项目 c		1	
项目 d			1

从整个推荐系统的角度，基于项目的协同过滤过程可以分为两个主要步骤：

1）离线预处理：计算项目之间的相似度，据此确定每个项目的邻域，并将结果存储起来。

2）在线推荐：针对当前的活跃用户（目标用户），根据其历史行为和项目之间的相似度，计算推荐列表：

①合并目标用户感兴趣项目的邻域集，并去除已知的目标用户感兴趣项目集，得到候选项目集（即项目召回）。

②根据项目之间的相似度和目标用户感兴趣项目集计算目标用户对候选项目的感兴趣程度，并生成推荐列表（即项目排序）。

其中的关键在于相似度度量的选择或构造，并据此计算项目之间的相似度。

2.3.1 Top-N 推荐

针对Top-N推荐问题，同样可以采用余弦相似度来计算项目之间的相似度。假设对项目 i 有过正反馈的用户集为 $N(i)$，对项目 j 有过正反馈的用户集为 $N(j)$，则项目 i 与 j 的余弦相似度为

$$\omega_{ij} = \frac{|N(i) \cap N(j)|}{\sqrt{|N(i)||N(j)|}} \tag{2-9}$$

式中，$N(i) \cap N(j)$ 表示对项目 i 和项目 j 都有过正反馈的用户集合。

上述余弦相似度度量假设不同用户的行为对项目相似度计算的贡献度相同，但实际中这一假设并不合理。越活跃（反馈行为越多）的用户，其对项目相似度的贡献越小。因此，需要对活跃用户进行惩罚，进而对相似度度量进行修正：

$$\omega_{ij} = \frac{\sum_{u \in N(i) \cap N(j)} \log \frac{n}{n_u}}{\sqrt{|N(i)||N(j)|}} \tag{2-10}$$

其中，惩罚系数 $f_u = \log \frac{n}{n_u}$，n 表示项目总数，n_u 表示用户 u 有过正反馈的项目数。给定数据集，项目总数 n 固定不变，则 n_u 越小，表示用户 u 购买过的项目越少，该用户越不活跃，其对项目之间相似度的影响也越大。

除了余弦相似度，还可以采用条件概率来度量项目之间的相似度。假设用户 u 已经购买了项目 i，则其购买项目 j 的概率为

$$\omega_{ij} = P(j|i) = \frac{|N(i) \cap N(j)|}{|N(i)|} \tag{2-11}$$

为修正热门项目的影响，可以添加相应的惩罚项，得到修正后的条件概率相似度为

$$\omega_{ij} = \frac{|N(i) \cap N(j)|}{|N(i)||N(j)|^{\alpha}} \tag{2-12}$$

式中，α 的取值范围为［0，1］。当集合 $N(i) \cap N(j)$ 的大小保持不变时，$N(j)$ 越大，表示购买项目 j 的用户越多，该项目越热门，对相似度的贡献也越小。

在获得项目之间的相似度之后，便可据此找出每个项目的邻域。常用的邻域寻找方法为 K 近邻，即找出和目标项目最相似的 K 个项目作为目标项目的邻域。设集合 $S(i, K)$ 表示项目 i 的 K 近邻邻域。

给定目标用户 u，根据其历史行为和项目邻域集，可以得到用户 u 的候选项目集：

$$C(u) = \{i | i \notin N(u) \& i \in S(j, K) \& j \in N(u)\}$$

即用户 u 有过正反馈的项目（$j \in N(u)$）的相似项目（邻域）集。

对于候选项目 $i \in C(u)$，用户 u 的兴趣度 $p(u, i)$ 可根据其对已反馈的项目的兴趣度加权求和得到：

$$p(u, i) = \sum_{j \in N(u)} I(i \in S(j, K)) \omega_{ij} r_{uj} \tag{2-13}$$

式中，集合 $S(j,K)$ 表示项目 j 的 K 近邻邻域；$N(u)$ 表示用户 u 有过正反馈行为的项目集合；函数 $I(x)$ 为指示函数，当 x 为真时，$I(x)$ 取值为 1，否则取值为 0；ω_{ij} 表示项目 i 和项目 j 之间的相似度；r_{uj} 表示用户 u 对项目 j 的兴趣度。对于 Top-N 推荐，用户对项目的兴趣度 r_{uj} 为隐式反馈的二值（0-1）变量。

上述兴趣度计算公式表明，用户 u 有过正反馈行为的项目集合中，邻域中包含项目 i 的项目数越多（即 $\sum_{j \in N(u)} I(i \in S(j,K))$ 取值越大），且这些项目和项目 i 越相似，则用户 u 喜好（购买）项目 i 的可能性越大。

基于项目协同过滤的 Top-N 推荐的目标为：将用户有过正反馈行为项目的邻域项目集中

目标用户还未反馈（购买）的项目作为候选集，根据估计的用户兴趣度 $p(u, i)$ 对候选项目进行排序，并将排名 Top-N 的项目推荐给目标用户。

以表 2-3 中的数据为例，现要向用户 A 推荐项目。为了计算项目之间的相似度，需要根据用户-项目表建立相应的项目-用户倒排表，如表 2-7 所示。假设采用余弦相似度度量，则可得项目之间的相似度（见表 2-8）为

表 2-7　项目-用户倒排表

项目	用户列表
a	B, C, D
b	A, B, C
c	B
d	A, C
e	D

$$\omega_{ab} = \omega_{ba} = \frac{|N(a) \cap N(b)|}{\sqrt{|N(a)||N(b)|}} = \frac{2}{\sqrt{3 \times 3}} = \frac{2}{3}$$

$$\omega_{ac} = \omega_{ca} = \frac{|N(a) \cap N(c)|}{\sqrt{|N(a)||N(c)|}} = \frac{1}{\sqrt{3 \times 1}} = \frac{1}{\sqrt{3}}$$

$$\omega_{ad} = \omega_{da} = \frac{|N(a) \cap N(d)|}{\sqrt{|N(a)||N(d)|}} = \frac{1}{\sqrt{3 \times 2}} = \frac{1}{\sqrt{6}}$$

$$\omega_{ae} = \omega_{ea} = \frac{|N(a) \cap N(e)|}{\sqrt{|N(a)||N(e)|}} = \frac{1}{\sqrt{3 \times 1}} = \frac{1}{\sqrt{3}}$$

$$\cdots$$

表 2-8　基于隐式反馈的项目相似度

余弦相似度	a	b	c	d	e
a	1	2/3	$1/\sqrt{3}$	$1/\sqrt{6}$	$1/\sqrt{3}$
b	2/3	1	$1/\sqrt{3}$	$2/\sqrt{6}$	0
c	$1/\sqrt{3}$	$1/\sqrt{3}$	1	0	0
d	$1/\sqrt{6}$	$2/\sqrt{6}$	0	1	0
e	$1/\sqrt{3}$	0	0	0	1

设项目邻域集合大小为 $K = 3$，可得

$$S(b, 3) = \{a, c, d\}, \quad S(d, 3) = \{a, b\}$$

则针对用户 A 的候选项目集为

$$S(b, 3) \cup S(d, 3) - N(A) = \{a, c\}$$

接下来，需要计算用户 A 对候选项目 a 和 c 的兴趣度：

$$p(A, a) = \sum_{j \in N(A)} I(a \in S(j, K))\omega_{ja} r_{uj} = \omega_{ba} + \omega_{da} = \frac{2}{3} + \frac{1}{\sqrt{6}} \approx 1.075$$

$$p(A, c) = \sum_{j \in N(A)} I(c \in S(j, K))\omega_{jc} r_{uj} = \omega_{bc} + \omega_{dc} = \frac{1}{\sqrt{3}} + 0 \approx 0.577$$

$p(A, a) > p(A, c)$。如果是 Top-1 推荐，则应该将项目 a 推荐给用户 A，和基于用户的协同过滤的推荐结果相同。但是需要注意，针对同样的数据，基于用户的协同过滤和基于项目的协同过滤的推荐结果可能不同。

针对表 2-3 中的用户行为数据，采用杰卡德相似度，基于项目邻域的 Top-N 推荐流程如

图 2-9 所示。

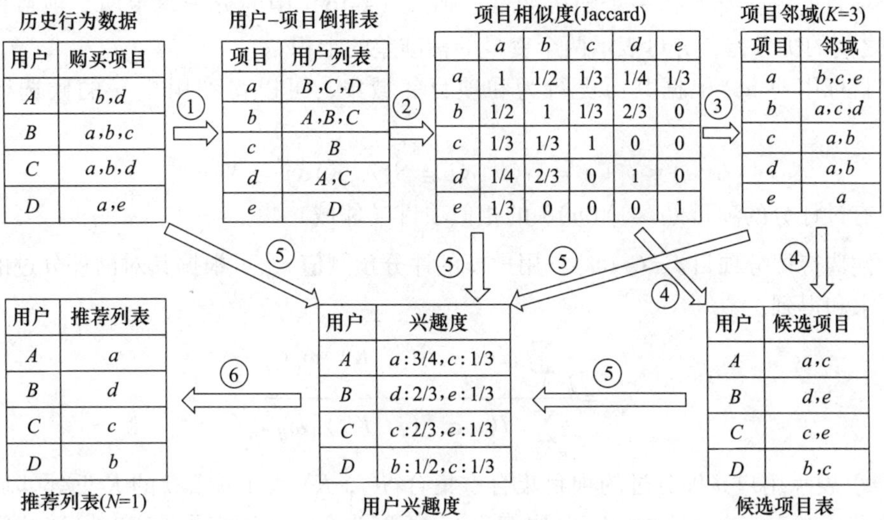

图 2-9　基于项目邻域的 Top-N 推荐流程示意图

2.3.2　评分预测

针对评分数据，可以采用余弦相似度或皮尔逊相似度来计算项目之间的相似度。对于项目 i 和项目 j，其余弦相似度计算公式如下：

$$\omega_{ij}=\frac{\sum_{u\in u_{ij}} r_{ui}r_{uj}}{\sqrt{\sum_{u\in u_i} r_{ui}^2\sum_{v\in u_j} r_{vj}^2}} \tag{2-14}$$

式中，$u_{ij}=N(i)\cap N(j)$ 表示对项目 i 和项目 j 都有过评分的用户集合；$u_i=N(i)$ 表示对项目 i 有过评分的用户集合；r_{ui} 表示用户 u 对项目 i 的评分。

同用户相似度一样，项目之间的余弦相似度忽略了用户的评分偏置。为了解决这一问题，可以通过加入用户评分偏置对项目余弦相似度进行修正，得到修正后的余弦相似度为

$$\omega_{ij}=\frac{\sum_{u\in u_{ij}}(r_{ui}-\bar{r}_u)(r_{uj}-\bar{r}_u)}{\sqrt{\sum_{u\in u_{ij}}(r_{ui}-\bar{r}_u)^2\sum_{u\in u_{ij}}(r_{uj}-\bar{r}_u)^2}} \tag{2-15}$$

式中，$\bar{r}_u$ 表示用户 u 的评分平均值。

除此之外，也可以采用皮尔逊相似度来计算项目之间的相似度。对于项目 i 和项目 j，其皮尔逊相似度计算公式如下：

$$\omega_{ij}=\frac{\sum_{u\in u_{ij}}(r_{ui}-\bar{r}_i)(r_{uj}-\bar{r}_j)}{\sqrt{\sum_{u\in u_{ij}}(r_{ui}-\bar{r}_i)^2\sum_{u\in u_{ij}}(r_{uj}-\bar{r}_j)^2}} \tag{2-16}$$

$$\bar{r}_i=\frac{\sum_{u\in u_i} r_{ui}}{|u_i|}$$

式中，$\bar{r}_i$ 和 $\bar{r}_j$ 分别表示项目 i 和 j 的评分平均值，其他符号的含义和式（2-14）中的相同。如果将每个项目的评分都看作一个随机变量，则式（2-16）中的分子表示两个项目评分变量 $r_{\cdot i}$ 和 $r_{\cdot j}$ 之间的协方差，分母表示两个变量的标准差的乘积。

给定目标用户 u，根据其历史行为和项目邻域集，可以得到用户 u 的候选待评分项目集：

$$C(u) = \{i \mid i \notin N(u) \& i \in S(j, K) \& j \in N(u)\}$$

即用户 u 有过评分的项目（$j \in N(u)$）的相似项目（邻域）集。

对于候选待评分项目 $i \in C(u)$，用户 u 的评分预测值 $\hat{r}_{ui}$ 可根据其对已评分过的项目的评分加权求和得到：

$$\hat{r}_{ui} = \frac{\sum_{j \in N(u)} I(i \in S(j, K))\omega_{ij} r_{uj}}{\sum_{j \in N(u)} I(i \in S(j, K))|\omega_{ij}|} \tag{2-17}$$

式中，$N(u)$ 表示用户 u 评分过的项目集合；集合 $S(j, K)$ 表示项目 j 的 K 近邻邻域；函数 $I(x)$ 为指示函数，当 x 为真时，$I(x)$ 取值为 1，否则为 0；ω_{ij} 表示项目 i 和项目 j 之间的相似度；r_{uj} 表示用户 u 对项目 j 的评分。

以表 2-5 中的数据为例，现需要采用基于项目的协同过滤算法来计算用户 A 对项目 e 的评分预测值。根据项目之间的皮尔逊相似度可以得到项目 a、b、c、d、e 两两之间的相似度如表 2-9 所示。

表 2-9　基于显式评分的项目相似度

余弦相似度	a	b	c	d	e
a	1	0.6742	0.9045	0.8281	0.6489
b	0.6742	1	0.8944	0.9366	0.9733
c	0.9045	0.8944	1	0.9428	0.8165
d	0.8281	0.9366	0.9428	1	0.9487
e	0.6489	0.9733	0.8165	0.9487	1

设项目邻域集合大小为 $K = 3$，则

$$S(a,3) = \{c,d,b\}, S(b,3) = \{e,d,c\}, S(c,3) = \{d,a,b\}, S(d,3) = \{e,c,b\}$$

进而可以计算出用户 A 对项目 e 的评分预测值：

$$\hat{r}_{Ae} = \frac{\sum_{j \in N(A)} I(e \in S(j, K))\omega_{ej} r_{Aj}}{\sum_{j \in N(A)} I(e \in S(j, K))|\omega_{ej}|} = \frac{\omega_{eb} r_{Ab} + \omega_{ed} r_{Ad}}{|\omega_{eb}| + |\omega_{ed}|} = \frac{0.9733 \times 3 + 0.9487 \times 4}{0.9733 + 0.9487} \approx 3.494$$

2.4 基于距离的相似度度量

基于邻域的协同过滤算法的关键在于相似度度量的构造。除了上文中提到的常用的余弦相似度、皮尔逊相似度、杰卡德相似度以外，还有一类相似度构造方法通过距离度量来构造相似度度量。其基本思想为：距离越远相似度越低，距离越近相似度越高。基于这种思想，可以利用现有的大量距离度量来构造相似度度量。

设两个向量 $\boldsymbol{x}$ 和 $\boldsymbol{y}$ 的距离为 $d(\boldsymbol{x}, \boldsymbol{y})$，则两者的相似度 $\mathrm{sim}(\boldsymbol{x}, \boldsymbol{y})$ 可以通过以下方法计算：

$$\mathrm{sim}(\boldsymbol{x}, \boldsymbol{y}) = 1 - d(\boldsymbol{x}, \boldsymbol{y})$$

$$\mathrm{sim}(\boldsymbol{x}, \boldsymbol{y}) = 1 - \frac{d(\boldsymbol{x}, \boldsymbol{y}) - d_{\min}}{d_{\max} - d_{\min}}$$

$$\mathrm{sim}(\boldsymbol{x}, \boldsymbol{y}) = \mathrm{e}^{-d(\boldsymbol{x}, \boldsymbol{y})}$$

$$\mathrm{sim}(\boldsymbol{x}, \boldsymbol{y}) = \frac{1}{1 + d(\boldsymbol{x}, \boldsymbol{y})}$$

其中第一种计算方法假设距离 $d(\boldsymbol{x}, \boldsymbol{y})$ 取值不超过 1（且默认为非负）；当距离 $d(\boldsymbol{x}, \boldsymbol{y})$ 的取值仅为非负时，可以采用后面三种方法来计算相似度。前面两种方法采用相反数的思想、后面两种方法采用倒数的思想，这是两种常用的相反关系变换方法。前面三种计算方法的思想比较直观，特别是第二种和第三种计算方法，能够保证相似度的取值范围在［0，1］之间。第四种方法，利用指数函数的性质，也能够保证相似度的取值范围在［0，1］之间，如图 2-10 所示。除了上述四种方法之外，还可以构造其他的方法将距离转换为相似度，但在构造时需要保证 $\mathrm{sim}(\boldsymbol{x}, \boldsymbol{y})$ 取值范围在［0，1］之间。

常用的距离度量有欧氏距离（Euclidean Distance，也称直线距离）和曼哈顿距离（Manhattan Distance，也称城市街区距离），其计算公式分别为

$$d(\boldsymbol{x}, \boldsymbol{y}) = \sqrt{\sum_{k=1}^{n} (x_k - y_k)^2}$$

$$d(\boldsymbol{x}, \boldsymbol{y}) = \sum_{k=1}^{n} | x_k - y_k |$$

式中，n 表示向量 $\boldsymbol{x}$ 和 $\boldsymbol{y}$ 的维度。这两种距离度量的示意图如图 2-11 所示。

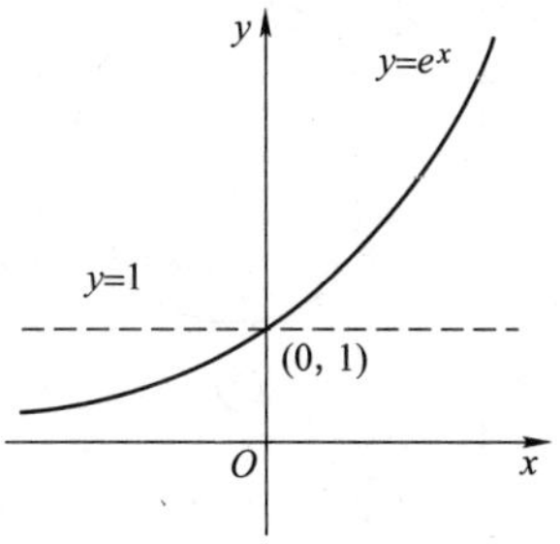

图 2-10　指数函数示意图

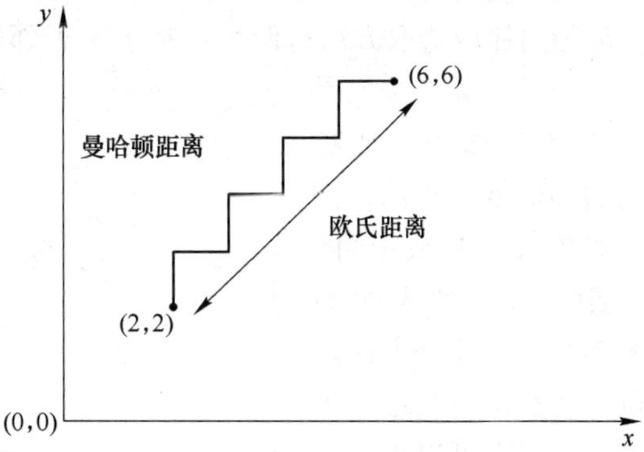

图 2-11　常见距离度量示意图

对这两种距离进行抽象推广可得到闵氏距离（Minkowski Distance），其表达式为

$$d(\boldsymbol{x},\boldsymbol{y}) = \left(\sum_{k=1}^{n} |x_k - y_k|^r\right)^{\frac{1}{r}}$$

当 $r=1$ 时，为曼哈顿距离；当 $r=2$ 时，为欧氏距离；当 $r\rightarrow\infty$ 时，闵氏距离为切比雪夫距离（Chebyshev Distance）

$$d(\boldsymbol{x},\ \boldsymbol{y}) = \max_k |x_k - y_k|$$

除了闵氏距离，在几何学中还有一种常用的距离，称为流形距离或是黎曼距离，如图2-12所示。流形距离是以微分几何为基础构造的一种距离度量，其表达式为

$$d(\boldsymbol{x},\ \boldsymbol{y}) = \begin{cases} \min_{\gamma \in \mathcal{P}} L(\gamma), & \boldsymbol{x},\ \boldsymbol{y}\text{ 连通} \\ +\infty, & \boldsymbol{x},\ \boldsymbol{y}\text{ 不连通} \end{cases}$$

式中，$\mathcal{P}$ 表示全体连通点 $\boldsymbol{x}$ 到点 $\boldsymbol{y}$ 的分段曲线；$L(\gamma)$ 表示曲线段 γ 的长度。地理学中常用的测地距离本质上就是一种流形距离。

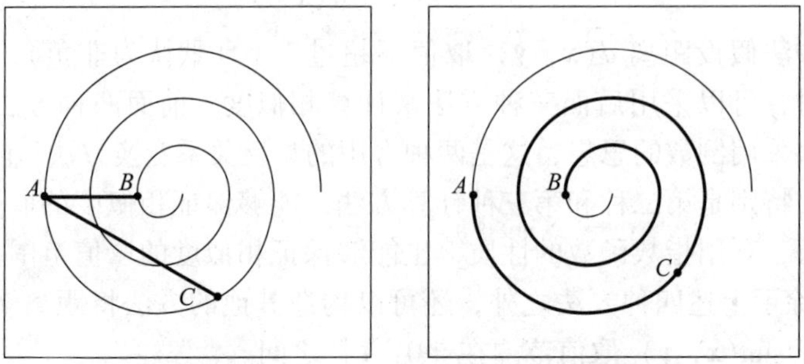

a) 欧氏距离　　b) 流形距离

图2-12　欧氏距离与流形距离的对比示意图

在构造相似度度量时，除了可以采用这些传统的距离度量，还可以通过机器学习来学习针对特定问题的距离度量，这种方法称为度量学习。

2.5　邻域的选取

除了相似度度量的构造与选取，基于邻域的协同过滤算法中的另一个关键环节在于邻域的选取。常用的邻域选取方法有两种：基于 K 近邻的邻域选取和基于阈值的邻域选取。

基于 K 近邻的邻域选取是直接根据对象（如用户或项目）之间的相似度或距离，选取与目标对象（用户或项目）最相似或距离最近的 K 个对象（见图2-13a）。这种方法虽然思想和实现都比较简单，且针对不同的应用都可以直接使用，但是在实际的使用过程中存在一些问题和困难。如果超参 K 取值过大，会导致内存占用大，推荐过程缓慢，而且还可能会引入一些噪声（不太相关的邻居），导致推荐结果较差。如果超参 K 取值过小，则会限制推荐范围，很多候选项目无法被召回，进而影响推荐结果的准确度。所以，K 的取值不宜过大，也不宜过小。此外，针对不同的用户，最优的 K 的取值通常并不相同。

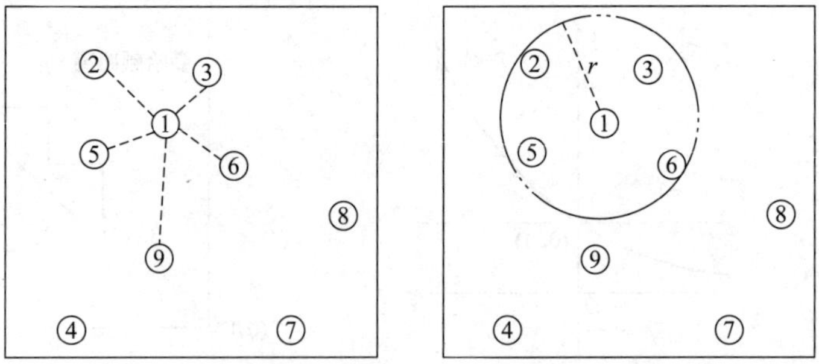

a) 基于 K 近邻的邻域选取(K=5)　　b) 基于阈值的邻域选取(阈值为 r)

图2-13　邻域选取示意图

针对 K 近邻存在的问题，可以采用另一种邻域选择方法：基于阈值的邻域选取。这类方法假设邻域对象（用户或项目）之前的相似度应该超过一定的阈值，或是距离应该小于一定的阈值（见图 2-13b）。这是一种更为灵活的过滤技术，能够实现针对不同用户选择不同数量的邻居，但是其超参（阈值 r）的选取更为困难。在不同的应用中，由于选用的距离或相似度的量纲不同，且样本分布存在差异，所以通常需要结合应用领域和算法相关知识选用不同的阈值 r。如果超参 r 取值过大，会导致和基于 K 近邻的方法中 K 取值过大同样的问题。如果超参 r 取值过小，不仅会限制推荐范围，而且还可能导致找不到任何邻居而无法产生任何推荐结果。

在实际的应用中，如果有足够的领域和算法知识，则应优先选用基于阈值的邻域选取方法，否则应优先选用基于 K 近邻的邻域选取方法。除了单独使用外，也可以综合考虑使用两种邻域选取方法，取长补短，以实现更好的推荐效果。

2.6 Slope One 算法

为了解决传统的基于邻域的协同过滤算法中存在的调参工作量较大的问题，如选择相似度度量、选择最近邻个数 K 等，Daniel Lemire 和 Anna Maclachlan 提出了一种称为 Slope One 的协同过滤算法。该算法本质上是一种针对评分预测问题的基于项目的协同过滤算法，采用相对（评分）值来度量项目间的差异度（或相似度）以避免相似度度量的选择问题，用均值化的思想来掩盖个体的评分差异以避免最近邻个数的选择问题，通过采用简单的一元线性模型：$y = f(x) = x + b$ 以避免过多参数的设置。

以表 2-10 中的数据为例，用户 A、B 和 C 都对项目 a 有过评分，用户 A 和 B 还对项目 b 有过评分，现要预测用户 C 对项目 b 的评分。

表 2-10　用户评分示例表（两个项目）

用户/项目	a	b
A	5	10
B	4	5
C	4	?

Slope One 算法示意图如图 2-14 所示，当只有两个项目 i 和 j 时，用户 u 对项目 j 的评分 $\hat{r}_{uj}$ 可由如下公式进行预测：

$$\hat{r}_{uj} = r_{ui} + d_{ji} = r_{ui} + \frac{\sum_{u \in S_{ji}} (r_{uj} - r_{ui})}{|S_{ji}|} \tag{2-18}$$

式中，d_{ji} 表示项目 j 的评分相对于项目 i 的评分偏差的平均值，即 $d_{ji} = \frac{\sum_{u \in S_{ji}} (r_{uj} - r_{ui})}{|S_{ji}|}$；$S_{ji}$ 表示对项目 i 和 j 都给予过评分的用户集合；$|X|$ 表示集合 X 中包含的元素数量。

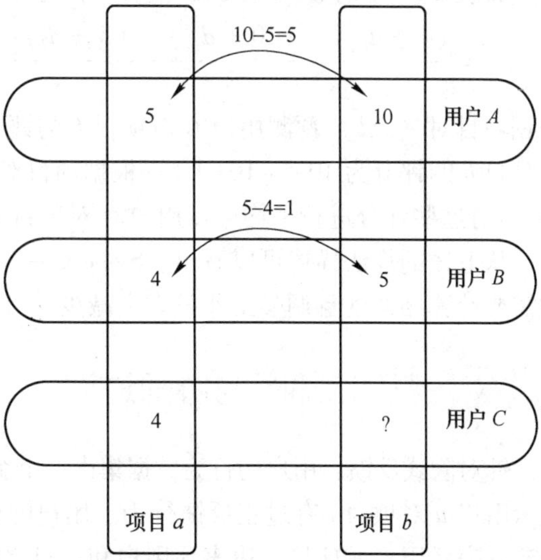

图 2-14　Slope One 算法示意图

将表 2-10 中的数据代入式（2-18），可得用户 C 对项目 b 的评分为

$$\hat{r}_{Cb} = r_{Ca} + d_{ba} = r_{Ca} + \frac{\sum_{u \in S_{ba}} (r_{ub} - r_{ua})}{|S_{ba}|} = 4 + \frac{(10-5)+(5-4)}{2} = 7$$

用户 A 认为项目 b 比项目 a 要好 5=10-5 分，用户 B 认为项目 b 比项目 a 要好 1=5-4 分；平均来看，其他用户（用户 A 和用户 B）认为项目 b 比项目 a 要好 3=(5+1)/2 分，据此可以预测用户 C 对项目 b 的评分为 7=4+3 分。

当项目数量多于两项时，如表 2-11 所示，Slope One 算法继续采用平均法的思想：先通过取不同项目对分别对目标项目进行评分预测，然后对这些评分进行平均。具体计算公式如下：

$$r_{uj} = \frac{\sum_{i \in S_j^u} (r_{ui} + d_{ji})}{|S_j^u|} \tag{2-19}$$

式中，S_j^u 表示所有用户 u 给予过评分且与项目 j 同时被其他用户评分过的项目集合；d_{ji} 表示项目 j 的评分相对于项目 i 的评分偏差的平均值，即 $d_{ji} = \frac{\sum_{u \in S_{ji}} (r_{uj} - r_{ui})}{|S_{ji}|}$；$S_{ji}$ 表示对项目 i 和 j 都给予过评分的用户集合；$|X|$ 表示集合 X 中包含的元素数量。

表 2-11 用户评分示例表（多个项目）

用户/项目	a	b	c	d
A	5	10	10	5
B	4	5	4	10
C	4	?	10	5

将表 2-11 中的数据代入式（2-19），可以预测得到用户 C 对项目 b 的评分为

$$r_{Cb} = \frac{(4+d_{ba})+(10+d_{bc})+(5+d_{bd})}{3} = \frac{(4+3)+(10+0.5)+(5+0)}{3} = 7.5$$

根据项目对（a,b）预测用户 C 对项目 b 的评分为 7=4+3；根据项目对（b,c）预测用户 C 对项目 b 的评分为 10.5=10+0.5；根据项目对（b,d）预测用户 C 对项目 b 的评分为 5=5+0；再对这些评分进行平均可得用户 C 对项目 b 的评分预测为 7.5 = (7 + 10.5 + 5)/3。

从上述的算法描述可以看出，Slope One 算法主要通过两步平均对项目的评分进行预测，不需要计算相似度且调参工作量大大减少。

2.7 基于二部图的协同过滤

针对隐式反馈，用户的行为数据集由一个个（u,i）二元组组成，其中每个二元组（u,i）表示用户 u 对项目 i 有过正反馈行为。用户的行为数据集可以表示成一幅（二部）图，图中的节点表示用户或项目，边表示用户和项目之间的行为关系，即行为集中的每个二元组对应图中的一条边。因此，可以构造一些基于图模型的推荐算法。

二部图 $G(V, E)$ 是图论中的一类特殊的图。设 $G(V, E)$ 是一个无向图，其中 V 表示节点的集合，E 表示边的集合。如果节点集合 V 可以被划分为两个互不相交的子集 S 和 T，并且图中的每条边 (i, j) 所关联的两个节点 i 和 j 分别属于这两个不同的节点集 $(i \in S, j \in T)$，则称图 G 为一个二部图。

根据 2.2.1 节中的表 2-3 的数据，可以构造出如图 2-15 所示的二部图，圆形节点代表用户，方形节点代表项目，边代表用户和项目之间的行为关系。这是一个典型的二部图，图中节点被划分为用户节点和项目节点两个子集，代表用户行为的每条边（u,i）所关联的两个节点分别属于这两个不同的节点集。

用户	标签(项目列表)
A	b, d
B	a, b, c
C	a, b, d
D	a, e

用户画像

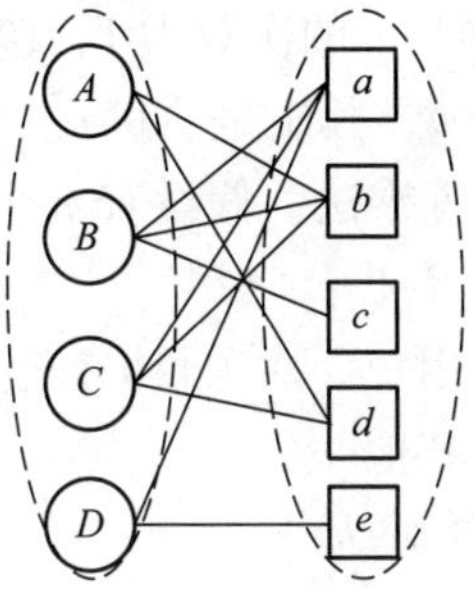

用户–项目同时画像

项目	标签(用户列表)
a	B, C, D
b	A, B, C
c	B
d	A, C
e	D

项目画像

图 2-15　二部图示例

基于行为数据的二部图表示，可以同时对用户（以项目集合为标签集）和项目（以用户集合为标签集）进行画像。在此基础上利用一些网络图模型（如图扩散模型），可以构建一些相应的推荐算法，并且能够缓解传统的基于邻域的推荐算法存在的数据稀疏和推荐范围（候选项目集）受限的问题。

2.7.1　激活扩散模型

激活扩散模型假设用户反馈过的项目具有用户偏好的某种属性（用户画像），并且用户的偏好（用户画像标签）可以在图中的节点间进行传递，在此基础上通过图上用户偏好的传递性来挖掘用户潜在偏好信息，并据此为用户进行推荐。这是一种比较直观的基于二部图的协同过滤算法。

针对给定目标用户，基于激活扩散模型的推荐过程可以分为三个主要步骤：

1）给定最大扩散步长，从目标用户节点出发，沿着图中的边进行扩散：第一步扩散到目标用户节点的相邻节点，第二步扩散到相邻节点的相邻节点，如此反复，直至达到最大扩散步长，停止扩散；在扩散过程中，每当到达一个项目时，针对该项目记录一次当前步数。

2）扩散过程中到达过的所有项目，去除目标用户有过正反馈的项目，剩余的项目构成了候选项目集，即召回项目集。

3）根据首次到达项目的步数和到达项目的次数对候选项目进行排序，生成推荐列表：

① 根据首次到达的步数从小到大对候选项目进行排序（由于是二部图，所以到达项目的步长只能是大于 1 的奇数：3、5、7、…）。

② 对于首次到达步数相同（假设为 k）的项目，根据 k 步到达这些项目的次数对其做进一步的排序。

以表2-3中的数据为例，根据激活扩散模型为用户进行推荐。设最大扩散步长为3步，现需要对用户A进行推荐。根据图2-15中的二部图可知，经过第一步扩散，可以到达的项目节点集合为$\{b,d\}$，即用户A有过正反馈的项目集；经过第二步扩散，可以到达的用户节点集合为$\{A, B, C\}$，即和用户A相邻（或相似）的用户集；经过第三步扩散，可以到达的项目节点集合为$\{a, b, c, d\}$，即用户A、B和C有过正反馈的项目集。去除用户A有过正反馈的项目b和d，可以得到候选项目集为$\{a,c\}$。由于首次到达两个候选项目a和c的步数相同，都为3步，所以需要根据到达这两个项目的次数对其进行排序。到达项目a的次数，即从用户节点A出发经过3步到达项目节点a的路径条数为3，包括的路径：A-b-B-a、A-b-C-a和A-d-C-a。到达项目c的次数为1，包括路径：A-b-B-c。所以最后生成的推荐列表为(a,c)，即优先推荐项目a，其次是项目c。

上述图扩散步骤还可以表示为矩阵乘法。假设有m个用户和n个项目，根据用户的反馈行为数据可以构造一个用户行为矩阵$\boldsymbol{R}_{m\times n}$：

$$r_{ui}=\begin{cases}1 & \text{用户 } u \text{ 对项目 } i \text{ 有过正反馈}\\ 0 & \text{其他}\end{cases}$$

表2-3中的数据对应的用户行为矩阵为

$$\boldsymbol{R}=\begin{pmatrix}0&1&0&1&0\\1&1&1&0&0\\1&1&0&1&0\\1&0&0&0&1\end{pmatrix}$$

矩阵的行对应用户，列对应项目。矩阵$\boldsymbol{R}$可以看作原始的用户画像结果，用户A的画像是（0 1 0 1 0），用户B的画像是（1 1 1 0 0），用户C的画像是（1 1 0 1 0），用户D的画像是（1 0 0 0 1）。

图扩散的过程用矩阵乘法可以表示为

$$\boldsymbol{S}^{(2k+1)}=\boldsymbol{R}(\boldsymbol{R}^{\mathrm{T}}\boldsymbol{R})^{k}$$

由于图扩散的目的是挖掘用户在项目上的潜在偏好，所以从用户侧出发，会在扩散$2k+1(k=0, 1, \cdots)$步后停止扩散。

扩散3步的结果为

$$\boldsymbol{S}^{(3)}=\boldsymbol{R}\boldsymbol{R}^{\mathrm{T}}\boldsymbol{R}=\begin{pmatrix}3&5&1&4&0\\6&6&3&3&1\\6&7&2&5&1\\4&2&1&1&2\end{pmatrix}$$

对应于经过一轮（$k=1$）迭代后的用户画像结果，其中用户A的画像是（3 5 1 4 0），即用户A对各项目偏好程度分别为：$a=3$，$b=5$，$c=1$，$d=4$，$e=0$。由于项目b和d都是用户A已经反馈过的项目，所以根据这一结果，可以优先为用户A推荐项目a，其次是项目c。

扩散5步的结果为

$$\boldsymbol{S}^{(5)}=\boldsymbol{R}\boldsymbol{R}^{\mathrm{T}}\boldsymbol{R}\boldsymbol{R}^{\mathrm{T}}\boldsymbol{R}=\begin{pmatrix}24&30&9&21&3\\37&39&15&24&7\\40&45&15&30&7\\20&17&7&10&6\end{pmatrix}$$

对应于经过两轮（$k=2$）迭代后的用户画像结果，其中用户 A 的画像是（24 30 9 21 3）。根据这一结果，可以在为用户 A 推荐完项目 a 和 c 之后，继续为其推荐项目 e。

限定步数为 3 步和 5 步得到的推荐结果如表 2-12 所示。当限定步数为 5 时，针对每个用户，所有其还未反馈过的项目都成了候选项目。

表 2-12　激活扩散模型推荐结果

步数/用户	A	B	C	D
3	a，c	d，e	c，e	b，c，d
5	a，c，e	d，e	c，e	b，d，c

传统的基于邻域的协同过滤算法，不管是基于用户的协同过滤还是基于项目的协同过滤，在构建候选项目集时，都只考虑了三步扩散能够到达的项目，因此存在推荐范围受限的问题。例如，针对上例中的用户 A，传统的协同过滤算法在构建候选项目集时只会考虑项目 a 和 c，导致项目 e 无法被推荐。采用激活扩散模型，通过设定更大的步长限制，能够推荐更多的项目。

2.7.2　物质扩散模型

通过激活扩散模型，能够缓解传统的基于邻域的协同过滤算法存在的推荐范围受限问题（只考虑和目标用户有过共同评分或正反馈行为的相邻用户），但是其假设图中每个节点和每条边的影响相同，这会导致活跃用户或热门项目偏置的问题。为解决这一问题，可以采用带权重的网络扩散模型。

基于网络扩散模型的推荐算法假设用户反馈过的所有项目都具有让用户喜欢的某种属性，并且这种属性可以在图中节点之间进行传递和扩散。典型的带权重的网络扩散模型有两类：基于物质扩散的模型和基于热传导的模型。

基于物质扩散的模型将用户的偏好属性表示为节点所拥有的资源（或能量），并且在偏好传递过程中每个节点会平均地将自己拥有的物质分享给相邻的节点，整个扩散过程满足物质（或能量）守恒定律。这种扩散方式隐含假设：扩散过程中每条边的影响不完全相同，且越热门的节点（用户或项目）对邻居的直接影响越小。

针对给定目标用户，基于物质扩散的推荐过程可以分为三个主要步骤：

1）资源初始化分配：为目标用户有过正反馈的所有项目节点分配一个资源初始值，默认设为 1；其他节点的资源初始值都设为 0。

2）资源扩散：根据用户和项目之间的邻接关系，把项目节点上的资源按照一定的方式传递给用户节点；然后，把用户节点上的资源按照一定的方式传递给项目节点；如此反复，直至收敛或迭代次数（扩散步长）达到设定的阈值。

3）生成推荐列表：根据最终资源在项目节点上的分配，按照资源拥有量从大到小对候选项目进行排序。

假设有 m 个用户和 n 个项目，根据用户的反馈行为数据可以构造一个矩阵 $\boldsymbol{R}_{m\times n}$：

$$r_{ui}=\begin{cases}1 & \text{用户 } u \text{ 对项目 } i \text{ 有过正反馈}\\0 & \text{其他}\end{cases}$$

向量 $\boldsymbol{S}=(s_1, s_2, s_3, \cdots, s_n)$ 表示项目节点资源的分配；$k(U_u)$ 表示用户节点 u 的度，即用

户 u 反馈（购买）过的项目数；$k(I_i)$ 表示项目节点 i 的度，即对项目 i 有过正反馈的用户数。

给定目标用户 u，初始项目节点资源分配为 $\boldsymbol{S}^{(0)}=\boldsymbol{R}_{u\cdot}$，即项目节点 j 的初始资源为 $s_j^{(0)}=r_{uj}$。基于这些资源，便可以开始在网络中进行资源扩散了。

第一步：用户节点从项目节点那里获得资源。假设每个项目节点把自己的资源平均分配给与其相邻的用户（即所有对该项目有过正反馈的用户）节点，则用户节点 u 获得的资源 b_u 为

$$b_u=\sum_{j=1}^{n} r_{uj}\frac{s_j}{k(I_j)} \tag{2-20}$$

第二步：用户节点将资源传递给项目节点。假设每个用户节点把自己的资源平均分配给与其相邻的项目（即该用户有过正反馈的所有项目）节点，则项目节点 j 更新后的资源 s_j' 为

$$s_j'=\sum_{u=1}^{m} r_{uj}\frac{b_u}{k(U_u)} \tag{2-21}$$

将式（2-20）代入式（2-21），可得

$$s_j'=\sum_{u=1}^{m} r_{uj}\frac{b_u}{k(U_u)}=\sum_{u=1}^{m} r_{uj}\frac{\sum_{l=1}^{n} r_{ul}\frac{s_l}{k(I_l)}}{k(U_u)}=\sum_{l=1}^{n} w_{lj}^{P}s_l \tag{2-22}$$

其中，

$$w_{lj}^{P}=\frac{1}{k(I_l)}\sum_{u=1}^{m}\frac{r_{ul}r_{uj}}{k(U_u)}$$

表示经过一轮迭代（“项目-用户-项目”资源扩散），项目节点 l 上的资源转移到项目节点 j 上的比例。

采用向量和矩阵表示，上述扩散过程可以表示为

$$\boldsymbol{S}'=\boldsymbol{W}^{P}\boldsymbol{S} \tag{2-23}$$

式中，$\boldsymbol{W}^{P}=(w_{lj}^{P})_{n\times m}$ 表示进行一轮“项目-用户-项目”资源扩散的转移矩阵，$\boldsymbol{S}=(s_1,s_2,s_3,\cdots,s_n)^{\mathrm{T}}$ 表示项目节点资源向量。

当扩散达到稳定状态后，项目节点资源向量 $\boldsymbol{S}^*$ 满足如下等式：

$$\boldsymbol{S}^*=\boldsymbol{W}^{P}\boldsymbol{S}^* \tag{2-24}$$

以表2-3中的数据为例，现要为用户 A 推荐项目。首先，为用户 A 所购买过的项目 b 和 d 分配初始资源值1，其他的项目分配初始资源值0。然后，按照上述步骤可以计算得到“项目-用户-项目”资源扩散的转移矩阵 $\boldsymbol{W}^{P}=(w_{lj}^{P})_{n\times m}$：

$$\boldsymbol{W}^{P}=\begin{pmatrix} 7/18 & 2/9 & 1/3 & 1/6 & 1/2 \\ 2/9 & 7/18 & 1/3 & 5/12 & 0 \\ 1/9 & 1/9 & 1/3 & 0 & 0 \\ 1/9 & 5/18 & 0 & 5/12 & 0 \\ 1/6 & 0 & 0 & 0 & 1/2 \end{pmatrix}$$

进而可以计算出经过一轮“项目-用户-项目”资源扩散之后各项目的资源分配量：

$$S' = W^P S = \begin{pmatrix} 7/18 & 2/9 & 1/3 & 1/6 & 1/2 \\ 2/9 & 7/18 & 1/3 & 5/12 & 0 \\ 1/9 & 1/9 & 1/3 & 0 & 0 \\ 1/9 & 5/18 & 0 & 5/12 & 0 \\ 1/6 & 0 & 0 & 0 & 1/2 \end{pmatrix} (0\ 1\ 0\ 1\ 0)^{\mathrm{T}} = \begin{pmatrix} 7/18 \\ 29/36 \\ 1/9 \\ 25/36 \\ 0 \end{pmatrix}$$

资源扩散示意图如图 2-16 所示。

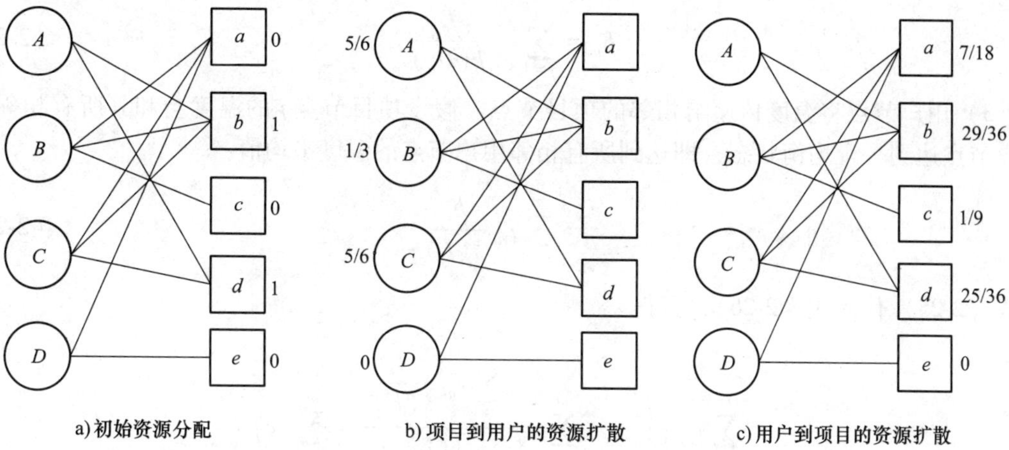

图 2-16　资源扩散示意图（以用户 A 为例）

经过多轮迭代后，可以发现项目节点上的资源分布逐渐稳定，其结果如表 2-13 所示。

表 2-13　资源扩散结果

项目	初始状态	第 1 轮迭代	第 2 轮迭代	第 3 轮迭代	第 4 轮迭代	第 5 轮迭代
a	0	0. 39	0. 48	0. 53	0. 56	0. 57
b	1	0. 81	0. 73	0. 68	0. 65	0. 63
c	0	0. 11	0. 17	0. 19	0. 20	0. 20
d	1	0. 69	0. 56	0. 49	0. 45	0. 43
e	0	0	0. 06	0. 11	0. 14	0. 17

按照最后得到的资源值，如果是 Top-1 推荐的话，则为用户 *A* 推荐项目 *a*；如果是 Top-2 推荐，则为用户 *A* 推荐项目 *a* 和 *c*。

2. 7. 3　热传导模型

热传导（也称热扩散）模型是一种通过模拟温度在网络中的传导来建模用户偏好的推荐模型。不同于物质扩散模型，物质或者能量在扩散中不会消亡也不会增加，满足守恒定律；热传导模型假设系统由一个或多个恒温热源驱动，不满足守恒定律。

设向量 $\boldsymbol{T} = (t_1, t_2, t_3, \cdots, t_n)$ 表示项目节点的初始温度。$\boldsymbol{R}_{m\times n}$ 表示用户反馈矩阵；

$k(U_u)$ 和 $k(I_i)$ 分别表示网络图中用户节点 u 和项目节点 i 的度，即相邻节点的数量。

基于热传导的模型将用户的偏好属性表示为节点的温度，并假设用户偏好会从温度高的节点传递到相邻的温度较低的节点。针对给定目标用户 u，基于热传导的推荐过程可以分为三个主要步骤。

1）初始项目节点温度向量为 $\boldsymbol{T}^{(0)}=\boldsymbol{R}_{u\cdot}$，即项目节点 j 的初始温度为 $t_j^{(0)}=r_{uj}$。

2）项目节点将温度传递给相邻的用户节点。假设用户节点 u 的温度会和其所有相邻的项目节点达到一个均衡状态，即达到所有相邻项目节点的温度平均值：

$$b_u=\sum_{j=1}^{n} r_{uj}\frac{t_j}{k(U_u)} \tag{2-25}$$

3）用户节点将温度传递给相邻的项目节点。假设项目节点 j 的温度会和其所有相邻的用户节点达到一个均衡状态，即达到所有相邻用户节点的温度平均值：

$$t'_j=\sum_{u=1}^{m} r_{uj}\frac{b_u}{k(I_j)} \tag{2-26}$$

将式（2-25）代入式（2-26），可得

$$t'_j=\sum_{u=1}^{m} r_{uj}\frac{b_u}{k(I_j)}=\sum_{u=1}^{m} r_{uj}\frac{\sum_{l=1}^{n} r_{ul}\frac{t_l}{k(U_u)}}{k(I_j)}=\sum_{l=1}^{n} w_{lj}^{H}t_l \tag{2-27}$$

其中，

$$w_{lj}^{H}=\frac{1}{k(I_j)}\sum_{u=1}^{m}\frac{r_{ul}r_{uj}}{k(U_u)} \tag{2-28}$$

采用向量和矩阵表示，上述传导过程可以表示为

$$\boldsymbol{T}'=\boldsymbol{W}^{H}\boldsymbol{T} \tag{2-29}$$

式中，$\boldsymbol{W}^{H}=(w_{lj}^{H})_{n\times m}$ 表示进行一轮“项目-用户-项目”热传导的转移矩阵；$\boldsymbol{T}=(t_1,\ t_2,\ t_3,\ \cdots,\ t_n)^{\mathrm{T}}$ 表示项目节点温度向量。

当热传导达到稳定状态后，项目节点温度向量 $\boldsymbol{T}^*$ 满足如下等式：

$$\boldsymbol{T}^*=\boldsymbol{W}^{H}\boldsymbol{T}^* \tag{2-30}$$

以表 2-3 中的数据为例，现要为用户 A 推荐项目。首先，为用户 A 所购买过的项目 b 和 d 设置初始温度值 1，其他的项目设置初始温度值 0。然后，按照上述步骤可以计算得到“项目-用户-项目”热传导的转移矩阵 $\boldsymbol{W}^{H}=(w_{lj}^{H})_{n\times m}$：

$$\boldsymbol{W}^{H}=\begin{pmatrix} 7/18 & 2/9 & 1/9 & 1/9 & 1/6 \\ 2/9 & 7/18 & 1/9 & 5/18 & 0 \\ 1/3 & 1/3 & 1/3 & 0 & 0 \\ 1/6 & 5/12 & 0 & 5/12 & 0 \\ 1/2 & 0 & 0 & 0 & 1/2 \end{pmatrix}$$

进而可以计算出经过一轮“项目-用户-项目”传导之后各项目节点的温度：

$$T' = W^H T = \begin{pmatrix} 7/18 & 2/9 & 1/9 & 1/9 & 1/6 \\ 2/9 & 7/18 & 1/9 & 5/18 & 0 \\ 1/3 & 1/3 & 1/3 & 0 & 0 \\ 1/6 & 5/12 & 0 & 5/12 & 0 \\ 1/2 & 0 & 0 & 0 & 1/2 \end{pmatrix} (0\ 1\ 0\ 1\ 0)^{\mathrm{T}} = \begin{pmatrix} 1/3 \\ 2/3 \\ 1/3 \\ 5/6 \\ 0 \end{pmatrix}$$

热传导示意图如图 2-17 所示。

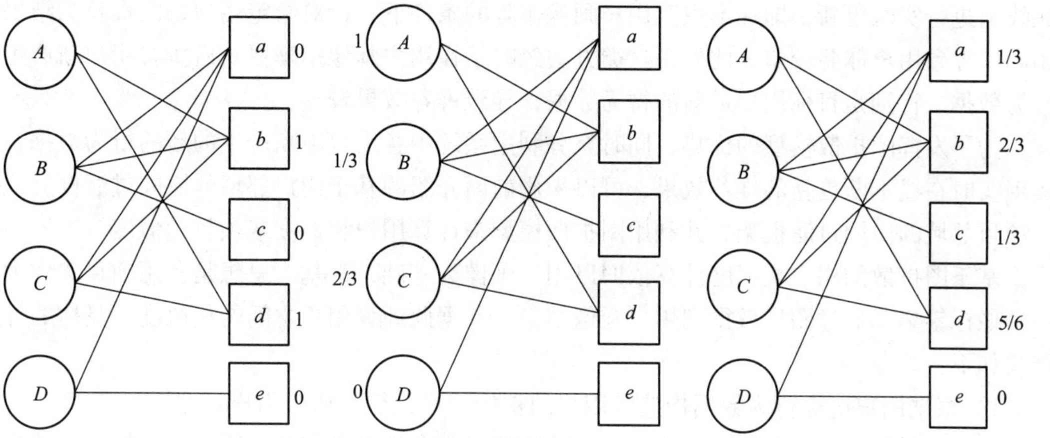

图 2-17 热传导示意图（以用户 A 为例）

经过多轮迭代后，可以发现项目节点上的温度分布逐渐稳定，其结果如表 2-14 所示。

表 2-14 热传导结果

项目	初始状态	第 1 轮迭代	第 2 轮迭代	第 3 轮迭代	第 4 轮迭代	第 5 轮迭代
a	0	0. 33	0. 41	0. 45	0. 47	0. 48
b	1	0. 67	0. 60	0. 56	0. 54	0. 52
c	0	0. 33	0. 44	0. 48	0. 50	0. 50
d	1	0. 83	0. 68	0. 60	0. 56	0. 54
e	0	0	0. 17	0. 29	0. 37	0. 42

按照热传导模型的结果，如果是 Top-1 推荐的话，则为用户 A 推荐项目 c；如果是 Top-2 推荐，则为用户 A 推荐项目 c 和 a。可以看出资源扩散模型和热传导模型的推荐结果稍有不同。

在物质扩散模型和热传导模型的基础上，还有很多扩展模型。这些模型主要是针对偏好扩散时边上权值的设置和扩散的过程进行改进和优化。例如，带重启的随机游走模型，该模型假设每次迭代会以一定的概率 α 向前随机游走（根据扩散矩阵 $\boldsymbol{W}$ 进行扩散），同时还会以概率（$1-\alpha$）回到初始状态 $\boldsymbol{S}^{(0)}$，相应的扩散公式为

$$\boldsymbol{S}^{(k+1)} = (1-\alpha)\boldsymbol{S}^{(0)} + \alpha \boldsymbol{S}^{(k)} \boldsymbol{W} \tag{2-31}$$

式中，$S^{(k)}$ 和 $S^{(k+1)}$ 分别表示经过 k 轮和 $k+1$ 轮扩散后的状态矩阵；W 表示扩散转移矩阵。谷歌搜索引擎的核心算法 PageRank 算法本质上就是这种带重启的随机游走模型。

2.7.4　基于图扩散的推荐系统

基于上述的各种图扩散模型虽然能够直接利用历史行为数据得到用户对各个项目的感兴趣程度，并据此为各个用户产生推荐结果。但是这类算法的计算复杂度较高，推荐结果无法在线上进行实时更新，即在不更新用户画像矩阵的条件下，针对给定用户每次推荐的结果都相同，导致用户体验较差。此外，这类方法忽略了在用户画像矩阵更新后所有用户新产生的行为数据，特别是目标用户最新的行为数据，导致推荐效果较差。

为了发挥图扩散模型的优势，同时充分利用系统中各用户不断产生的新的行为数据，并实现实时在线不断更新的推荐效果，可以采用前面介绍的基于用户邻域的协同过滤框架或基于项目邻域的协同过滤框架，并利用图扩散模型来计算用户相似度或项目相似度。

基于图扩散的用户相似度计算依旧以用户画像为基础，其基本思想是利用项目集作为用户画像标签集，通过图扩散得到用户画像结果，并据此计算用户之间的相似度。具体的计算步骤如下：

1）根据用户历史行为数据构造各用户的初始画像，得到初始用户画像矩阵。

2）基于用户-项目二部图，通过图扩散模型（如激活扩散模型、物质扩散模型、热传导模型、带重启的随机游走模型等）得到最终用户画像矩阵，其包括以项目集为标签的各用户的画像向量。

3）利用各种传统的相似度度量（如余弦相似度、皮尔逊相似度、基于距离的相似度等）计算各个用户之间的相似度。

基于图扩散的项目相似度计算以项目画像为基础，其基本思想是利用用户集作为项目画像标签集，通过图扩散得到项目画像结果，并据此计算项目之间的相似度。基于图扩散的项目画像过程和基于图扩散的用户画像过程类似，在实际操作过程中把用户和项目的角色互换一下即可，如图 2-18 所示。

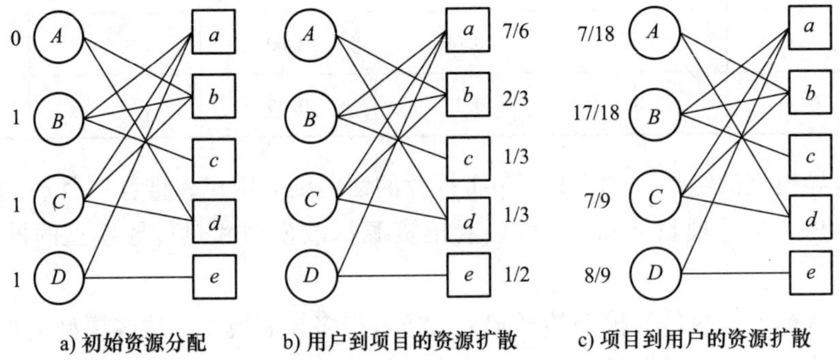

图 2-18　基于图扩散的项目画像示意图（以项目 a 为例）

虽然二部图推荐算法具有上述的优点，但是仍然存在一些问题，如冷启动和热度（或活跃度）偏置等问题。

习题

1. 请简述协同过滤的基本思想和主要假设。

2. 选择一个你感兴趣的应用领域，分析其可用的用户数据，并说明各种数据的含义、价值和形式。

3. 请简述基于用户的协同过滤和基于项目的协同过滤的异同。

4. 选择一种你熟悉的编程语言，实现一种针对 Top-N 推荐的 User-CF（基于用户的协同过滤）算法，并使用表 2-3 中的数据进行验证。

5. 选择一种你熟悉的编程语言，实现一种针对评分预测的 User-CF 算法，并使用表 2-4 中的数据进行验证。

6. 选择一种你熟悉的编程语言，实现一种针对 Top-N 推荐的 Item-CF（基于项目的协同过滤）算法，并使用表 2-3 中的数据进行验证。

7. 选择一种你熟悉的编程语言，实现一种针对评分预测的 Item-CF 算法，并使用表 2-4 中的数据进行验证。

8. 请简述 Slope One 算法的基本思想和主要假设。

9. 选择一种你熟悉的编程语言，实现 Slope One 算法，并使用表 2-11 中的数据进行验证。

10. 请简述物质扩散模型和热传导模型的基本思想。

11. 请简述物质扩散模型和热传导模型的异同。

12. 选择一种你熟悉的编程语言，实现一种物质扩散模型，并使用图 2-16 中的数据进行验证。

13. 选择一种你熟悉的编程语言，实现一种热传导模型，并使用图 2-17 中的数据进行验证。

第 3 章　基于模型的协同过滤

基于邻域的协同过滤算法虽然思想简单，但是在进行推荐时，需要在内存中存储（记忆）整个数据集（评分矩阵或行为矩阵），导致其计算的空间复杂度较高。此外，这类算法只利用了局部（邻域）信息，类似如机器学习领域的 K 近邻算法（见图 3-1），忽略了全局信息和模式；并且假设邻域项目的影响是独立的，忽略了项目之间的交互作用。

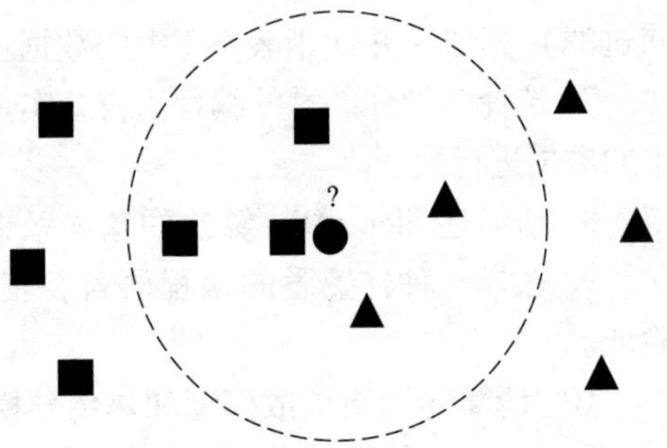

图 3-1　*K* 近邻算法示意图（根据邻域样本标签预测目标样本标签）

基于模型的协同过滤能够很好地解决上述问题。这类推荐算法依托于一些机器学习模型，通过离线进行模型训练（参数学习），挖掘并利用全局信息和项目之间的交互作用。在线进行推荐时，只需要存储少量的模型参数。

从不同的角度分析推荐问题，采用不同的机器学习模型，可以构建出不同的推荐算法。本章将介绍两种常用的基于模型的协同过滤算法：基于关联规则的协同过滤和基于矩阵分解的协同过滤。

3.1　基于关联规则的协同过滤

关联规则最初是针对购物篮分析（Market Basket Analysis）问题提出的。“尿布与啤酒”的案例就是关联规则的一个经典应用。连锁超市沃尔玛对其顾客的购物行为进行购物篮分析发现“跟尿布一起购买最多的商品竟是啤酒！”。后经大量的实际调查和分析得知，产生这一现象的原因是美国的太太们常叮嘱她们的丈夫下班后为小孩买尿布，而丈夫们在买完尿布后通常又会随手购买他们自己喜欢的啤酒。基于此可得到一条关联规则：顾客在购买尿布的同时有较大概率会购买啤酒。

一旦获得了大量可靠的关联规则，便可以根据这些规则，结合用户当前的购物篮和以往的购买历史，对用户进行合理的推荐。例如，如果某位用户刚将尿布加入了购物篮，根据啤酒-尿布规则，便可向他推荐啤酒。

基于关联规则进行协同过滤的关键在于从大量用户的行为数据中挖掘出有效的关联规则。关联规则描述的是在交易（如购物记录）中项目之间同时出现的规律的知识模式，如图 3-2 所示。通过量化的数字描述项目（集合）A 的出现对项目（集合）B 出现的影响，对应的关联规则可以形式化表示为 $A \Rightarrow B$，其中 A 和 B 为不相交的项目集，如 {尿布}→{啤酒}。

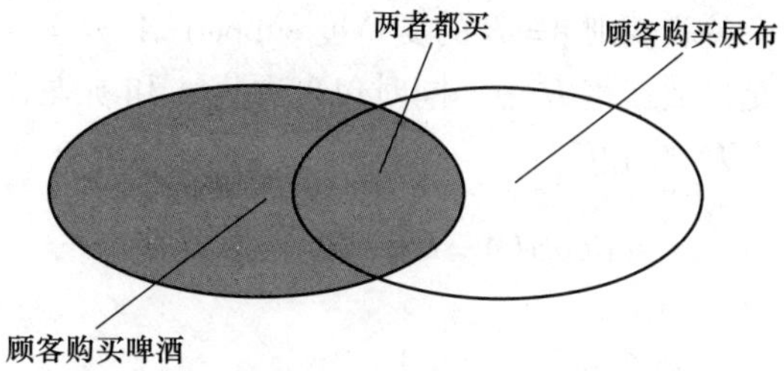

图 3-2　关联规则示意图

3.1.1　基本概念

由于历史原因和其主要应用场景（零售业），在关联规则模型中，将项目称为“项”，项目集合称为“项集”。所有项目的集合（即全项集）表示为 $I=\{i_1, i_2, \cdots, i_m\}$。包含 k 个项目的项集叫作 k-项集，例如，{Diaper} 为 1-项集，{Diaper, Beer} 为 2-项集。

用户的一次购物行为（一次性购买多个项目，即一个项目集）被称为一个“事务”，即业务中的一条交易，表示为 $T \subseteq I$。关联规则模型的输入为一个事务（交易）数据集 D，包含大量事务。关联规则模型的目标是找出一些有效的关联规则，每条关联规则表示为 $A \Rightarrow B$，其中 $A \subset I$，$B \subset I$ 且 $A \cap B = \varnothing$。

3.1.2　关联规则度量

给定一个事务数据集 D 和其中的全项集 I，存在大量的候选关联规则：$A \Rightarrow B$，其中 $A \subset I$，$B \subset I$ 且 $A \cap B = \varnothing$。为了度量一条关联规则的有用性和有效性，可以从不同角度，采用不同的度量指标对其进行度量。

常用的关联规则度量指标有置信度、支持度、期望可信度和改善度。以候选关联规则 $A \Rightarrow B$ 为例，相关的度量指标描述如表 3-1 所示。

表 3-1　常用的关联规则度量指标

名称	描述	公式
置信度	项集 A 出现的前提下，项集 B 出现的概率	$P(B \mid A)$
支持度	项集 A 和项集 B 同时出现的概率	$P(A \cup B)$
期望可信度	项集 B 出现的概率	$P(B)$
改善度	置信度与期望可信度的比值	$P(B \mid A)/P(B)$

关联规则 $A \Rightarrow B$ 的置信度 confidence$(A \Rightarrow B)$ 表示在项集 A 出现的前提下，项集 B 出现的概率，即在给定交易数据集 D 中，同时包含项集 A 和项集 B 的事务数 $|\{T \in D \mid A \cup B \subseteq T\}|$ 与包含项集 A 的事务数 $|\{T \in D \mid A \subseteq T\}|$ 的比值：

$$\text{confidence}(A \Rightarrow B) = P(B \mid A) = \frac{|\{T \in D \mid A \cup B \subseteq T\}|}{|\{T \in D \mid A \subseteq T\}|} = \frac{N(A) \cap N(B)}{N(A)} \tag{3-1}$$

式中，$N(A)$ 和 $N(B)$ 分别表示包含项集 A 和项集 B 的事务集合。

置信度是对关联规则准确度的度量，主要度量关联规则的强度，即在所有出现项集 A 的

事务中出现项集 B 的概率，表示关联规则 $A \Rightarrow B$ 的必然性有多大。

关联规则 $A \Rightarrow B$ 的支持度 support$(A \Rightarrow B)$ 表示项集 A 和项集 B 同时出现的概率，即在给定交易数据集 D 中，同时包含项集 A 和项集 B 的事务数 $|\{T \in D | A \cup B \subseteq T\}|$ 与总的事务数 $|D|$ 的比值：

$$\text{support}(A \Rightarrow B) = P(A \cup B) = \frac{|\{T \in D | A \cup B \subseteq T\}|}{|D|} = \frac{N(A) \cap N(B)}{|D|} \tag{3-2}$$

支持度是对关联规则重要性的度量，反映关联规则是否是普遍存在的规律，表示这条规则在所有交易中的代表性有多大。

项集 B 的期望可信度表示项集 B 出现的概率，即在给定交易数据集 D 中，包含项集 B 的事务数 $|\{T \in D | B \subseteq T\}|$ 与总的事务数 $|D|$ 的比值：

$$P(B) = \frac{|\{T \in D | B \subseteq T\}|}{|D|} \tag{3-3}$$

期望可信度是对项集热度的度量，表示项集出现的普遍性。

关联规则 $A \Rightarrow B$ 的改善度（也称提升度）lift$(A \Rightarrow B)$ 表示有这条规则和没有这条规则相比项集 B 出现的概率是否会提升，即在给定交易数据集 D 中，“包含项集 A 的事务中同时包含项集 B 的事务的比例”（即关联规则 $A \Rightarrow B$ 的置信度）与“包含项集 B 的事务的比例”（项集 B 出现的期望可信度）的比值：

$$\text{lift}(A \Rightarrow B) = \frac{\text{confidence}(A \Rightarrow B)}{P(B)} = \frac{|\{T \in D | A \cup B \subseteq T\}||D|}{|\{T \in D | A \subseteq T\}||\{T \in D | B \subseteq T\}|} \tag{3-4}$$

改善度是对关联规则价值和有效性的度量。当改善度不超过 1 时，意味着该关联规则没有价值，即根据关联规则推荐的效果不如直接根据期望可信度推荐的效果。

案例分析：

以表 3-2 中的数据（事务数据集 D）为例，针对关联规则：{Milk，Diaper} ⇒Beer，即 A={Milk，Diaper}，B={Beer}，可以计算出该规则的支持度为

$$s = \frac{\sigma(\text{Milk, Diaper, Beer})}{|D|} = \frac{2}{5} = 0.4$$

表 3-2　事务数据集 D 示例

TID	Items
1	Bread，Milk
2	Bread，Diaper，Beer，Eggs
3	Milk，Diaper，Beer，Coke
4	Bread，Milk，Diaper，Beer
5	Bread，Milk，Diaper，Coke

置信度为

$$c = \frac{\sigma(\text{Milk, Diaper, Beer})}{\sigma(\text{Milk, Diaper})} = \frac{2}{3} = 0.67$$

改善度为

$$l = \frac{\sigma(\text{Milk, Diaper, Beer}) \times |D|}{\sigma(\text{Milk, Diaper}) \times \sigma(\text{Beer})} = \frac{2 \times 5}{3 \times 2} = 1.67$$

其中，$\sigma(X)$ 表示包含项集 X 的事务数。

有效的关联规则应该同时具有较高的支持度、置信度和改善度。相比于置信度和改善度，支持度的计算更加简单，所以一般关联规则挖掘的方法分为三步。

1）寻找频繁项集：支持度大于最小支持度阈值的所有项集。

2）寻找强关联规则：由频繁项集生成关联规则，保留置信度大于最小置信度阈值的关联规则。

3）保留有效关联规则：去除无效的关联规则，保留改善度大于 1 的关联规则。

3.1.3 Apriori 关联规则挖掘算法

通过简单地遍历所有可能的候选项集来寻找频繁项集的方法，其计算复杂度太高，公式为 $O(n\times2^m)$，式中 m 表示项目的总个数，n 表示事务数据集中事务的总数。例如，针对图 3-3 所示的一个全项集的格结构，其中的每个项集都是一个候选项集，所有候选项集总数是 2^m。针对每个候选项集，还需要和每个事务进行比较以确定支持度计数，即每个候选项集需要和 n 个事务进行比较。因此，这种暴力遍历算法的计算度为 $O(n\times2^m)$。这种指数级复杂度的算法在实际中无法应用。为解决这一问题，通常采用 Apriori 算法来寻找频繁项集。

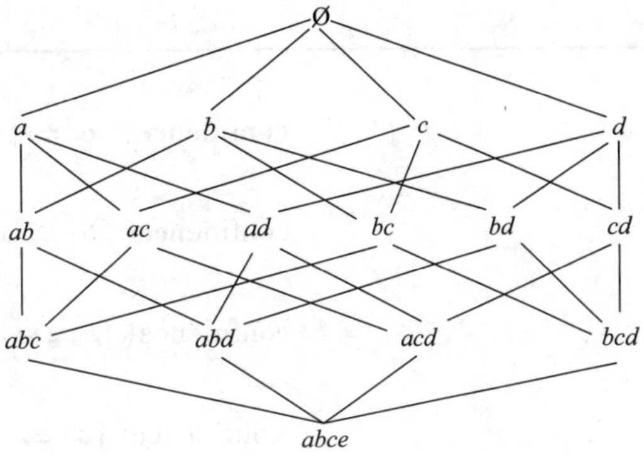

图 3-3　全项集 {a, b, c, d} 的格结构

Apriori 算法的基本思想是采用逐层迭代搜索的方法来探索候选项集空间，并利用先验（Apriori）原理减少候选项集的数量。

先验原理 1：若项集 A 是一个频繁项集，则项集 A 的每一个子集都是一个频繁项集。

例如，假设项集 $\{a,b\}$ 是频繁项集，即项 a 和项 b 同时出现在一条交易记录的次数大于或等于最小支持度阈值 minSupport，则它的子集 $\{a\}$ 和 $\{b\}$ 出现次数必定大于或等于 minSupport，即它的子集都是频繁项集。

先验原理 2：若项集 A 是非频繁项集，则项集 A 的每一个超集都是非频繁项集。

例如，假设项集 $\{a\}$ 不是频繁项集，即事务数据集中包含项 a 的交易记录数小于最小支持度阈值 minSupport，则它的任何超集（如 $\{a,b\}$）出现的次数必定小于 minSupport，因此其超集必定也不是频繁项集。

基于上述的先验原理 2，Apriori 算法主要包括两个部分：初始化和迭代搜索。在初始化阶段，找到所有的频繁 1-项集，即只包含 1 个项目的频繁项集。具体而言，计算每个项目出现的频率，并去除出现频率小于最小支持度阈值 minSupport 的项。在迭代阶段，首先通过上一次迭代（或是初始化阶段）找到的频繁 (k-1)-项集得到频繁 k-项集，然后通过剪除不满足最小支持度的候选 k-项集得到频繁 k-项集。

- 初始化：找到所有的频繁 1-项集，即只包含 1 个项目（项）的频繁项集；
- 迭代：通过上一次迭代找到的频繁 (k-1)-项集得到频繁 k-项集；

　　扩展：扩展频繁 (k-1)-项集得到候选 k-项集；

　　剪枝：剪除不满足最小支持度的候选 k-项集。

以表 3-3 中的数据为例，设最小支持度阈值 minSupport = 2，则 Apriori 算法的计算过程如

图 3-4 所示，搜索得到的频繁项集为 $\{a\}$，$\{b\}$，$\{d\}$，$\{a, b\}$，$\{b, d\}$。根据这些频繁项集，可以得到 4 条候选关联规则：$\{a\}\Rightarrow\{b\}$，$\{b\}\Rightarrow\{a\}$，$\{b\}\Rightarrow\{d\}$，$\{d\}\Rightarrow\{b\}$。通过进一步计算，可得它们的置信度分别为

表 3-3　用户购物表示例

用户	项目列表	用户	项目列表
A	b, d	C	a, b, d
B	a, b, c	D	a, e

$$\text{confidence}(\{a\}\Rightarrow\{b\})=\frac{\sigma(a,\ b)}{\sigma(a)}=\frac{2}{3}$$

$$\text{confidence}(\{b\}\Rightarrow\{a\})=\frac{\sigma(b,\ a)}{\sigma(b)}=\frac{2}{3}$$

$$\text{confidence}(\{b\}\Rightarrow\{d\})=\frac{\sigma(b,\ d)}{\sigma(b)}=\frac{2}{3}$$

$$\text{confidence}(\{d\}\Rightarrow\{b\})=\frac{\sigma(d,\ b)}{\sigma(d)}=1$$

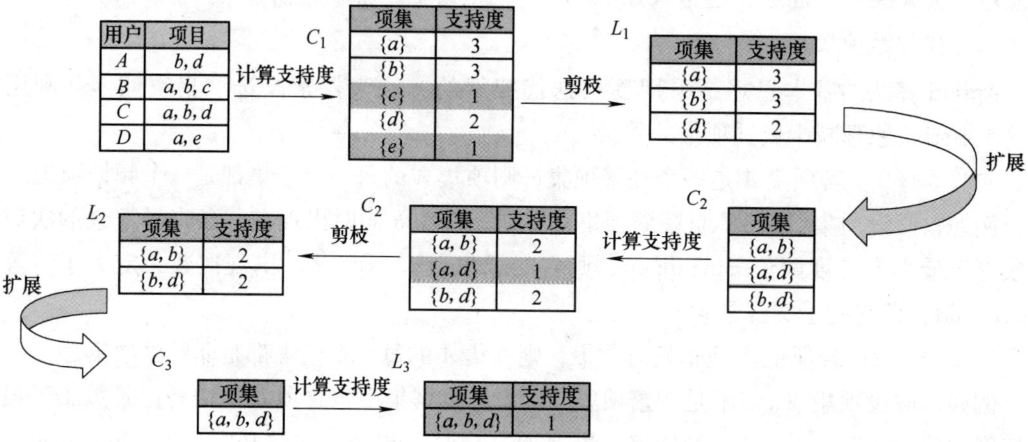

图 3-4　Apriori 算法计算过程示意图

如图 3-5 所示，当发现 $\{a\}$ 是非频繁集时，就代表所有包含它的超集也是非频繁的，即可以将它们都剪除。

3.1.4　关联规则的相关分析

在上一节中，通过 Apriori 算法，基于表 3-3 中的数据得到所有频繁项集：$\{a\}$，$\{b\}$，$\{d\}$，$\{a, b\}$ 和 $\{b, d\}$。进一步可以得到候选的关联规则 $\{a\}\Rightarrow\{b\}$，$\{b\}\Rightarrow\{a\}$，$\{b\}\Rightarrow\{d\}$，$\{d\}\Rightarrow\{b\}$ 和对应的置信度分别为 2/3、2/3、2/3 和 1。

基于表 3-3 中的数据可知，单独购买项目 a 和 b 的可能性分别都是 75%，比计算得到的关联规则 $\{a\}\Rightarrow\{b\}$ 和 $\{b\}\Rightarrow\{a\}$ 的置信度 2/3 还大，这表明这两条规则没有价值，项目 a 与 b 实际上是负相关的。

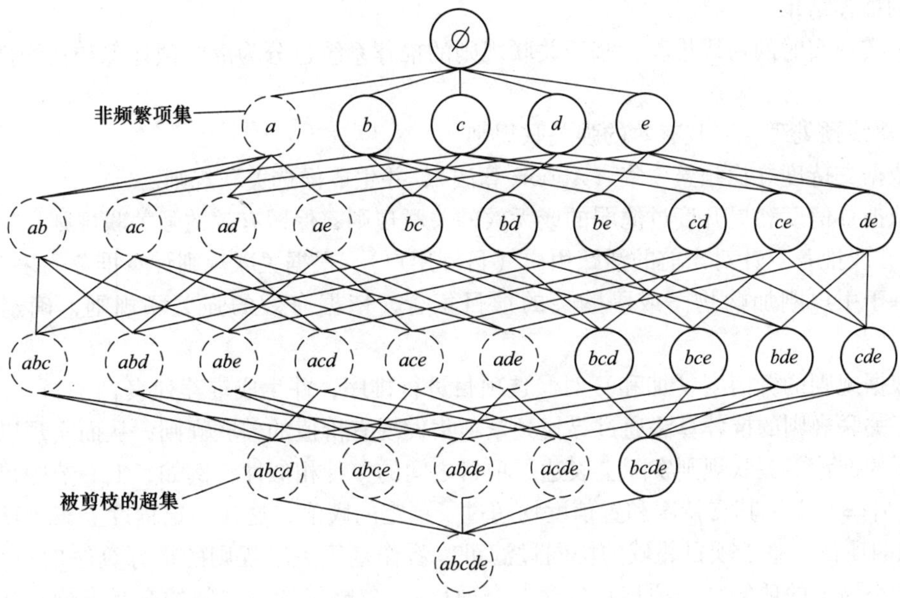

图 3-5 Apriori 算法层次剪枝示意图

两个项集 A 和 B 的相关度和关联规则 $A \Rightarrow B$ 与 $B \Rightarrow A$ 的提升度（改善度）相等，即

$$\mathrm{corr}(A, B) = \mathrm{lift}(A \Rightarrow B) = \mathrm{lift}(B \Rightarrow A) = \frac{P(A \cup B)}{P(A)P(B)} \tag{3-5}$$

根据式（3-5）可以计算出项集 $\{a\}$ 与 $\{b\}$，$\{b\}$ 与 $\{d\}$ 之间的相关度：

$$\mathrm{corr}(\{a\}, \{b\}) = \frac{P(\{a, b\})}{P(\{a\})P(\{b\})} = \frac{\frac{1}{2}}{\frac{3}{4} \times \frac{3}{4}} = \frac{8}{9}$$

$$\mathrm{corr}(\{b\}, \{d\}) = \frac{P(\{b, d\})}{P(\{b\})P(\{d\})} = \frac{\frac{1}{2}}{\frac{3}{4} \times \frac{1}{2}} = \frac{4}{3}$$

$\mathrm{corr}(\{a\}, \{b\}) < 1$ 说明项集 $\{a\}$ 与 $\{b\}$ 负相关，规则 $\{a\} \Rightarrow \{b\}$ 和 $\{b\} \Rightarrow \{a\}$ 没有意义。$\mathrm{corr}(\{b\}, \{d\}) > 1$ 说明项集 $\{b\}$ 与 $\{d\}$ 正相关，即其中一个项集的出现会提升另一个项集出现的概率。由此可见，若要给喜欢项目 b 的用户推荐项目，最好推荐项目 d，反之亦然。

3.1.5 基于关联规则的推荐系统

基于关联规则的协同过滤假设：用户过去喜欢某类项目，将来还会喜欢相关（类似）项目。这一假设和基于项目邻域的协同过滤的假设相同。本质上，基于项目邻域的协同过滤可以看作基于关联规则的协同过滤的一个特例，只考虑置信度，而忽略支持度和提升等。

和基于项目邻域的协同过滤一样，基于关联规则的协同过滤以用户（交易）集作为项目画像的标签集，并利用用户行为对项目进行画像。在此基础上，利用关联规则为用户生成个性化的推荐结果。

为了实现实时的在线推荐，基于关联规则的推荐系统也分为离线预处理和在线推荐两个部分：

1）离线预处理：寻找有效的强关联规则。

①依据支持度寻找频繁项集（Apriori 算法），并生成候选关联规则。

②依据置信度和提升度过滤弱的或无效的关联规则，保留有效的强关联规则。

2）在线推荐：针对当前的活跃用户（目标用户），根据关联规则计算推荐列表。

①基于用户刚加购物车或刚购买的项目集合，依据有效的强关联规则，确定候选项目集。

②根据规则的置信度（加和）对候选项目进行排序，并生成推荐列表。

基于关联规则的推荐算法通过寻找频繁项集发现有价值的关联规则，从而实现以关联规则为依据的推荐。关联规则实际上表达了项目之间的一种相似性，例如，上一节中得到的关联规则 $\{b\}\Rightarrow\{d\}$，其支持度和置信度均超过了预定的阈值，这在一定程度上表示项目 b 与 d 是相似的项目。基于项目邻域的协同过滤可以看作基于关联规则的推荐算法的一个特例，只考虑大小为 1 的项集（即项集只包含一个项目），忽略了项目之间的交互影响。基于关联规则的推荐算法，通过考虑包含多项目的集合之间的关联规律，能够更好地发掘和利用项目之间的交互作用，以产生更好的推荐效果。

3.2 基于矩阵分解的评分预测

用户的行为数据除了可表示成为交易数据集、评分数据集、网络图（二部图），另外一种常用的表示方法为矩阵（见图 3-6）。当采用矩阵对用户行为数据进行表示时，基于历史行为对用户未来行为预测的推荐问题可以看作一个矩阵填充问题，即根据矩阵中给定的已知元素信息来推测未知（空缺）元素的取值。

1	3			5				4	
	5	4			4		2	1	3
2		1	2		3		3	5	
	4		5			4		2	
	4	3	4	2				2	5
1	3		3			2		4	

图 3-6 用户评分矩阵示意图

假设用户集合 U 包含 m 个用户，项目集合 I 包含 n 个项目。对于隐式反馈数据，可表示为一个 $m\times n$ 的矩阵 $\boldsymbol{R}$：

$$r_{ui}=\begin{cases}1 & \text{用户 } u \text{ 对项目 } i \text{ 有过正反馈}\\ 0 & \text{其他}\end{cases}$$

式中，$u\in U$，$i\in I$。对于显式反馈的评分数据，r_{ui} 表示用户 u 对项目 i 的评分，当用户 u 对项目 i 没有评过分时，$r_{ui}=0$。

基于这种矩阵表示，可以借鉴线性代数中奇异值分解的思想，通过矩阵分解挖掘用户和项目的潜在（隐藏）因子表示，即可看作一种对用户和项目的画像。

3.2.1 奇异值分解

奇异值分解（Singular Value Decomposition，SVD）是线性代数中的一种矩阵分解技术。它能够将任意一个 $m\times n$ 的矩阵 $\boldsymbol{R}$ 分解成为三个矩阵 $\boldsymbol{U}$、$\boldsymbol{\Sigma}$ 和 $\boldsymbol{V}$ 的乘积：

$$\boldsymbol{R}_{m\times n}=\boldsymbol{U}_{m\times m}\times\boldsymbol{\Sigma}_{m\times n}\times\boldsymbol{V}^{\mathrm{T}}_{n\times n} \tag{3-6}$$

式中，$\boldsymbol{U}$ 是 $m \times m$ 的正交矩阵；$\boldsymbol{V}$ 是 $n \times n$ 的正交矩阵；$\boldsymbol{\Sigma}$ 是 $m \times n$ 的对角矩阵，$\boldsymbol{\Sigma}$ 中的对角元素为矩阵 $\boldsymbol{R}$ 的奇异值，并且按照从大到小的顺序进行排列。

通过 SVD 将矩阵 $\boldsymbol{R}$ 分解后，如果只保留前 k 个最大的奇异值，就能够实现对矩阵的降维（k 是一个远小于 m 与 n 的值）。在很多情况下，前 10%甚至更少的奇异值的平方和就占全部奇异值平方和的 90%以上了，因此可以利用前 k 个奇异值和对应特征向量所包含的信息来近似描述原矩阵 $\boldsymbol{R}$：

$$\boldsymbol{R}_{m \times n} = \boldsymbol{U}_{m \times m} \times \boldsymbol{\Sigma}_{m \times n} \times \boldsymbol{V}_{n \times n}^{\mathrm{T}} \Rightarrow \boldsymbol{R}_{m \times n} \approx \boldsymbol{U}_{m \times k} \times \boldsymbol{\Sigma}_{k \times k} \times \boldsymbol{V}_{n \times k}^{\mathrm{T}}$$

接下来通过一个例子来具体说明如何利用 SVD 算法进行数据降维。以表 3-4 中的数据为例，取 $k=2$，进行 SVD 并降维后得到的用户特征矩阵 $\boldsymbol{U}$（表 3-5）、奇异值矩阵 $\boldsymbol{\Sigma}$（表 3-6）和项目特征矩阵 $\boldsymbol{V}$（表 3-7）。

表 3-4　原始矩阵

用户/项目	项目 1	项目 2	项目 3	项目 4	项目 5
用户 1	1	3	4	2	3
用户 2	2	4	2	2	4
用户 3	1	3	3	5	1
用户 4	4	5	2	3	3
用户 5	1	1	5	2	1

表 3-5　用户特征矩阵 $\boldsymbol{U}$

$\boldsymbol{U}$	特征维度 1	特征维度 2
用户 1	-0.43	-0.18
用户 2	-0.45	0.38
用户 3	-0.44	-0.32
用户 4	-0.54	0.50
用户 5	-0.33	-0.67

表 3-6　奇异值矩阵 $\boldsymbol{\Sigma}$

$\boldsymbol{\Sigma}$	特征维度 1	特征维度 2
特征维度 1	13.8	0
特征维度 2	0	4.51

表 3-7　项目特征矩阵 $\boldsymbol{V}$

$\boldsymbol{V}^{\mathrm{T}}$	项目 1	项目 2	项目 3	项目 4	项目 5
特征维度 1	-0.31	-0.54	-0.48	-0.45	-0.40
特征维度 2	0.35	0.41	-0.73	-0.23	0.33

三个矩阵相乘后得到重构矩阵如表 3-8 所示。可以看出重构矩阵与原始矩阵（表 3-4）非常相似。

表 3-8 重构矩阵

用户/项目	项目 1	项目 2	项目 3	项目 4	项目 5
用户 1	1.00	3.00	4.00	2.00	3.00
用户 2	2.00	4.00	2.00	2.00	3.99
用户 3	1.00	3.00	3.00	5.00	1.00
用户 4	4.00	5.00	2.00	3.00	3.00
用户 5	1.00	1.00	4.996	2.00	1.00

进行 SVD 分解需要知道完整的矩阵信息。由于用户评分行为的稀疏性，会导致评分矩阵中存在大量的缺失值。而当矩阵的数据（信息）不完整时，传统的 SVD 技术无法直接应用。

3.2.2 隐语义模型

在实际应用中，将一个矩阵分解为三个矩阵很耗时，同时还面临着数据稀疏的问题。为解决这些问题，实际应用中通常只把评分矩阵分解为两个矩阵的乘积。基于 SVD 可以证明：对任意 $m \times n$ 的矩阵 $\boldsymbol{R}$，存在如下分解：

$$\boldsymbol{R}_{m\times n} = \boldsymbol{X}_{m\times k}\,\boldsymbol{Y}_{n\times k}^{\mathrm{T}} \tag{3-7}$$

式中，$\boldsymbol{X}$ 是 $m\times k$ 的矩阵；$\boldsymbol{Y}$ 是 $n\times k$ 的矩阵；k 表示矩阵 $\boldsymbol{R}$ 的秩，即 $k=\mathrm{Rank}(\boldsymbol{R})$。

证明过程如下：根据 SVD 分解，可得

$$\boldsymbol{R}_{m\times n} = \boldsymbol{U}_{m\times m} \times \boldsymbol{\Sigma}_{m\times n} \times \boldsymbol{V}_{n\times n}^{\mathrm{T}}$$

式中，$\boldsymbol{U}$ 是 $m\times m$ 的正交矩阵；$\boldsymbol{V}$ 是 $n\times n$ 的正交矩阵；$\boldsymbol{\Sigma}$ 是 $m\times n$ 的对角矩阵，$\boldsymbol{\Sigma}$ 中的对角元素为矩阵 $\boldsymbol{R}$ 的奇异值，并且按照从大到小的顺序进行排列。设矩阵 $\boldsymbol{R}$ 的非零奇异值的数量为 k，则有

$$\boldsymbol{R} = (\boldsymbol{u}_1,\ \boldsymbol{u}_2,\ \cdots,\ \boldsymbol{u}_k \mid \boldsymbol{u}_{k+1},\ \cdots,\ \boldsymbol{u}_m)\begin{pmatrix} \delta_1 & 0 & 0 & \\ 0 & \ddots & 0 & 0 \\ 0 & 0 & \delta_k & \\ & 0 & & 0 \end{pmatrix}\begin{pmatrix} \boldsymbol{v}_1^{\mathrm{T}} \\ \vdots \\ \boldsymbol{v}_k^{\mathrm{T}} \\ \boldsymbol{v}_{k+1}^{\mathrm{T}} \\ \vdots \\ \boldsymbol{v}_n^{\mathrm{T}} \end{pmatrix}$$

式中，$\boldsymbol{u}_i$ 表示矩阵 $\boldsymbol{U}$ 的第 i 个列向量；δ_i 表示矩阵 $\boldsymbol{R}$ 的第 i 大的奇异值；$\boldsymbol{v}_j^{\mathrm{T}}$ 表示矩阵 $\boldsymbol{V}$ 的第 j 个行向量。

利用矩阵分块乘法展开，可得

$$\boldsymbol{R} = (\boldsymbol{u}_1,\ \boldsymbol{u}_2,\ \cdots,\ \boldsymbol{u}_k)\begin{pmatrix} \delta_1 & \cdots & 0 \\ \vdots & \ddots & \vdots \\ 0 & \cdots & \delta_k \end{pmatrix}\begin{pmatrix} \boldsymbol{v}_1^{\mathrm{T}} \\ \vdots \\ \boldsymbol{v}_k^{\mathrm{T}} \end{pmatrix} + (\boldsymbol{u}_{k+1},\ \cdots,\ \boldsymbol{u}_m)\ [0]\begin{pmatrix} \boldsymbol{v}_{k+1}^{\mathrm{T}} \\ \vdots \\ \boldsymbol{v}_n^{\mathrm{T}} \end{pmatrix}$$

其中第二项乘积的结果为 0，则有

$$\boldsymbol{R}=(\boldsymbol{u}_1, \boldsymbol{u}_2, \cdots, \boldsymbol{u}_k)\begin{pmatrix}\delta_1 & \cdots & 0\\ \vdots & \ddots & \vdots\\ 0 & \cdots & \delta_k\end{pmatrix}\begin{pmatrix}\boldsymbol{v}_1^{\mathrm{T}}\\ \vdots\\ \boldsymbol{v}_k^{\mathrm{T}}\end{pmatrix}$$

令 $\boldsymbol{X}=(\boldsymbol{u}_1, \boldsymbol{u}_2, \cdots, \boldsymbol{u}_k)\begin{pmatrix}\delta_1 & \cdots & 0\\ \vdots & \ddots & \vdots\\ 0 & \cdots & \delta_k\end{pmatrix}=(\delta_1\boldsymbol{u}_1, \cdots, \delta_k\boldsymbol{u}_k)$，$\boldsymbol{Y}^{\mathrm{T}}=\begin{pmatrix}\boldsymbol{v}_1^{\mathrm{T}}\\ \vdots\\ \boldsymbol{v}_k^{\mathrm{T}}\end{pmatrix}$，则 $\boldsymbol{R}=\boldsymbol{X}\boldsymbol{Y}^{\mathrm{T}}$ 是 $\boldsymbol{R}$ 的满秩分解。

基于上述矩阵分解的性质，可以构建一类称为隐语义模型（Latent Factor Model，LFM）的协同过滤算法。其基本思想：将用户和项目映射到同一个隐藏的（潜在的）因子空间中，这样便可以直接对用户和项目进行比较，即直接计算用户和项目的相关度。挖掘出（或学习到）的隐藏因子可能是比较明显的维度，如电影的类型（喜剧与悲剧）、用户的性别（男性与女性）；也可能是不太明确的维度，如人格发展的深度；或是完全无法解释的维度。对于用户，每个维度（因素）上的数值度量了用户在相应因素上喜欢项目的程度，如用户喜欢喜剧或悲剧的程度。

图 3-7 以两个维度为例说明了隐语义模型的基本想法：以隐特征向量表示的用户和影视作品（项目）被投射到一个公共的潜在空间。考虑两个假设的维度，第一个维度表示“女性与男性”，第二个维度表示“动漫与现实”。图中显示了几部影视作品和一些虚构用户在两个维度上的位置示意。用户对电影的评分预测（相对于电影的评分平均值）等于电影和用户在图上的位置向量（从原点出发指向给定位置的向量）的点积。例如，从图中可以看出，成年女性用户小兰更喜欢爱情片泰坦尼克号，小男孩小刚则更喜欢动画片大闹天宫。

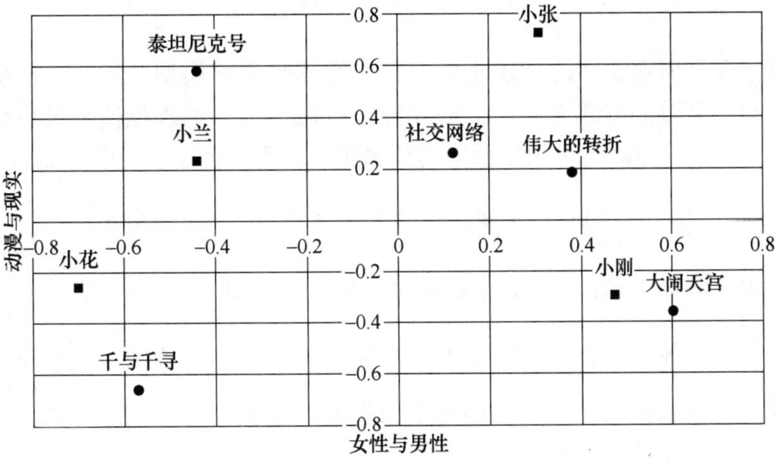

图 3-7　用户-影视作品映射到公共空间示意图

隐语义模型将用户和项目映射到维度相同的公共隐语义空间中，使得用户与项目的交互（评分）被建模为空间中向量的内积，公式如下：

$$\boldsymbol{R}=\boldsymbol{P}\times\boldsymbol{Q}^{\mathrm{T}} \tag{3-8}$$

式中，$\boldsymbol{R}$ 表示评分矩阵；$\boldsymbol{P}$ 表示用户的隐特征矩阵；$\boldsymbol{Q}$ 表示项目的隐特征矩阵。$\boldsymbol{R}$ 是 $m\times n$ 的

矩阵，$\boldsymbol{P}$ 是 $m \times d$ 的矩阵，$\boldsymbol{Q}$ 是 $n \times d$ 的矩阵，其中 d 表示公共隐语义空间的维度，m 和 n 分别表示用户总数和项目总数。由于评分矩阵 $\boldsymbol{R}$ 的稀疏性，导致无法预先得知其秩 $\mathrm{Rank}(\boldsymbol{R})$，所以隐语义空间的维度 d 需要由人工设定。此外，为了避免过拟合并考虑计算的复杂度，一般 d 的取值不会太大。

不同于 SVD 需要知道完整的待分解矩阵，LFM 只需要知道部分矩阵数据即可，如图 3-8 中的用户评分矩阵 $\boldsymbol{R}$。基于已知的用户评分数据，可以通过最小化均方误差来学习，用户隐特征矩阵 $\boldsymbol{P}$ 和项目隐特征矩阵 $\boldsymbol{Q}$，即

$$\min_{\boldsymbol{P},\ \boldsymbol{Q}} \sum_{(u,\ i) \in S} (r_{ui} - <\boldsymbol{p}_u,\ \boldsymbol{q}_i>)^2$$

式中，r_{ui} 表示用户 u 对项目 i 的实际评分；S 表示已知的（观测到的）用户-项目评分集合；$\boldsymbol{p}_u$ 表示用户 u 的隐特征向量；$\boldsymbol{q}_i$ 表示项目 i 的隐特征向量；$\hat{r}_{ui} = <\boldsymbol{p}_u,\ \boldsymbol{q}_i>$ 表示预测的用户 u 对项目 i 的评分值，如图 3-8 所示。

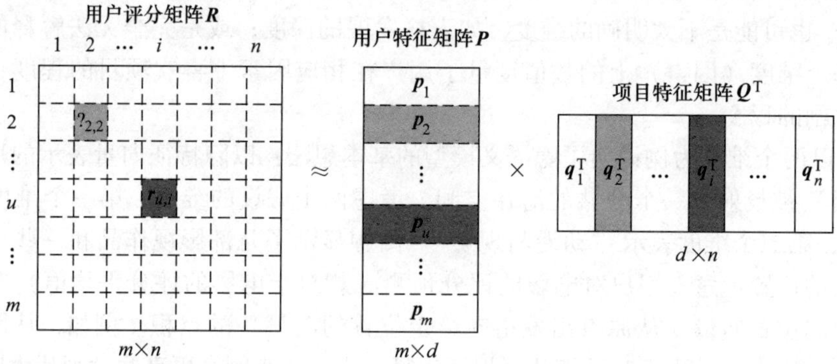

图 3-8　矩阵分解示意图

LFM 通过拟合先前观测到的（历史的）评分数据来学习模型。然而，模型的目标是以预测未来（未知）评分的方式来对已知的评分进行泛化。为了避免模型过拟合，即过度拟合观测到的评分数据，而缺乏对未知数据的预测能力，通常会在模型中添加正则化项：

$$\min_{P,\ Q} \sum_{(u,\ i) \in S} (r_{ui} - <\boldsymbol{p}_u,\ \boldsymbol{q}_i>)^2 + \lambda[\ \|\boldsymbol{P}\|_F^2 + \|\boldsymbol{Q}\|_F^2] \tag{3-9}$$

式中，参数 λ 为正则化系数，用以控制正则化项的影响程度；$\|\cdot\|_F^2$ 表示矩阵的弗罗贝尼乌斯范数（Frobenius Norm）的二次方，对于矩阵 $\boldsymbol{A} \in \boldsymbol{R}^{m \times n}$，$\|\boldsymbol{A}\|_F^2 = \sum_{i=1}^{m}\sum_{j=1}^{n} |a_{ij}|^2$。

传统机器学习领域使用正则化项的理论依据是奥卡姆剃刀原理："如无必要，勿增实体"，即"简单有效原理"。具体实施过程中，通过正则化项引导一些不重要的参数被减少到 0 或可以被忽略，以降低模型的复杂度。3.2.3 节的概率矩阵分解（PMF）框架将为矩阵分解模型中使用正则化项提供概率理论解释。

加入正则化项后的模型训练（参数学习）本质上是一个多目标优化问题，包含两个目标：最大化样本数据拟合程度（即最小化重建损失 $\min \sum_{(u,\ i) \in S} (r_{ui} - <\boldsymbol{p}_u,\ \boldsymbol{q}_i>)^2$）和最小化模型复杂度（即 $\min[\ \|\boldsymbol{P}\|_F^2 + \|\boldsymbol{Q}\|_F^2]$）。同时优化两个目标存在一定的冲突：

当样本数据拟合程度最大化时，通常会发生过拟合，导致模型复杂度较高；而当模型最简单时（即所有参数都为 0），则样本数据拟合程度会较差。正则化系数 λ 是用于调节这两个目标相对重要程度的一个超参。实际应用中，λ 的取值应根据目标函数中 $\sum_{(u,\ i)\in S}(r_{ui}-<\boldsymbol{p}_u,\ \boldsymbol{q}_i>)^2$ 和 $[\ \|\boldsymbol{P}\|_F^2+\|\boldsymbol{Q}\|_F^2]$ 这两项的取值（量级）来进行确定。一般而言，最大化样本数据拟合程度是主要目标，而最小化模型复杂度是次要目标，所以 λ 的合理取值应该是使得 $\lambda[\ \|\boldsymbol{P}\|_F^2+\|\boldsymbol{Q}\|_F^2]$ 小于 $\sum_{(u,\ i)\in S}(r_{ui}-<\boldsymbol{p}_u,\ \boldsymbol{q}_i>)^2$。通常，当样本数量较少而模型参数较多时，超参 λ 应该取一个较小的值。

针对上述模型，有两种常用的模型参数学习（模型训练）方法：随机梯度下降（Stochastic Gradient Descent，SGD）法和交替最小二乘（Alternating Least Squares，ALS）法。

1. 基于随机梯度下降的参数学习

随机梯度下降（SGD）法每次从训练集中随机地抽取一个（或一组）样本，计算预测误差（或损失）和梯度，并根据梯度更新参数；然后再抽取一个样本，计算预测误差和梯度，并根据新梯度再次更新参数；如此反复，如图 3-9 所示，直至收敛（参数不再发生变化）或是迭代次数达到预设的最大次数。

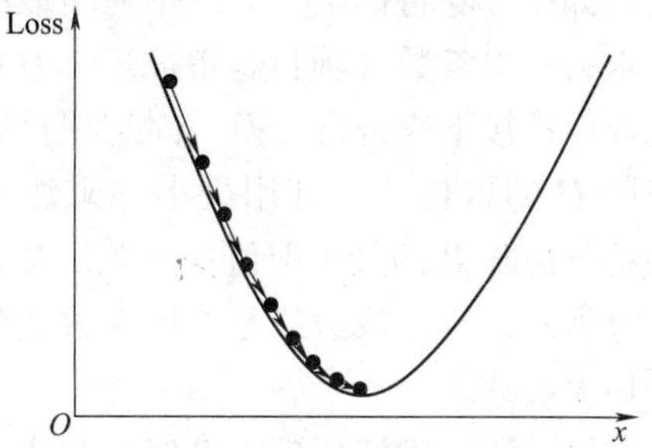

图 3-9　梯度下降算法示意图

给定一个样本（u，i，r_{ui}），即用户 u 对项目 i 的评分 r_{ui}，则根据当前用户 u 的隐特征向量 $\boldsymbol{p}_u$ 和项目 i 的隐特征向量 $\boldsymbol{q}_i$，可以计算出对应的预测损失：

$$L_{ui}=(r_{ui}-\sum_{k=1}^{d}p_{uk}q_{ik})^2+\lambda\sum_{k=1}^{d}(p_{uk}{}^2+q_{ik}{}^2) \tag{3-10}$$

损失函数对参数求偏导，可以得到对应的梯度：

$$\frac{\partial L_{ui}}{\partial p_{uk}}=-2(r_{ui}-\sum_{k=1}^{d}p_{uk}q_{ik})q_{ik}+2\lambda p_{uk}=-2e_{ui}q_{ik}+2\lambda p_{uk} \tag{3-11}$$

$$\frac{\partial L_{ui}}{\partial q_{ik}}=-2(r_{ui}-\sum_{k=1}^{d}p_{uk}q_{ik})p_{uk}+2\lambda q_{ik}=-2e_{ui}p_{uk}+2\lambda q_{ik} \tag{3-12}$$

式中，$e_{ui}=r_{ui}-\sum_{k=1}^{d}p_{uk}q_{ik}$ 表示针对样本（u，i，r_{ui}）的预测误差。

根据所得梯度，可以对参数进行更新，即沿着梯度下降的方向更新参数：

$$p'_{uk}=p_{uk}-\alpha\left(\frac{\partial L_{ui}}{\partial p_{uk}}\right)=p_{uk}-\alpha(-2e_{ui}q_{ik}+2\lambda p_{uk})=(1-2\alpha\lambda)p_{uk}+2\alpha e_{ui}q_{ik} \tag{3-13}$$

$$q'_{ik}=q_{ik}-\alpha\left(\frac{\partial L_{ui}}{\partial q_{ik}}\right)=q_{ki}-\alpha(-2e_{ui}p_{uk}+2\lambda q_{ik})=(1-2\alpha\lambda)q_{ik}+2\alpha e_{ui}p_{uk} \tag{3-14}$$

式中，α 表示学习率，用以控制沿着梯度下降的速度或步长。

如果用向量表示，则对应的更新公式为

$$\boldsymbol{p}'_u = (1-2\alpha\lambda)\boldsymbol{p}_u + 2\alpha\boldsymbol{q}_i e_{ui} = (1-2\alpha\lambda)\boldsymbol{p}_u + 2\alpha\boldsymbol{q}_i(r_{ui} - <\boldsymbol{p}_u,\boldsymbol{q}_i>) \quad (3\text{-}15)$$

$$\boldsymbol{q}'_i = (1-2\alpha\lambda)\boldsymbol{q}_i + 2\alpha\boldsymbol{p}_u e_{ui} = (1-2\alpha\lambda)\boldsymbol{q}_i + 2\alpha\boldsymbol{p}_u(r_{ui} - <\boldsymbol{p}_u,\boldsymbol{q}_i>) \quad (3\text{-}16)$$

2. 基于交替最小二乘的参数学习

交替最小二乘（ALS）是以经典的最小二乘法（又称最小平方法）为基础构建的一种矩阵分解参数学习方法。最小二乘法是一种数学优化方法，它通过最小化误差的平方和来寻找数据的最佳函数匹配。具体而言，最小二乘法通过令损失函数对未知参数的偏导数等于 0 来计算得到最优的参数取值。

针对上述的矩阵分解模型，存在两组未知参数（矩阵），用户隐特征矩阵 $\boldsymbol{P}$ 和项目隐特征矩阵 $\boldsymbol{Q}$。因此，可以每次固定一组参数，如用户隐特征矩阵 $\boldsymbol{P}$，并利用最小二乘法求另一组参数（项目隐特征矩阵 $\boldsymbol{Q}$）的最优取值；接下来进行交换，固定项目隐特征矩阵 $\boldsymbol{Q}$ 的取值，并利用最小二乘法求用户隐特征矩阵 $\boldsymbol{P}$ 的最优取值；如此反复，如图 3-10 所示，直至收敛或是迭代次数达到预设的最大次数。

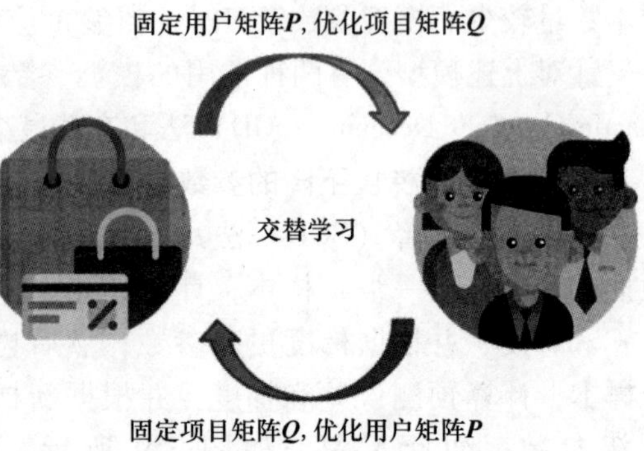

图 3-10　交替参数学习算法示意图

固定用户隐特征矩阵 $\boldsymbol{P}$ 时，损失函数为

$$L = \sum_{(u,\ i)\in S} [(r_{ui} - <\boldsymbol{p}_u^{(0)},\ \boldsymbol{q}_i>)^2 + \lambda([\|\boldsymbol{p}_u^{(0)}\|_F^2 + \|\boldsymbol{q}_i\|_F^2])] \quad (3\text{-}17)$$

式中，$\boldsymbol{p}_u^{(0)}$ 表示已知的用户 u 的隐特征向量，也被称为嵌入表示。

损失函数 L 关于项目隐特征向量 $\boldsymbol{q}_i$ 的偏导数为

$$\begin{aligned}\frac{\partial L}{\partial \boldsymbol{q}_i} &= \frac{\partial}{\partial \boldsymbol{q}_i}\Big[\sum_{u=1}^{m}[(r_{ui} - <\boldsymbol{p}_u^{(0)},\boldsymbol{q}_i>)^2 + \lambda([\|\boldsymbol{p}_u^{(0)}\|_F^2 + \|\boldsymbol{q}_i\|_F^2])]\Big] \\ &= \sum_{u=1}^{m}[2(r_{ui} - <\boldsymbol{p}_u^{(0)},\boldsymbol{q}_i>)(-\boldsymbol{p}_u^{(0)}) + 2\lambda\boldsymbol{q}_i] \\ &= 2\sum_{u=1}^{m}[(<\boldsymbol{p}_u^{(0)},\boldsymbol{p}_u^{(0)}> + \lambda)\boldsymbol{q}_i - r_{ui}\boldsymbol{p}_u^{(0)}]\end{aligned}$$

令 $\frac{\partial L}{\partial \boldsymbol{q}_i} = 0$，得到

$$\sum_{u=1}^{m}[(<\boldsymbol{p}_u^{(0)},\ \boldsymbol{p}_u^{(0)}> + \lambda)\boldsymbol{q}_i] = \sum_{u=1}^{m} r_{ui}\boldsymbol{p}_u^{(0)}$$

即

$$(\boldsymbol{P}\boldsymbol{P}^{\mathrm{T}} + \lambda\boldsymbol{E})\boldsymbol{q}_i = \boldsymbol{P}\boldsymbol{r}_i^{\mathrm{T}}$$

式中，$\boldsymbol{P}$ 表示 $m\times d$ 的用户隐特征矩阵；$\boldsymbol{E}$ 表示 $m\times m$ 的单位矩阵；$\boldsymbol{r}_i$ 表示项目 i 的被评分向量。进一步，可以得到

$$\boldsymbol{q}_i = (\boldsymbol{P}\boldsymbol{P}^{\mathrm{T}} + \lambda\boldsymbol{E})^{-1}\boldsymbol{P}\boldsymbol{r}_i^{\mathrm{T}} \quad (3\text{-}18)$$

同理，固定项目隐特征矩阵 $\boldsymbol{Q}$ 时，可得损失函数和其对用户隐特征向量的偏导为

$$L = \sum_{(u,\ i)\in S} [(r_{ui} - <\boldsymbol{p}_u,\ \boldsymbol{q}_i^{(0)}>)^2 + \lambda([\|\boldsymbol{p}_u\|_F^2 + \|\boldsymbol{q}_i^{(0)}\|_F^2])]$$

$$\frac{\partial L}{\partial \boldsymbol{p}_u}=2\sum_{i=1}^{n}\left[\left(<\boldsymbol{q}_i^{(0)},\boldsymbol{q}_i^{(0)}>+\lambda\right)p_u-r_{ui}\,\boldsymbol{q}_i^{(0)}\right]$$

令 $\frac{\partial L}{\partial \boldsymbol{p}_u}=0$，可得

$$\boldsymbol{p}_u=(\boldsymbol{Q}\boldsymbol{Q}^{\mathrm{T}}+\lambda\boldsymbol{E})^{-1}\boldsymbol{Q}\boldsymbol{r}_u^{\mathrm{T}} \tag{3-19}$$

式中，$\boldsymbol{Q}$ 表示 $n\times d$ 的项目隐特征矩阵；$\boldsymbol{E}$ 表示 $n\times n$ 的单位矩阵；$\boldsymbol{r}_u$ 表示用户 u 的评分向量。

由此，可以得到两组参数的更新公式

$$\boldsymbol{p}_u=\Big(\sum_{i|(u,\ i)\in S}\boldsymbol{q}_i\boldsymbol{q}_i^{\mathrm{T}}+\lambda\boldsymbol{E}\Big)^{-1}\sum_{i}\boldsymbol{q}_i r_{ui} \tag{3-20}$$

$$\boldsymbol{q}_i=\Big(\sum_{u|(u,\ i)\in S}\boldsymbol{p}_u\boldsymbol{p}_u^{\mathrm{T}}+\lambda\boldsymbol{E}\Big)^{-1}\sum_{u}\boldsymbol{p}_u r_{ui} \tag{3-21}$$

式中，$\boldsymbol{p}_u$ 表示用户 u 的隐特征向量；$\boldsymbol{q}_i$ 表示项目 i 的隐特征向量；$\boldsymbol{E}$ 表示单位矩阵。

在通常情况下，随机梯度下降法比交替最小二乘法更容易实现且更快，但是当采用并行计算平台时，如基于 GPU 的并行计算或是基于大数据平台（MapReduce、Spark 等）的并行计算，交替最小二乘法则更具有优势。

3.2.3　概率矩阵分解

由于系统噪声的存在（见图 3-11），导致不可能得到完美的矩阵分解。此外，从代数矩阵分解的角度，难以或是无法利用其他有价值的信息，如用户的人口统计学属性、社交关系等相关信息和项目的属性、内容等相关信息。针对这些问题，可以从概率推理的角度来构造模型。根据贝叶斯学派的观点，对于矩阵分解模型，可以将评分矩阵 $\boldsymbol{R}$ 看作观测值（模型输入），将用户隐特征矩阵 $\boldsymbol{U}$ 和项目隐特征矩阵 $\boldsymbol{V}$ 看作系统的内部特征，是需要估计或推理的模型参数，其目标是最大化后验概率 $p(\boldsymbol{U},\boldsymbol{V}|\boldsymbol{R})$，其概率模型示意图如图 3-12 所示。

	i_1	i_2	i_3	i_4	i_5	i_6	i_7	i_8	i_9	i_{10}
u_1	1	5			5				4	
u_2		5	4			4		2	1	3
u_3	2		1	4		3		3	5	
u_4		4		5			4		2	
u_5		1	4	4	3				3	5
u_6	1	3		3			2		4	

图 3-11　用户评分噪声示意图
（例 u_3-i_3，u_5-i_2）

根据贝叶斯公式，后验概率的估算可以转化为似然函数和先验概率的乘积，即

$$P(Y|X)=\frac{P(X|Y)\times P(Y)}{P(X)}\propto P(X|Y)\times P(Y)$$

式中，Y 表示隐藏状态变量（如用户隐特征矩阵 $\boldsymbol{U}$ 和项目隐特征矩阵 $\boldsymbol{V}$）；X 表示可观测变量（如用户评分矩阵 $\boldsymbol{R}$）；$P(Y|X)$ 称为后验概率；$P(X|Y)$ 称为似然函数；$P(Y)$ 称为先验概率；$P(X)$ 称为证据因子。

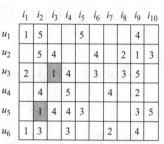

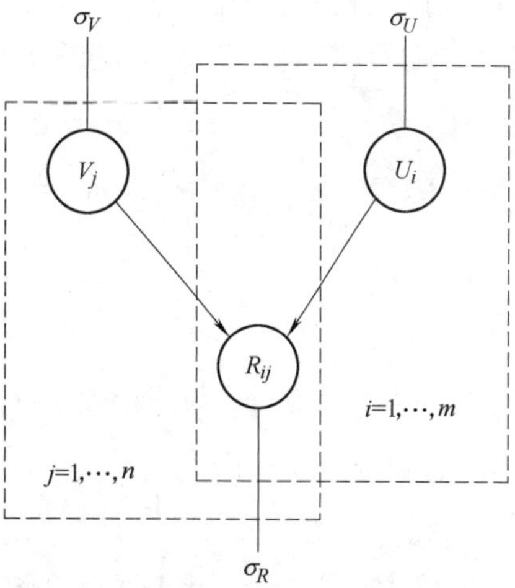

图 3-12　概率矩阵分解的概率模型示意图

1. 基础的概率矩阵分解

概率矩阵分解（Probabilistic Matrix Factorization，PMF）模型将用户评分 $\boldsymbol{R}_{m\times n}$、用户特征 $\boldsymbol{U}_{m\times d}$ 和项目特征 $\boldsymbol{V}_{n\times d}$ 都看作随机变量，并假设它们的分布满足：

1）用户特征 $\boldsymbol{U}$ 和项目特征 $\boldsymbol{V}$ 都服从均值为 0 的高斯分布。

2）观测噪声（观测评分 $\boldsymbol{R}$ 和内在评分 $\hat{\boldsymbol{R}}$ 的差）服从均值为 0 的高斯分布。

基于第一个假设，可以写出用户特征和项目特征的概率密度函数：

$$p(\boldsymbol{U}_{ij}) = N(\boldsymbol{U}_{ij}|0, \sigma_U^2), p(\boldsymbol{V}_{ij}) = N(\boldsymbol{V}_{ij}|0, \sigma_V^2)$$

式中，σ_U^2 和 σ_V^2 分别表示用户特征和项目特征的方差。

基于第二个假设，可以写出在已知用户隐特征矩阵 $\boldsymbol{U}$ 和项目隐特征矩阵 $\boldsymbol{V}$ 的条件下观测矩阵（评分矩阵）$\boldsymbol{R}$ 的概率密度函数：

$$p(\boldsymbol{R}_{ij}|\boldsymbol{U}_i, \boldsymbol{V}_j) = N(\boldsymbol{R}_{ij}|\hat{\boldsymbol{R}}_{ij}, \sigma_R^2) = N(\boldsymbol{U}_i\boldsymbol{V}_j^{\mathrm{T}}, \sigma_R^2)$$

式中，σ_R^2 表示评分观测值的方差。

假设 $\boldsymbol{U}$ 中每个用户的特征值 $\boldsymbol{U}_i$ 是独立同分布，则有

$$p(\boldsymbol{U}) = \prod_{i=1}^{m} N(\boldsymbol{U}_i|0, \sigma_U^2\boldsymbol{E})$$

式中，$\boldsymbol{E}$ 表示 $d \times d$ 的单位对角矩阵，d 为隐特征维度；假设各个维度独立，$\sigma_U^2\boldsymbol{E}$ 表示协方差矩阵。

假设 $\boldsymbol{V}$ 中每个项目的特征值 $\boldsymbol{V}_i$ 是独立同分布，则有

$$p(\boldsymbol{V}) = \prod_{i=1}^{n} N(\boldsymbol{V}_i|0, \sigma_V^2\boldsymbol{E})$$

假设 $\boldsymbol{R}$ 中每个评分观测值 R_{ij} 是独立同分布，则有

$$p(\boldsymbol{R}|\boldsymbol{U}, \boldsymbol{V}, \sigma_R^2) = \prod_{i=1}^{m}\prod_{j=1}^{n}[N(R_{ij}|\boldsymbol{U}_i\boldsymbol{V}_j^{\mathrm{T}}, \sigma_R^2)]^{I_{ij}}$$

式中，I_{ij} 表示用户评分的指示函数，如果用户 i 对项目 j 有过评分，则 $I_{ij}=1$；否则 $I_{ij}=0$。

假设 $\boldsymbol{U}$、$\boldsymbol{V}$ 相互独立，综合以上三个概率密度函数，利用贝叶斯公式，可以得到

$$p(\boldsymbol{U}, \boldsymbol{V}|R, \sigma_R^2, \sigma_U^2, \sigma_V^2) \propto p(\boldsymbol{R}|\boldsymbol{U}, \boldsymbol{V}, \sigma_R^2)p(\boldsymbol{U}|\sigma_U^2)p(\boldsymbol{V}|\sigma_V^2) =$$

$$\prod_{i=1}^{m}\prod_{j=1}^{n}[N(R_{ij} \mid \boldsymbol{U}_i\boldsymbol{V}_j^{\mathrm{T}}, \sigma_R^2)]^{I_{ij}}\prod_{i=1}^{m}N(\boldsymbol{U}_i \mid 0, \sigma_U^2\boldsymbol{E})\prod_{i=1}^{n}N(V_i \mid 0, \sigma_V^2\boldsymbol{E}) \tag{3-22}$$

为了估计模型参数 $\boldsymbol{U}$ 和 $\boldsymbol{V}$，可以采用最大后验概率估计（MAP）法进行估计。针对上述后验概率函数取对数 ln，可将公式中的连乘转换为累加，同时保证最优解位置不变：

$$\ln p(\boldsymbol{U}, \boldsymbol{V} \mid \boldsymbol{R}, \sigma_R^2, \sigma_U^2, \sigma_V^2) = -\frac{\sum_{i=1}^{m}\sum_{j=1}^{n}I_{ij}(R_{ij}-\boldsymbol{U}_i\boldsymbol{V}_j^{\mathrm{T}})^2}{2\sigma_R^2} - \frac{\sum_{i=1}^{m}\boldsymbol{U}_i\boldsymbol{U}_i^{\mathrm{T}}}{2\sigma_U^2} - \frac{\sum_{j=1}^{n}\boldsymbol{V}_j\boldsymbol{V}_j^{\mathrm{T}}}{2\sigma_V^2} -$$

$$\frac{1}{2}((\sum_{i=1}^{m}\sum_{j=1}^{n}I_{ij})\ln\sigma_R^2 + m\ln\sigma_U^2 + n\ln\sigma_V^2) + C$$

其中，对各个正态分布概率函数 $N(x|\mu, \sigma) = \frac{1}{\sqrt{2\pi}\sigma}\mathrm{e}^{-\frac{(x-\mu)^2}{2\sigma^2}}$ 取自然对数 ln 的结果为

$$\ln N(x|\mu, \sigma) = -\frac{(x_i-\mu)^2}{2\sigma^2} - \ln\sqrt{2\pi}\sigma$$

忽略常数项，最大化上述后验概率函数等价于最小化下述目标函数：

$$E = \frac{1}{2}\sum_{i=1}^{m}\sum_{j=1}^{n}I_{ij}(R_{ij}-\boldsymbol{U}_i\boldsymbol{V}_j^{\mathrm{T}})^2 + \frac{\lambda_U}{2}\sum_{i=1}^{m}\|\boldsymbol{U}_i\|_F^2 + \frac{\lambda_V}{2}\sum_{j=1}^{n}\|\boldsymbol{V}_j\|_F^2 \tag{3-23}$$

式中，$\lambda_U = \dfrac{\sigma_R^2}{\sigma_U^2}$；$\lambda_V = \dfrac{\sigma_R^2}{\sigma_V^2}$。

可以看出，概率矩阵分解模型的最大后验概率参数估计［式（3-23）］与带正则项的隐语义模型的损失函数［式（3-9）］是等价的。PMF 是从概率生成过程的角度解释用户和项目的隐语义表示，而 LFM 是从优化目标出发确定用户和项目的隐语义表示以使预测误差（损失）最小化。两者的解释方式虽然不同，但从优化和实现的角度来讲，两者是相同的。

相比于隐语义模型（LFM），概率矩阵分解（PMF）模型是一种更为通用的框架，更容易进行扩展。本质上，PMF 是一种基于贝叶斯推理的学习框架，可以通过不断地添加新的有用信息（证据）来加强推理，即

$$\max p(\boldsymbol{U},\ \boldsymbol{V} \mid \boldsymbol{R},\ I)$$

式中，I 表示其他有价值的信息。第 10 章介绍的社交推荐中大多数算法都采用 PMF 框架，从不同角度来考虑和融入各种社交信息来提升推荐效果。

2. 限制性概率矩阵分解

基于 PMF 框架，可以通过引入其他有用信息（或是先验知识）来对用户特征向量或项目特征向量、用户评分数值进行限制，进而构造新的改进模型。

对于基础的 PMF 模型，针对只有少量评分的用户的预测评分将接近项目的评分平均值。为解决这一问题，可以利用用户的隐式行为来限制用户特征向量，这些隐式行为对不常评分的用户具有较强的影响。这种算法称为限制性概率矩阵分解（Constrained PMF，CPMF）模型。其基本思想是“用户是否给某个项目评过分（忽略具体的分值）”这一信息本身就能在一定程度上说明用户的偏好。显式评分通常是在用户消费完项目后的一种用户行为，因此，如果用户对某项目有过评分，则说明该项目有某些特征吸引了用户对它有过消费行为。如图 3-13 所示，在庞大的项目空间中，用户有过评分的项目通常只是很小的一部分，相比于其他用户还未评过分的项目而言，用户有选择性地对这小部分项目进行消费并评分，也隐含了用户的偏好。CPMF 算法尝试把 I_{ij}（$I_{ij}=1$ 表示用户 i 对项目 j 有过评分）这一隐式反馈信息引入模型中，其概率模型图如图 3-14 所示。

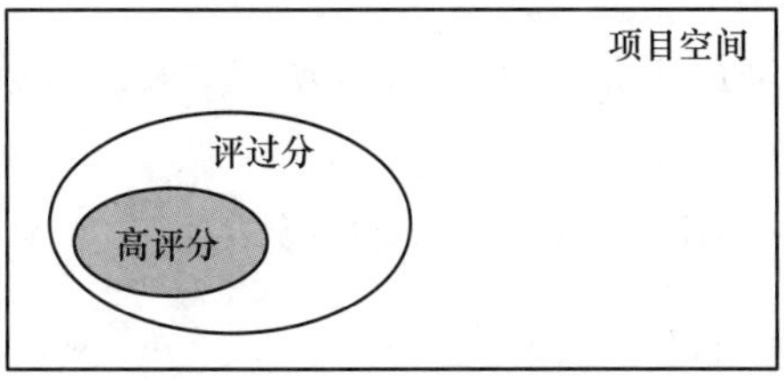

图 3-13　评分行为中隐含信息示意图

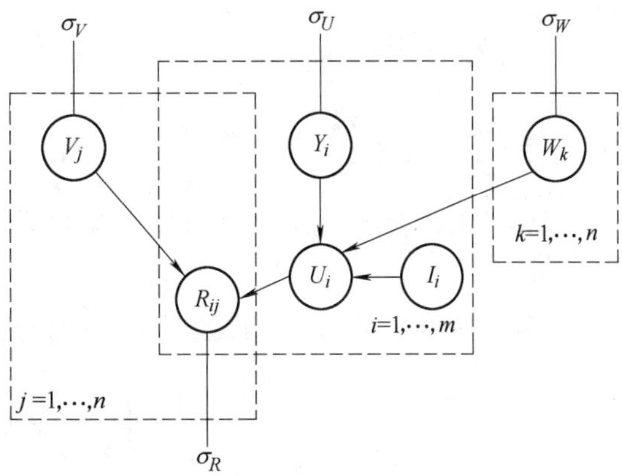

图 3-14　限制性概率矩阵分解的概率模型示意图

设 $\boldsymbol{W} \in \mathbb{R}^{n \times d}$ 表示潜在的（隐藏的）项目影响矩阵，表示项目对用户的影响，其中 n 表示项目数量，d 表示潜在空间的维度。矩阵 $\boldsymbol{W}$ 的第 k 行 $\boldsymbol{W}_k$ 表示如果用户对第 k 个项目有过评分，则该用户应该具有特征 $\boldsymbol{W}_k$。假设 $\boldsymbol{W}$ 服从方差为 σ_W^2 、均值为 0 的高斯分布，即

$$p(\boldsymbol{W}) = N(\boldsymbol{W}_{ij} \mid 0,\ \sigma_W^2 \boldsymbol{E})$$

在 CPMF 模型中，用户的特征向量 $\boldsymbol{U}_i$ 由两部分组成：用户自身特征向量 $\boldsymbol{Y}_i$ 和用户评过分的项目的影响向量加权。用户 i 的特征向量 $\boldsymbol{U}_i$ 定义为

$$\boldsymbol{U}_i = \boldsymbol{Y}_i + \frac{\sum_{k=1}^{n} I_{ik} \boldsymbol{W}_k}{\sum_{k=1}^{n} I_{ik}} \tag{3-24}$$

其中，I_{ij} 表示用户评分的指示函数，如果用户 i 评价过项目 j，则 I_{ij}取值为 1，否则 I_{ij}为 0。可以直观地看出，$\boldsymbol{W}$ 矩阵的第 k 行捕获了用户对项目 k 进行评分这一行为对用户特征向量的先验均值的影响。评价过相同（或类似）项目的用户的特征向量将具有类似的先验分布。可以将 $\boldsymbol{Y}_i$ 视为添加到先验分布均值上的偏移量，其服从方差为σ_U^2、均值为 0 的高斯分布，即

$$p(\boldsymbol{Y}_{ij}) = N(\boldsymbol{Y}_{ij} \mid 0,\ \sigma_U^2)$$

这里的 $\boldsymbol{Y}_i$ 和无约束 PMF 模型中 $\boldsymbol{U}_i$ 是等价的。

基于以上分析，可以将观测到的评分 $\boldsymbol{R}$ 的条件分布定义为

$$p(\boldsymbol{R} \mid \boldsymbol{Y},\ \boldsymbol{V},\ \boldsymbol{W},\ \sigma_R^2) = \prod_{i=1}^{m} \prod_{j=1}^{n} \left[N\left(R_{ij} \mid \left(\boldsymbol{Y}_i + \frac{\sum_{k=1}^{n} I_{ik} \boldsymbol{W}_k}{\sum_{k=1}^{n} I_{ik}} \right) \boldsymbol{V}_j^{\mathrm{T}},\ \sigma_R^2 \right) \right]^{I_{ij}} \tag{3-25}$$

假设 $\boldsymbol{U}$ 中每个用户的特征值 $\boldsymbol{U}_i$ 是独立同分布、$\boldsymbol{V}$ 中每个项目的特征值 $\boldsymbol{V}_j$ 是独立同分布、$\boldsymbol{R}$ 中每个评分观测值 R_{ij}是独立同分布、$\boldsymbol{W}$ 中每个项目影响值 $\boldsymbol{W}_k$ 是独立同分布，基于贝叶斯公式，采用最大后验概率参数估计法，可以得到对应的目标函数为

$$E = \frac{1}{2} \sum_{i=1}^{m} \sum_{j=1}^{n} I_{ij} \left(R_{ij} - \left(\boldsymbol{Y}_i + \frac{\sum_{k=1}^{n} I_{ik} \boldsymbol{W}_k}{\sum_{k=1}^{n} I_{ik}} \right) \boldsymbol{V}_j^{\mathrm{T}} \right)^2 + \frac{\lambda_Y}{2} \sum_{i=1}^{m} \| \boldsymbol{Y}_i \|_F^2 + \frac{\lambda_V}{2} \sum_{j=1}^{n} \| \boldsymbol{V}_j \|_F^2 + \frac{\lambda_W}{2} \sum_{k=1}^{n} \| \boldsymbol{W}_k \|_F^2 \tag{3-26}$$

式中，$\lambda_Y = \dfrac{\sigma_R^2}{\sigma_U^2}$；$\lambda_V = \dfrac{\sigma_R^2}{\sigma_V^2}$；$\lambda_W = \dfrac{\sigma_R^2}{\sigma_W^2}$。为简化模型，通常将 λ_Y 、λ_V 、λ_W 设为相同的参数值。

在已知评分 $\boldsymbol{R}$ 的情况下，可以采用梯度下降法来最小化上述目标函数，以求解参数矩阵 $\boldsymbol{Y}$、$\boldsymbol{V}$ 和 $\boldsymbol{W}$。

在获得模型参数之后，可以通过下面的公式来预测用户 i 对项目 j 的评分$\hat{R}_{ij}$：

$$\hat{R}_{ij} = \left(\boldsymbol{Y}_i + \frac{\sum_{k=1}^{n} I_{ik} \boldsymbol{W}_k}{\sum_{k=1}^{n} I_{ik}} \right) \boldsymbol{V}_j^{\mathrm{T}} \tag{3-27}$$

3.2.4　SVD++模型

在基础的隐语义模型（也称 FunkSVD 模型）被提出来之后，针对其不足，出现了很多变形或是改进版本，其中较为流行的一种变形是带偏置的矩阵分解模型，即 BiasSVD 模型。BiasSVD 模型假设用户有一些和项目无关的评分因素，比如比较好说话、评分普遍较高等，而有的人则比较苛刻、评分普遍较低，这些称为用户偏置项；而项目也有一些和用户无关的评分因素，称为项目偏置项。基于此，可构建如下的评分预测公式：

$$\hat{r}_{ui} = \mu + b_u + b_i + \boldsymbol{p}_u \boldsymbol{q}_i^{\mathrm{T}} \tag{3-28}$$

式中，μ 表示总体的评分平均值；b_u 表示用户的评分偏置，即用户给出的评分与评分平均值 μ 之间的偏差；b_i 表示项目的评分偏置，即项目的评分相对于评分平均值的偏差；$\boldsymbol{p}_u$ 表示用户 u 的隐特征向量；$\boldsymbol{q}_i$ 表示项目 i 的隐特征向量。

在 BiasSVD 基础上，为缓解数据稀疏性问题，SVD++模型通过加入有关用户的其他信息源来对模型进行改进，具体思想和限制性 PMF 模型类似。其假设推荐系统可以使用隐式反馈来帮助了解用户的显式评分偏好。无论用户是否愿意提供明确的评分数据，推荐系统都可以收集他们的行为信息，如浏览历史、收藏信息等，这些隐式反馈信息都从某些方面反映了用户的偏好特征。这对于那些提供了大量隐式反馈但仅提供了少量显式反馈的用户尤为重要。为此，SVD++模型在 BiasSVD 模型的基础上，增加了第二个项目因子集合，即为每一个项目 i 关联一个因子向量$\boldsymbol{y}_i$，用以表示如果用户对项目 i 有过隐式反馈，则该用户具有特征 $\boldsymbol{y}_i$。综上所述，SVD++模型的评分预测公式如下：

$$\hat{r}_{ui} = \mu + b_u + b_i + \Big(\boldsymbol{p}_u + |R(u)|^{-\frac{1}{2}} \sum_{j \in R(u)} \boldsymbol{y}_j\Big) \boldsymbol{q}_i^{\mathrm{T}} \tag{3-29}$$

式中，$R(u)$ 表示用户 u 产生过隐式反馈的项目集合。当没有其他可用信息源时，$R(u)$ 可表示为用户 u 评过分的项目集合。用户 u 的因子偏好程度被建模为 $\boldsymbol{p}_u + |R(u)|^{-\frac{1}{2}} \sum_{j \in R(u)} \boldsymbol{y}_j$，在之前的显式评分记录之上加了一个隐式反馈的特征。假设 $\boldsymbol{y}_i$ 在均值 0 的附近取值，为了稳定其方差，用 $|R(u)|^{-\frac{1}{2}}$ 对其加和进行规范化处理。

和前面的矩阵分解模型类似，SVD++模型的目标函数为

$$E = \frac{1}{2}\sum_{u=1}^{m}\sum_{i=1}^{n} I_{ui}\Big(R_{ui} - \Big(\mu + b_u + b_i + \Big(\boldsymbol{p}_u + |R(u)|^{-\frac{1}{2}} \sum_{j \in R(u)} \boldsymbol{y}_j\Big)\boldsymbol{q}_i^{\mathrm{T}}\Big)\Big)^2 + \frac{\lambda}{2}\Big(\mu^2 + \sum_{u=1}^{m}(b_u^2 + \|\boldsymbol{p}_u\|^2) + \sum_{i=1}^{n}(b_i^2 + \|\boldsymbol{q}_i\|^2 + \|\boldsymbol{y}_i\|^2)\Big) \tag{3-30}$$

针对 SVD++模型，可以采用随机梯度下降法（SGD）进行参数学习，其参数 u，b_u，b_i，$\boldsymbol{p}_u$，$\boldsymbol{q}_i$ 和$\boldsymbol{y}_j$ 的迭代更新式如下：

$$\mu \leftarrow \mu + \gamma(e_{ui} - \lambda\mu)$$

$$b_u \leftarrow b_u + \gamma(e_{ui} - \lambda b_u)$$

$$b_i \leftarrow b_i + \gamma(e_{ui} - \lambda b_i)$$

$$\boldsymbol{p}_u \leftarrow \boldsymbol{p}_u + \gamma(e_{ui}\boldsymbol{q}_i - \lambda\boldsymbol{p}_u)$$

$$\boldsymbol{q}_i \leftarrow \boldsymbol{q}_i + \gamma\left(e_{ui}\left(\boldsymbol{p}_u + \frac{1}{\sqrt{R(u)}}\sum_{j \in R(u)} \boldsymbol{y}_j\right) - \lambda\boldsymbol{q}_i\right)$$

$$\forall j \in R(u),\ \boldsymbol{y}_j \leftarrow \boldsymbol{y}_j + \gamma\left(e_{ui}\frac{1}{\sqrt{|R(u)|}} \cdot \boldsymbol{q}_i - \lambda\boldsymbol{y}_i\right)$$

式中，$e_{ui}=r_{ui}-\hat{r}_{ui}$ 表示预测误差；γ 表示学习速率；λ 表示正则化系数。

SVD++算法可以看作一种综合了带偏置的矩阵分解模型和限制性概率矩阵分解模型的混合矩阵分解算法。

3.3 基于矩阵分解的 Top-N 推荐

虽然显式的评分数据能够直接地反映用户对项目的喜好，但是显式反馈数据需要用户进行额外操作，有时难以获取。相比而言，隐式反馈（如点击、购买、收藏等）更容易获取，数据量更大，并且具有无干扰性和更好的用户体验，但也更加难以分析。具体而言，隐式反馈数据具有如下特征：

1）没有负反馈（负样本）。隐式反馈只能得到用户喜欢（如观看、购买等）哪些项目，对于用户不喜欢的项目没有数据支持。例如，用户没有观看某部电影的原因可能是他不喜欢该电影，也可能是他不知道该电影或是他知道但还没来得及看。

2）隐式反馈包含的噪声比较多。显式的用户评分行为是用户强烈的主动行为，而隐式的用户浏览行为、点击行为可能会受很多其他因素的影响。例如，由于用户误操作，导致不小心误点了某项目；用户点击（或购买）某项目后，发现并不喜欢该项目的内容。

3）显式反馈代表用户真实的喜好程度，而隐式反馈代表置信度。例如，星级评分1代表很不喜欢，评分5代表很喜欢。另外，隐式反馈的数值描述了动作的频率，如用户观看了多少节目，用户购买了多少次项目。只出现一次的事件可能是由其他原因引起的，不能代表用户喜好。而反复出现的事件更有可能代表了用户喜好。因此，隐式反馈数据可以用来描述置信度。

由于隐式反馈数据中只有正样本，所以不能采用3.2节中介绍的各种针对评分预测的矩阵分解模型，即 $\min\limits_{\boldsymbol{P},\boldsymbol{Q}}\sum\limits_{(u,i)\in S}(r_{ui}-<\boldsymbol{p}_u,\boldsymbol{q}_i>)^2$，其中 S 表示观测到的用户反馈样本集。因为它们只对有反馈的样本（即正样本 $r_{ui}=1$）进行优化，而忽略了未观测到反馈的样本，这会导致得到的解为无用解。理论上，$\min\limits_{\boldsymbol{P},\boldsymbol{Q}}\sum\limits_{(u,i)\in S}(r_{ui}-<\boldsymbol{p}_u,\boldsymbol{q}_i>)^2$ 存在最优解，即把所有的用户和项目都映射到隐向量空间中的同一个坐标轴的单位坐标点上，如 $\boldsymbol{p}_u=\boldsymbol{q}_i=(1,0,0,\cdots,0)$，这将会导致所有的预测结果都为1，即 $\widehat{r_{ui}}=<\boldsymbol{p}_u,\boldsymbol{q}_i>=1$，没有任何的实用价值。

为了学习出有效的用户和项目隐特征向量，需要有负样本。一种常见的做法是将未观测到反馈的样本作为负样本。但是由于每个用户反馈的样本数一般都比较少，导致正样本和负样本的比例极度不均衡。通过最优化目标 $\min\limits_{\boldsymbol{P},\boldsymbol{Q}}\sum\limits_{(u,i)}(r_{ui}-<\boldsymbol{p}_u,\boldsymbol{q}_i>)^2$，可能会得到 $\boldsymbol{p}_u=\boldsymbol{q}_i=(0,0,0,\cdots,0)$，进而导致所有的预测结果都为0，即 $\widehat{r_{ui}}=<\boldsymbol{p}_u,\boldsymbol{q}_i>=0$，也没有任何的实用价值。

3.3.1 基于正样本过采样的矩阵分解

过采样（Oversampling）是基于已有样本数据，针对少数样本类（如用户反馈类）生成新的数据样本。一种简单常用的过采样方法是针对少数类中一个样本抽取多次，从而使正负样本数目接近。

为了解决正负样本分布不均衡的问题，一种称为 WRMF（Weighted Regularized Matrix Factorization）的矩阵分解算法通过对正样本进行过采样，构建了一个新的目标函数：

$$\min_{P,Q}\sum_{u,i}c_{ui}(r_{ui}-\langle \boldsymbol{p}_u,\boldsymbol{q}_i\rangle)^2+\lambda[\|\boldsymbol{P}\|_F^2+\|\boldsymbol{Q}\|_F^2] \tag{3-31}$$

式中，c_{ui} 表示置信度。对于 $r_{ui}=0$，即未观测到反馈行为的用户-项目对，模型认为用户 u 不喜欢项目 i 的置信度较低，因为用户可能是因为其他原因而导致没有反馈数据，而并不是因为不喜欢该项目。对于 $r_{ui}=1$，即观测到反馈行为的用户-项目对，模型认为用户 u 喜欢该项目 i 的置信度较高。因此，通常将置信度 c_{ui} 设置为

$$c_{ui}=1+\alpha r_{ui} \tag{3-32}$$

式中，α 是模型的一个超参，需要预先设置，默认值一般设为 40。

针对上述的目标函数，可以采用交替最小二乘法（ALS），对模型参数用户隐特征矩阵 $\boldsymbol{P}$ 和项目隐特征矩阵 $\boldsymbol{Q}$，分别进行求解。

本质上 WRMF 模型就是对正样本（$r_{ui}=1$）进行过采样，超参 α 表示每个正样本重复采样的次数。这种方法能够解决正负样本分布不均衡的问题，但是它还是假设每个未观测到反馈的样本（缺失数据）都是负样本且影响相同。而实际中，这些未观测到反馈的样本中包含了一些用户喜欢的项目，而可能只是用户还没看到而已，将这些都归为负样本会降低推荐结果的准确度。此外，由于缺失数据通常很多（数据稀疏问题），将所有缺失数据都视为负样本，将造成样本数据规模非常大，处理时间复杂度很高，无法在大数据集上工作。

3.3.2　基于负样本欠采样的矩阵分解

针对正负样本分布不均衡问题的另外一种常用方法是对负样本进行欠采样（Undersampling），即从未观测到反馈行为的样本中采样出一个和正样本集差不多大的集合作为负样本集。有三种常用的负样本采样方法：

1）随机均匀采样：假设每个未观测到反馈的样本都是负样本且影响相同。

2）面向用户采样：若用户浏览或购买了更多的项目，那么他还没有反馈过的项目就有更高的可能性是负样本。

3）面向项目（热度）采样：一个项目越热门，用户越有可能知道它的存在，这种情况下用户还没对它有反馈行为就表明这很可能是真正的负样本。

随机均匀采样思想比较直观，希望随机探索整个未反馈的样本空间，且其实现简单，所以较为常用。但是，这类方法忽略了未反馈样本之间的差异，导致实际应用效果相对较差。面向用户采样主要考虑的是样本偏置，即有的样本（质量）比较好，活跃用户通常会对其产生反馈；还有一些样本未被活跃用户反馈过，则可能是因为样本自身（质量）比较差，这些样本更可能是真正的负样本。面向用户采样虽然能够在一定程度上区分未反馈样本整体的差异，但是忽略了用户的个性化偏好。面向项目（热度）采样则能够有效地弥补这一问题。实际的应用中可以综合使用这三种抽样方法，以期望达到更好的学习效果。除了上述三种常用采样方法之外，还有一些考虑样本难度的采样方法，如基于主动学习的采样。

在具体采样过程中，根据抽样之后是否将样本放回候选集进行后续采样，可以将采样方法分为两大类：有放回采样和无放回抽样。有放回采样是指每次被抽取出的样本在使用完后会被再次放入候选样本参与后续的抽样，即同一个样本可能会被多次抽取并使用。无放回采样是指每次被抽取出的样本在使用完后将不再参与后续的抽样，即同一个样本最多只可能会被抽取并使用一次。

如果采用 ALS 作为模型参数学习方法，则可以采用与 3. 3. 1 节类似的方法构造目标函数，通过引入样本权重因子矩阵 $\boldsymbol{W}$ 表示置信度：

$$\min_{P,\ Q}\sum_{u,\ i} W_{ui}\left(r_{ui}-\langle \boldsymbol{p}_u,\ \boldsymbol{q}_i\rangle\right)^2+\lambda\left(\sum_u \|\boldsymbol{P}_u\|_F^2+\sum_i \|\boldsymbol{Q}_i\|_F^2\right) \tag{3-33}$$

根据采样方法的不同，需要对样本赋以不同的权重因子 W_{ui}，如表 3-9 所示。

表 3-9　权重分配

采样方法	正反馈	“负”反馈
随机均匀采样	$W_{ui}=1$	$W_{ui}=\delta,\ \delta\in[0,\ 1]$
面向用户采样	$W_{ui}=1$	$W_{ui}\propto\sum_j r_{uj}$
面向项目采样	$W_{ui}=1$	$W_{ui}\propto\sum_u r_{ui}$

如果采用 SGD 作为模型参数学习方法，则可以定义如下的目标函数：

$$\min_{P,\ Q}\sum_{(u,\ i)\in R_+\cup R_-}\left(r_{ui}-\langle \boldsymbol{p}_u,\ \boldsymbol{q}_i\rangle\right)^2+\lambda\left(\sum_u \|\boldsymbol{P}_u\|_F^2+\sum_i \|\boldsymbol{Q}_i\|_F^2\right) \tag{3-34}$$

式中，R_+ 表示正样本集合；R_- 表示负样本集合。以权重因子 W_{ui} 作为采样概率。

基于模型的协同过滤是当前主流的协同过滤方法。可以采用不同的机器学习算法来构建基于模型的协同过滤，除了本章介绍的关联规则模型、矩阵分解模型之外，还可以采用逻辑回归、神经网络、支持向量机等算法。

协同过滤作为一种经典的推荐算法，已在工业界获得了广泛应用。协同过滤通用性强，不需要任何专业领域知识，工程实现简单，通常效果也不错。但是，协同过滤在实际应用中也存在一些难以避免的困难，如“冷启动”问题。对于新加入的用户或项目，由于缺乏相关行为数据，无法进行推荐。针对这一问题，可以采用第 4 章介绍的基于内容和知识的推荐算法。此外，协同过滤算法还忽略了行为发生时的情境差异，如时间、地理位置、同伴等，这也会导致推荐性能下降。针对这一问题，可以根据应用场景采用第 8 章、第 9 章和第 10 章介绍的基于情境感知的推荐算法。

习题

1. 请对比分析基于邻域的协同过滤和基于模型的协同过滤的优缺点。
2. 请简述关联规则模型的基本思想。
3. 选择一种你熟悉的编程语言，实现 Apriori 算法，并使用表 3-3 中的数据进行验证。
4. 请简述基于矩阵分解的协同过滤的基本思想。
5. 选择一种你熟悉的编程语言，实现一种针对评分预测的矩阵分解算法，并选择一个公开数据集进行验证。
6. 选择一种你熟悉的编程语言，实现一种针对 Top-N 推荐的矩阵分解算法，并选择一个公开数据集进行验证。

第 4 章 基于内容和知识的推荐

协同过滤算法主要依赖对用户和项目交互行为数据的挖掘，不可避免地会存在冷启动问题：新项目或新用户。项目冷启动问题常见于新闻资讯、短视频等项目的推荐，不断会有大量新的项目产生并加入平台，由于没有与其相关的行为数据（被点击、被评分等），协同过滤算法无法将其推荐给用户，如图 4-1a 所示。用户冷启动问题常见于房产、汽车等低频消费品的推荐，由于缺少用户的历史行为数据（评分、购买等）或是用户的历史行为数据过于久远已无参考价值，所以无法从交互行为数据中挖掘出其偏好，协同过滤算法无法对其进行推荐，如图 4-1b 所示。针对上述两个问题，可以分别采用基于内容的推荐和基于知识的推荐来解决。

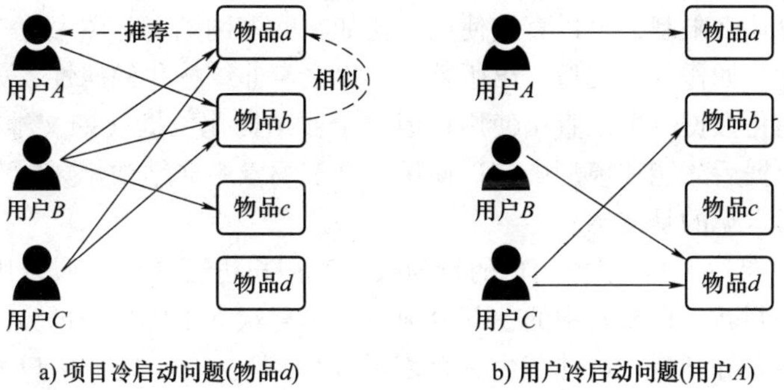

图 4-1 协同过滤面临的问题

4.1 基于内容的推荐系统框架

基于内容的推荐的基本思想是为用户推荐与他感兴趣的项目内容相似的项目，即发掘用户曾经喜欢过项目的特性，并推荐类似的项目。事实上，基于内容的推荐系统主要在于挖掘用户偏好特征和项目内容特征，以及它们的匹配程度，并据此为用户推荐新的其可能感兴趣的项目。具体而言，基于内容的推荐系统通过分析用户之前有过正反馈的项目的内容，并基于这些项目的内容特征建立用户模型或画像。产生推荐的主要过程是将用户画像和项目的内容特征进行匹配，以得到用户对候选项目的感兴趣程度。具体的系统框架和流程如图 4-2 所示。

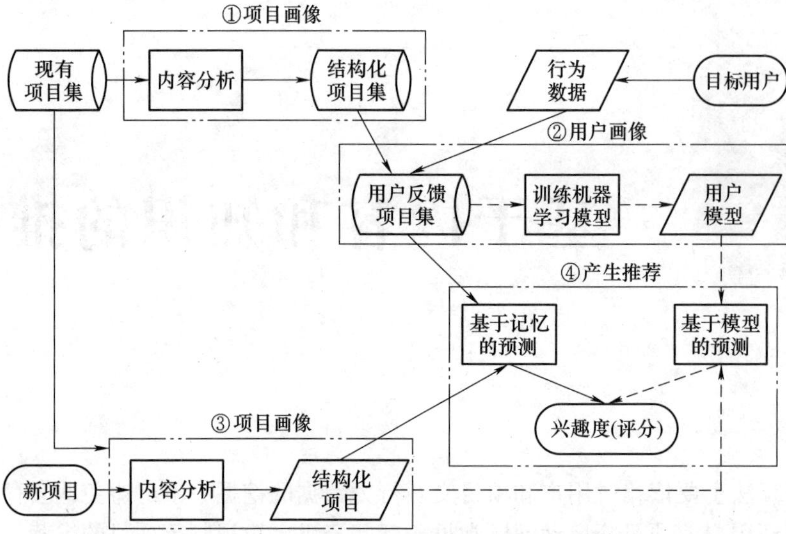

图 4-2　基于内容的推荐系统框架和流程

基于内容的推荐系统主要包括三个部分（模块）：项目建模、用户建模和产生推荐。

项目建模（画像）：主要从项目的相关信息（内容）中提取项目的特征来对项目进行表示，即对项目的相关信息进行分析与表示。实际应用中往往有一些用以描述项目的属性。这些属性可以分为两类：结构化的属性与非结构化的属性。所谓结构化属性就是指属性的意义明确，且取值限定在某个范围内，通常可以直接用于项目画像；而非结构化属性往往意义不太明确，取值也没什么限制，难以直接使用。比如在购书网站上，图书就是项目，一本图书会有结构化的属性，如作者、类型、出版社等；也会有非结构化的属性，如作者介绍、内容简介等。对于结构化数据，可以直接使用；但对于非结构化数据（如文本描述），需要先把它转化为结构化数据后才能在模型中加以使用。真实场景中非结构化数据有文本、图片、视频、语音等，最为常见的是文本。

用户建模（画像）：主要根据用户的行为数据对用户进行建模。假设用户已经对一些项目给出了他的喜好判断，喜欢其中的一部分项目，不喜欢其中的另一部分。用户建模就是通过用户过去的这些喜好判断，为他产生一个表示（模型）。有了这个用户表示，就可以据此来判断用户是否会喜欢一个新的项目。当用户的历史行为数据较少时，可以直接将用户的历史行为数据，即用户有过正反馈的项目集（针对 Top-N 推荐问题）或是用户有过评分的项目集（针对评分预测问题），作为用户的表示。当用户的历史行为数据较多时，可以通过机器学习构建用户模型，评分预测问题采用回归模型（如线性回归、SVM 回归、决策树回归等）、Top-N 推荐问题采用分类模型（如逻辑回归、神经网络、SVM、决策树等），并利用用户的行为数据训练模型（学习模型参数）。

产生推荐：主要将用户画像和项目画像在表示空间中进行匹配，并为用户推荐与其相匹配的项目。其基本思想为针对相似的项目，用户将会给出相似反馈（或评分）。如果采用基于模型的方法进行用户画像，则在推荐阶段直接利用该模型预测用户对项目的兴趣程度（或评分）即可。如果直接采用用户的行为数据（项目集或评分集）作为用户画像，则可以采用类似基于项目的协同过滤方法进行推荐。

针对 Top-N 推荐，给定用户 u，对于候选项目 i，用户的兴趣度 $p(u, i)$ 可根据如下加权公式进行预测：

$$p(u, i) = \sum_{j \in N(u)} \omega_{ij} r_{uj}$$

式中，集合 $N(u)$ 表示用户 u 有过正反馈行为的项目集合；ω_{ij} 表示项目 i 和项目 j 之间的相似度；r_{uj} 表示用户 u 对项目 j 的兴趣度。对于 Top-N 推荐，用户对项目的兴趣度 r_{uj} 为二值（0-1）变量，例如，要么购买过，要么还未购买。

针对评分预测，为了保证预测评分在给定范围内，可以采用如下的公式计算给用户 u 对项目 i 的评分预测值 $\hat{r}_{ui}$：

$$\hat{r}_{ui} = \frac{\sum_{j \in N(u)} \omega_{ij} r_{uj}}{\sum_{j \in N(u)} |\omega_{ij}|}$$

式中，$N(u)$ 表示用户 u 有过评分的项目集合；r_{uj} 表示用户 u 对项目 j 的评分；ω_{ij} 表示项目 i 和项目 j 之间的相似度。

基于内容的推荐关键在于对用户兴趣特征和项目属性特征进行建模，特别是针对非结构化属性数据的分析。鉴于在目前的推荐应用中，文本数据是最为常见也是相对容易获取得到的项目内容，所以接下来将主要介绍如何对文本内容进行分析和表示。

4.2 基于词向量空间模型的文本表示

向量空间模型（Vector Space Model）是一种把文本内容表示为标识符（如索引）向量的代数模型。在推荐领域中，可以将项目的非结构化文本描述数据进行向量化表示（见图 4-3），使其具备可计算性。最常用的文本向量空间模型是基于关键词的向量空间模型，即以关键词作为标识符。

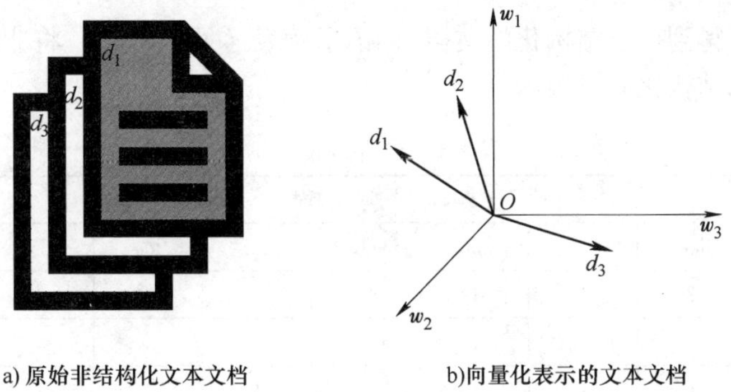

图 4-3　文本向量化表示示意图

4.2.1　词袋模型

词袋模型（Bag of Words，BoW）是一种常用的将文本进行向量化的表示模型，该模型目前已在自然语言处理和信息检索等领域被广泛采用。词袋模型假设对于一个文本文档（文本描述），忽略其中的词序、语法、句法等要素，将其仅看作由若干词构成的一个集合，且文档中每个词的出现都是独立的，不依赖于其他词是否出现，即不考虑文本中词与词之间的上下文关系。

这类模型隐含假设可以用词语来对项目（文档）进行画像（见图4-4），以词的集合作为标签集合，以词是否出现或是出现的次数作为标签的取值。

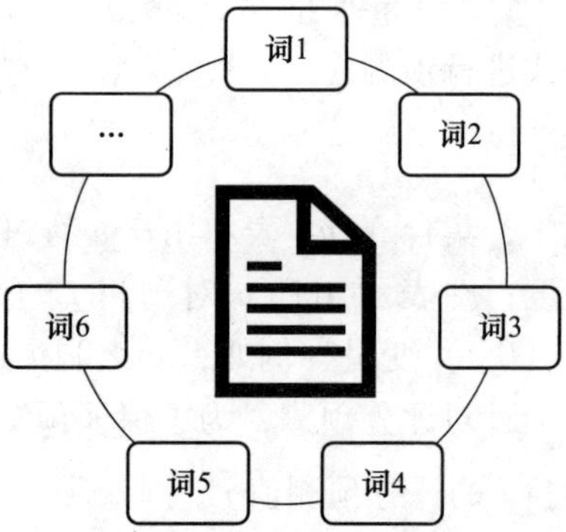

图4-4 项目文档画像示意图

以下是三个简单的文本：

文档 d_1：John likes to play football. Bob likes football too.

文档 d_2：John also likes to play basketball.

文档 d_3：Bob also likes to play badminton.

基于这三个文本文档，借鉴传统的字词典构造方法，整理所有文档中使用的字词，可构造一个词典如下：

Dictionary = {1. "John",2. "likes",3. "to",4. "play",5. "football",6. "Bob",7. "too",8. "also",9. "basketball",10. "badminton"}

这个词典包含10个不同的词，利用词典的索引号，上面三个文档每一个都可以用一个10维向量表示（用整数数字表示某个词在文档中出现的次数）。具体表示如下，向量中每个元素表示词典中相应位置元素（词）在文档中出现的次数。

文档 d_1：[1，2，1，1，2，1，1，0，0，0]，即likes和football各出现两次，John、to、play、Bob和too各出现一次，also、basketball和badminton未出现。

文档 d_2：[1，1，1，1，0，0，0，1，1，0]，即John、likes、to、play、also、basketball各出现一次，其他词未出现。

文档 d_3：[0，1，1，1，0，1，0，1，0，1]，即likes、to、play、Bob、also、badminton各出现一次，其他词未出现。

相应地，可以得到一个结构化的文档-词语示例表（见表4-1），将非结构化的文本数据转换为基于词频的结构化向量表示。

表4-1 文档-词语示例表

文档	词									
	John	likes	to	play	football	Bob	too	also	basketball	badminton
d_1	1	2	1	1	2	1	1			
d_2	1	1	1	1				1	1	
d_3		1	1	1		1		1		1

词袋模型假设文本中的词相互独立，忽略文本的句法、结构和上下文。虽然这种表示看起来并不够合理，但是在实际应用中效果却很好，常应用于文本分类，如垃圾邮件过滤。

4.2.2 TF-IDF模型

词袋模型假设文档中的各个词对于文档表示的重要程度相同，这一假设并不合理。它忽略了不同词在实际应用中的使用频率和重要性。如表4-2所示，如果利用词袋模型进行分析，会得出 $\mathrm{sim}(d_1, d_2)>\mathrm{sim}(d_1, d_3)$，即文档 d_1 和文档 d_2 的相似度 $\mathrm{sim}(d_1, d_2)$ 要大于文档 d_1 和文档 d_3 的相似度 $\mathrm{sim}(d_1, d_3)$。但从表 4-2 中可以看出，文档 d_1 和文档 d_2 共同出现的词是一个常用冠词 the（没有实际含义），而文档 d_1 和文档 d_3 共同出现的词是一个实体词 car。如果是人工判断的话，应该是 $\mathrm{sim}(d_1, d_2)<\mathrm{sim}(d_1, d_3)$。第 1 章中提到的长尾效应其实最早是由哈佛大学语言学家齐普夫在 20 世纪 30 年代发现的：文本中不同词出现的频率分布服从长尾分布，如图 4-5 所示。因此，如果将所有词等同看待，则文档表示受热门或是常用词的影响较大。此外，词袋模型假设不同长度的文档中同一词出现相同次数的影响相同，这一假设也不合理，因为同一个词语在长文档里出现的次数可能会比短文档更大。

表 4-2　文档–词语频率示例表

词	文档		
	d_1	d_2	d_3
car	5	0	3
football	0	3	0
the	5	5	0
on	0	0	3

为解决这些问题，在文本向量化表示时通常会采用 TF-IDF（Term Frequency-Inverse Document Frequency）模型。TF-IDF 模型假设词的重要性会随着它在文档中出现的次数成正比增加，但同时也会随着它在语料库（所有文档组成的文档集合）中出现的频率（包含该词的文档数）和文档长度成反比下降。和词袋模型一样，TF-IDF 模型也假设词之间相互独立，忽略词的位置信息。

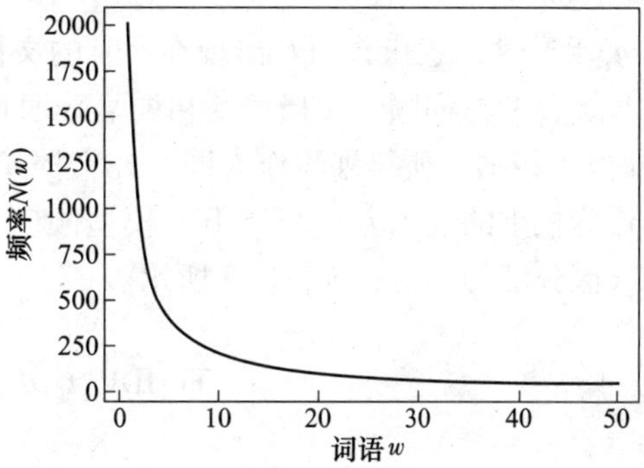

图 4-5　词频分布定律（齐普夫定律）示意图

词频（Term Frequency，TF）指的是某一给定词在指定文档中出现的频率（次数）。一般认为，词频越高，该词越重要。为了防止它偏向长的文档（同一个词在长文档里出现的次数通常会比短文档更高，而不管该词重要与否），通常需要对其进行归一化处理。对于在某一特定文档 d_j 里的词 t_i 来说，依据词频得到其在文档中的重要性为

$$\mathrm{TF}(t_i, d_j) = \frac{n_{ij}}{\max\limits_k n_{kj}}$$

式中，n_{ij} 表示词 t_i 在文档 d_j 中出现的次数；分母 $\max\limits_k n_{kj}$ 表示文档 d_j 中的最大词频数。除了可以用文档中的最大词频数 $\max\limits_k n_{kj}$ 来进行归一化处理，还可以使用文档长度（即文档中所有词出现的次数之和）$\sum\limits_k n_{kj}$ 进行归一化，即 $\mathrm{TF}(t_i, d_j) = \dfrac{n_{ij}}{\sum\limits_k n_{kj}}$。

逆文档频率（Inverse Document Frequency，IDF）是一种用来表示词语普遍重要性的度

量，可用来缓解常用词的影响。IDF 的基本思想是如果一个词在语料库中出现的频率越高，即包含该词的文档数量越多，则该词越普遍，对应的重要性（区分度）越低。设给定语料库 D 所包含的文档总数为 N，其中包含某一特定词 t_i 的文档数为 n_i，则 n_i 越大，词 t_i 的 IDF 值越小。由于实际应用中一般 N 值较大，而 n_i 的取值范围也较大 $[1,N]$，如果直接用 N/n_i 作为 IDF 值，则会导致 IDF 取值范围也较大，即一些词的 IDF 值可能是另一些词的成千上万倍。为了解决这一问题，实际中常用的 IDF 值定义如下：

$$\mathrm{IDF}(t_i) = \log \frac{N}{n_i}$$

式中，N 表示语料库中的文档总数；n_i 表示包含词 t_i 的文档数，即 $n_i = |\{d \in D: t_i \in d\}|$。根据上面的公式可以看出，越常用的词，其 IDF 值越小；越罕见的词，其 IDF 值越大。由于使用了对数函数 log（本书中如无特别标注，log 均表示以 10 为底的对数函数），能够缩小 IDF 值的变化范围，如图 4-6 所示。例如，某语料库的文档数量 $N = 10000$，则当 n_i 分别为 10000、5000、10 和 1 时，对应的 IDF 值如下：

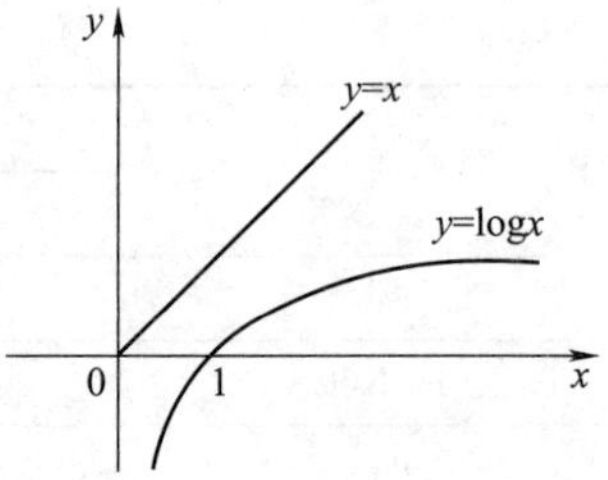

图 4-6　对数函数示意图

$$\log\frac{10000}{10000} = 0;\ \log\frac{10000}{5000} = 0.301;\ \log\frac{10000}{10} = 3;\ \log\frac{10000}{1} = 4$$

当 $n_i = N$ 时，意味着词 t_i 出现在所有的文档中，即没有任何的区分度，对应的 IDF 值为 0。

综合考虑词频、文档长度和词语普遍性，TF-IDF 模型将词频 $\mathrm{TF}(t_i, d_j)$ 和逆文档频率 $\mathrm{IDF}(t_i)$ 相乘，所得乘积作为词 t_i 在文档 d_j 中的权重，以代替词袋模型中单纯以词的出现频率作为权重的表示方法。TF-IDF 模型倾向于过滤掉常用的、区分度低的词语，而保留重要的有区分度的词语，如图 4-7 所示。

$$\mathrm{TF\text{-}IDF}(t_i, d_j) = \underbrace{\mathrm{TF}(t_i,\ d_j)}_{\mathrm{TF}}\ \underbrace{\log \frac{N}{n_i}}_{\mathrm{IDF}}$$

原始词频(Frequency)

词	d_1	d_2	d_3	d_4
car	10	20	40	0
auto	5	40	20	0
football	0	8	0	20
on	5	20	20	10

$\mathrm{TF}(t_i, d_j) = \dfrac{n_{ij}}{\max\limits_k n_{kj}}$

词	d_1	d_2	d_3	d_4
car	1	0.5	1	0
auto	0.5	1	0.5	0
football	0	0.2	0	1
on	0.5	0.5	0.5	0.5

$\mathrm{IDF}(t_i) = \log \dfrac{N}{n_i}$

词	n_i	IDF
car	3	0.12
auto	3	0.12
football	2	0.30
on	4	0

$\mathrm{TF\text{-}IDF}(t_i, d_j) = \mathrm{TF}(t_i, d_j)\mathrm{IDF}(t_i)$

词	d_1	d_2	d_3	d_4
car	0.12	0.06	0.12	0
auto	0.06	0.12	0.06	0
football	0	0.06	0	0.3
on	0	0	0	0

图 4-7　TF-IDF 流程示意图

4.2.3　模型改进

单个字或词的表达能力有限，容易导致重要信息丢失或造成误解。针对这一问题，可以使用字词组合，如词组、成语、短语等，并将这些组合作为附加索引项（标识项）加入文档向量表示中，以进一步提高描述的准确性。词组（短语）通常比单个词具有更强的表达能力，而且有些词组一旦拆分，其意义可能完全不同，如英文中的“United States”，中文中的“北京大学”。使用词组虽然能够帮助提升匹配的准确度，但它也会增加计算的复杂度。

不管是词袋模型还是 TF-IDF 模型，包含所有词和词组的文档向量表示通常会非常长并且很稀疏。为了简化计算，在使用过程中可以采用以下几种方法对模型进行改进。

1）去停用词：停用词是指不具备文档区分度的词语，如英文中的“a”“the”“on”等，中文中的“了”“的”等，这些几乎在所有文档中都会出现。

2）词干还原：用单词的词干替换单词的变体，如将“went”替换为“go”，将“stemming”替换为“stem”。

3）特征选择：在对文本进行向量表示时，选取 n 个最具代表性的（关键）词对文本进行表示，以去掉文本中的噪声。

去停用词一方面可以降低计算的复杂度，另一方面可以提升匹配的准确度。虽然停用词（即常用词）的 IDF 值很小，但是其 TF 值通常很大。停用词对于文本所表达的意思几乎没有贡献，如果不预先去除它们，会导致在最终的文本向量表示中这些停用词的 TF-IDF 值较大，进而影响匹配的效果。

词干还原其实只是同义词映射的手段之一。其本质是要把相同含义不同形式的词映射到同一个表示。这样不仅可以减少关键词数量，降低计算的复杂度，而且还可以提升匹配的准确度。除了词干还原，还可以利用同义词典或是本体库进行同义词映射。

特征选择的主要目标是去除噪声，同时降低计算的复杂度。目前有几种常用的特征选择方法，例如，基于领域知识的或是专业知识库（或专业词典）的特征选择；基于词频（去掉高频的常用词和低频词的噪声词）的特征选择；基于卡方检验的特征选择；基于互信息的特征选择等。

4.2.4　向量相似度度量

在向量空间模型中，两个文档 d_1 和 d_2 内容之间的相关度 $\text{sim}(d_1, d_2)$ 常用其对应向量之间的夹角 α 的余弦值 $\cos\alpha$ 表示，如图 4-8 所示。在基于内容的推荐过程中，对用户和项目进行向量化表示后，通过夹角余弦值就可获得用户与项目之间的相似程度（相关度），并据此做出推荐。向量 $\boldsymbol{a}$ 和向量 $\boldsymbol{b}$ 的余弦相似度计算公式如下：

$$\text{sim}(\boldsymbol{a}, \boldsymbol{b}) = \frac{\boldsymbol{a} \cdot \boldsymbol{b}}{\|\boldsymbol{a}\| \times \|\boldsymbol{b}\|}$$

式中，$\boldsymbol{a} \cdot \boldsymbol{b}$ 表示向量 $\boldsymbol{a}$ 和向量 $\boldsymbol{b}$ 的点积；$\|\boldsymbol{a}\|$ 表示向量 $\boldsymbol{a}$ 的长度。

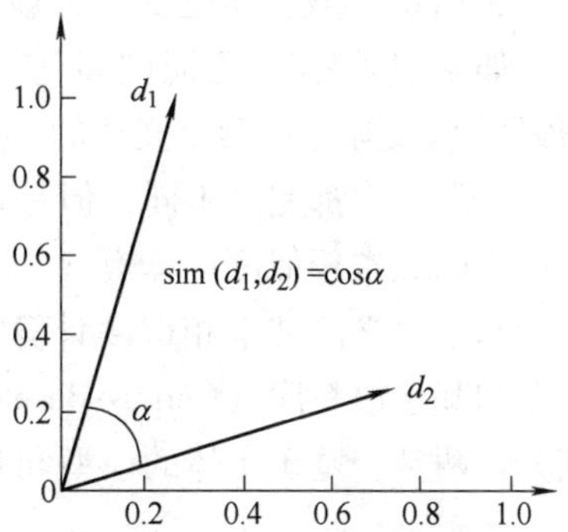

图 4-8　余弦相似度示意图

设 w_{ij} = TF-IDF（t_i，d_j），则给定两个文档 d_j 和 d_k，它们的余弦相似度为

$$\mathrm{sim}(d_j,\ d_k) = \frac{\sum_i w_{ij} \cdot w_{ik}}{\sqrt{\sum_i w_{ij}^2}\sqrt{\sum_i w_{ik}^2}}$$

式中，w_{ij} 表示词 t_i 在文档 d_j 中的 TF-IDF 值。

相比于基于欧氏距离的相似度，余弦相似度能够避免文档长度对文档相似度的影响。如图 4-9 所示，根据欧氏距离，相比于项目（文档）d_2，项目 d_1 和 d_3 与用户 q 更相似；但是，根据余弦相似度，相比于项目 d_1 和 d_3，项目 d_2 与用户 q 更相似。余弦相似度只与向量之间的夹角相关，而与向量的长度无关。当两个向量之间的夹角为 0°时，其余弦相似度为 1；当两个向量之间的夹角为 90°时，其余弦相似度为 0。由于文档向量化表示的数值都为非负，所以其向量都在第一象限，对应的余弦相似度取值范围为［0，1］。

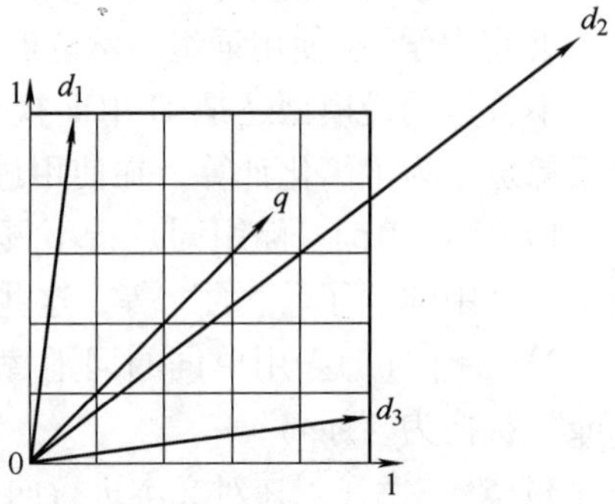

图 4-9　余弦相似度与向量长度无关示意图

由于在 TF-IDF 的计算过程中，已经利用文档长度或是文档中的最大词频数对文档的词向量表示进行了修正，其作用类似于余弦相似度中的除以向量长度，所以在实际应用中可以直接使用内积相似度，即

$$\mathrm{sim}(d_1,\ d_2) = d_1^{\mathrm{T}} d_2 = \sum_i w_{ij} w_{ik}$$

式中，w_{ij} 表示词 t_i 在文档 d_j 中的 TF-IDF 值。

4.3　基于语义的内容相似度

基于关键词的文本表示模型虽然思想简单、实现容易，但是其只关注于词形，而忽略了词义，导致无法准确地计算一些文本的相似度。例如，对于下面两个简单文档：

文档 d_1：大家都喜欢番茄炒菜花。

文档 d_2：我们常吃西红柿炒花椰菜。

如果用关键词的词向量进行表示和计算，其相似度很低，只有一个相关的关键词“炒”。但实际上这两个文档的含义基本相同。“番茄”和“西红柿”，“菜花”和“花椰菜”，从词形上看，都完全不同，但是它们词义相同，即语义相同。为解决这一问题，可以采用基于语义的文本相似度计算模型。

基于语义的文本相似度计算模型可以分为两大类：基于知识库（Knowledge-Based）的模型和基于语料库（Corpus-Based）的模型。根据知识库的形式，基于知识库的模型又可以细分为两类，基于本体的模型和基于网络知识的模型。

4.3.1　基于本体的文本相似度

基于本体的文本相似度计算模型主要是基于本体库或语义信息网络构造的。常见的本体

库或语义信息网络有 WordNet、HowNet 等通用本体库或语义信息网络，还有一些领域本体库或语义信息网络，如医疗本体库、电子商务本体库、地理本体库、农业本体库等。

基于本体的文本相似度计算可以分为两步：①计算词对（词与词之间）的相似度 $\text{sim}(w_i, w_j)$；②计算文本之间的相似度 $\text{sim}(d_1, d_2)$。

$$\text{sim}(d_1,\ d_2) = \frac{\sum_{w_i \in d_1} \sum_{w_j \in d_2} \alpha_{i1} \cdot \alpha_{j2} \cdot \text{sim}(w_i,\ w_j)}{\sum_{w_i \in d_1} \sum_{w_j \in d_2} \alpha_{i1} \cdot \alpha_{j2}}$$

式中，α_{i1} 和 α_{j2} 分别表示词 w_i 和 w_j 在文档 d_1 和 d_2 中的重要程度，可以简单设为 1，或是根据 TF-IDF 模型进行设置：$\alpha_{i1} = \text{TF-IDF}(w_i, d_1)$ 和 $\alpha_{j2} = \text{TF-IDF}(w_j, d_2)$。

基于本体的文本相似度计算的关键在于计算词对（词与词之间）的相似度 $\text{sim}(w_i,\ w_j)$。可借助于本体库或语义信息网络（如 WordNet）的知识拓扑结构（见图 4-10）来计算词之间的语义相似度，如 Leacock & Chodorow 提出的语义相似度：

$$\text{sim}_{lch}(w_i,\ w_j) = -\log \frac{\text{length}(w_i,\ w_j)}{2 \times D}$$

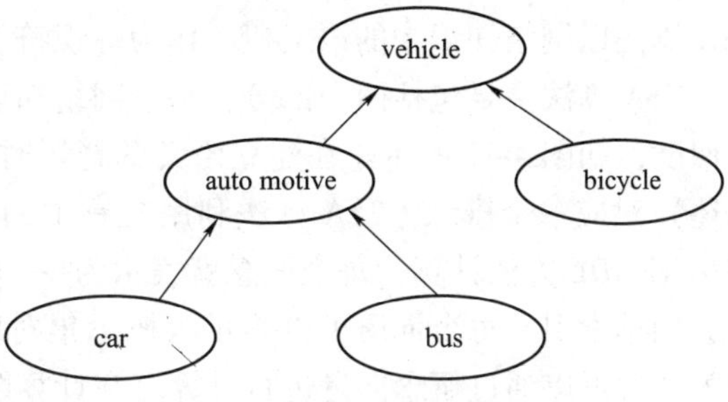

图 4-10　语义信息网络示意图

式中，$\text{length}(w_i,\ w_j)$ 表示语义信息网络中两个概念词 w_i 和 w_j 之间的最短路径长度；D 表示整个语义信息网络结构的最大深度。两个概念词在网络中的位置越近（最短路径长度越短），则它们的相似度 $\text{sim}_{lch}(w_i,\ w_j)$ 越大。

另外一种常用的词对语义相似度是由 Wu & Palmer 提出的：

$$\text{sim}_{wup}(w_i,\ w_j) = \frac{2 \times \text{depth}(LCS(w_i,\ w_j))}{\text{length}(w_i,\ w_j) + 2 \times \text{depth}(LCS(w_i,\ w_j))} = \frac{2 \times \text{depth}(LCS(w_i,\ w_j))}{\text{depth}(w_i) + \text{depth}(w_j)}$$

式中，$LCS(w_i,\ w_j)$ 表示概念词 w_i 和 w_j 的最深公共子节点（Least Common Subsumer）。给定概念词 w_i 和 w_j 的深度 $\text{depth}(w_i)$ 和 depth（w_j），从根节点到两个概念词的两条路径的公共部分路径（即 LCS（w_i，w_j））越长，则这两个概念词的相似度越高。

以图 4-10 中的两组词（car，bus）和（car，bicycle）为例，其相似度分别为

$$\text{sim}_{wup}(\text{car},\ \text{bus}) = \frac{2 \times 2}{3 + 3} = \frac{2}{3}$$

$$\text{sim}_{wup}(\text{car},\ \text{bicyde}) = \frac{2 \times 1}{3 + 3} = \frac{1}{3}$$

当本体或语义信息网络较为完备时，基于拓扑结构的相似度可靠性较高。但实际中的本体库或语义信息网络，由于构建困难、更新慢，导致其并不完备，即实体或是关系不全，进而导致基于拓扑结构的相似度可能并不可靠。为解决本体库或语义信息网络中关系不全的问题，可以采用基于本体描述的词对相似度度量，即通过 4.2 节介绍的关键词模型，计算两个概念词（本体）的文本描述的相似度。

4.3.2　基于网络知识的文本相似度

针对本体库或语义信息网络中实体（本体）不全、更新速度慢等问题，可以采用基于

网络知识（如维基百科、百度百科等）的模型来计算文本内容之间的相似度。相比于本体库或语义信息网络，网络知识的覆盖范围更广、更新速度更快。网络知识一般包括两种关系结构，词条页面之间的链接关系和词条之间的语义层次结构。

WikiRelate！和显式语义分析（Explicit Semantic Analysis，ESA）是基于网络知识进行文本相似度计算的两种常用方法。WikiRelate！算法是一种计算词对（词与词之间）相似度的方法，其假设网络知识中的每个词条就是一个本体描述。WikiRelate！算法的计算过程主要包括两步：第一步是根据给定词语从网络知识中检索出对应的词条；第二步是采用4.3.1节中介绍的方法，利用网络知识的层次结构，计算两个词条之间的相似度。

ESA算法是一种基于网络知识直接计算文本之间相似度的方法。该算法本质上也是一种基于向量空间模型的文本相似度计算方法。不同于词向量空间模型以关键词作为标识符，ESA算法以网络知识中的语义概念作为标识符。

ESA算法主要包括两个部分：基于网络知识建立语义解释器和使用语义解释器计算文本相似度，如图4-11所示。在建立语义解释器时，首先假设网络知识中的每一篇文章（词条描述）对应一个概念，ESA算法利用文章中的词语解释概念的语义，词语的权值通过词频或是TF-IDF方法计算，每个概念就表示为一个带权的词语向量（见表4-3）。然后按照词语建立倒排索引，每个词语可以表示为概念集对应的多维向量（见表4-4），词语之间的语义相关性就可以通过概念向量进行计算。在计算两个文本之间的相似度时，首先通过语义解释器将文本表示为相应的解释概念向量，然后通过余弦相似度或其他向量相似度度量方法计算两个文本的解释概念向量之间的相似度。

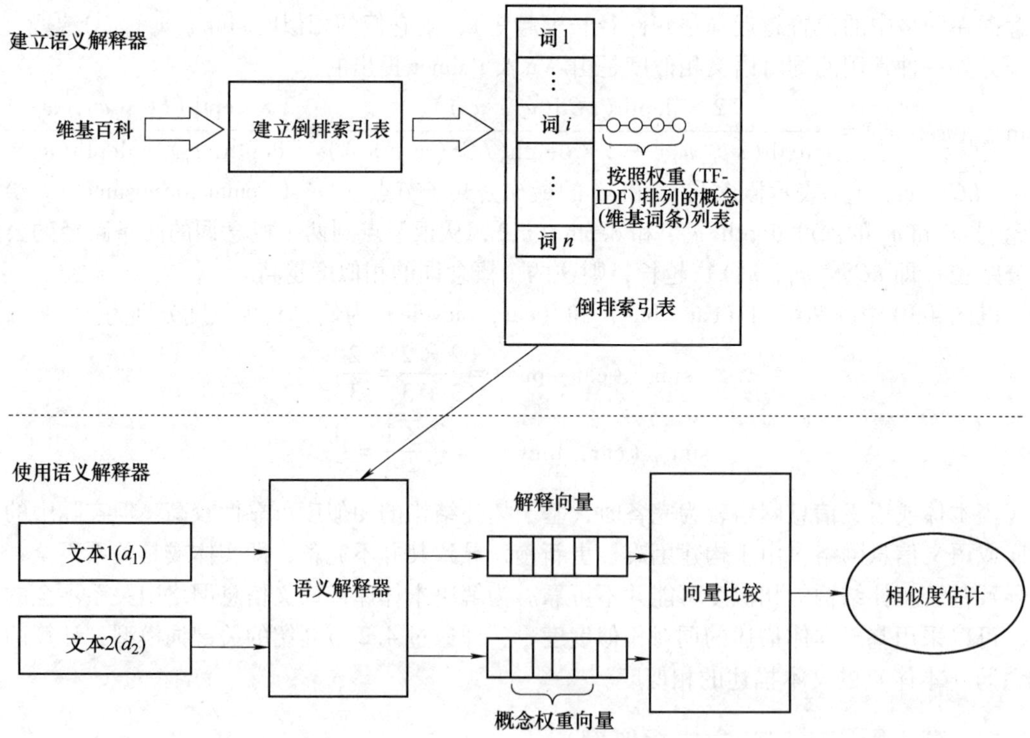

图4-11　显式语义分析算法过程示意图

表 4-3　概念词语表示例

概念	各词语对应的权重			
	w_1	w_2	w_3	w_4
c_1	α_{11}	α_{12}	α_{13}	α_{14}
c_2	α_{21}	α_{22}	α_{23}	α_{24}
c_3	α_{31}	α_{32}	α_{33}	α_{34}

表 4-4　概念倒排表示例

词	各概念对应的权重		
	c_1	c_2	c_3
w_1	α_{11}	α_{21}	α_{31}
w_2	α_{12}	α_{22}	α_{32}
w_3	α_{13}	α_{23}	α_{33}
w_4	α_{14}	α_{24}	α_{34}

下面通过一个简单的例子来说明利用 ESA 算法计算文本相似度的思想和过程。给定如下两个文本：

文本 1(d_1)：The dog caught the red ball.

文本 2(d_2)：A labrador played in the park.

如果采用基于关键词的向量空间模型，可以看出上面两个文本的相似度为 0，因为去除停用词“the”“a”“in”后，两个文本没有相同的词语。但从语义上来看，文本 d_1 和 d_2 是比较相似的：文本 d_1 描述的是“一只狗抓到了一个红球”，文本 d_2 描述的是“一只拉布拉多狗在公园里面玩耍”。采用 ESA 算法，首先会将这两个文本映射到解释概念向量空间，如表 4-5 所示（这里假设就选 4 个相关度最高的体育类概念）。然后，基于两个文本的解释概念向量，采用余弦相似度可以计算出两个文本的相似度为

$$\text{sim}(d_1, d_2) = \frac{20 \times 1.1 + 4.5 \times 1.2 + 5 \times 1.2 + 6 \times 0.5}{\sqrt{20^2 + 4.5^2 + 5^2 + 6^2} \times \sqrt{1.1^2 + 1.2^2 + 1.2^2 + 0.5^2}} \approx 0.7965$$

表 4-5　ESA 算法中的文本解释向量示例

	Glossary of Cue Sports	American Football Strategy	Baseball	Boston Red Sox
d_1	20	4.5	5	6
d_2	1.1	1.2	1.2	0.5

从结果可以看出 ESA 算法计算得到的结果是比较符合语义理解的。相比于 WikiRelate! 算法，ESA 算法能够表达更加复杂的语义，而且模型对用户来说简单易懂，鲁棒性较好。

4.3.3　基于语料库的文本相似度

相比于人工整理的网络知识库（如维基百科、百度百科等）这类显式数据，语料库（文档集合）作为一种隐式数据，更容易获取，且覆盖面更为全面。基于语料库的文本相似度度量主要有两大类方法：基于词共现统计的相似度度量和基于词嵌入学习的相似度

度量。

基于词共现统计的相似度度量方法的基本思想是：利用词汇在语料库中的共现特征来计算词对的相似度。这类方法的一个基本假设是两个词同时出现在相同文档中的频率越高，则它们的相似度越大。

一种常用的基于语料库的文本相似度计算方法是利用点式互信息（Pointwise Mutual Information，PMI）来计算词对的相似度，具体计算公式如下：

$$\mathrm{PMI}(w_i,\ w_j) = \log_2 \frac{p(w_i \& w_j)}{p(w_i) \times p(w_j)}$$

式中，$p(w_i \& w_j)$ 表示在语料库中词 w_i 和 w_j 同时出现在同一文档中的概率；$p(w_i)$ 和 $p(w_j)$ 分别表示在语料库中词 w_i 和 w_j 出现的概率。

在一个大型的语料库中，计算词 w_i 和 w_j 共现（即同时出现）概率 $p(w_i \& w_j)$ 的复杂度较高。虽然可以采用倒排表来实现，但另一种更直接的方法是利用现有的成熟搜索引擎（核心也是基于倒排表构建索引）来解决这一问题。这也是另一种常用的基于语料库的文本相似度计算方法 PMI-IR 的基本思想。PMI-IR 算法综合使用了点式互信息（PMI）和信息检索（Information Retrieval，IR）技术，首先利用信息检索技术获得同时包含词 w_i 和 w_j 的文档（数量）$Hit(w_i \& w_j)$，和分别包含词 w_i 和 w_j 的文档（数量）$Hit(w_i)$ 和 $Hit(w_j)$，然后采用如下的公式计算词 w_i 和 w_j 的相似度：

$$\mathrm{PMI\text{-}IR}(w_i,\ w_j) = \log_2 \frac{\dfrac{Hit(w_i \& w_j)}{N}}{\dfrac{Hit(w_i)}{N} \times \dfrac{Hit(w_j)}{N}} = \log_2 \frac{Hit(w_i \& w_j) \times N}{Hit(w_i) \times Hit(w_j)}$$

式中，N 表示语料库中文档的总数量。

基于词嵌入学习的相似度度量方法的基本思想是：利用文本表达中词的使用来学习词在隐藏的语义空间中的向量化表示。这类方法的一个基本假设是：存在类似于显式语义分析（ESA）算法中的概念或是隐语义空间，并且一个词的语义可以根据其在文本表达中的使用推测出来。借鉴矩阵分解模型的思想，可以针对文档-词语关系表，如词频表（见表 4-2）或 TF-IDF 表，进行矩阵分解，得到文档和词的嵌入向量表示（见图 4-12）。

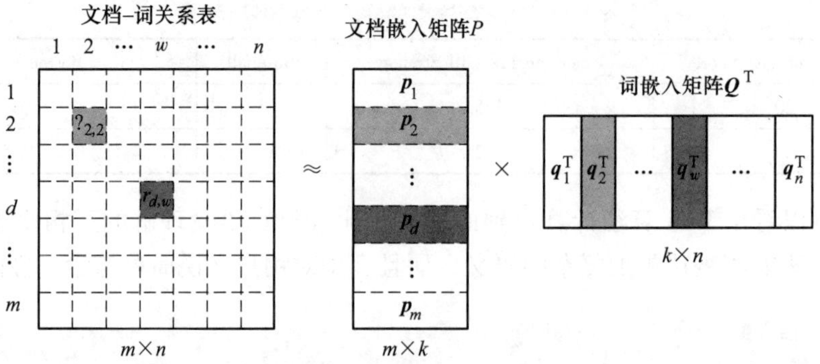

图 4-12　基于矩阵分解的词嵌入学习示意图

上述的模型都假设文本中的词是相互独立的，忽略了词序和语境（上下文信息）。针对这一问题，近年来一些自然语言处理模型尝试利用文本表达中词的上下文信息来学习词在隐藏的语义空间中的向量化表示，如 Word2Vec、GloVec、ELMo、BERT 等模型。这类方法的一个基本假设是：一个词的语义可以根据频繁出现在它上下文的词推测出来。

在得到各个词的嵌入向量表示后，可以先利用向量相似度度量来计算词对之间的相似度，然后再利用前文介绍的方法计算文本之间的词对加权平均相似度（见图 4-13a）。还可以利用词向量加权先算出文本的整体向量表示：

$$\boldsymbol{d}_i = \sum_{w_j \in d_i} \alpha_{ij} \cdot \boldsymbol{w}_j$$

式中，α_{ij} 表示词 $\boldsymbol{w}_j$ 在文档 $\boldsymbol{d}_i$ 中的重要程度，可以简单设为 1，或是根据 TF-IDF 模型进行设置：$\alpha_{ij} = \mathrm{TF-IDF}(\boldsymbol{w}_j, \boldsymbol{d}_i)$。在此基础上，可以用余弦相似度等度量方法直接计算两个文本之间的相似度（见图 4-13b）：

$$\mathrm{sim}(\boldsymbol{d}_1, \boldsymbol{d}_2) = \frac{\boldsymbol{d}_1^{\mathrm{T}}\boldsymbol{d}_2}{\|\boldsymbol{d}_1\| \times \|\boldsymbol{d}_2\|}$$

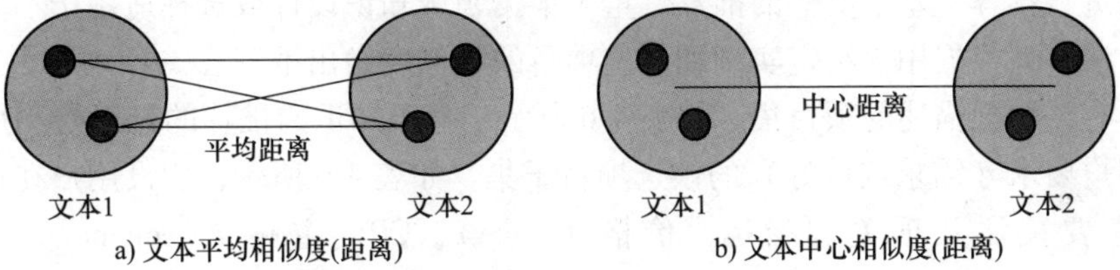

图 4-13　文本相似度度量示意图

4.4 基于知识的推荐

基于内容的推荐虽然能够解决项目冷启动的问题，但是无法解决用户冷启动的问题。和协同过滤算法一样，针对新的用户，基于内容的推荐算法同样无法为其进行推荐，如图 4-14 所示。此外，传统的推荐方法，例如，基于内容的推荐和协同过滤适合于推荐像书籍、电影、新闻等高频、低成本的消费品项目。但是像汽车、房产、基金等低频、高成本的项目，传统的推荐方法（协同过滤和基于内容的推荐）难以给出有效的推荐结果，因为这些方法依赖于大量的能够反映用户偏好的历史行为数据，它们都存在用户冷启动问题，且准确度低。为解决这些问题，可以采用基于知识的推荐模型，利用用户的显式需求与专业领域知识进行推荐。

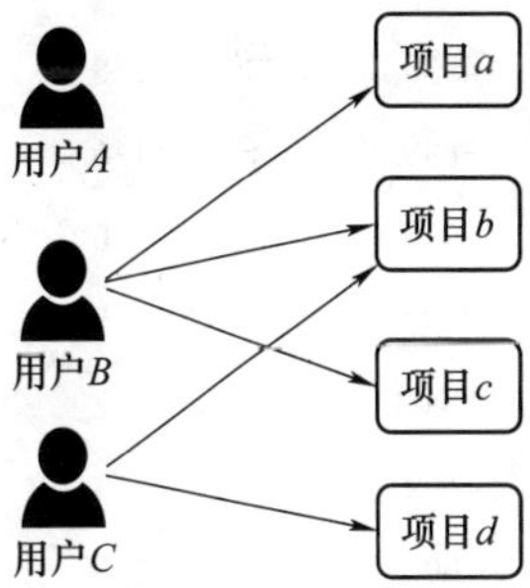

图 4-14　用户冷启动问题示意图（用户 A）

基于知识的推荐的基本流程：首先，收集用户的显式需求；然后，根据用户需求结合领域知识寻找匹配的候选项目，并给出合理的推荐列表，如图 4-15 所示。

基于知识的推荐系统可以分为三大类：基于约束的推荐、基于效用的推荐和基于实例的推荐。这三类方法的主要区别在于如何使用所提供的领域知识表示用户需求并计算其与候选项目的匹配度。基于约束的推荐依赖于明确定义的推荐规则集合，利用预先定义好的领域知

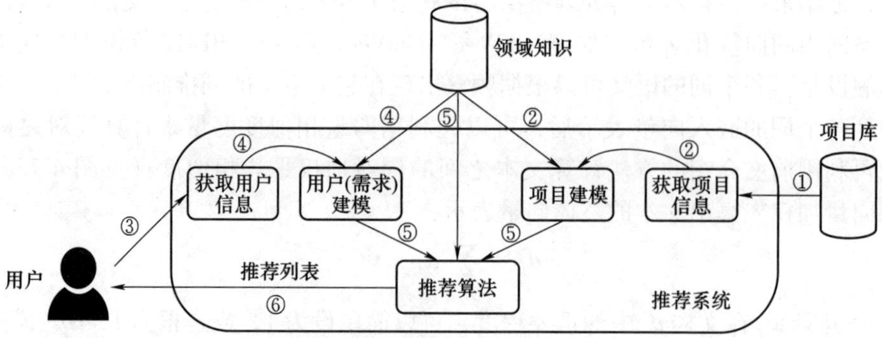

图 4-15 基于知识的推荐系统框图

识库在候选项目集中寻找满足用户给定约束集合的项目。基于效用的推荐依赖于预先设定的不同维度的效用评分规则，并结合用户对不同维度的偏好程度，以计算用户对不同项目的满意度，进而进行推荐。基于实例的推荐着重于根据领域知识设计或选择适用于不同属性的相似度衡量方法，并根据用户给定实例和候选项目的相似度做出推荐。

给定具有结构化描述的项目集，如表 4-6 所示，基于知识的推荐的目标是利用领域知识寻找满足用户要求（需求或偏好）的候选项目子集。如表 4-6 所示，假设用户在选购笔记本计算机时主要关注几项关键指标：价格（price）、CPU 主频（frequency）、内存大小（RAM）、屏幕尺寸（size）、硬盘大小（disk）、是否为固态硬盘（SSD）、是否有独立显卡（GPU），接下来将结合这个案例来介绍各种基于知识的推荐方法。

表 4-6 笔记本计算机集合示例

price/元	frequency/GHz	RAM/GB	size/英寸	disk/GB	SSD	GPU
18200	2.6	16	15.4	512	yes	yes
4999	1.8	4	13.6	512	yes	yes
3699	1.6	4	13	1024	no	no
9999	1.6	8	14	256	yes	no
8599	2.2	8	15.6	1024	no	yes
23000	2.2	32	15.6	1024	yes	yes
4699	2.3	8	13.3	256	yes	no
2999	2.6	4	13	256	yes	yes

4.4.1 基于约束的推荐

基于约束的推荐的目标是针对用户对项目属性取值给出的一组约束（限制取值范围），寻找满足这些约束的项目子集。从理论上来看，它可以看作一个约束满足问题。从技术上来讲，它可以看作一个针对数据库的联合查询问题。这类方法隐含假设可以利用用户需求对用户进行画像，并利用项目属性对项目进行画像，如图 4-16 所示。

某用户比较喜欢打游戏，希望购买一台“具有独立显卡（GPU）、屏幕尺寸不小于 14 英寸、内存不小于 8GB、价格不超过 8000 元”的笔记本计算机。针对该用户的需求，可以

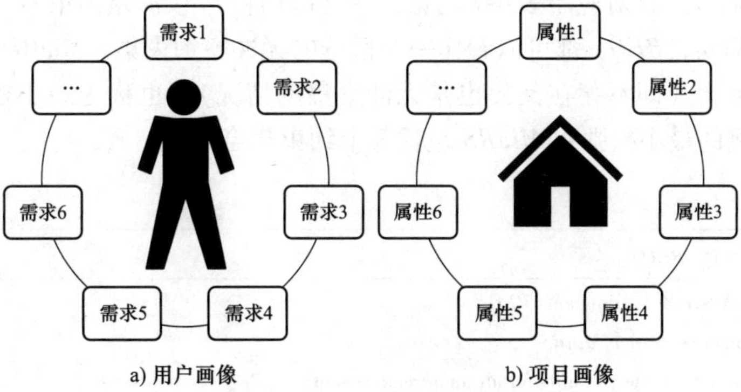

图 4-16　基于约束推荐的用户画像和项目画像示意图

构造如下一组约束：

$$REQ = \{r_1:\text{price} \leqslant 8000, r_2:\text{size} \geqslant 14, r_3:\text{RAM} \geqslant 8, r_4:\text{GPU} = \text{yes}\}$$

如表 4-6 所示，对于给定项目集合，可将项目选择问题视为一项数据过滤任务。每条约束都可看作一个过滤条件。用户的需求 REQ 由一组约束组成，可以看作多个过滤条件的联合，也被称为联合查询，表示为 $\sigma[\text{criteria}](P)$。例如，$\sigma[\text{size}>13, \text{price}\leqslant 8000]$ (P) 可看作项目表 P 上的一个联合查询，其中 σ 表示选择运算符，[size>13，price≤8000] 为相应的选择标准。联合查询的结果是同时满足选择标准中所有约束的项目集合，如针对表 4-6 中的候选项目集合，$\sigma[\text{size}>13, \text{price} \leqslant 8000](P) = \{p_2, p_7\}$，即同时满足约束屏幕尺寸大于 13 英寸和价格不超过 8000 元的笔记本计算机只有 p_2 和 p_7。

实际应用中，用户总是希望能够以较低的成本（如价格）获得较高质量或性能的项目。当用户对目标领域还不够了解时，给出的约束集通常是不切实际的（对质量要求太高或是愿意付出的成本过低），即根据用户给定的约束集，找不到满足要求的项目。例如，在表 4-6 中，找不到满足用户给定需求 $REQ = \{r_1: \text{price} \leqslant 8000, r_2: \text{size} \geqslant 14, r_3: \text{RAM} \geqslant 8, r_4: \text{GPU} = \text{yes}\}$ 的项目。造成这一现象的主要原因是因为给定约束集合中存在冲突集，即无法同时满足的约束子集。例如，上述用户需求中的 $\{r_1: \text{price} \leqslant 8000, r_2: \text{size} \geqslant 14\}$ 就是一个冲突集，在候选项目集中，不存在同时满足这两个约束（价格不超过 8000 元，屏幕尺寸不小于 14 英寸）的项目。

为了解决因约束冲突而导致项目集为空的问题，有两种常用的解决方案。一种方案是首先找出造成结果项目集为空的约束冲突集，然后通过去除这些冲突集中的一些约束，以打破冲突，进而得到无冲突的约束集合。这种方案的关键是寻找约束冲突集。QuickXPlain 算法是一种常用的计算约束冲突集的方法，其基本思想是采用分治策略递归地缩小问题的规模。给定一组约束，QuickXPlain 算法一次能够计算出一个约束冲突集。

解决约束冲突的另一种方案是直接计算约束放宽，而无须事先计算约束冲突集。MinRelax 算法是一种快速计算约束放宽的方法，其伪代码如图 4-17 所示。只要明确指定一组项目（见表 4-6），就可以在没有明确确定约束冲突集的情况下实现诊断计算。MinRelax 是一种能够确定完整诊断集的算法。该算法首先针对每个约束 $r_i \in REQ$ 计算出满足该约束的项目集合，所有约束的满足项目集构成一个矩阵 $PQRS$（见表 4-7）。然后，针对每个项目 $p_i \in p$ 和约束集 REQ，利用矩阵 $PQRS$ 可以计算出相应的项目特定松弛 ISX。例如，项目 p_1

的 ISX 为 $\{r_2, r_3, r_4\}$，对应于表4-7的第二列，即项目 p_1 仅满足约束 r_2、r_3 和 r_4。每个项目的特定松弛 $ISX(p_i, REQ)$ 都可以看作一个候选的无冲突约束集，MinRelax 算法的目标是寻找最大的无冲突集（即不存在父集也是无冲突集的情况），也称为最小松弛。根据表4-7可以得出，该示例的最小松弛集 $MinRS$ 包括3个约束集合 $\{r_2, r_3, r_4\}$、$\{r_1, r_3\}$ 和 $\{r_1, r_4\}$。

Algorithm MinRelax(P, REQ)

Input: Item set P; A Set of requirements REQ

Output: Set of minimal relaxation $MinRS$

$PQRS$ ← compute the partial query results for all atom requirement$r_i \in REQ$ on item set P

$MinRS \leftarrow \varnothing$;

forall $p_i \in P$ **do**

　ISX ← Compute the item-specific relaxation $ISX(p_i, REQ)$ by using $PQRS$;

　$SUPER \leftarrow \{r \in MinRS \mid ISX \subset r\}$;

　if $SUPER \neq \varnothing$ **then continue** with next p_i;　%Current relaxation is a subset of existing

　$SUB \leftarrow \{r \in MinRS \mid r \subset ISX\}$;

　if $SUB \neq \varnothing$ **then** $MinRS \leftarrow MinRS \setminus SUB$;　%Remove subset

　$MinRS \leftarrow MinRS \cup \{ISX\}$;　%Store the new relaxation

return $MinRS$;

图4-17　MinRelax 算法伪代码

表4-7　项目特定的松弛 *ISX* 示例

	p_1	p_2	p_3	p_4	p_5	p_6	p_7	p_8
r_1: price ≤ 8000	0	1	1	0	0	0	1	1
r_2: size ≥ 14	1	0	0	1	1	1	0	0
r_3: RAM ≥ 8	1	0	0	1	1	1	1	0
r_4: GPU = yes	1	1	0	0	1	1	0	1

每个最小松弛都会对应一组不同的项目，例如，最小松弛 $\{r_2, r_3, r_4\}$ 对应的项目集合为 $\{p_1, p_5, p_6\}$；最小松弛 $\{r_1, r_3\}$ 对应的项目集合为 $\{p_7\}$；最小松弛 $\{r_1, r_4\}$ 对应的项目集合为 $\{p_2, p_8\}$。这些候选项目对应于以每个约束为一个目标的多目标优化问题中有效前沿上的实例，即不存在比这些项目更好的项目，且这些项目之间是不可比较的。该选择哪个最小松弛来生成推荐结果，可以通过和用户进行交互来确定，也可以简单地根据去除的约束的数量来决定（去除约束越少的项目排在越前面）。

综上所述，基于约束的推荐算法流程如图4-18所示。首先，根据用户给定的需求（约束）集对候选项目集进行过滤（即进行需求-项目匹配）。如果匹配成功，即存在满足所有需求（约束）的候选项目，则直接输出这些项目作为推荐列表。如果匹配失败，则需要寻找需求（约束）松弛集，并根据用户交互或自动放宽需求（约束）集。然后，以新的需求集再次进行项目匹配（过滤）。

基于约束的推荐算法虽然思想直观，但是其要求用户反复交互，且只能产生一个无序的匹配项目集合。因此，在实际应用中通常还需要结合其他方法一起，以产生一个有序的推荐列表。

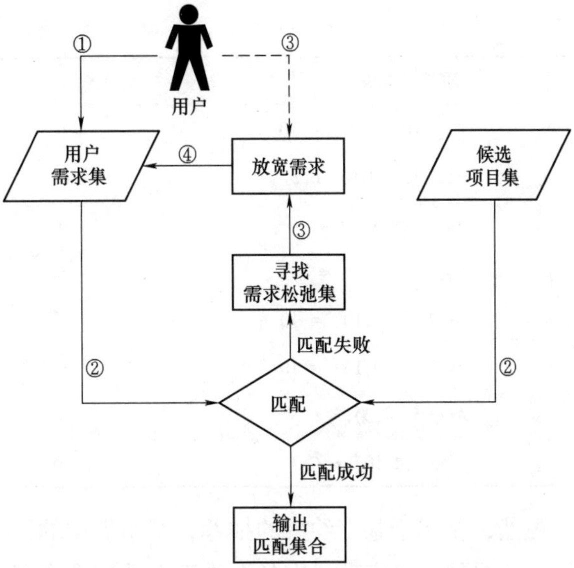

图 4-18 基于约束的推荐算法流程示意图

4.4.2 基于效用的推荐

在基于约束的推荐中，一个项目要么满足约束，要么不满足约束。不满足任一约束的项目将被直接排除在候选集外，这就会导致常见的约束冲突问题，即找不到满足所有约束的候选项目。除了可以通过约束诊断或是约束放宽来解决约束冲突问题外，还可以采用基于效用的方法来解决这一问题。基于效用的推荐可以看作将绝对的约束（是否满足）转换成定量的效用（满意度）。

基于效用的推荐的基本思想是利用多属性效用理论（MAUT），基于预先定义的用户效用函数评估候选项目的效用值，并据此做出推荐。每个项目都将根据预定义的维度集进行评估，例如，电子设备领域常用的质量和经济（价格）；金融服务领域常用的可用性、风险和利润。

针对4.4.1节中的示例，假设用户将其需求 $REQ=\{r_1: \text{price}\leqslant 8000, r_2: \text{size}\geqslant 14, r_3: \text{RAM}\geqslant 8, r_4: \text{GPU}=\text{yes}\}$ 转换成如表4-8所示的基于质量和经济性的评分规则，则可以计算出各个候选项目分别在质量和经济性两个维度上的得分（*contribution*）。例如，项目 p_1 的经济性得分为6，质量得分为 $(10+10+10)/3=10$。进一步，假设该用户对质量和经济性的兴趣度（*interest*）分别为40%和60%，则可根据如下的公式计算得到各个项目相对于该用户的效用值，如表4-9所示。例如，项目 p_1 的效用值为 $6\times0.6+10\times0.4=7.6$。

$$utility(p)=\sum_{j=1}^{\#(dimensions)} interest(j)\times contribution(p,j)$$

表 4-8 基于质量和经济性的评分规则

	取值	质量	经济性
price	≤8000	0	10
	>8000	0	6
size	<14	5	0
	≥14	10	0
RAM	<8	4	0
	≥8	10	0
GPU	yes	10	0
	no	3	0

表 4-9　项目效用计算示意表

	质量［40%］	经济性［60%］	效用值［排名］
p_1	Avg(10,10,10) = 10	6	7.6[4]
p_2	Avg(5,4,10) ≈ 6.3	10	8.5[1]
p_3	Avg(5,4,3) = 4	10	7.6[4]
p_4	Avg(10,10,3) ≈ 7.7	6	6.7[8]
p_5	Avg(10,10,10) = 10	6	7.6[4]
p_6	Avg(10,10,10) = 10	6	7.6[4]
p_7	Avg(5,10,3) = 6	10	8.4[3]
p_8	Avg(5,4,10) ≈ 6.3	10	8.5[1]

虽然，相比于基于约束的推荐，基于效用的推荐不存在约束冲突的问题，但是基于效用的推荐需要预先给定项目在各个维度上的满意度和用户对各个维度的兴趣度，且推荐结果中仍存在较多同秩（排名相同）现象。

4.4.3　基于实例的推荐

基于效用的推荐需要人工预先根据一定的领域知识设定针对各属性取值的评分规则（见表 4-8），导致一般情况下只能设计较为粗粒度的评分规则，如表 4-8 中针对每个属性在每个维度上只设置两种不同的取值。为了解决这一问题，可以采用基于实例的推荐。

基于实例的推荐可以看作基于约束推荐的一个特例：每个属性只取一个具体的值，目标是去寻找和这个实例的属性值完全一样或是相近的项目子集，其关键在于根据项目属性值计算项目之间的相似度。

基于实例的推荐和基于内容的推荐的思想类似，根据项目内容（属性）推荐与给定项目相同或相似的项目。两类算法的关键都在于相似度度量的设计和选择。两者的不同在于，基于内容的推荐关注非结构化的项目内容（描述），而基于实例的推荐则关注结构化的项目属性。相对应地，两类算法所使用的相似度度量也有所不同。

基于实例的推荐本质上是使用相似度度量对候选项目进行检索和排序。相似度可以描述项目属性与给定用户需求之间的匹配程度。基于实例的推荐中，用户的需求是采用实例描述（属性赋值）的方式给出。例如，针对购买笔记本计算机问题，某用户给出一组实例要求：

$$REQ = \{r_1: \text{price} = 8000,\ r_2: \text{size} = 14,\ r_3: \text{RAM} = 8,\ r_4: \text{GPU} = \text{yes}\}$$

候选项目 p 和用户需求 REQ 之间的相似度（匹配度）通常采用下面的公式进行计算：

$$similarity(p, REQ) = \frac{\sum_{r \in REQ} w_r \times \text{sim}(p, r)}{\sum_{r \in REQ} w_r}$$

式中，p 表示候选项目；REQ 表示用户需求（要求）集；$r \in REQ$ 表示一个具体的需求（要求）；$\mathrm{sim}(p,r)$ 表示项目 p 与需求（要求）r 的匹配程度（相似度），w_r 表示需求（要求）r 的重要性（权重）。

这类方法隐含假设是可以利用项目属性对项目进行画像，并可以利用用户对项目属性的需求和用户对这些需求的权重（偏好）进行用户画像（见图 4-19）。

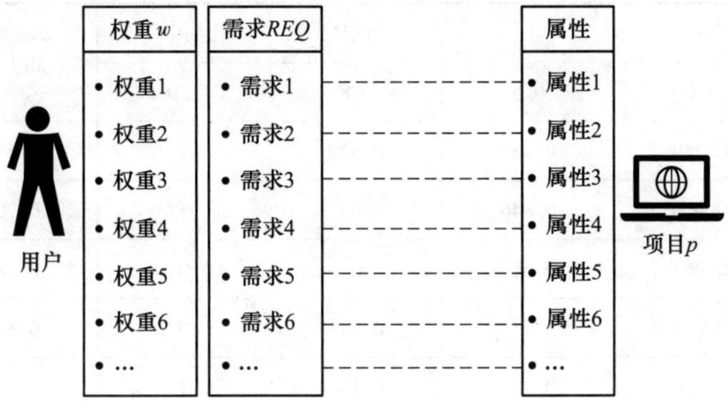

图 4-19　基于实例推荐的用户画像和项目画像示意图

在实际应用中，针对数值型的属性，并不总是越接近越好，而是可以划分成三大类：越大越好、越小越好和越接近越好。从用户的角度，某些属性取值“越大越好”（More Is Better，MIB），如计算机的内存或金融服务的收益。对于这类属性，可以根据式（4-1）计算候选项目 p 与需求 r 的匹配程度。某些属性取值则是“越小越好”（Less Is Better，LIB），如计算机的价格或者金融服务的风险等级。对于这类属性，可以根据式（4-2）计算候选项目 p 与需求 r 的匹配程度。还有一些属性则是“越接近越好”（Close Is Better，CIB），如计算机的尺寸或是餐厅的位置。对于这类属性，可以根据式（4-3）计算候选项目 p 与需求 r 的匹配程度。

$$\text{MIB 属性：} \mathrm{sim}(p,\ r) = \frac{\varphi_r(p) - \min(r)}{\max(r) - \min(r)} \tag{4-1}$$

$$\text{LIB 属性：} \mathrm{sim}(p,\ r) = \frac{\max(r) - \varphi_r(p)}{\max(r) - \min(r)} \tag{4-2}$$

$$\text{CIB 属性：} \mathrm{sim}(p,\ r) = 1 - \frac{|\varphi_r(p) - r|}{\max(r) - \min(r)} \tag{4-3}$$

式中，$\varphi_r(p)$ 表示项目 p 在属性 r 上的取值；$\max(r)$ 和 $\min(r)$ 分别表示属性 r 的最大和最小可能取值。

针对具体应用中的每个属性，该采用哪种相似度度量方法，需要依据领域知识来决定。每个属性 r 的最大和最小可能取值 $\max(r)$ 和 $\min(r)$ 可以根据领域知识决定，也可以根据给定数据集的统计结果得到。

针对 4.4.1 节中的购买笔记本计算机问题，某用户给出一组实例要求：

$$REQ = \{r_1: \text{price} = 8000,\ r_2: \text{size} = 14,\ r_3: \text{RAM} = 8,\ r_4: \text{GPU} = \text{yes}\}$$

结合4.4节表4-6，可以计算出各项目和给定实例的相似度。假设各属性的相似度类别分别为（price：LIB；size：CIB；RAM：MIB；GPU：0-1匹配），属性对应的权重 w 分别为（price：1.0，size：0.5，RAM：0.8，GPU：1.0），则可计算得到如表4-10所示的候选项目与给定实例的匹配度。

表4-10　候选项目与给定实例的匹配度

项目	price	size	RAM	GPU	相似度	排名
	1.0	0.5	0.8	1.0		
p_1	0.240	0.462	0.429	1	0.550	5
p_2	0.900	0.846	0	1	0.704	1
p_3	0.965	0.615	0	0	0.386	7
p_4	0.650	1	0.143	0	0.383	8
p_5	0.720	0.385	0.143	1	0.614	3
p_6	0	0.385	1	1	0.604	4
p_7	0.915	0.731	0.143	0	0.423	6
p_8	1	0.615	0	1	0.396	2

4.4.4　基于知识库的推荐

前面的方法都假设项目和用户的实例都是合理的，只关注用户和项目之间的匹配。但是在一些实际应用中，如金融、医疗等高风险应用领域，通常对项目（金融产品、药方等）或用户实例化也有严格要求，如存在药性冲突的药物不能放在同一个药方中，入门级投资者不能购买高风险金融产品等。针对上述问题，可以采用基于知识库的推荐，通过构建领域知识库来约束项目实例化、用户实例化和用户-项目间的匹配关系。

针对推荐的知识库主要包括五个部分：用户描述（属性和需求）结构 V_C、项目描述结构 V_{PROD}、用户属性实例化约束 C_R、项目实例化约束 C_{PROD}、用户和项目之间的匹配约束 C_F。

图4-20所示展示了一个金融推荐系统知识库。针对用户，要求提供投资经验等级 kl_c、投资风险意愿 wr_c 等信息 V_C，且在进行用户实例化时，需要满足一些约束 C_R，例如，CR_1 要求如果用户是一个初级投资者（kl_c=beginner），则不能承担高投资风险（$wr_c \neq$high）。针对项目（金融产品），要求提供产品类型 $name_p$、预期收益率 er_p 等信息 V_{PROD}，且在进行项目实例化时，需要满足一些约束 C_{PROD}，如 $CPROD_1$ 要求如果产品属于存款类型（$name_p$=savings），则其期望收益率不能过高（er_p<3），且对风险等级 ri_p、最短投资年限 $mniv_p$ 和金融机构类型 $inst_p$ 都有相应的限制。在进行用户-项目匹配时，也需要满足一些约束 C_F，如 CF_1 要求初级投资者（kl_c=beginner）不能购买高风险投资产品（$ri_p \neq$high）。

$V_C = \{kl_c$: [expert, average, beginner] /* level of expertise */
wr_c : [low, medium, high] /* willingness to take risks */
id_c : [shortterm, mediumterm, longterm] /* duration of investment */
aw_c : [yes, no] /* advisory wanted */
sl_c : [savings, bonds] /* type of low-risk investment */
sh_c : [stockfunds, singleshares] /* type of high-risk investment */ }
$V_{PROD} = \{name_p$: [text] /* type of the product */
er_p : [1…40] /* expected return rate */
ri_p : [low, medium, high] /* risk level */
$mniv_p$: [1…14] /* period of product in years */
$inst_p$: [text] /* type of financial institute */ }
$C_R = \{CR1: kl_c = \text{beginner} \rightarrow wr_c \neq \text{high};$
$CR_2: wr_c = \text{high} \rightarrow id_c \neq \text{shortterm}\}$
$C_F = \{CF_1: kl_c = \text{beginner} \rightarrow ri_p \neq \text{high};$
$CF_2: wr_c = \text{low} \rightarrow ri_p = \text{low};$
$CF_3: wr_c = \text{medium} \rightarrow ri_p = \text{low} \vee ri_p = \text{medium};$
$CF_4: wr_c = \text{high} \rightarrow ri_p = \text{low} \vee ri_p = \text{medium} \vee ri_p = \text{high};$
$CF_5: id_c = \text{shortterm} \rightarrow mniv_p < 3;$
$CF_6: id_c = \text{mediumterm} \rightarrow mniv_p \geqslant 3 \wedge mniv_p < 6;$
$CF_7: id_c = \text{longterm} \rightarrow mniv_p \geqslant 6;$
$CF_8: sl_c = \text{savings} \rightarrow name_p = \text{savings};$
$CF_9: sl_c = \text{bonds} \rightarrow name_p = \text{bonds}\}$
$C_{PROD} = \{CPROD_1: name_p = \text{savings} \rightarrow er_p < 3 \wedge ri_p = \text{low} \wedge mniv_p = 1 \wedge inst_p = \text{A};$
$CPROD_2: name_p = \text{bonds} \rightarrow er_p < 5 \wedge ri_p = \text{medium} \wedge mniv_p = 5 \wedge inst_p = \text{B};$
$CPROD_3: name_p = \text{equity} \rightarrow er_p < 9 \wedge ri_p = \text{high} \wedge mniv_p = 10 \wedge inst_p = \text{B}\}$

图 4-20　某金融推荐系统知识库示意图

基于知识库的推荐任务可以看作一个约束满足问题（V_C，V_{PROD}，$C_R \cup C_F \cup C_{PROD}$），用户（自）画像和产品（自）画像必须分别满足相应的实例化约束 C_R 和 C_{PROD}，推荐（匹配）结果必须满足匹配关系约束 C_F（见图 4-21）。基于预先构造好的领域知识库，在完成

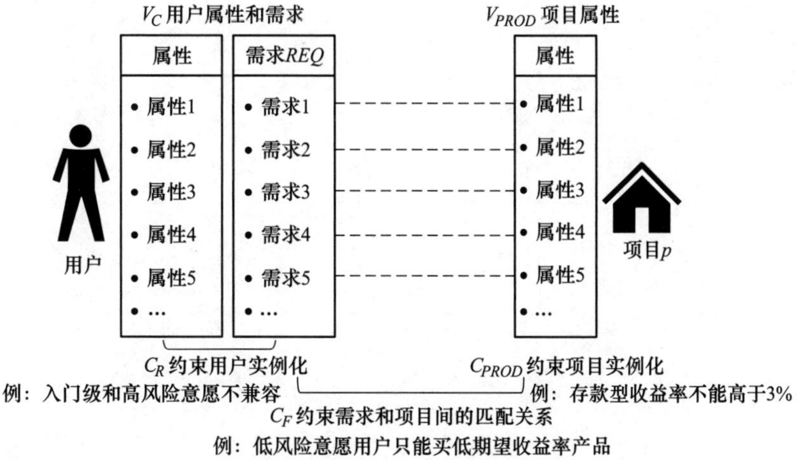

图 4-21　基于知识库推荐的示意图

用户和项目实例化后，可以根据用户需要和匹配约束对候选项目进行过滤，对于满足约束的项目集合，可以再利用基于效用或基于实例匹配度的方法进行排序，以产生最后的推荐列表。

习题

1. 请对比分析基于内容的推荐和基于知识的推荐的异同。
2. 请简述基于内容的推荐的一般流程。
3. 选择一种你熟悉的编程语言，实现 TF-IDF 模型，并构造一组简单的数据进行验证。
4. 请调研一下现有的考虑词序和语境的文本相似度度量算法。
5. 选择一种你熟悉的编程语言，实现 MinRelax 算法，并利用 4. 4. 1 节中的示例数据进行验证。
6. 请调研一下应用内容推荐和知识推荐的行业或领域以及典型案例。

第 5 章 混合推荐系统

前面章节介绍的各种基础推荐算法尝试利用不同的信息源、从不同角度来解决个性化推荐问题。基于协同过滤的推荐算法以用户行为数据为基础，通过挖掘和利用群体智慧以产生推荐结果。基于内容的推荐算法关注项目的特征和内容，以发掘和用户喜欢过的项目相似的项目进行推荐。基于知识的推荐算法依据领域知识，推荐符合用户显式需求的项目。这些算法各有优劣：基于协同过滤的推荐算法仅依赖于用户的反馈行为，不依赖于任何领域知识，且能产生一些新颖的推荐结果，但是会存在冷启动问题，无法对新用户或是新项目做出推荐；基于内容的推荐算法虽然能够解决新项目的冷启动问题，但是它只会推荐和用户已反馈项目内容相似的项目，推荐结果缺乏新颖性，且同样面临新用户的冷启动问题；基于知识的推荐算法虽然能够解决冷启动问题（包括新用户和新项目），但是它依赖于预先构造的一个领域知识库，且推荐结果同样缺乏新颖性。这些方法虽各有利弊，但是相互之间存在互补。如果能够有效地将各种算法进行组合或是混合，充分发挥各自的优势，则可以达到更好的推荐效果。

5.1 混合推荐实例——Netflix 百万美金公开赛

Netflix 是美国流媒体巨头、最大的收费视频网站之一。2006 年，Netflix 对外宣布，要设立一项大奖赛，公开征集优秀的电影推荐算法。第一个能把他们现有推荐系统的性能提高 10%的参赛者将获得一百万美元的奖金。2009 年 9 月 21 日，来自全世界 186 个国家的四万多支参赛团队经过近三年的努力和较量，终于达到了预定目标。一个由工程师和统计学家组成的七人团队夺得了大奖，拿到了那张百万美元的超大支票。

竞赛开始后 3 周，就有 40 多支参赛队伍的成绩超过 Netflix 现有的推荐系统，其中最好的成绩在性能上提升接近 3%。图 5-1 展示了随着时间推移推荐性能的提升曲线，1 个月时，性能提升接近 5%；2 个月时，性能提升接近 6%；6 个月时，性能提升接近 7%；一年时，性能提升接近 8%。

比赛的后两年，为了进一步提升推荐的效果，大量队伍开始合并整合，将各自的算法进行混合集成。图 5-2 为比赛结束时的排行榜，前两名都达到了 10%性能提升的预期目标，本质都是混合或组合算法。两者的差距只是提交时间上相差了 20 分钟，但是结果却相差了一百万美元。

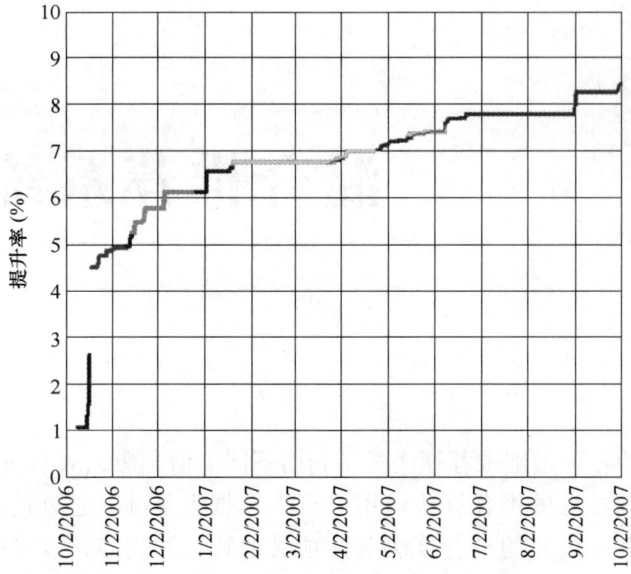

图 5-1　随时间推移推荐性能的提升曲线

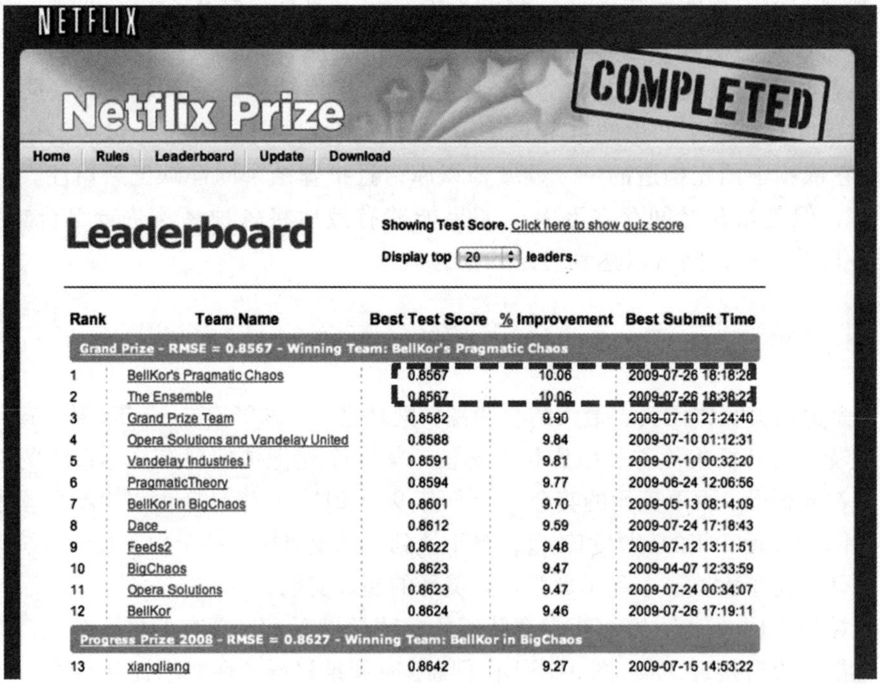

图 5-2　Netflix 公开赛结束时的排行榜

图 5-3 给出了获胜队伍 BellKor's Pragmatic Chaos 的解决方案。从图中可以看出，该支队伍采用了大量不同的基础推荐模型（500 多个），并采用不同的方法对它们进行了组合，最终才达到了 10.06%的推荐性能提升。

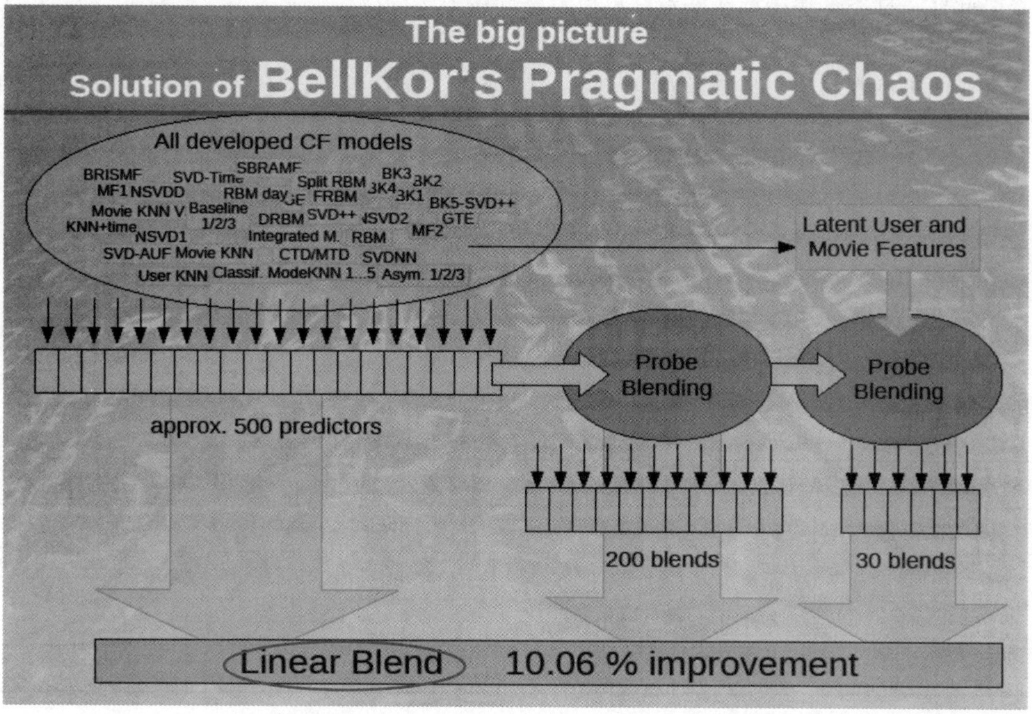

图 5-3　获胜队伍 BellKor's Pragmatic Chaos 的解决方案

5.2 混合/组合推荐的动机

推荐技术发展至今，众多算法被提出并在工业界中得到应用。经过大量的实践经验和理论分析，人们发现每种推荐方法都有其优势和不足。

5.2.1 实践经验

除了 Netflix，现有的各大商业推荐平台，如亚马逊、淘宝、腾讯、美团、今日头条等，都是采用混合推荐系统来为用户提供个性化的推荐服务。

基于邻域的协同过滤在推荐结果的新颖性方面有一定的优势，并且已在电商行业被广泛使用，但是其推荐结果的相关性较弱，且容易受潮流影响而倾向于推荐大众性或热门的项目。同时，用户或项目之间的相似度计算依赖于用户的历史行为数据，当面临冷启动或是数据稀疏问题时，其推荐效果会急剧下降。此外，在进行在线推荐时，基于邻域的协同过滤需要在系统中存储整个原始的行为数据集，导致算法的可扩展性（scalability）较差。最后，基于邻域的协同过滤在进行推荐时，仅考虑了局部的（邻域）信息，而忽略了全局的有用信息。

基于矩阵分解的推荐模型在很多推荐算法竞赛中表现优异。这类算法在进行推荐时充分利用了全局信息，而且通过离线训练模型参数的方式提升了算法的可扩展性。但是，由于其模型训练依赖于全局信息，因而很难进行增量更新。同时，这类算法同样面临冷启动和数据稀疏问题，无法对新用户或新项目进行推荐；而且，当数据过于稀疏时，其推荐效果会急剧下降。此外，这类算法还存在推荐结果可解释性较差等问题。

基于内容的推荐算法思想直观，不存在项目冷启动问题，且具有较好的可解释性。但是，其倾向于推荐与用户反馈过的项目类似的项目，存在多样性不足、推荐惊喜度低等问题。同时，该类算法依赖于项目内容的描述程度，受限于对文本、图像或音视频内容等非结构化数据的分析深度。基于知识的推荐算法思想直观，不存在冷启动问题，且具有很好的可解释性。但是，其依赖于领域知识库的构建，同样存在推荐多样性不足、惊喜度低等问题。基于统计思想的一些方法，如关联规则、分类热门推荐等，思想简单且计算速度快，但是用户个性化不足。

从表5-1可以看出，不同算法利用不同的信息源、从不同角度来解决个性化推荐问题，虽各有利弊，但是相互之间存在互补关系。

表5-1 常用推荐算法的优缺点

推荐方法	优点	缺点
基于人口统计学	能为新用户产生推荐	个性化程度低、推荐效果一般
基于内容	结果直观、容易解释	新用户问题、推荐结果缺乏新颖性
协同过滤	个性化程度高、结果具有新颖性	数据稀疏问题、冷启动问题
基于知识	没有冷启动问题、结果具有可解释性	需要人工交互、知识获取困难

混合（hybrid）/组合（ensemble）推荐的基本思想是，通过获取全面的信息（信息组合），采用不同的模型（模型组合），取长补短，以提升系统整体的准确度和稳定性。实际生活、工作中，人们在做重要决策时，通常也会从不同渠道收集信息，参考不同的（diverse）、独立的（independent）的意见，以降低决策风险。

5.2.2 理论依据

理论上，通过模型组合能够降低不相关错误（uncorrelated error）。以分类问题为例，假设有3个完全独立的分类器通过多数表决进行组合，如果每个分类器的准确率都为70%，即每个分类器预测正确（√）的概率为70%，预测错误（×）的概率为30%，则不同预测结果的组合和发生概率如表5-2所示，相应的组合模型的整体准确率为

$$C_3^2 \times 0.7^2 \times 0.3 + C_3^3 \times 0.7^3 = 78.4\%$$

表5-2 3个独立分类投票组合结果及概率

分类器A	×	√	×	×	√	√	×	√
分类器B	×	×	√	×	√	×	√	√
分类器C	×	×	×	√	×	√	√	√
投票结果	×	×	×	×	√	√	√	√
发生概率	0.3^3	$0.3^2\times0.7$	$0.3^2\times0.7$	$0.3^2\times0.7$	$0.7^2\times0.3$	$0.7^2\times0.3$	$0.7^2\times0.3$	0.7^3

当有5个这样独立的分类器通过多数表决进行组合，则组合模型的准确率为

$$C_5^3 \times 0.7^3 \times 0.3^2 + C_5^4 \times 0.7^4 \times 0.3 + C_5^5 \times 0.7^5 = 83.7\%$$

当有101个这样的独立分类器时，组合模型的准确率能够达到99.9%。能够达到这种组合效

果的前提是各分类器独立，实际中虽然无法或是难以实现完全独立，但是可以通过选择或构造尽可能不相关的分类器来提升组合效果。

因此，在实际应用中构建集成模型时，应该尽可能选择多个（群体）好（准确）而不同（独立）的基础模型。

针对回归问题，有经典的误差-分歧（Error-Ambiguity）理论。假设以线性加权的形式对基学习器进行组合，则有

$$e = \bar{e} - \bar{a}$$

式中，e 和 $\bar{e}$ 分别表示组合模型的误差和基学习器的平均（加权）误差：

$$e = (f_{ens} - y)^2$$

$$\bar{e} = \sum_{\alpha} \omega_{\alpha} (f_{\alpha} - y)^2$$

$\bar{a}$ 表示基学习器之间的分歧（Ambiguity）：

$$\bar{a} = \sum_{\alpha} \omega_{\alpha} (f_{\alpha} - f_{ens})^2$$

式中，f_{α} 为第 α 个基学习器的预测输出值；y 为样本的真值；f_{ens} 表示组合模型的预测输出值，即所有基学习器输出值的加权平均：

$$f_{ens} = \sum_{\alpha} \omega_{\alpha} f_{\alpha}$$

并且满足 $\sum_{\alpha} \omega_{\alpha} = 1$ 和 $\omega_{\alpha} \geqslant 0$。由此可以看出，各基学习器 f_{α} 的准确率越高（平均误差 $\bar{e}$ 越小），基学习器之间的差异（分歧 $\bar{a}$）越大，组合模型 f_{ens} 的准确率越高（组合误差 e 越小）。

从信息的角度，不同的模型会利用不同的（部分）信息，导致其存在一定的局限性，就像“盲人摸象”一样，只有通过有效的模型组合才可能充分利用各种信息以还原问题的全貌，如图 5-4 所示。针对推荐问题，现有的不同类型的推荐模型使用的信息源各不相同，如图 5-5 所示，如果能够有效地将这些模型进行组合，充分利用各方面的信息源，理论上能够获得更好的推荐效果。

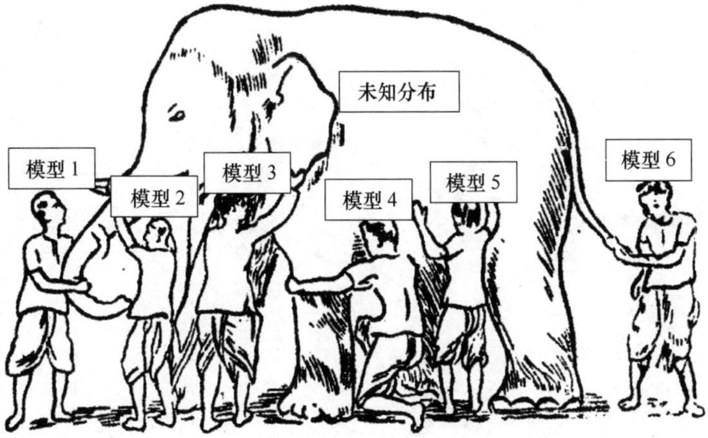

图 5-4　盲人摸象示意图

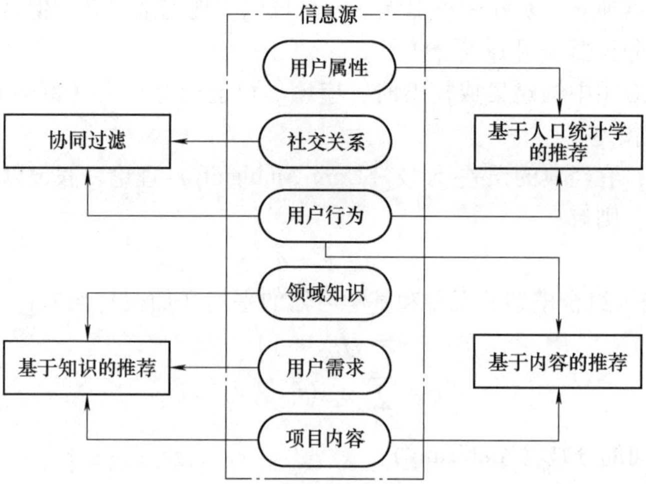

图 5-5　不同推荐模型的信息源示意图

5.3　混合/组合方法分类

从不同的角度，可以对混合/组合模型进行不同的划分（见图 5-6）。从组合模型构建过程中是否使用标注样本的角度，可以分为有监督组合和无监督组合。根据基模型之间的依赖关系，可以分为并行式混合、串行式混合和整体式混合。

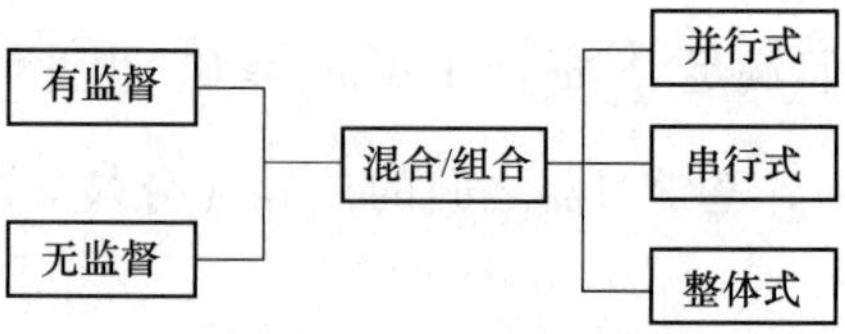

图 5-6　混合/组合方法分类

5.3.1　有监督组合和无监督组合

图 5-7 和图 5-8 分别展示了有监督组合和无监督组合的大致流程。两种组合方式的主要差异在于组合模型的构建是否使用标注数据。有监督组合需要使用有标注数据来训练一个额

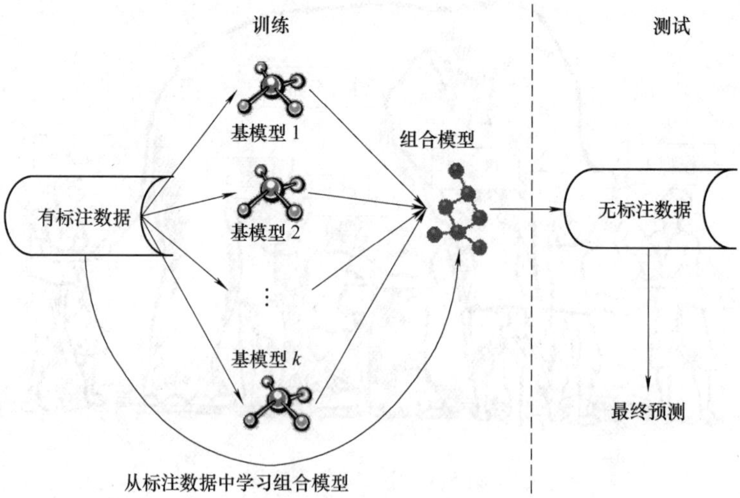

图 5-7　有监督组合的大致流程

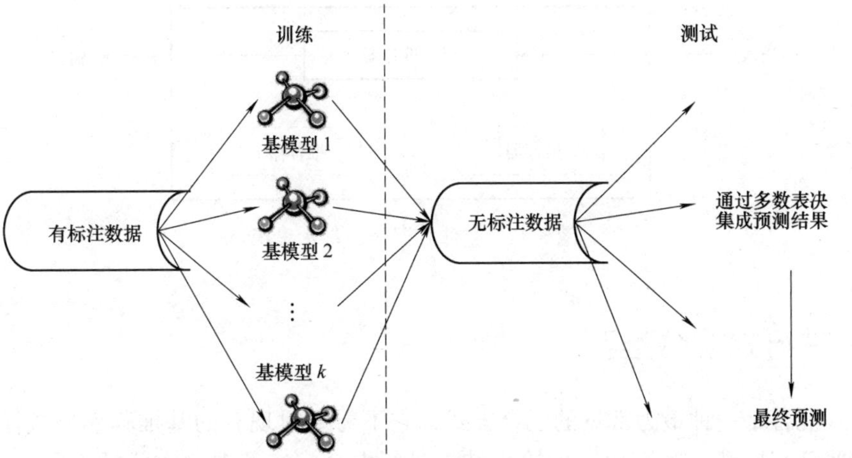

图 5-8 无监督组合的大致流程

外的模型（即组合模型）；而无监督组合则不需要训练额外模型，一般直接采用多数表决或是加权平均来集成基模型的输出。常见的有监督组合模型包括各种 Boosting 和 Stacking 集成算法，如 AdaBoost、GBDT 等；常见的无监督组合模型包括各种 Bagging 算法，如随机森林（Random Forest）等。

5.3.2 基推荐器间依赖关系

依据基模型训练或构造的依赖关系，可以将混合模型分为三类：并行式混合、串行式混合和整体式混合。图 5-9、图 5-10 和图 5-11 分别展示了并行式混合、串行式混合和整体式混合的基本思想。并行式混合时，各基（推荐）模型可以独立、并行地进行训练或构造（见图 5-9）。串行式混合时，后面的基模型的训练或构造依赖于前面的基模型，所以必须要等前面的基模型训练或构造完成后，才能训练或构造后面的模型（见图 5-10）。整体式混合只包含一个推荐单元，通过预处理和组合多个知识源将多种模型整合在一起（见图 5-11）。

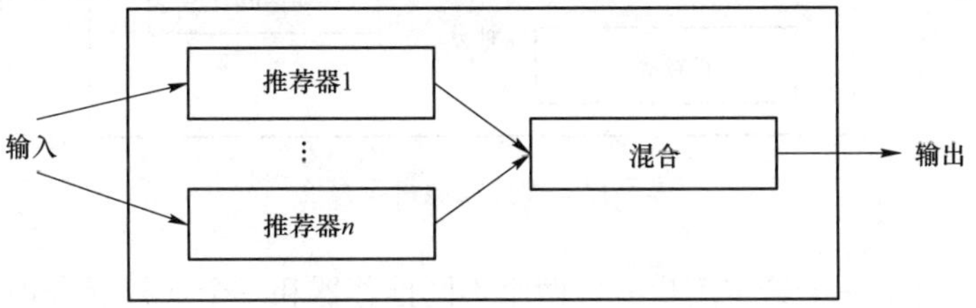

图 5-9 并行式混合的基本思想

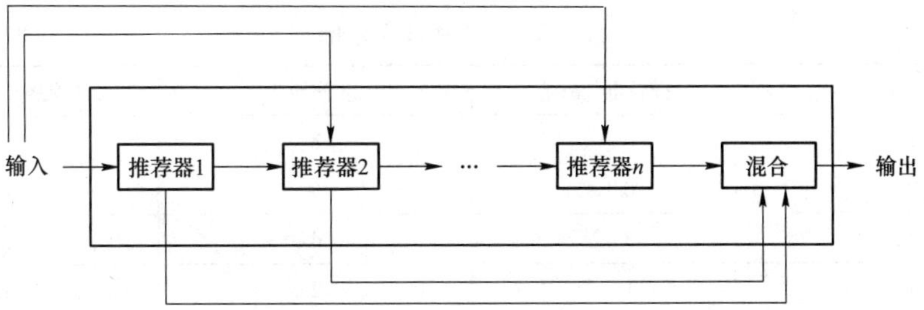

图 5-10 串行式混合的基本思想

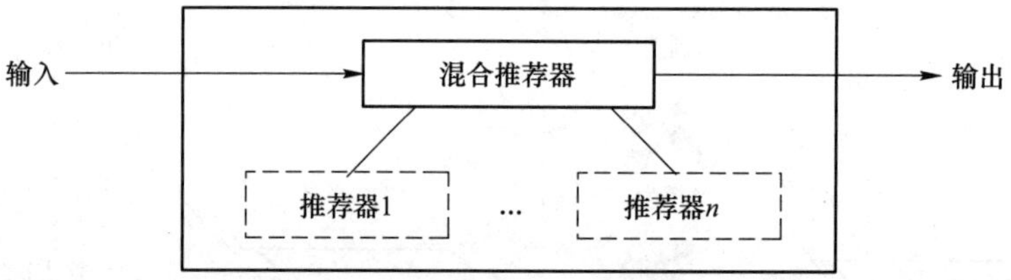

图 5-11 整体式混合的基本思想

5.4 并行式混合推荐

并行式混合是一种最为常见的混合方式，它不需要对现有的基推荐模型做任何的修改，直接对这些已有模型（基模型）的输出结果进行混合。按照混合方式的不同，并行式混合可以细分为三类：加权式混合（Weighted）、切换式混合（Switching）和排序混合（Mixed）。

5.4.1 加权式混合

加权式混合通过将所有基推荐模型的输出结果进行加权求和，以得到最终的模型输出，如图 5-12 所示。假设有 n 个不同的基推荐模型，则混合模型的输出为

$$rec_{weighted}(u, i) = \sum_{k=1}^{n} \beta_k \cdot rec_k(u, i)$$

式中，$rec_k(u,i)$ 表示第 k 个基推荐模型针对给定用户-项目对（u, i）的输出；β_k 表示第 k 个基推荐模型的权重，一般要求 $\beta_k \geqslant 0$ 且 $\sum_{k=1}^{n} \beta_k = 1$，但部分模型可以放宽此约束。

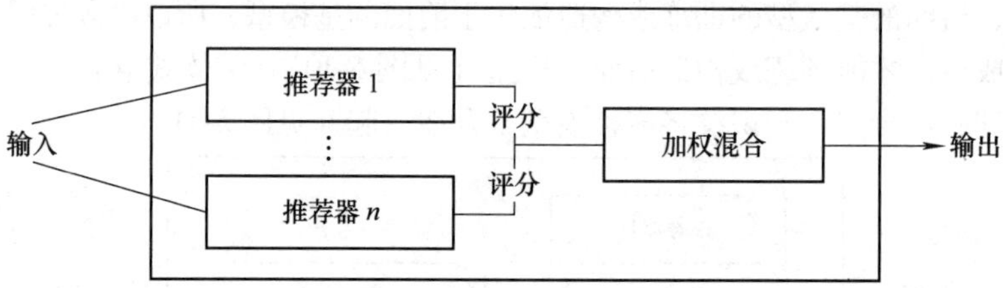

图 5-12 加权式混合示意图

表 5-3 展示了针对一个给定用户 u，两个不同推荐器和一个加权混合推荐器对 5 个候选项目的评分或感兴趣程度的预测结果。

表 5-3 加权式混合示例

项目	推荐器 1	推荐器 2	加权混合（0.5 : 0.5）
项目 1	6	8	7
项目 2	0	9	4.5
项目 3	3	4	3.5
项目 4	1	2	1.5
项目 5	2	5	3.5

加权式混合的关键在于确定各个基推荐模型的权值β_k。可以采用无监督组合的方式来确定权值，假设所有基推荐模型的权值相同（见表 5-3），即$\beta_k = 1/n$。也可以采用有监督组合的方式来确定权值。一种常用的方法是根据基推荐模型在验证集上的性能表现来确定权值，例如：

$$\beta_k = \log\frac{Acc_k}{1 - Acc_k}$$

式中，Acc_k 表示第 k 个基推荐模型的性能，可以是 AUC 值，也可以是 Precision@ N(Top-N 推荐列表的精确度）等性能评价指标值。

另一种常用的方法是通过学习的方式来确定权值，如经典的 Stacking 集成模型，以基推荐模型的输出作为特征值输入，在验证集上再训练一个学习器（称为元学习器）。元学习器可以采用经典的机器学习模型，如支持向量机（SVM）、逻辑回归（LR）、决策树等；也可以采用针对推荐问题的因子分解机模型。

除了可以采用集成学习方法来确定一组全局的针对所有用户的权值 $\{\beta_k\}$，对于个性化推荐问题，也可以为每位用户 u 确定一组不同的权值 $\{\beta_{uk}\}$。每位用户的偏好可能不同，不同模型对不同用户偏好刻画的程度也可能不同，因此为了提升个性化推荐的效果，最好能为每位用户确定一组个性化的权重值，即

$$rec_{weighted}(u,\ i) = \sum_{k=1}^{n}\beta_{uk}\cdot rec_k(u,\ i)$$

式中，β_{uk} 表示第 k 个基推荐模型针对用户 u 的权重。

5.4.2　切换式混合

在不同的场景，针对不同的用户，各基推荐模型的性能表现可能会有较大差异。针对这一问题，可以采用切换式混合（Switching），即在不同的场景下选择不同的基推荐模型，如图 5-13 所示。切换式混合模型的输出为

$$rec_{switching}(u,i,t) = \sum_{k=1}^{n}\sigma_k(t)\cdot rec_k(u,i)$$

式中，$rec_k(u,\ i)$ 表示第 k 个基推荐模型针对给定用户-项目对（u，i）的输出；$\sigma_k(t)$ 表示 t 时刻是否选择第 k 个基推荐模型，$\sigma_k(t)\in\{0,1\}$ 且 $\sum_{k=1}^{n}\sigma_k(t) = 1$。

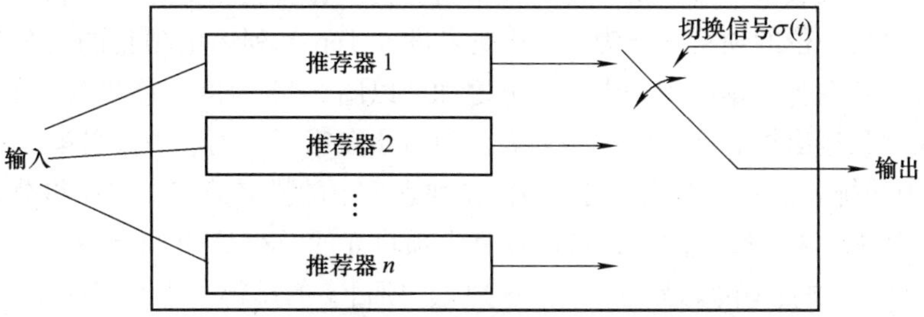

图 5-13　切换式混合示意图

可以看出，切换式混合是加权式混合的一个特例，在每个时刻 t，只有一个基推荐模型

的权值为1，而其他基推荐模型的权值都为0。

切换式混合的关键在于切换条件。可以基于领域知识构建切换规则，例如，针对新用户（或是低活跃度用户）可以采用基于人口统计学的推荐或是基于知识的推荐；针对新项目（或是冷门项目）可以采用基于内容的推荐或是基于知识的推荐；针对活跃用户或是热门项目则可以采用协同过滤推荐。此外，还可以基于历史数据学习切换规则。

传统的切换式混合每次只选择一个基推荐模型，忽略了大量其他有用的推荐模型。针对这一问题，可以对切换式混合进行扩展，去除 $\sum_{k=1}^{n} \sigma_k(t) = 1$ 的限制，每次选择一组基推荐器，即从按个切换改为按组切换。例如，针对新项目（或是冷门项目）可以采用一组基于内容的推荐器，针对活跃用户可以采用一组协同过滤推荐器。

5.4.3　排序混合

进行加权式混合要求各基推荐模型的输出在同一范围内并且采用相同的量纲。针对取值范围或量纲不同的问题，除了可以采用传统的最大-最小归一化来进行处理，还可以采用基于排序的方式来进行处理，对应的混合推荐方法称为排序混合（Mixed）。

排序混合的基本思想是对各基推荐模型输出的推荐列表进行混合排序，以形成最终的排序列表，如图5-14所示。采用相对的排序列表形式，能够避免不同模型输出取值范围或量纲不同的问题。

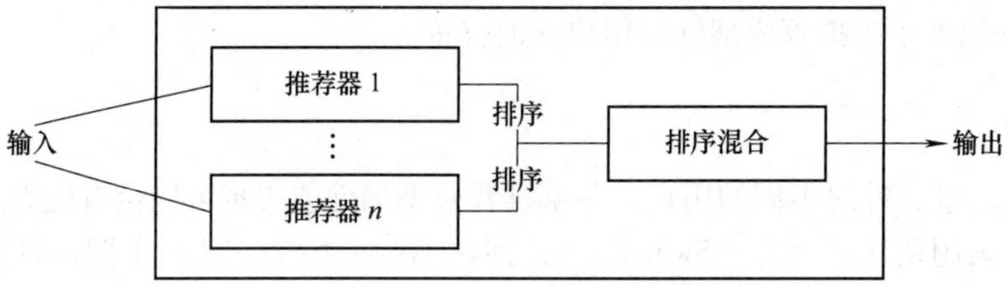

图5-14　排序混合示意图

排序混合的关键在于对多个排序列表进行混合，以形成一个统一的排序列表。波达计数法（Borda Count）是一种常用的排序混合方法，其基本思想是根据各排序列表对项目进行重新打分，并采用加和的方式计算最终得分。假设每个推荐模型只输出前 N 个（Top-N）推荐项目，则在每个列表中，排在第一位的项目得分为 N，排在第二位的项目得分为 N-1，以此类推，排在最后一位的项目得分为1，其他未进入Top-N列表的项目的得分为0。每个项目的最终得分为其在各个排序列表中的得分之和。以图5-15为例，总共有三个基推荐模型，每个基推荐模型只输出排名前5的项目列表。项目 a 在第一个列表中排名第二，对应得分为4；在列表2中的排名第一，对应得分为5；在列表3中的排名第三，对应得分为3，因此项目 a 的总得分为12=4+5+3。同理，可以计算出项目 b 的总得分为11=3+3+5，项目 z 的总得分为8=2+2+4，项目 x 的总得分为8=5+1+2，项目 y 的总得分为6=1+4+1。所以，最终的项目排序为：a、b、z、x、y。

除了波达计数法，还有一些其他的排序混合方法，如凯梅尼优化（Kemeny Optimization）、成对投票表决等。更多排序混合方法可以参考社会选择学（Social Choice）相关资料。

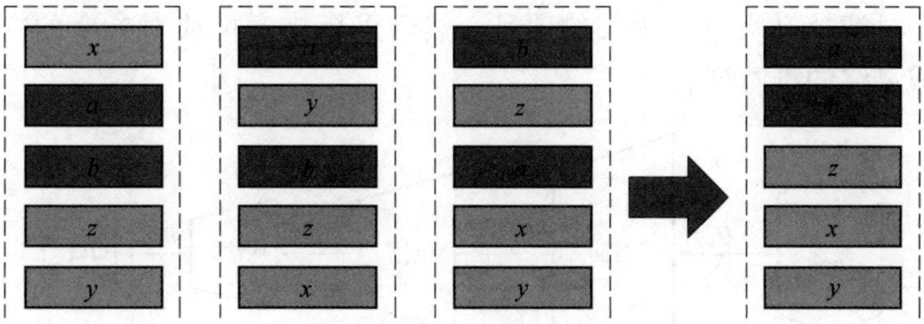

图 5-15　波达计数法示意图

5.5 串行式混合推荐

串行式混合中的基推荐模型之间存在一定的依赖关系。后面的基推荐模型的训练或构造依赖于前面的基推荐模型，所以必须要等前面的基推荐模型训练或构造完成后，才会训练或构造后面的模型。串行式混合推荐可以细分为两类：级联过滤和级联学习。

5.5.1 级联过滤

级联过滤的基本思想是将基推荐模型按照一定的规则进行排序，后面的基推荐模型对前面模型的推荐结果进行优化，如图 5-16 所示。级联过滤时，后面模型的推荐结果会受到前面模型推荐结果的影响，即后续的推荐模型不会引入额外的项目：

$$rec_{k+1}(u, i) = \begin{cases} rec_{k+1}(u, i), & rec_k(u, i) \neq 0 \\ 0, & rec_k(u, i) = 0 \end{cases}$$

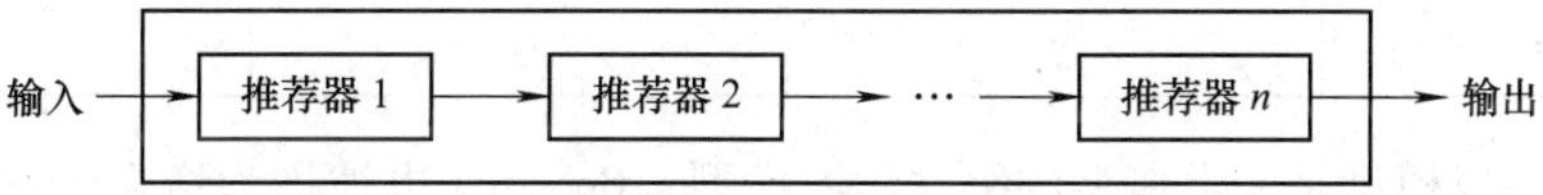

图 5-16　级联过滤示意图

被第 k 个基推荐模型删除的项目，在第 k+1 个基推荐模型中仍会被排除在推荐列表之外；第 k+1 个基推荐模型只会对第 k 个基推荐模型的推荐列表进行细化，即删除一部分项目或是改变排序。整个系统的输出为最后一个基推荐模型的输出结果：

$$rec_{cascade}(u, i) = rec_n(u, i)$$

级联过滤的关键在于基推荐模型的选择和排序。由于排在前面的基推荐模型删除的项目将无法进入最后的推荐列表，所以级联过滤可以看作一种基于优先级的混合方法，越排在前面的基推荐模型的优先级越高，如图 5-17 所示。同时考虑到实际应用中，原始候选项目集的规模较大，所以一般排在越前面的推荐模型越简单，计算复杂度越低。例如，实际应用系统中，通常先会采用基于知识或是规则的简单方法，过滤掉大量无关的项目，之后再采用基于模型的方法对剩余项目进行排序。

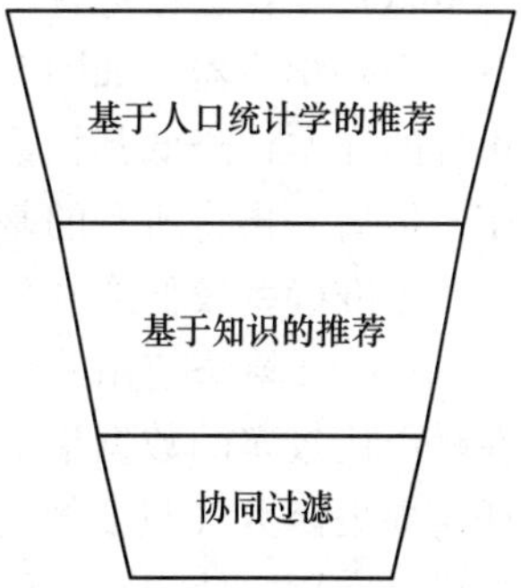

图 5-17　级联过滤漏斗示意图

目前各商业推荐系统中采用的召回-排序框架就是典型的级联过滤模型（见图 5-18）。首先通过召回模型过滤掉（大量）无关的项目，然后采用排序模块对剩余的（少量）项目进行排序，并形成最终的推荐列表。

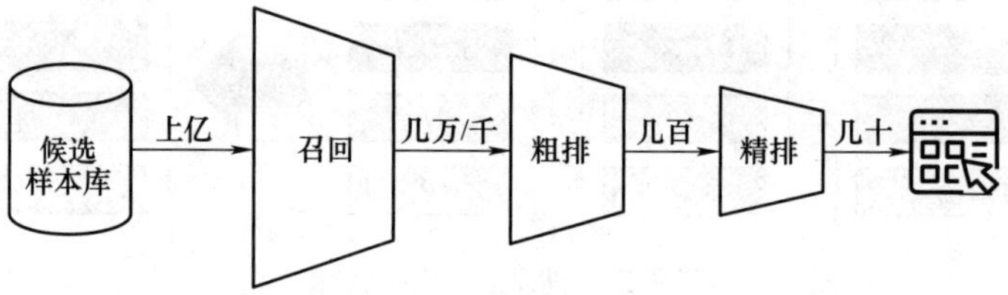

图 5-18　召回-排序框架示意图

5.5.2　级联学习

级联过滤是一种严格基于优先级的混合模型。如果前面的（高优先级的）模型出现错误（删除了一些相关项目），后面的模型将无法挽回，如表 5-4 中的项目 2。为解决这一问题，可以采用另一种串行式混合——级联学习。级联学习在应用或验证阶段和加权式混合类似，不同之处在于训练阶段，级联学习依赖于串行（逐个）训练各基推荐模型。

表 5-4　级联过滤示例

项目	推荐器 1	推荐器 2	级联过滤
项目 1	6	8	8
项目 2	0	9	0
项目 3	3	4	4
项目 4	1	2	2
项目 5	2	5	5

Boosting 集成模型是一类典型的级联学习模型。Boosting 也被称为增强学习或是提升法，是一种重要的集成学习技术，能够将预测精度仅比随机猜测略高的弱学习器增强为预测精度高的强学习器。Boosting 的基本思想是通过某种方式使得每一轮基学习器的训练更加关注上一轮基学习器预测错误的样本。AdaBoost 和 Gradient Boosting（梯度提升）是两种常用的 Boosting 算法。

AdaBoost 算法在每一轮基学习器（如基分类器）训练完成后都会更新样本权重，再训练下一个基学习器，如图 5-19 所示。对于分类错误的样本，加大其对应的权重；而对于分类正确的样本，降低其权重，这样分类错误的样本就会被突显出来，从而得到一个新的样本分布。最后，再将所有的基学习器进行加权组合：对于准确率较高的基分类器，加大其权重；对于准确率较低的基分类器，减小其权重。

AdaBoost 算法使用的是指数损失，这种损失函数的缺点是对于异常点非常敏感，因此通常在噪声比较多的数据集上表现不佳。Gradient Boosting 算法在这方面进行了改进，可以使用任何损失函数（只要损失函数是连续可导的）。这样一些比较鲁棒的（Robust）损失函数就能得以应用，使模型的抗噪能力更强。此外，Gradient Boosting 将负梯度作为上一轮基学习器犯错的衡量指标，在下一轮学习中通过拟合负梯度来纠正上一轮犯的错误。

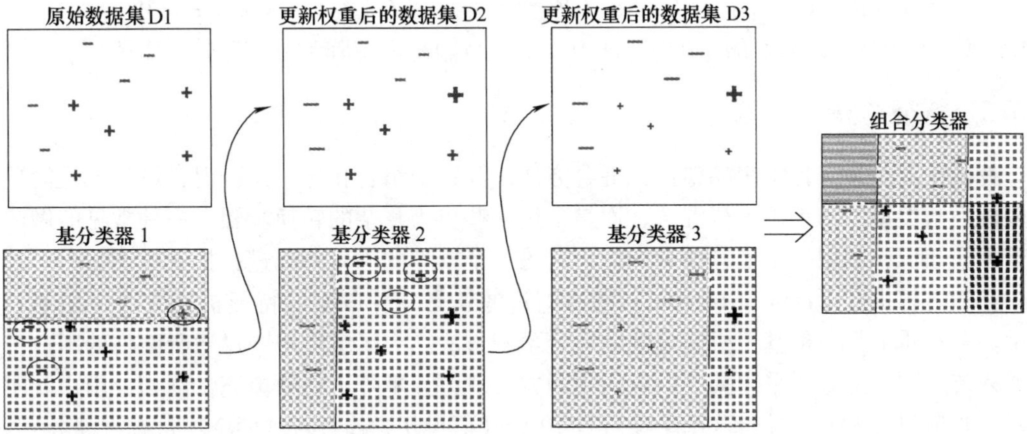

图 5-19　AdaBoost 算法示意图

5.6 整体式混合推荐

前面两种混合方法：并行式混合和串行式混合，都可以看作机器学习领域中集成学习的特例，采用不同的方法对多个不同的基学习器（基推荐模型）进行组合。和这两种混合方法不同，整体式混合推荐只包含一个推荐单元，通过对算法进行内部调整，将多个知识源和多种方法整合在一起。常见的整体式混合推荐方法有两种，特征组合（feature combination）和特征扩充（feature augmentation）。

5.6.1 特征组合

特征组合是一种常用的整体式混合方法，主要关注如何将不同的知识源进行整合。在基于邻域的推荐算法中，可以整合不同的知识源来计算用户之间或是项目之间的相似度。例如，可以综合利用用户行为数据、社交关系数据和人口统计学信息来计算用户 u 和 v 之间的相似度：

$$\mathrm{sim}_{combined}(u, v) = \alpha\,\mathrm{sim}_{behavior}(u, v) + \beta\,\mathrm{sim}_{social}(u, v) + \gamma\,\mathrm{sim}_{demographic}(u, v)$$

式中，$\mathrm{sim}_{behavior}(u, v)$、$\mathrm{sim}_{social}(u, v)$ 和 $\mathrm{sim}_{demographic}(u, v)$ 分别表示基于用户行为、社交关系和人口统计学的用户相似度，α、β 和 γ 分别为对应的权重值。同样，可以综合利用用户行为、项目内容等数据计算项目之间的相似度。

在基于模型的推荐算法中，可以整合不同的知识源来构建目标函数。例如，可以通过对用户评分（或反馈）矩阵和用户社交关系矩阵的共同拟合来构建目标函数：

$$J = \alpha\mathrm{CollaborativeObjective}(\theta) + \beta\mathrm{SocialObjective}(\theta) + \lambda\mathrm{Regularization}(\theta)$$

式中，θ 为模型参数集；$\mathrm{CollaborativeObjective}(\theta)$ 和 $\mathrm{SocialObjective}(\theta)$ 分别表示基于用户行为和社交关系的目标函数；α 和 β 分别为对应的权重值；$\mathrm{Regularization}(\theta)$ 表示正则化项；λ 表示正则化系数。假设 $\boldsymbol{R}$ 表示评分（或反馈）矩阵，$\boldsymbol{S}$ 表示社交关系矩阵，采用矩阵分解作为基础模型，可得

$$J=\alpha\ \|\boldsymbol{R}-\boldsymbol{U}\boldsymbol{V}^{\mathrm{T}}\|_F^2+\beta\ \|\boldsymbol{S}-\boldsymbol{U}\boldsymbol{W}^{\mathrm{T}}\|_F^2+\lambda(\|\boldsymbol{U}\|_F^2+\|\boldsymbol{V}\|_F^2+\|\boldsymbol{W}\|_F^2)$$

式中，$\boldsymbol{U}$、$\boldsymbol{V}$和$\boldsymbol{W}$分别表示用户隐特征矩阵、项目隐特征矩阵和社交隐特征矩阵。

5.6.2 特征扩充

特征扩充是另一种常用的整体式混合方法。和特征组合相比，这种混合设计不是简单地对多种不同类型的知识源进行混合，而是采用一些更为复杂的转换步骤。一种常见的做法是基于相关知识，利用一个推荐模型的输出对另一个模型的输入特征进行扩充或增强。

基于内容提升（content-boosted）的协同过滤就是一种典型的特征扩充方法，如图5-20所示。它本质上是一种基于协同过滤的评分预测方法。为了解决协同过滤所面临的用户行为数据稀疏问题，该方法采用基于内容的预测方法对评分矩阵进行预填充。例如，用户u明确表示喜欢项目i_1和i_3，并给这两个项目打10分（假设用户u只对这两个项目有过评分）；通过基于内容的预测得知，项目i_2和项目i_1、i_3有0.7的相似度，则可以预测用户u对项目i_2的评分为7分。这相当于虽然用户u本来没有对项目i_2打过分，但是模型先通过基于内容的预测对其进行了预打分，这就降低了数据的稀疏性。

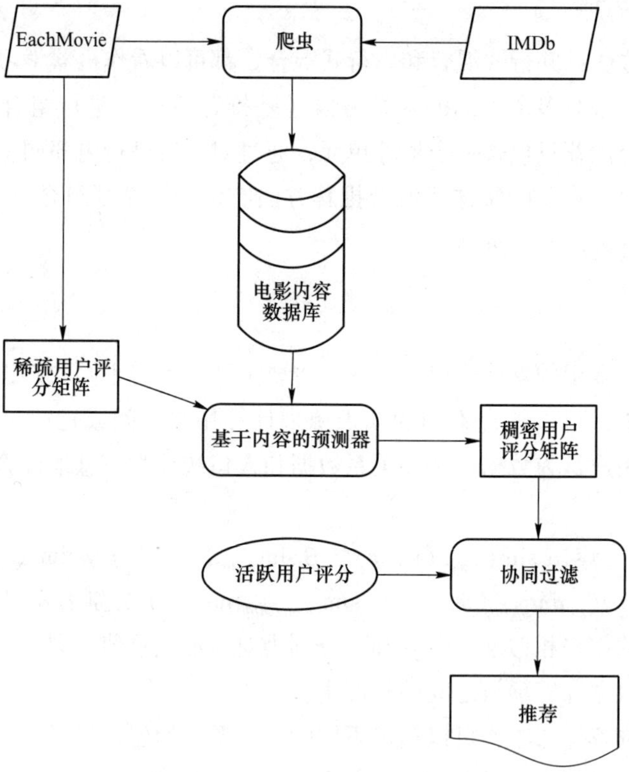

图5-20 基于内容提升的协同过滤示意图

5.6.3 基于图模型的混合

图（Graph）模型能够有效地将各种不同的信息整合在一起，通过一个网络图进行统一表示，如图5-21所示。可以采用不同的信息来构建网络图，并利用不同的方法来对图信息进行挖掘，进而为用户做出推荐。

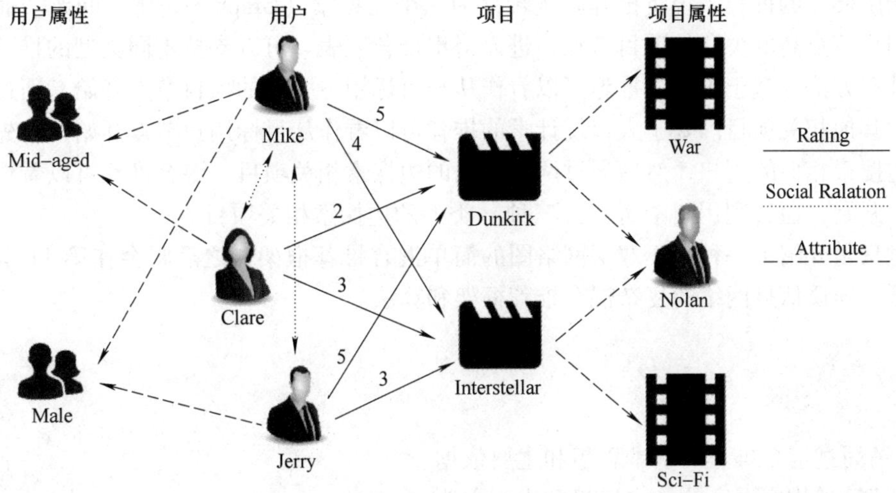

图 5-21　融合多种信息的图表示

一种简单的基于图模型的混合推荐算法是对用户-项目二部图进行扩展，得到如图 5-22 所示的一个双层图。一层为用户层（User Layer），另一层为项目层（Item Layer），两层之间的部分为层间连接（表示用户对项目的反馈）。用户层中每个节点代表一个用户，用户节点之间的边表示两个用户之间的相似度。用户之间的相似度值可以通过用户属性（如人口统计学信息）或是社交关系信息计算得到，且通常只保留相似度值大于某一阈值的边。项目层中每个节点代表一个项目，项目节点之间的边表示两个项目之间的相似度。项目之间的相似度值可以通过项目属性或项目内容计算得到，且通常只保留相似度值大于某一阈值的边。两层之间的边表示项目和用户之间的交互。

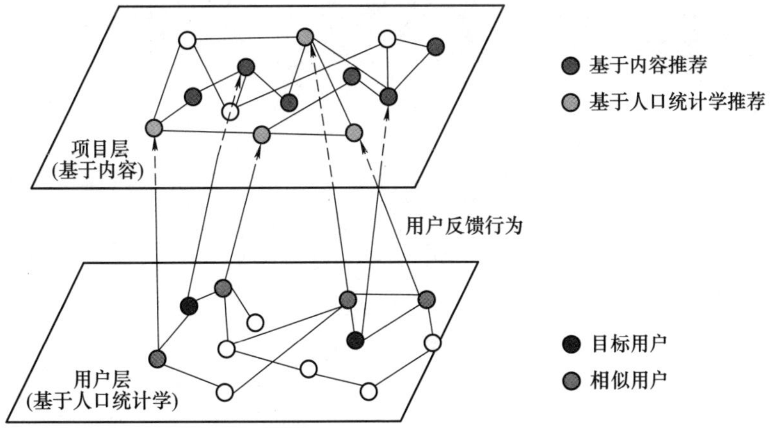

图 5-22　基于双层图模型的混合推荐示意图

基于图模型的混合推荐的目标是使推荐具有一个全面、统一的表示，并且支持灵活的推荐方法。全面性是指能将所有三种类型的系统输入（用户特征、项目特征和用户行为）都作为输入，并将特征数据转换为相似度数据。灵活性是指能够支持各种推荐算法，如基于内容的推荐、协同过滤、基于人口统计学的推荐和混合推荐。

基于图模型的推荐系统将推荐问题转化为一个图搜索（Graph Search）问题。通过查找与目标用户节点高度关联的项目节点，进而得出推荐列表。可以支持不同类型的推荐算法和关联度计算方法。基于内容的推荐可以看作从与目标用户关联的项目节点开始，通过项目层的边探索其他相关项目。基于人口统计学的推荐可以看作从目标用户节点开始，首先通过用户层的边搜索相似的用户，然后通过两层之间的边探索相关项目。混合推荐可以看作从目标用户节点开始，通过利用图中所有（三种）类型的边探索相关项目。

这里只是介绍了一种基于双层网络图的简单混合推荐框架，之后将会在第 11 章继续介绍一些基于异质信息网络的复杂混合推荐框架和算法。

习题

1. 请简述混合推荐的基本思想和主要依据。
2. 请简述排序混合的基本思想和主要方法。
3. 请简述级联过滤的基本思想和主要应用场景。
4. 请简述基于图模型的混合算法的基本思想和主要特点。
5. 请对比分析各种混合推荐算法的优缺点和应用场景。

第 6 章　推荐系统评测

当人们在网上浏览电影信息时，在电影的详情页面一般会有一个相关电影的推荐列表，如图 6-1 所示。依照前面章节介绍的各种不同推荐算法，可能会生成不同的推荐列表（见第 5 章图 5-22），但是这些推荐结果是否合理？哪个更好？这就需要相应的性能评测方法和评价指标，以便选择最优的推荐算法。

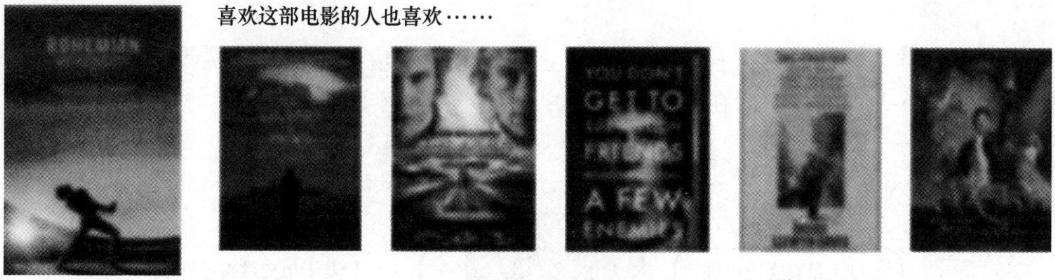

图 6-1　某推荐电影列表

在实际的应用场景中，有很多不同的评价指标可被用来评估推荐系统在不同方面的性能，包括总体销售量、特定商品销量提升、点击率、平台活跃度、顾客回头率、顾客满意度、顾客忠诚度等。这些评价指标有些可以定量计算，有些只能定性描述；有些可以通过离线实验计算得到，有些需要通过用户调查获得，还有一些只能通过在线评测获得。

6.1　评测视角

实际应用中的推荐系统涉及多个不同参与方，如终端用户、（提供商品、信息或服务的）商家、平台、推荐算法研究人员等。由于不同参与方对推荐系统有不同的诉求和期望，所以从不同参与方的角度，需要构建不同的评测方法和评价指标。

从用户的角度，一个好的推荐系统不仅应该能够帮助其解决信息超载问题，降低其信息获取的交互成本，而且还应该优先从“长尾”区域选择项目进行推荐（见图 6-2），即推荐用户可能喜欢的，但又不为大多数人所知的项目。

从商家或者平台的角度，一个优秀的推荐系统应该能够增加“用户点击率”“用户转化

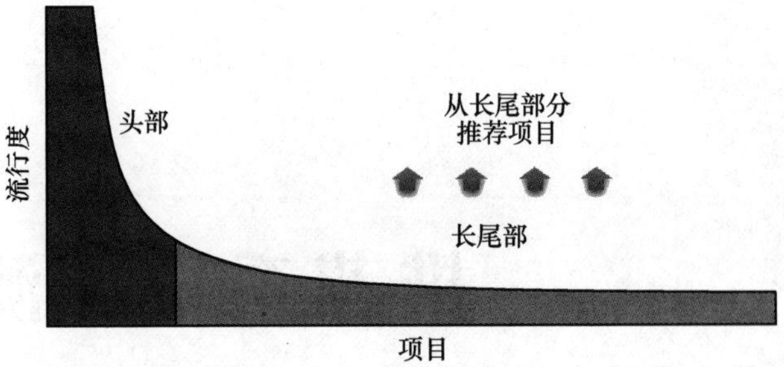

图 6-2　长尾现象示意图

率”（从“浏览用户”转化为“订购用户”的比例）“平台活跃度”等，即能够为商家或平台带来收益或利润。

从算法研究人员的角度，一个好的推荐系统应该能够准确预测用户对项目的偏好程度，进而预测出用户未来的行为，并且在某些指标上表现得比现有的系统更好，以体现出其设计的算法的优越性。

6.2　实验方法

当一套推荐系统被设计、构建完成之后，在实际投入应用之前，还需要经过一系列的实验验证，如图 6-3 所示，包括在线实验、用户调查、离线实验。

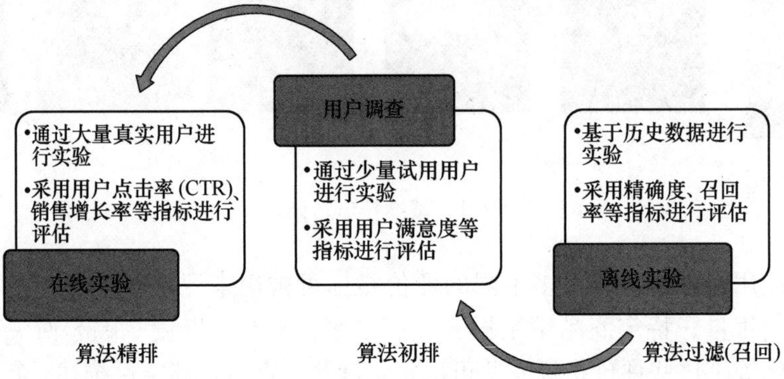

图 6-3　推荐系统实验流程图

6.2.1　在线实验

在线实验是一种最为直接的实验方法，直接通过大量的真实用户对系统进行测试，实验结果最能体现系统的效果。

A/B 测试（A/B Tests）是一种典型的在线实验方法。A/B 测试的本质是分离式组间实验，也叫对照实验，其典型流程如图 6-4 所示。通过一定的规则将用户随机划分成几组，并对不同组的用户采用不同的算法，然后通过统计分析不同组用户的各种不同的评测指标来比较不同算法。在实际应用中，通常以平台当前已经稳定运行的算法（如图 6-4 中的算法 A）作为对照组，并赋予较高的流量（用户量占比）；以待测试的算法（如图 6-4 中的算法 B 和算法 C）作为实验组，赋予较低的流量（用户量占比）。常用的在线评价指标有用户点击率（CTR）、销售增长率等，主要用于评估算法对平台、商家和用户产生的实际效果和收益。

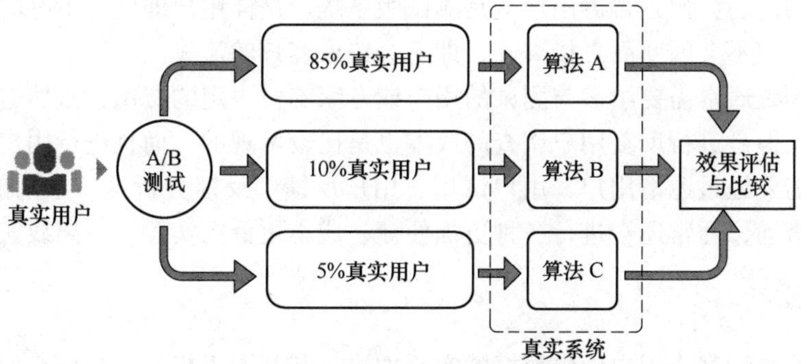

图 6-4　A/B 测试典型流程

通过 A/B 测试能够同时对两个或以上的算法进行在线实验，这样做不仅能够保证所有算法所处环境的一致性，以便进行更加科学、客观地对比分析；而且也能够节省整体的实验时间，避免对算法进行逐个的测试和验证。A/B 测试的关键在于用户流量的分配，即用户分组。正确的做法是将具有相同或相似特征的用户均匀地分配到各个实验组中，以确保每个实验组中用户特征（分布）的相似性，从而避免出现数据偏差。这种分配能够使得实验结果更具有代表性。

在线实验虽然直观，但是成本高、风险大。例如，一个提供大量不相关推荐的测试系统可能会导致用户满意度降低，甚至是用户流失（不再使用该系统）。这种负面影响通常是商业应用程序或平台无法接受的。造成这些问题的主要原因是在线实验使用的是真实的在线系统。因此，在进行在线实验之前，一般先会进行用户调查和离线实验。

6.2.2　用户调查

在进行在线实验（如 A/B 测试）的过程中，用户不会感觉到测试系统的存在，即用户会把测试系统当作正式系统来评价，所以当推荐结果较差、用户体验不好时，用户可能会直接离开，进而对平台造成不可挽回的损失。为了解决这一问题，可以采用用户调查的方法进行实验。

用户调查又称为实验室研究，是一种常用于系统上线或发布前的实验方法。通过寻找少量的真实用户或是领域专家对系统进行试用，并通过观测和记录用户的行为以及他们对系统满意度的反馈（问卷调查）来了解和分析被测系统的性能（见图 6-5）。

图 6-5　用户调查示意图

和在线实验一样，用户调查也是通过真实用户对系统的试用来评估系统的性能。不同的是，用户调查通常并不是在真正的应用环境中进行实验，而是在虚拟的实验室环境中进行的。通常在试用前还会预先告诉用户这是测试版系统，这样用户即使有不好的使用体验，通常也能够理解，并不会因此而直接离开，即不会造成客户的流失。

进行用户调查通常需要给参与测试的用户或专家支付一定的费用，虽然这一成本相比于在线实验较低，但是进行反复用户调查的成本也是比较可观的。而且进行用户调查的时间周期相对较长，需要经过邀请用户、用户试用、用户反馈、反馈分析这一系列的过程。因此，在进行用户调查前，通常还会进行一种更加便捷、成本更低的实验——离线实验。

6.2.3　离线实验

离线实验是一种基于用户历史数据的实验方法，其基本思想是通过用户的历史行为数据来模拟用户与系统的交互行为。离线实验假设收集到的用户历史行为与推荐系统部署后的用户行为是相似的，因此可以基于历史行为模拟来评估系统性能。

在离线实验过程中，因为不需要真实用户的参与，所以能够以较低的成本快速地比较大量算法。离线实验的主要目的是过滤掉不合适的算法，为成本较高的用户调查和在线实验提供相对较小的算法候选集。算法参数调优是一个典型的离线实验场景，其目的是使得在接下来的实验阶段，算法具有较优的参数设置。

离线实验一般可以划分为如下几个主要步骤：

1）通过日志系统收集用户历史行为数据，并按照一定格式生成标准数据集。

2）按照一定规则将数据集划分为两个部分：训练集与测试集。

3）在训练集上训练推荐模型，并在测试集上进行用户行为预测。

4）通过事先定义的离线指标评测算法在测试集上预测效果。

在第二步中进行数据集划分时，有两种常见的划分方法：按时间划分和随机划分。如果能够获取到用户行为的时间戳，则最好采用按时间划分的方式：按照一定比例，将时间最近的数据作为测试数据，时间更早的数据作为训练数据，以模拟实际系统运行的过程。当无法获取到用户行为的时间戳时，则可以采用随机划分的方式：按一定比例随机地从数据集中抽取一部分数据作为测试数据，其他的数据作为训练数据。如果模型中有一些超参需要调优，通常会将数据集划分为三个部分：训练集、验证集和测试集，如图6-6所示。在训练集上进行模型训练，在验证集上进行参数检验和调优，在测试集上进行模型测试。

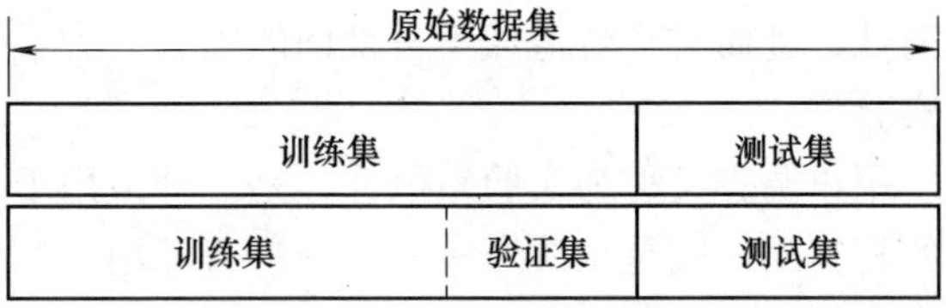

图6-6　数据集划分示意图

当采用随机采样的方式进行数据划分时，为了避免采样偏差，通常会采用K折交叉验证的方式进行实验。首先，将原始数据集划分为K等份。然后，每次以其中一份作为测试数据，其他数据（另外$K-1$份数据）作为训练数据，进行K次实验。最后，以K次实验结果的平均值作为最终的实验结果。有时，为了评估算法的稳定性，可以通过计算K次实验结果的方差进行度量。

在第四步中进行预测效果评估时，可以采用不同的评价指标。根据应用场景和评估目的，可以将评价指标分为评分预测评价指标、推荐排序评价指标和其他评价指标。下一节将分别针对这几类评价指标进行具体介绍。

三种实验方法的对比分析如表 6-1 所示。离线实验虽然具有速度快、周期短、成本低等优点，但是其使用的是虚拟用户和虚拟系统，且其“采用历史或现有推荐系统产生的用户行为与采用新的推荐系统产生的用户行为相似”这一假设很难成立，所以离线实验的作用主要是帮助人们进行算法过滤和参数（包括超参和待学习参数）设置。只有通过离线实验检验的算法才能够进入后续的用户调查和在线实验环节。由于用户调查的速度慢且周期长，所以在一些追求快速迭代的行业（如互联网行业）通常会跳过这一环节，直接进行在线实验。在进行在线实验时，为了避免造成较高的系统成本，通常会采用逐步放量的实验方式。先用较小的流量（用户量占比）进行实验，如果发现效果不好，及时将该算法从真实系统中撤下；如果算法运行效果较好，再逐步增大用户流量，直至完全稳定。

表 6-1　三种实验方法的对比分析

实验方法	用户	系统	速度	周期	成本	用途
离线实验	虚拟用户	虚拟系统	快	短	低	过滤算法、设置参数
用户调查	试用用户	原型系统	慢	长	中	发掘潜在问题
在线实验	真实用户	真实系统	快	短	高	验证算法、参数微调

6.3 评分预测评价指标

评分预测的目标是算法预测得到的评分和真实（观测到）的评分尽可能相同（或相近）。因此，针对评分预测问题，通常会基于预测评分和真实评分的误差来构建评价指标，如常用的平均绝对误差、平均平方误差（均方误差）、均方根误差和标准平均绝对误差等。本节所用符号及含义如表 6-2 所示。

表 6-2　所用符号及含义表

符号	含　义
r_{ui}	用户 u 对项目 i 的实际评分
$\hat{r}_{ui}$	系统的预测评分
$r_{\max}$	用户评分区间的最大值
$r_{\min}$	用户评分区间的最小值
T	测试数据集

6.3.1 MAE 和 MSE

平均绝对误差（Mean Absolute Error，MAE）表示预测值和实际观测值之间绝对误差的平均值。MAE 可以很好地反映预测误差的实际情况，但是由于其不可导，因此难以直接进行优化。

$$MAE = \frac{1}{|T|}\sum_{(u,\ i)\in T} |\hat{r}_{ui} - r_{ui}|$$

平均平方误差（Mean Squared Error，MSE）表示预测值与实际观测值之间误差的平方和的均值，简称均方误差。MSE 是最为常用的一种评分预测评价指标，MSE 值越小，说明预测模型拟合真实数据的精确度越高。MSE 也常被用来作为评分预测模型的目标函数（损失函数）。

$$MSE = \frac{1}{|T|}\sum_{(u,\ i)\in T} (\hat{r}_{ui} - r_{ui})^2$$

MSE 虽然便于计算和使用，但是其所得结果和原度量（评分）的范围（量纲）不同，所以不便于人工判断。

6.3.2　RMSE、NMAE 和 NRMSE

均方根误差（Root Mean Squared Error，RMSE）是均方误差的算术平方根，用来衡量预测值与实际观测值之间的偏差，又称标准误差。RMSE 的结果和原度量的范围相同，相比 MSE 更便于人工判断。

$$RMSE = \sqrt{\frac{1}{|T|}\sum_{(u,\ i)\in T} (\hat{r}_{ui} - r_{ui})^2}$$

虽然 MAE 和 RMSE 的结果和原度量的范围相同（见表 6-3），但是当多个问题（或数据集）的评分范围不同时，也难以用其来比较不同算法的性能。例如，同样是 $MAE=3$，如果评分范围为［1，5］，则说明所评测的算法效果并不好；但如果评分范围是［1，10］，则说明所评测的算法效果还不错。为解决这一问题，可以采用标准平均绝对误差（Normalized Mean Absolute Error，NMAE）和标准均方根误差（Normalized Root Mean Squared Error，NRMSE）。

表 6-3　误差计算示例

真实评分 r_{ui}	5	1	4	2	1
预测评分 $\hat{r}_{ui}$	2	3	1	5	5
$\lvert\hat{r}_{ui} - r_{ui}\rvert$	3	2	3	3	4
MAE	3				
MSE	9.4				
RMSE	3.07				

NMAE 和 NRMSE 是根据评分范围（如 $[r_{\min},\ r_{\max}]$）对 MAE 和 RMSE 进行归一化的版本。

$$NMAE = \frac{MAE}{r_{\max} - r_{\min}}$$

$$NRMSE = \frac{RMSE}{r_{\max} - r_{\min}}$$

由于它们只是 MAE 和 RMSE 的归一化版本，由其所得出的算法排名结果与未归一化时是相同的。

6.4 Top-N 推荐评价指标

Top-N 推荐的目标是推荐列表中能够包含尽可能多的用户感兴趣项目，并且这些项目的排名尽可能靠前。对应的评价指标通常采用一些分类准确度指标或是一些基于排序的指标，如精确度、召回率、AUC、MAP、nDCG 等。

6.4.1 分类准确度指标

推荐系统本质上是一类信息过滤系统，相应的推荐问题可以看作一个信息过滤问题。针对每个用户，其有过正反馈的项目看作正样本，其他（未反馈）项目看作负样本。如果将被推荐的 Top-N 项目看作被预测为正样本，其他的样本看作被预测为负样本，则可以采用分类准确度相关的指标来评价推荐的效果。

对于任意一个项目，有推荐（放进 Top-N 列表，认为是正例）和不推荐（认为是负例）两种选择，因此该问题本质上是一个二分类问题，其分类结果可以用表 6-4 所示的混淆矩阵（Confusion Matrix）表示。

表 6-4　混淆矩阵

混 淆 矩 阵		真 实 值	
		正例（Positive）	负例（Negative）
预测值	正例（Positive）	True Positive（TP）	False Positive（FP）
	负例（Negative）	False Negative（FN）	True Negative（TN）

根据上述混淆矩阵，可以得到常用的分类准确度指标，如精确度、召回率、准确率、$F1$ 值等。

针对 Top-N 推荐问题，一个最为常用的评价指标是“被推荐的项目列表中有多少是用户真正喜欢的”，即精确度（Precision）指标。精确度也被称为查准率。针对给定用户 u，推荐列表 L_u 的精确度为

$$Precision(u)=\frac{|R(u)\cap T(u)|}{|R(u)|}=\frac{TP}{TP+FP}$$

式中，$R(u)$ 表示针对用户 u 的推荐项目集合（即推荐列表 L_u）；$T(u)$ 表示用户 u 在测试集上真正喜欢的项目集合；$|R(u)\cap T(u)|$ 表示推荐列表中用户 u 真正喜欢的项目数。针对整个数据集（所有用户），系统的精确度为

$$Precision=\frac{\sum_{u\in U}Precision(u)}{|U|}$$

式中，U 表示用户集合。

针对 Top-N 推荐问题，另外一个最为常用的评价指标是“用户喜欢的所有项目中有多少被推荐算法找到了”，即召回率（Recall）指标。召回率也被称为查全率。针对给定用户 u，推荐列表 L_u 的召回率为

$$Recall(u)=\frac{|R(u)\cap T(u)|}{|T(u)|}=\frac{TP}{TP+FN}$$

具体而言，召回率是指推荐列表中用户喜欢的项目数与系统中用户喜欢的所有项目数的比值。针对整个数据集（所有用户），系统的召回率为

$$Recall = \frac{\sum_{u \in U} Recall(u)}{|U|}$$

式中，U 表示用户集合。

从精确度和召回率的定义中可以看出，精确度体现了分类模型对负样本的区分能力，而召回率则体现了分类模型对正样本的识别能力。从两者的公式中可以看出，精确度和召回率没有必然的关系，但是在大规模的数据集中，这两个指标却是相互制约的。一般来说，精确度高时，召回率往往偏低；召回率高时，精确度往往偏低。例如，如果希望正样本尽可能地被识别出来（召回率高），则可通过增加识别为正样本的数量来实现，比如将所有的样本都识别为正样本，则所有的真实正样本必然全被识别出来，但这样精确度就会较低；如果希望分类结果中真实正样本的比例尽可能高（精确度高），则可只识别最有把握的正样本，但这样就难免会漏掉不少正样本，使得召回率较低。

如果将推荐问题看作一个分类问题，针对一个给定用户-项目对（u，i），推荐算法的预测值一般表示该用户-项目对是正样本（即用户 u 喜欢项目 i）的概率。如图 6-7 所示，通过调整分类的概率阈值 θ（大于阈值认为是正样本），可以得到不同的 *P-R* 值（Precision-Recall Value），从而可以得到一条曲线（纵坐标为精确度 *P*，横坐标为召回率 *R*），称为 *P-R* 曲线（Precision-Recall Curve），如图 6-8 所示。通常随着分类概率阈值从大到小变化，精确度（查准率）会减小，召回率（查全率）会增加。当比较两个分类器（或推荐算法）好坏时，显然是查得又准又全的比较好，也就是的 *P-R* 曲线越靠近坐标（1，1）越好。

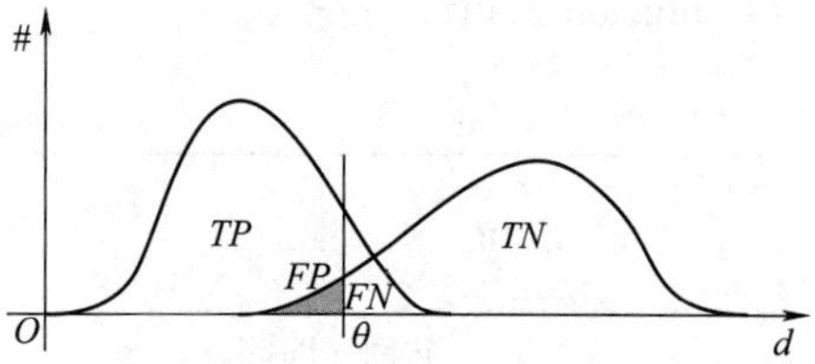

图 6-7　分类的概率阈值 θ 对混淆矩阵影响示意图

P-R 曲线能够直观地显示出推荐算法在样本总体上的召回率和精确度。在进行算法性能比较时，若一个推荐算法（见图 6-8 中的算法 A）的 *P-R* 曲线被另一个推荐算法（见图 6-8 中的算法 B）的曲线完全“包住”，则可断言后者（算法 B）的性能优于前者（算法 A）。如果两个推荐算法的 *P-R* 曲线发生了交叉，则难以一般性地断言两者孰优孰劣。虽然可以通过给定具体的精确度（或召回率）来比较召回率（或精确度），但是难以预先给定一个大家都认可的精确度（或召回率）取值。另一种比较合理的处理方式是比较 *P-R* 曲线下面积的大小，它能够在一定程度上表征推荐算法在精确度和召回率上取得相对“双高”的比例。但这个值不

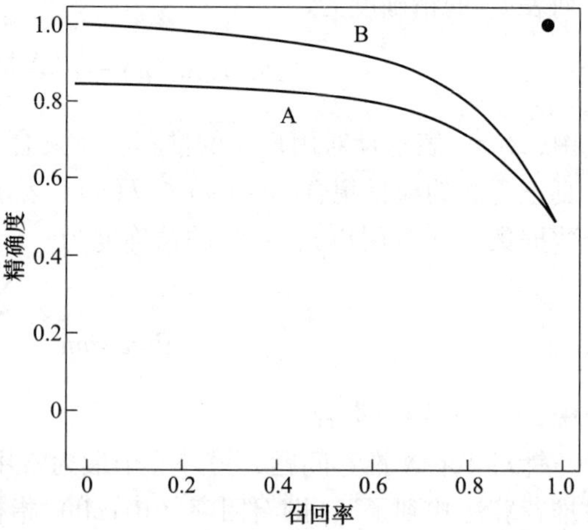

图 6-8　*P-R* 曲线示意图

太容易估算，而且容易受到正负样本比率变化的影响。

相比于 P-R 曲线下的面积，$F1$ 值（F1-Measure）是一种更为容易计算且常用的综合评价指标。$F1$ 值定义为精确度和召回率的调和平均数（Harmonic Mean）：

$$F1=\frac{2}{\dfrac{1}{Recall}+\dfrac{1}{Precision}}=\frac{2\times Recall\times Precision}{Recall+Precision}$$

不同于算术平均数假设各个因素的重要性相同，调和平均数更强调数值较小的因素的重要性，其隐含假设和“木桶原理”类似，即整体性能受限于最差的一面。例如，当召回率 $Recall$ 接近于 1，精确度 $Precision$ 接近于 0 时，二者的算术平均数约为 0.5，而调和平均数则接近于 0。

一般而言，$F1$ 值越大，说明推荐结果既全且准，相应的推荐算法也越稳健。$F1$ 值的更一般形式叫作 F 值（F-Measure），也被称为 F-Score。F 值允许对精确度和召回率设置不同的偏好，它是精确度和召回率的加权调和平均：

$$F=\frac{(1+\beta^2)\times Precision\times Recall}{(\beta^2\times Precision)+Recall}$$

式中，权值 $\beta>0$ 用于度量召回率相对于精确度的重要性。当 $\beta=1$ 时，F 值退化为标准的 $F1$ 值，两者的影响相同；当 $\beta>1$ 时，召回率的影响更大；当 $\beta<1$ 时，精确度的影响更大。在推荐系统中，为了尽可能少地打扰用户，一般更希望推荐的内容的确是用户所感兴趣的，此时精确度更重要。

6.4.2　ROC 曲线和 AUC 值

P-R 曲线的形状容易受正负样本比率变化的影响，当正负样本分布发生变化时（如单纯地增加负样本，这是互联网应用中的一种常见场景），P-R 曲线的形状可能会发生剧烈的变化（见图 6-9）。针对这一问题，实际应用中通常会采用 ROC 曲线来替代 P-R 曲线用以描述推荐算法的性能表现，并用 ROC 曲线下的面积（Area Under ROC Curve，AUC）来度量推荐算法的性能。

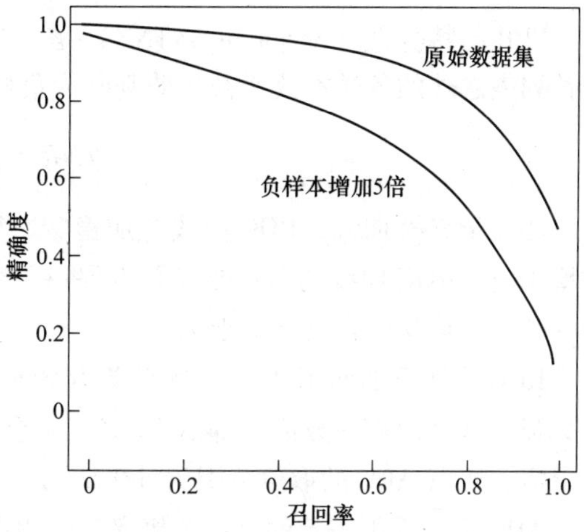

图 6-9　P-R 曲线对负样本比例敏感示意图

ROC 曲线全称是受试者工作特征（Receiver Operating Characteristic）曲线，又称为感受性曲线（Sensitivity Curve）。与 P-R 曲线相似，根据推荐算法预测的概率值或置信度，从大到小对样本进行排序，并按此顺序逐个把样本作为正例进行预测，每次计算出两个指标值：真阳性率（True Positive Rate，TPR）和假阳性率（False Positive Rate，FPR），分别以它们为纵坐标和横坐标进行作图，就得到了 ROC 曲线，如图 6-10 所示。

真阳性率 TPR 又被称为灵敏度（Sensitivity），表示推荐列表中的正样本数（被识别的正样本数）和所有正样本数的比值，其计算公式和召回率的计算公式相同：

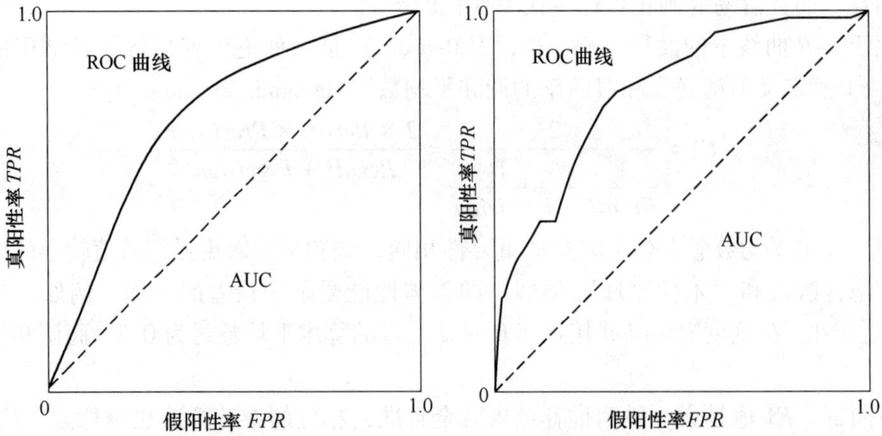

a) ROC 曲线与 AUC　　b) 基于有限样本绘制的ROC曲线与AUC

图 6-10　ROC 曲线与 AUC 示意图

$$TPR = Recall = \frac{TP}{TP + FN}$$

假阳性率 FPR 表示推荐列表中的负样本数（被错误识别为正样本的负样本数）和所有负样本数的比值：

$$FPR = \frac{FP}{TN + FP}$$

FPR 与特异性（Specificity，TNR）是互补的关系，即 $FPR = 1 - TNR$，其中 TNR 表示推荐列表之外的负样本数（被正确判断为负样本的数量）和所有负样本数的比值：

$$TNR = \frac{TN}{TN + FP}$$

相比于 *P-R* 曲线，ROC 曲线更加稳定，当正负样本分布发生变化时，例如，当负样本数增加时，ROC 曲线的形状能够基本保持不变。因此，ROC 曲线下的面积更适合于用来作为评价推荐算法综合性能的指标。

ROC 曲线下的面积 AUC，被定义为 ROC 曲线与坐标轴围成的区域面积。如图 6-10 所示，显然这个面积的数值（即 AUC 值）不会超过 1；又由于 ROC 曲线一般都处于直线 $y = x$ 的上方，所以 AUC 的取值范围为［0.5，1］。

AUC 值本质上表示的是一个概率值。假设推荐算法的输出是样本属于正例的 Score（置信度），则 AUC 的物理意义为任取一对（正、负）样本，正样本的 Score 大于负样本的 Score 的概率。AUC 值越大，表明当前推荐算法越有可能将正样本排在负样本的前面，推荐效果越好。

虽然可以直接根据 AUC 的原始定义——ROC 曲线下方的面积，将 ROC 曲线下的面积拆分为一个个小的梯形面积之和进行估算，但是这种方法计算复杂，实际很少被采用。通常，人们会根据 AUC 的物理意义进行计算，即计算正样本 Score 大于负样本 Score 的概率。一种直接的做法是取所有 $M \times N$ 个样本对（M 为正样本数，N 为负样本数），比较其 Score，然后统计 AUC 值。但这种做法的复杂度也较高，其计算复杂度为 $O(M \times N)$。一种更为常用的

AUC 计算方法如下：

1）把所有样本按照 Score 排序，依次用 Rank 表示它们。例如，Score 最大的样本的 Rank=n（其中 $n=N+M$），其次的样本的 Rank 为 $n-1$，…，Score 最小的样本的 Rank=1。

2）把所有正样本的 Rank 相加，得到所有可能样本对中正样本排在前面的对数：$\sum_{i \in positive} rank_i$。

3）减去两个正样本的对数 $\frac{M(1+M)}{2}$，得到所有可能的正负样本对中正样本排在前面的对数：$\sum_{i \in positive} rank_i - \frac{M(1+M)}{2}$。

4）通过除以所有可能的正负样本对的数量 $N \times M$ 得到 AUC 的值：

$$AUC = \frac{\sum_{i \in positive} rank_i - \frac{M(1+M)}{2}}{M \times N}$$

6.4.3　基于排序的评价指标

精确度（Precision）只考虑了推荐列表中正确被推荐的项目数，而没有考虑项目之间的相对顺序或整体排序。推荐系统返回的结果（推荐列表）通常是有序的。相关的（用户喜欢的）项目排得越靠前越好。例如，推荐系统返回了 Top-5 的推荐列表，最好的情况是这 5 个项目都是用户喜欢的。当其中只有部分是用户喜欢的时候，比如 2 个，那么这 2 个项目如果被排在比较靠前的位置也是一个相对不错的结果；但如果这 2 个项目排在最后的 2 个位置，那么这种情况便是比较差的。但是采用精确度度量时，这两种推荐结果的精确度相同，都是 2/5，即

$$P(\surd, \surd, \times, \times, \times) = P(\times, \times, \times, \surd, \surd) = \frac{2}{5}$$

式中，√表示用户喜欢的项目；×表示用户不喜欢的项目。为解决这一问题，可以采用平均精确度（Average Precision，AP）来度量推荐列表的好坏。

平均精确度是一种能够反映推荐列表中相关项目排序位置的指标，被定义为在不同召回率点上精确度的平均值。针对给定用户 u，推荐列表 L_u 的平均精确度为

$$AP(u) = \frac{1}{r}\sum_{i=1}^{r} \frac{i}{pos(i)}$$

式中，r 表示推荐列表中用户 u 有过正反馈的项目（正样本）的数量；$pos(i)$ 表示第 i 个正样本的位置。例如，针对前述 Top-5 推荐的两种推荐结果，其平均精确度 AP 分别为

$$AP(\surd, \surd, \times, \times, \times) = \frac{1}{2} \times \left(\frac{1}{1} + \frac{2}{2}\right) = 1;$$

$$AP(\times, \times, \times, \surd, \surd) = \frac{1}{2} \times \left(\frac{1}{4} + \frac{2}{5}\right) = 0.325$$

可以看出，平均精确度 AP 能够更好地区分不同推荐（算法）结果的好坏。

平均精确度只是针对单个用户（推荐列表）的性能度量指标，而平均精确度均值

(Mean AP, MAP) 则是针对所有用户（整个测试数据集）的性能度量指标。MAP 就是对所有用户的 AP 值求平均：

$$MAP = \frac{1}{|U|}\sum_{u \in U} AP(u)$$

式中，U 表示所有用户的集合。MAP 能够反映推荐系统在整个测试数据集上的性能，是一种常用的衡量排序质量的指标。

与平均精确度均值一样，归一化折损累积增益（normalized Discounted Cumulative Gain, nDCG）是另一种常用的衡量排序质量的指标。nDCG 假设一个推荐列表的效用是由列表中所有项目的效用累加得到的。对于列表中的每个项目 i 都有一个相关度评分值 $rel_i > 0$，称之为增益（Gain）。rel_i 可以是显式评分数值 [0, 5] 或是隐式反馈 {0, 1}，0 表示用户未评分或是未反馈。针对给定用户 u 的推荐列表 L_u，将所有项目的增益相加即得到推荐列表的累积增益（Cumulative Gain, CG）：

$$CG(u) = \sum_{i=1}^{|L_u|} rel_i$$

和精确度（Precision）一样，CG 没有考虑被推荐项目处于不同位置对整个推荐结果的影响。例如，人们总是希望相关度高（用户喜欢）的项目排在前面，当相关度低（用户不喜欢）的项目排在前面时会影响用户的体验。因此，需要在 CG 的基础上引入位置影响因素，当相关度高的项目被排在比较靠后时，在统计效用时应该对这个项目的效用打折，这样就得到了折损累积增益（Discounted CG, DCG）：

$$DCG(u) = rel_1 + \sum_{i=2}^{|L_u|} \frac{rel_i}{\log_2 i}$$

从上面的式子可以看出：①推荐结果的相关度越大，DCG 值越大；②相关度高的项目在推荐列表中越靠前，推荐效果越好，DCG 值越大。

针对前述 Top-5 推荐的两种推荐结果，其 *DCG* 分别为

$$DCG(\surd, \surd, \times, \times, \times) = 1 + \frac{1}{\log_2 2} = 2$$

$$DCG(\times, \times, \times, \surd, \surd) = \frac{1}{\log_2 4} + \frac{1}{\log_2 5} = 0.5 + 0.43 = 0.93$$

可以看出，*DCG* 也能够很好地区分不同推荐（算法）结果的好坏。

和 AP 一样，DCG 是针对单个用户（推荐列表）的性能度量指标。和 AP 取值范围为 [0, 1] 不同的是，针对不同用户的 DCG 值可能差异较大，难以直接对不同用户的 DCG 值进行横向比较。为解决这一问题，需要对不同用户的 DCG 值进行归一化处理，得到 nDCG：

$$nDCG(u) = \frac{DCG(u)}{IDCG(u)}$$

其中 IDCG(Ideal DCG) 表示推荐列表中的项目按照相关度 rel_i 重新排序后的 DCG 值，即理想状态下的 DCG 值。由于 DCG 的取值位于 [0, *IDCG*] 区间内，因此 nDCG 的取值范围为 [0, 1]。对所有用户的 nDCG 值取平均，能够得到推荐系统在整个测试数据集上的 nDCG 值：

$$nDCG = \frac{1}{|U|}\sum_{u \in U} nDCG(u)$$

6.4.4 其他常用评价指标

除了上述评价指标之外，还有一些常用的评价指标，包括多样性、新颖性、覆盖率等。

多样性一般被定义为相似性（或同质性）的反面，表示差异性。在某些情况下，提供一系列的相似的项目可能对用户的用处不大，因为这样会使用户花费更长时间来探索整个项目集。在推荐系统中，多样性体现在两个层面上：一是个体多样性，也叫用户（推荐列表）内的多样性（Intra-user Diversity），衡量推荐系统为一个用户推荐的项目的多样性；二是整体多样性，也叫用户间的多样性（Inter-user Diversity），衡量推荐系统为不同用户推荐不同项目的能力。

针对给定用户 u，个体多样性可通过用户推荐列表 L_u 中所有项目对的平均相似度进行计算：

$$IntraListDiversity(L_u) = 1 - \frac{2 \times \sum_{i,\ j \in L_u,\ i \neq j} similarity(i,\ j)}{|L_u| \times (|L_u| - 1)}$$

式中，$similarity(i,\ j)$ 表示项目 i 和 j 之间的相似度。对所有用户的个体多样性求平均，可以得到推荐系统在整个测试数据集上的个体多样性：

$$IntraListDiversity = \frac{1}{|U|}\sum_{u \in U} IntraListDiversity(L_u)$$

整体多样性可通过不同用户推荐列表的重叠度来进行计算：

$$InterDiversity = 1 - \frac{2}{|U|(|U| - 1)}\sum_{u,\ v \in U,\ u \neq v} \frac{|L_u \cap L_v|}{|L_u \cup L_v|}$$

新颖性指的是推荐系统向用户推荐非热门、非流行项目的能力。推荐流行的项目纵然可能在一定程度上提高推荐准确率，但是却可能使用户的体验满意度降低。度量推荐新颖性最简单的方法是利用推荐列表中项目的平均流行度进行计算。项目的流行度越高，新颖性越低。针对给定用户 u，推荐列表 L_u 的新颖性为

$$Novelty(L_u) = 1 - \frac{\sum_{i \in L_u} p(i)}{|L_u|}$$

式中，$p(i)$ 表示项目 i 的流行度（如历史上被购买的概率）。$Novelty(L_u)$ 越大代表新颖性越高。

整个系统的新颖性可以用所有用户推荐列表的平均新颖性表示：

$$Novelty = \frac{1}{|U|}\sum_{u \in U} Novelty(L_u)$$

覆盖率是指推荐系统推荐给所有用户的项目数占总项目数的比率：

$$Coverage = \frac{|\cup_{u \in U} L_u|}{|I|}$$

式中，U 表示用户集合；I 表示项目集合；L_u 为系统针对用户 u 产生的推荐列表。覆盖率低意味着大部分项目都没有展示给用户，也不可能被用户反馈（如购买）。站在平台的角度，要保证所有（或尽可能多的）商家都能存活，则所有库存商品都要能够被卖出去，因此系统的覆盖率越高越好。

6.5 公开实验数据集

为了离线验证一个推荐算法的性能，需要在实验数据集上对其进行评测。针对不同类型的算法，需要使用不同类型的数据集。此外，为了验证一个推荐算法的稳定性，通常还需要在多个不同的数据集上对其进行评测。目前，已经有很多公开的来自不同领域的实验数据集，包括 MovieLens、Netflix、Epinions、Last. FM 等。

MovieLens 数据集是推荐系统领域最为常用的实验数据集。MovieLens 是由美国明尼苏达大学的 GroupLens 项目组创办的一个非商业性质的、以研究为目的的实验性网站。MovieLens 允许用户对自己看过的电影进行评分，评分区间为 1~5 分。根据用户历史评分信息，系统会预测用户对未看过的电影的评分并向用户推荐电影。MovieLens 数据集除了包含用户对电影的评分数据，还包括电影属性信息、用户属性信息和评分的时间信息。常用的 MovieLens 数据集有三个不同大小的版本：MovieLens-100K、MovieLens-1M 和 MovieLens-10M，其中 MovieLens-100K 包含 943 个用户对 1682 部电影的十万条评分数据；MovieLens-1M 包含 6040 个用户对 3900 部电影的一百万条评分数据；MovieLens-10M 包含 71567 个用户对 10681 部电影的一千万条评分数据。这些数据集中都删除了评分过少的用户，以保证数据集中的每个用户至少给 20 部电影评过分。MovieLens 数据集的下载地址为 http：//grouplens. org/datasets/movielens/。

Netflix 数据集是另一个常用的电影评分数据集。电影租赁网站 Netflix 在 2006 年开展名为 Netflix Prize 推荐系统比赛的时候，公布了一个包含 480189 个用户对 17770 部电影的评分数据集。数据集包含了大约 10 亿条评分以及每条评分的时间戳，时间跨度从 1999 年到 2005 年，评分区间为 1~5 分。Netflix 数据集规模巨大，而且包含大量的冷启动用户，是一个近似于实际系统的数据集。相比于 MovieLens 数据集（仅包含评分数量大于 20 次的用户），其评分预测的难度及对推荐算法性能的要求都极高。Netflix 数据集的下载地址为 https：//www. kaggle. com/netflix-inc/netflix-prize-data。

Epinions 数据集是一个消费者评论数据集。Epinions. com 是一家成立于 1999 年的消费者评论网站。用户可以在 Epinions 上发布、阅读各种商品的新旧评论，以帮助他们决定是否购买。Paolo Massa 于 2003 年爬取了 Epinions 上的数据，制成 Epinions 数据集。该数据集包含 49290 位用户对 139738 种商品的 664824 条评分和 487181 条用户间的信任关系，评分区间为 1~5 分。Epinions 数据集的下载地址为 http：//www. trustlet. org/epinions. html。

Yelp 数据集是另一个消费者评论数据集。Yelp 是美国一个著名的商户点评网站，上面包括餐饮、购物中心、酒店、旅游等领域的各种商户，用户可以在 Yelp 网站中给商户打分、提交评论、交流购物体验等。Yelp 数据集包含 15585 个商户和 70817 个用户的相关信息，包括商户属性信息、用户入住（check-in）信息、用户评论和建议信息。Yelp 数据集中的评论和建议信息为基于文本挖掘的推荐系统研究提供了数据源；其中的商户属性数据也为基于内容的推荐提供了验证数据源。Yelp 数据集的下载地址为 https：//www. yelp. com/dataset。

Last. FM 数据集是一个针对音乐推荐的实验数据集。对于数据集中的每个用户，包含他最喜欢的艺术家的列表以及播放次数和对艺术家打的标签（Tag）信息。此外，该数据集还包含用户之间的双向社交关系信息。Last. FM 数据集中没有用户对音乐的评分，只有用户的隐式反馈行为数据。Last. FM 数据集的下载地址为 https：//grouplens. org/datasets/hetrec-2011/。

Book-Crossing 数据集是一个关于图书评分的数据集，该数据集是由 Cai-Nicolas Ziegler 在 2004 年从 Book-Crossing 图书社区上采集得到的，包含 Book-Crossing 图书社区的 278858 个用户对 271379 本图书进行的约 1149780 条评分，评分范围为 1~10 分。此外，该数据集还包含用户和图书的属性信息。Book-Crossing 数据集是公开的最稀疏的数据集之一，该数据集的下载地址为 http：//www2. informatik. uni-freiburg. de/~cziegler/BX/。

Jester Joke 数据集是由 Ken Goldberg 和他在加州大学伯克利分校的研究小组开发收集的，该数据集包含对 150 个笑话的大约 600 万条评分。和 MovieLens 一样，Jester Joke 评分是由互联网上的用户提供的。与其他数据集相比，Jester Joke 数据集有两个不同之处：①它使用-10~10 的连续等级（实数）评分；②它是目前公开的最稠密的推荐实验数据集，稠密度超过 40%。Jester Joke 数据集的下载地址为 http：//eigentaste. berkeley. edu/dataset/。

Foursquare 数据集是一个基于位置的社交网络数据集。Foursquare 网站主要为用户提供基于地理位置信息的社交网络服务，允许用户通过手机与好友分享自己的位置，由此产生了大量的基于位置的用户社交网络关系数据和用户轨迹数据。Foursquare 数据集由 Fred Morstatter 在 2010 年从 Foursquare 上采集得到，该数据集包含 106218 个用户的 3473834 条朋友关系，还包含用户的历史签到地点和对应的签到时间信息。Foursquare 数据集包含时空维度信息，这为基于时空信息的推荐提供了验证数据源。Foursquare 数据集的下载地址为http：//socialcomputing. asu. edu/datasets/Foursquare。

Amazon product 数据集是一个电商评论数据集。该数据集包含一些从亚马逊电商平台上爬取的用户-商品数据，具体包括用户对商品的评论信息（评分、文本、投票等）和商品的属性信息（描述、类别、价格、品牌和特性等）。该数据集包含了亚马逊上的多种产品相关的数据，如书籍、电子产品、电影、家居厨房、运动户外、数字音乐等。Amazon product 数据集的下载地址为 http：//jmcauley. ucsd. edu/data/amazon/links. html。

Retailrocket 数据集是一个电商用户行为数据集。该数据集包含 1407580 个用户对商品的 2756101 次行为和对应的时间戳，具体包括 2664312 次浏览、69332 次添加购物车以及 22457 次购买。此外，该数据集还包含商品属性信息。整个数据集的时间跨度约为四个月。Retailrocket 数据集的下载地址为 https：//www. kaggle. com/retailrocket/ecommerce-dataset。

除了以上几个数据集以外，国内外的各种数据竞赛平台，如 Kaggle、天池等，也会经常发布一些公开的数据集，这里就不再一一列举，感兴趣的读者可以自行查看。

习题

1. 尝试从推荐系统的不同参与方的角度设计合理评价准则。
2. 请简述 A/B 测试的基本思想和主要应用场景。
3. 对比分析在线实验、用户调查和离线实验三种实验方法的优缺点和应用场景。
4. 选择一种你熟悉的编程语言，实现 AUC 指标的计算，并构造一组简单的数据进行验证。
5. 选择一种你熟悉的编程语言，实现 MAP 指标的计算，并构造一组简单的数据进行验证。
6. 选择一种你熟悉的编程语言，实现 nDCG 指标的计算，并构造一组简单的数据进行验证。
7. 尝试收集其他的可用于推荐算法评测的公开实验数据集，并对其进行简单介绍。

第 7 章 基于排序学习的推荐

传统的基于模型的推荐算法（如矩阵分解）通常以最小化均方误差（MSE）作为目标（损失）函数，导致优化后的推荐结果并不理想。如图 7-1 所示，用户对项目 A 和项目 B 的真实评分分别为 3 分和 2 分（即认为项目 A 要优于项目 B），使用两种不同的推荐算法（系统）进行预测得到了两种不同的结果：推荐算法 S_1 的预测结果为项目 A 得 3.6 分和项目 B 得 2.6 分，推荐算法 S_2 的预测结果为项目 A 得 2.5 分和项目 B 得 2.6 分。如果采用 MSE 作为评价标准，推荐算法 S_2 比推荐算法 S_1 更好，因为其 MSE 值更小，即 $\text{MSE}(S_2) < \text{MSE}(S_1)$；但是从排序来看，正好颠倒过来，$S_1$ 的排序和用户真实的偏好一致，S_2 的排序和用户真实的偏好相反。为解决这一问题，可以采用基于排序学习的推荐算法。

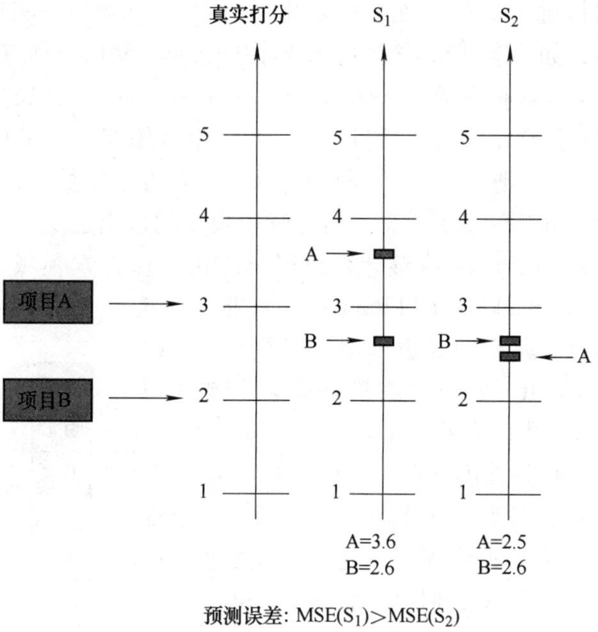

图 7-1 传统推荐算法存在的问题示意图

7.1 排序学习模型分类

简单而言，排序学习就是利用机器学习算法来解决排序问题。机器学习的基本思想是利用历史数据，通过训练模型 f 来提升对给定任务的执行效果，其中模型 f 是一个从输入数据（特征）空间 $\boldsymbol{X}$ 到输出结果空间 $\boldsymbol{Y}$ 的映射（见图 7-2）：

$$\hat{y} = f(\boldsymbol{x})$$

为了评估模型的好坏并辅助模型参数学习，需要根据给定任务构造评估模型好坏的函数 l。排序学习的目标是希望能够自动地从训练数据中学习得到一个排序函数，本质上是一种有监督的机器学习方法。

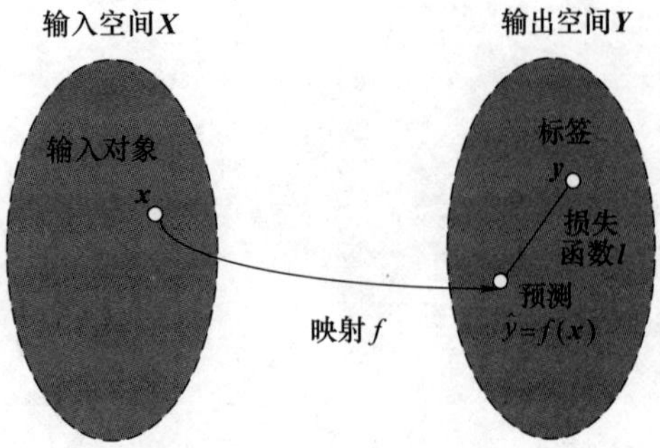

图 7-2　机器学习示意图

按照输入样本和目标函数的不同，排序学习模型可分为三类：点级（Pointwise）排序学习、对级（Pairwise）排序学习和列表级（Listwise）排序学习。

点级排序学习模型的输入样本是单个用户-项目对，如 (u, i, r_{ui})，其中 r_{ui} 表示用户 u 对项目 i 的评分或反馈。为了进行定量的学习，需要将用户反馈转化为数值（分值），例如，二元反馈｛未购买，购买｝转化为｛0，1｝，多元反馈｛未点击，点击，加入购物车，购买｝转化为｛0，1，2，3｝。点级排序学习模型的输出是一个排序函数 $f(u, i)$，对于给定用户-项目对 (u, i)，能够计算出一个得分。此类模型主要包括机器学习中的分类模型和回归模型，如朴素贝叶斯模型、逻辑回归模型、矩阵分解（MF）模型、因子分解机（FM）等。

对级排序学习模型的输入样本是针对同一用户的一对项目，如 (u, i, j, r_{uij})，其中 r_{uij} 表示用户 u 在两个项目 i 和 j 上的相对偏好，如果相比于项目 j 用户 u 更喜欢项目 i，即 $i >_u j$，则 $r_{uij}=1$，否则 $r_{uij}=0$。对级排序数据部分保留了（针对同一用户）项目之间的（排序）关系。对级排序学习模型的输出也是一个排序函数 $f(u, i)$，对于给定用户-项目对 (u, i)，能够计算出得分。在信息检索领域，典型的对级排序学习模型有 Ranking SVM，RankBoost 和 RankNet。在推荐系统领域，典型的对级排序学习模型有 BPR 和 CPLR。采用对级排序学习能够解决图 7-1 中展现的点级排序学习中存在的问题，但是其仍然存在一些不足。如图 7-3 所示，对级排序学习（对级损失）无法区分头部犯错和尾部犯错。在实际应用中，用户更关注推荐列表的头部位置，所以头部犯错导致的损失会比尾部犯错导致的损失更大。

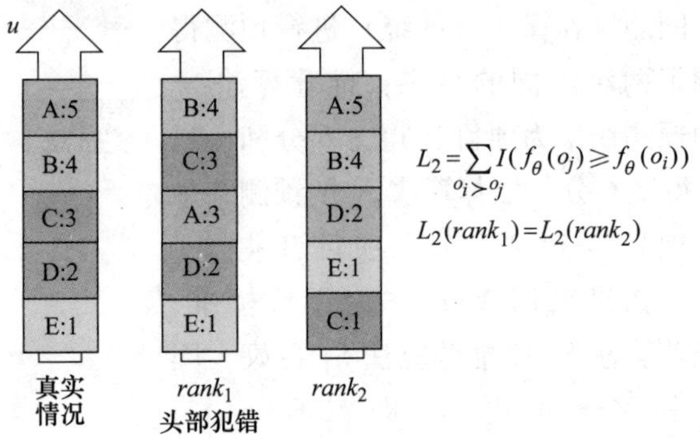

图 7-3　对级排序学习不足示意图

列表级排序学习模型的输入样本是针对同一用户的多个项目的排序列表，如 $(u, i_1, \cdots, i_n, \pi_u)$，其中 π_u 表示用户 u 对项目集合 $(i_1, \cdots, i_n)$ 中各项目的相对偏好关系（排序）。列表级排序学习模型的输出也是一个排序函数 $f(u, i)$，对于给定用户-项目对 (u, i)，能够计算出得分。在信息检索中，典型的列表级排序学习模型有 Lambda Rank，ListNet，ListMLE 和 AdaRank。在推荐系统中，典型的列表级排序学习模型有 CofiRank，ListRank 和 CLiMF。

三类排序学习模型的主要特点如表 7-1 所示。点级排序学习模型虽然复杂度低，但是由于使用信息不完全，导致性能表现一般较差。列表级排序学习模型虽然能够较为充分地利用排序关系信息以获得好的性能表现，但是其复杂度太高。对级排序学习模型处于两者之间，是目前应用最为广泛的一类排序学习模型。

表 7-1　三类排序学习模型的主要特点

	点级排序学习	对级排序学习	列表级排序学习
信息完全度	不完全	部分完全	完全
输入	(u, i, r_{ui})	(u, i, j, r_{uij})	$(u, i_1, \cdots, i_n, \pi_u)$
输出	$f(u, i)$	$f(u, i)$	$f(u, i)$
样本复杂度	$O(n)$	$O(n^2)$	$O(n!)$
性能表现	差	中	好

排序学习模型的训练数据可以通过两种不同的方式获取得到：显式标注和隐式标注。采用显式标注，对每一个用户，需要人工（或用户）标注出项目的相关度。这种方式需要花费的资金和时间成本都比较高，并且标注结果的噪声较大。采用隐式标注，则是直接从用户的行为日志记录（如点击行为）中抽取数据标注。用户总是习惯于从上往下浏览展示结果（推荐列表），如果用户跳过了排在前面的项目而点击了排在后面的项目，则可以推断出被点击的排在后面的项目比未被点击的排在前面的项目更相关。

不同类型的排序学习模型，通常会针对不同的评价指标进行最优化学习。传统的点级排序学习模型主要采用 MSE 作为优化指标进行模型参数学习。对级排序学习模型主要采用 AUC 作为优化指标进行模型参数学习。列表级排序学习模型则通常采用 MAP、nDCG 等考虑排序位置的评价指标作为优化指标进行模型参数学习。

第 3 章所介绍的各种推荐模型都可以看作点级排序学习模型。本章接下来将重点介绍对级排序学习模型和列表级排序学习模型。

7.2　对级排序学习模型

点级排序学习完全从单个项目分类或回归的角度进行学习，忽略了项目之间的顺序关系。为解决这一问题，对级排序学习关注于学习项目对之间的相对顺序关系，即两个项目组成的项目对 (i_1, i_2) 是否满足顺序关系：正反馈（或高评分）项目 i_1 是否应该排在负反馈（或低评分）项目 i_2 的前面。对级排序学习的基本思想是将排序问题转化为二分类问题，如图 7-4 所示。其输入样本为用户对项目对的相对偏好 (u, i, j, r_{uij})，如果用户 u 更喜欢项目 i，即 $i >_u j$，则该样本为正样本，对应的样本标签为 $r_{uij} = 1$；如果用户 u 更喜欢项目 j，即 $j >_u i$，则该样本为负样本，对应的样本标签为 $r_{uij} = 0$。如此，便可将排序问题转化为分类问题，进而可以采用各种机器学习方法对其进行求解，如支持向量机（SVM）、神经网络等。

7.2.1　基本框架

针对基于隐式反馈的 Top-N 推荐问题，对级排序学习的目标是要学习一个映射函数 $f: U \times X \rightarrow R$，使得对级排序预测的（经验）误差最小化，即最小化推荐列表中逆序对出现的次数：

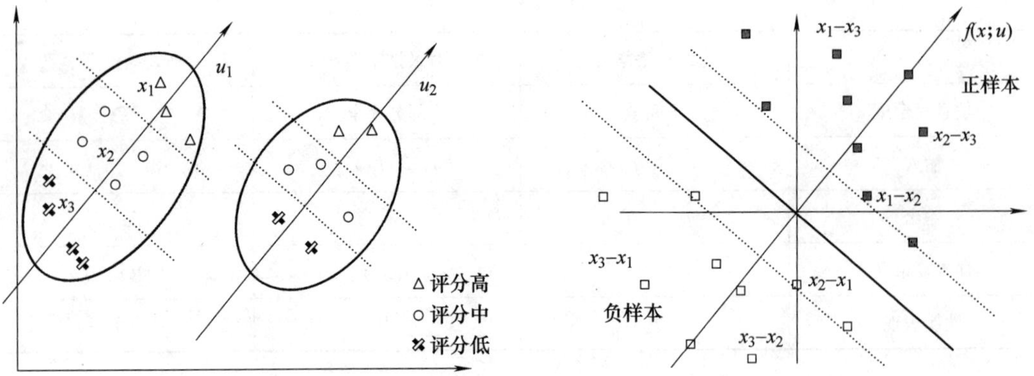

a) 原始用户 - 项目相关度（评分）空间　　b) 用户对项目对的相对偏好空间

图 7-4　对级排序学习的基本思想示意图

$$\min E(f) = \sum_{u \in U} \frac{1}{|X_u^+| \cdot |X_u^-|} \sum_{x_i^+ \in X_u^+} \sum_{x_j^- \in X_u^-} I(f(u,\ x_i^+) \leqslant f(u,\ x_j^-)) \tag{7-1}$$

式中，U 表示用户集合；X_u^+ 和 X_u^- 分别表示用户 u 的正反馈样本集 $X_u^+ = \{x_1^+,\ \cdots,\ x_m^+\}$ 和负反馈样本集 $X_u^- = \{x_1^-,\ \cdots,\ x_n^-\}$；$I(x)$ 为指示函数，当布尔变量 x 取值为真时，$I(x)$ 的取值为 1，否则 $I(x)$ 的取值为 0。根据式（7-1）可以看出，最小化 $E(f)$ 等价于最大化 AUC 值。

由于指示函数 $I(x)$ 为 0-1 损失函数，不可导，难以直接进行优化，所以在实际应用中，通常会选择或构建一个连续的、可微的、平滑的代理损失函数对其进行近似。此外，为了避免模型参数学习的过拟合，通常会在目标函数中加入正则化项。进而可以得到如下目标函数：

$$\min_{f \in F}\left[\sum_{u \in U} \frac{1}{|X_u^+| \cdot |X_u^-|} \sum_{x_i^+ \in X_u^+} \sum_{x_j^- \in X_u^-} L(f,\ u,\ x_i^+,\ x_j^-) + \lambda N(f)\right] \tag{7-2}$$

式中，$L(f,\ u,\ x_i^+,\ x_j^-)$ 为 $I(f(u,\ x_i^+) \leqslant f(u,\ x_j^-))$ 的代理损失函数；$N(f)$ 为正则化项；λ 为正则化系数；F 为映射函数 f 的候选空间。

不同的对级排序学习模型可能会选择不同的代理损失函数，例如，Ranking SVM 算法选择了铰链损失（Hinge Loss）：

$$L_{\text{hinge}}(f,\ u,\ x_i^+,\ x_j^-) = (1 - (f(u,\ x_i^+) - f(u,\ x_j^-)))_+ \tag{7-3}$$

其中截断函数 $u_+ = \max(u,\ 0)$，即

$$(1 - (f(u,\ x_i^+) - f(u,\ x_j^-)))_+ = \max(1 - (f(u,\ x_i^+) - f(u,\ x_j^-)),\ 0)$$

RankBoost 算法选择了指数损失（Exponential Loss）：

$$L_{\exp}(f,\ u,\ x_i^+,\ x_j^-) = \exp(-(f(u,\ x_i^+) - f(u,\ x_j^-))) \tag{7-4}$$

RankNet 算法选择了逻辑斯蒂损失（Logistic Loss）：

$$L_{\text{logistic}}(f,\ u,\ x_i^+,\ x_j^-) = \log(1 + \exp(-(f(u,\ x_i^+) - f(u,\ x_j^-)))) \tag{7-5}$$

Ranking SVM、RankBoost 和 RankNet 算法都是针对信息检索问题提出的。在推荐系统领域，经典的对级排序学习算法为 BPR，其思想与 RankNet 算法类似，都是采用逻辑斯蒂损失函数作为代理损失函数。

7.2.2　贝叶斯个性化排序

贝叶斯个性化排序（Bayesian Personalized Ranking，BPR）是一种经典的针对隐式反馈的对级排序学习算法。其假设对任意用户 u 而言，较于其没有过正反馈行为（如点击、购买等）的项目 j，用户更喜欢其有过正反馈行为的项目 i（即 $i >_u j$）。基于此，可以构造训练数据集 $\Omega = \{(u, i, j), i \in P_u \wedge j \in I \setminus P_u\}$，其中 P_u 表示用户 u 有过正反馈的项目集合。如图 7-5 所示，左边表示用户的隐式反馈矩阵，右边表示各个用户的相对偏好矩阵。训练数据集 Ω 中的每个样本都是一个三元组 $<u, i, j>$，表示对于用户 u 而言，项目 i 的排序要比项目 j 靠前。这种排序关系符号 $>_u$ 满足完备性（completeness）、自反性（reflexivity）和传递性（transitivity），即对于给定用户 $u \in U$ 和项目集 I：

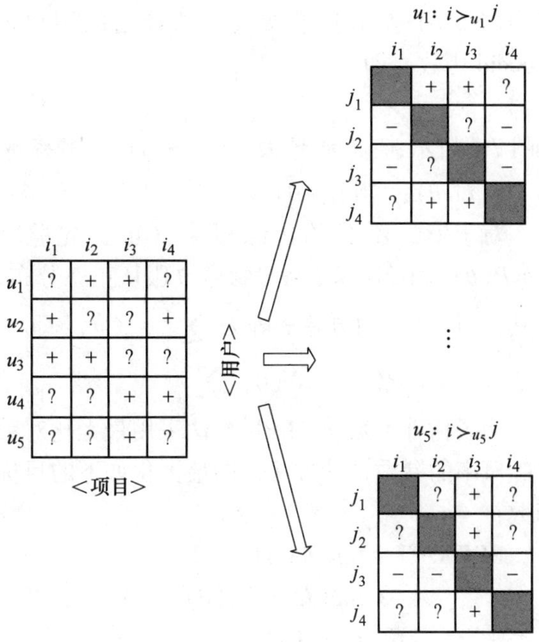

图 7-5　用户隐式反馈矩阵转化为用户相对偏好矩阵示意图

完备性：$\forall i, j \in I: i \neq j \Rightarrow i >_u j \vee j >_u i$。

自反性：$\forall i, j \in I: i >_u j \wedge j >_u i \Rightarrow i = j$。

传递性：$\forall i, j, k \in I: i >_u j \wedge j >_u k \Rightarrow i >_u k$。

1. 优化目标

为了最大化后验概率 $P(\theta | \Omega)$，即在给定观测样本集 Ω 的前提下最大化模型参数 θ 出现的概率，BPR 算法假设：

1）用户之间的偏好行为相互独立，即用户 u 在项目对 i 和 j 之间的相对偏好和其他用户无关。

2）同一用户对不同项目对的偏序相互独立，即用户 u 在项目对 i 和 j 之间的相对偏好和其他的项目对无关。

根据贝叶斯公式，可以对后验概率 $P(\theta | \Omega)$ 进行变形：

$$P(\theta | \Omega) = \frac{P(\Omega | \theta) \times P(\theta)}{P(\Omega)} \propto P(\Omega | \theta) \times P(\theta)$$

基于以上两个关于用户和样本对的独立性假设，可以对第一部分条件概率 $P(\Omega | \theta)$ 进行分解，得到

$$P(\Omega | \theta) = \prod_{(i >_u j) \in \Omega} P(i >_u j | \theta)$$

对于条件概率 $P(i >_u j | \theta)$，即给定模型参数 θ，针对项目对 (i, j)，用户 u 更喜欢项目 i 的概率，BPR 算法采用 Sigmoid 函数（也称 Logistic 函数）进行估计，即

$$P(i >_u j \mid \theta) := \sigma(\hat{r}_{uij}(\theta)) \tag{7-6}$$

式中，$\hat{r}_{uij}(\theta)$ 表示基于参数 θ 估计出的用户 u 在项目对 $(i,\ j)$ 上的相对偏好；$\sigma(x)$ 是 Sigmoid 函数，即

$$\sigma(x) = 1/(1 + \mathrm{e}^{-x}) \tag{7-7}$$

如图 7-6 所示，$\hat{r}_{uij}(\theta)$ 越大，$P(i >_u j \mid \theta)$ 概率越大。当 $\hat{r}_{uij}(\theta) > 0$ 时，$P(i >_u j \mid \theta) > 0.5 > P(j >_u i \mid \theta)$；当 $\hat{r}_{uij}(\theta) < 0$ 时，$P(i >_u j \mid \theta) < 0.5 < P(j >_u i \mid \theta)$。

对于第二部分的边缘概率（也称先验概率）$P(\theta)$，BPR 算法假设参数 θ 服从正态分布，且其均值为 0，协方差矩阵为 $\sum_\theta = \lambda_\theta I$，即

$$P(\theta) \sim N(0,\ \textstyle\sum_\theta)$$

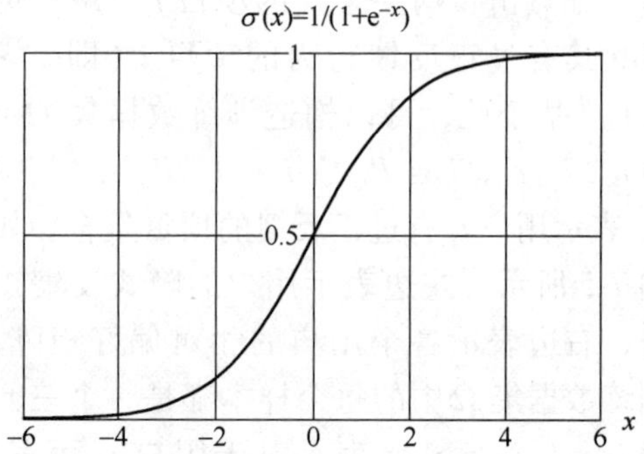

图 7-6 Sigmoid 函数示意图

为了估计参数 θ，BPR 算法采用最大化对数后验概率的参数估计方法，即最大化如下的目标函数：

$$\begin{aligned}\text{BPR-OPT} &= \ln p(\theta \mid \Omega) \\ &\propto \ln p(\Omega \mid \theta) p(\theta) \\ &= \ln \prod_{(u,\ i,\ j) \in \Omega} \sigma(\hat{r}_{uij}) p(\theta) \\ &= \sum_{(u,\ i,\ j) \in \Omega} \ln\sigma(\hat{r}_{uij}) + \ln p(\theta) \propto \sum_{(u,\ i,\ j) \in \Omega} \ln\sigma(\hat{r}_{uij}) - \lambda_\theta \| \theta \|_F^2\end{aligned} \tag{7-8}$$

最大化 $\ln\sigma(\hat{r}_{uij}) = \ln(1/(1 + \mathrm{e}^{-\hat{r}_{uij}})) = -\ln(1 + \mathrm{e}^{-\hat{r}_{uij}})$ 等价于最小化 $\ln(1 + \mathrm{e}^{-\hat{r}_{uij}})$，即采用逻辑斯蒂损失函数作为指示函数 $I(i >_u j)$ 的代理函数。

2. 模型优化与参数学习

针对目标函数 BPR-OPT，可以采用梯度上升法进行优化学习，以求解模型参数。首先，需要对参数 θ 求偏导，即计算梯度：

$$\begin{aligned}\frac{\partial \text{BPR-OPT}}{\partial \theta} &= \sum_{(u,i,j) \in \Omega} \frac{\partial}{\partial \theta} \ln\sigma(\hat{r}_{uij}) - \lambda_\theta \frac{\partial}{\partial \theta} \| \theta \|_F^2 \\ &\propto \sum_{(u,i,j) \in \Omega} \frac{\mathrm{e}^{-\hat{r}_{uij}}}{1 + \mathrm{e}^{-\hat{r}_{uij}}} \frac{\partial}{\partial \theta} \hat{r}_{uij} - \lambda_\theta \theta\end{aligned} \tag{7-9}$$

然后，根据下式对参数 θ 进行迭代更新：

$$\theta \leftarrow \theta + \eta \frac{\partial \text{BPR-OPT}}{\partial \theta} = \theta + \eta \left(\frac{1}{1 + \mathrm{e}^{\hat{r}_{uij}}} \frac{\partial}{\partial \theta} \hat{r}_{uij} - \lambda_\theta \theta \right) \tag{7-10}$$

式中，η 表示学习速率。

在具体模型实现中，还需定义用户的对级偏好估计量 $\hat{r}_{uij}$，一般采用如下定义：

$$\hat{r}_{uij} = \hat{r}_{ui} - \hat{r}_{uj} \tag{7-11}$$

式中，$\hat{r}_{ui}$ 和 $\hat{r}_{uj}$ 分别表示用户 u 对项目 i 和 j 的偏好估计量。

可以采用不同的方法来估算 $\hat{r}_{ui}$ 和 $\hat{r}_{uj}$，其中最为常用的还是矩阵分解模型。给定用户集 U 和项目集 I 对应的 $|U| \times |I|$ 反馈矩阵 $\boldsymbol{R}$，期望分解得到两个特征矩阵 $\boldsymbol{W}_{|U| \times d}$ 和 $\boldsymbol{H}_{|I| \times d}$，分别表示用户隐特征矩阵和项目隐特征矩阵，其中 d 表示潜在（隐藏）空间的维度，一般

远小于 $|U|$ 和 $|I|$。

$$\hat{\boldsymbol{R}} = \boldsymbol{W}\boldsymbol{H}^{\mathrm{T}}$$

其中隐特征矩阵 $\boldsymbol{W}$ 和 $\boldsymbol{H}$ 是要学习的模型参数。

将上述矩阵相乘展开，可得任意用户-项目对（u，i）的偏好估计量：

$$\hat{r}_{ui} = w_u h_i = \sum_{f=1}^{d} w_{uf} h_{if} \tag{7-12}$$

将偏好估计量代入偏导计算公式 $\frac{\partial}{\partial\theta}\hat{r}_{uij}$，可以得到

$$\frac{\partial}{\partial\theta}\hat{r}_{uij} = \begin{cases} (h_{if} - h_{jf}), & \theta = w_{uf} \\ w_{uf}, & \theta = h_{if} \\ -w_{uf}, & \theta = h_{jf} \\ 0, & \text{其他} \end{cases} \tag{7-13}$$

具体的 BPR 算法伪代码如图 7-7 所示。首先，随机初始化模型参数用户隐特征矩阵 $\boldsymbol{W}$ 和项目隐特征矩阵 $\boldsymbol{H}$。然后，采用随机梯度下降（SGD）算法对参数进行迭代更新，直至参数收敛或是迭代次数达到预先设定的阈值。在学习得到用户隐特征矩阵 $\boldsymbol{W}$ 和项目隐特征矩阵 $\boldsymbol{H}$ 后，可以采用和矩阵分解相同的方法进行推荐，即根据式（7-12）估算用户对项目的偏好。

BPR 算法：

输入： 训练集 Ω，学习速率 η，正则化系数 λ，潜在空间维度 d

输出： 用户隐特征矩阵 $\boldsymbol{W}$ 和项目隐特征矩阵 $\boldsymbol{H}$

1. 随机初始化矩阵 $\boldsymbol{W} \in \mathbb{R}^{|U| \times d}$ 和 $\boldsymbol{H} \in \mathbb{R}^{|I| \times d}$
2. 更新模型参数：

   随机从训练样本集 Ω 中选取一个样本（u，i，j）；

   根据以下公式对所选用户 u、项目 i 和项目 j 的隐向量进行更新：

$$w_{uf} = w_{uf} + \eta\left(\frac{1}{1 + \mathrm{e}^{\hat{r}_{ui} - \hat{r}_{uj}}}(h_{if} - h_{jf}) - \lambda w_{uf}\right)$$

$$h_{if} = h_{if} + \eta\left(\frac{1}{1 + \mathrm{e}^{\hat{r}_{ui} - \hat{r}_{uj}}}(w_{uf}) - \lambda h_{if}\right)$$

$$h_{jf} = h_{jf} + \eta\left(\frac{1}{1 + \mathrm{e}^{\hat{r}_{ui} - \hat{r}_{uj}}}(-w_{uf}) - \lambda h_{jf}\right)$$

3. 如果 $\boldsymbol{W}$ 和 $\boldsymbol{H}$ 收敛，则算法结束，输出 $\boldsymbol{W}$ 和 $\boldsymbol{H}$；否则回到步骤 2

图 7-7　BPR 算法伪代码

7.2.3　协同对级排序学习

不同于传统的点级排序学习算法（如矩阵分解）将用户的隐式反馈视为绝对偏好（喜欢或不喜欢），BPR 算法将其视为相对偏好。因此，BPR 算法能够有效避免图 7-1 中的问题，并形成更好的 Top-N 推荐结果。然而，BPR 算法假设：

1）对于给定用户 u，所有未观测到反馈的项目都是负样本且用户 u 对它们的偏好相同。

2）对于给定用户 u，所有观测到反馈的项目都是正样本且用户 u 对它们的偏好相同。

3）用户之间相互独立，互不影响。

实际中，BPR 算法的这些假设并不合理：

1）对于给定用户 u，没有观测到反馈的项目可能是因为系统并未向其展示（曝光）过，导致用户并不知道该项目的存在，而并非因为用户本身不喜欢；也可能用户知道并且喜欢该项目，只是还没来得及反馈。

2）对于给定用户 u，观测到反馈的项目并不一定是用户真正喜欢的，可能是因为用户误操作而造成的噪声数据。

3）用户之间存在一些共性或是相互影响这一性质已被协同过滤算法在大量应用中证实是有效的。

为解决这些问题，可以采用协同对级排序学习（CPLR）算法。该算法将协同过滤与对级排序学习的思想相结合，以解决 BPR 算法中存在的上述问题。和协同过滤算法一样，CPLR 算法假设：

1）用户将会偏好于与他有相同或相似兴趣的其他用户喜好的项目。

2）用户过去喜好过某项目，在将来也会喜欢相同或类似的项目。

利用协同过滤的思想，CPLR 算法根据邻域用户的行为，针对每个用户 u，将未观测到用户反馈的项目集划分为两个子集，进而将整个项目集被分为三个子集：P_u、C_u 和 L_u。P_u 表示正反馈项目集，即用户 u 给予正反馈的项目集。C_u 表示协同项目集，即用户 u 没有反馈过，但是他的至少一个邻居（相似用户）反馈过的项目集。L_u 表示剩余项目集，即既没有被用户 u 反馈过也没有被他的邻居反馈过的项目集：

$$\begin{cases} P_u = \{i \mid R_{ui} = 1\}, & \text{正反馈项目集} \\ C_u = \{t \mid \exists w \in N_u,\ t \in P_w \wedge t \notin P_u\}, & \text{协同项目集} \\ L_u = I - P_u - C_u, & \text{剩余项目集} \end{cases}$$

式中，N_u 表示用户 u 的邻域，和第 2 章中基于用户的协同过滤算法中的定义相同。

在此基础上，结合对级排序学习的思想，CPLR 算法提出了两个关于对级偏好的假设：

1）对于给定用户 u，相比于他未反馈过的项目，用户 u 会更喜欢他反馈过的项目。

2）用户 u 更有可能会喜欢与他有相同或相似偏好的用户反馈过的项目。

对应的，可以得出用户在不同项目子集上的相对偏好顺序：

$$i >_u t,\ i >_u j,\ t >_u j,\ \text{其中}\ i \in P_u,\ t \in C_u,\ j \in L_u$$

1. 优化目标

BPR 算法的优化目标（目标函数）可以看作针对经典 AUC 评价指标的优化，即最大化将正反馈项目排在负反馈（或无反馈）项目前面的概率。由于 CPLR 算法将项目集划分成了三个子集，导致无法直接优化经典的针对二分类问题的 AUC 评价指标。为解决这一问题，CPLR 算法采用了一种推广的 AUC（GAUC）评价指标作为优化目标：

$$\mathrm{GAUC} = \frac{1}{\sum\limits_{c_k < c_l} n_k n_l} \sum_{y_i < y_j} I(f(x_i) < f(x_j)) \tag{7-14}$$

式中，c_k 和 y_i 表示有序的类别标签（如正反馈、负反馈，且负反馈<正反馈）；n_k 表示类别 c_k 中样本的数量；$f(x_i)$ 表示对样本 x_i 的预测值；I 是一个二元指示函数（即 0-1 损失函数）。

由于 $I(x>0)$ 是一个不可导的损失函数，所以很难直接优化：

$$I(x>0)=H(x):=\begin{cases}1, & x>0\\ 0, & 其他\end{cases}$$

为解决这一问题，CPLR 算法采用 Logistic 损失函数 $\ln\sigma(x)$ 作为代理损失函数，得到

$$\sum_{u\in U}\Big[\sum_{i\in P_u}\sum_{t\in C_u}\ln(\sigma(\hat{r}_{ui}-\hat{r}_{ut}))+\sum_{t\in C_u}\sum_{j\in L_u}\ln(\sigma(\hat{r}_{ut}-\hat{r}_{uj}))+\sum_{i\in P_u}\sum_{j\in L_u}\ln(\sigma(\hat{r}_{ui}-\hat{r}_{uj}))\Big]$$

式中，$\sigma(x)$ 表示 Logistic 函数，即 $\sigma(x)=1/(1+\mathrm{e}^{-x})$。

同时，考虑到：①在用户反馈过的项目集中可能存在一些噪声数据；②用户对协同项目集中项目的偏好并不完全相同。CPLR 算法利用协同邻域的行为信息对 Sigmoid 函数 $\sigma(x)$ 的概率值进行修正，最终可得到如下的目标函数：

$$\begin{aligned}\text{CPLR-OPT}=&\sum_{u\in U}\Big[\alpha\sum_{i\in P_u}\sum_{t\in C_u}\ln(\sigma(c_{uit}(\hat{r}_{ui}-\hat{r}_{ut})))+\beta\sum_{t\in C_u}\sum_{j\in L_u}\ln(\sigma(c_{utj}(\hat{r}_{ut}-\hat{r}_{uj})))+\\&\gamma\sum_{i\in P_u}\sum_{j\in L_u}\ln(\sigma(c_{uij}(\hat{r}_{ui}-\hat{r}_{uj})))\Big]-\frac{1}{2}\lambda_\theta\|\theta\|_F^2\end{aligned}\tag{7-15}$$

式中，c_{uit}、c_{utj} 和 c_{uij} 是置信系数；α、β 和 γ 是控制系数；λ_θ 是正则化系数。置信系数 c_{uit}、c_{utj} 和 c_{uij} 用于调整成对偏好（Pairwise Preference）的置信度。

2. 模型优化与参数学习

为了最大化目标函数 CPLR-OPT 的取值，CPLR 算法采用随机梯度上升法对其进行优化求解。为了简化表示，其做了如下定义：

$$\hat{r}_{uij}=c_{uij}(\hat{r}_{ui}-\hat{r}_{uj})\tag{7-16}$$

在此基础上，可得目标函数对参数 θ 的偏导如下：

$$\begin{aligned}\frac{\partial\text{CPLR-OPT}}{\partial\theta}=&\sum_{u\in U}\left[\alpha\sum_{i\in P_u}\sum_{t\in C_u}\frac{\partial\ln(\sigma(\hat{r}_{uit}))}{\partial\theta}+\beta\sum_{t\in C_u}\sum_{j\in L_u}\frac{\partial\ln(\sigma(\hat{r}_{utj}))}{\partial\theta}+\right.\\&\left.\gamma\sum_{i\in P_u}\sum_{j\in L_u}\frac{\partial\ln(\sigma(\hat{r}_{uij}))}{\partial\theta}\right]-\frac{1}{2}\lambda_\theta\frac{\partial\|\theta\|_F^2}{\partial\theta}\\=&\sum_{u\in U}\left[\alpha\sum_{i\in P_u}\sum_{t\in C_u}\frac{1}{1+\mathrm{e}^{\hat{r}_{uit}}}\frac{\partial\hat{r}_{uit}}{\partial\theta}+\beta\sum_{t\in C_u}\sum_{j\in L_u}\frac{1}{1+\mathrm{e}^{\hat{r}_{utj}}}\frac{\partial\hat{r}_{utj}}{\partial\theta}+\gamma\sum_{i\in P_u}\sum_{j\in L_u}\frac{1}{1+\mathrm{e}^{\hat{r}_{uij}}}\frac{\partial\hat{r}_{uij}}{\partial\theta}\right]-\\&\lambda_\theta\theta\end{aligned}\tag{7-17}$$

针对用户 u 对项目 i 的偏好 r_{ui}，CPLR 算法采用带偏置的矩阵分解进行估计：

$$r_{ui}=\boldsymbol{W}_u\boldsymbol{V}_i^{\mathrm{T}}+b_i=\sum_{f=1}^{d}W_{uf}V_{if}+b_i\tag{7-18}$$

式中，$\boldsymbol{W}_u$ 表示用户 u 的隐特征向量；$\boldsymbol{V}_i$ 表示项目 i 的隐特征向量；d 表示潜在空间的维度；b_i 表示项目 i 的偏置。

CPLR 模型目标函数中待学习的参数 θ 包括 W_{uf}、V_{if}、V_{jf}、V_{tf}、b_i、b_j 和 b_t。这些参数可以分为两个部分：用户相关参数 $\{W_{uf}\}$ 和项目相关参数 $\{V_{if}, V_{jf}, V_{tf}, b_i, b_j, b_t\}$。用户相关参数 W_{uf} 的梯度（偏导）计算公式如下：

$$\frac{\partial\text{CPLR-OPT}}{\partial W_{uf}}=\frac{\alpha c_{uit}}{1+\mathrm{e}^{\hat{r}_{uit}}}(V_{if}-V_{tf})+\frac{\beta c_{utj}}{1+\mathrm{e}^{\hat{r}_{utj}}}(V_{tf}-V_{jf})+\frac{\gamma c_{uij}}{1+\mathrm{e}^{\hat{r}_{uij}}}(V_{if}-V_{jf})-\lambda_W W_{uf}\tag{7-19}$$

同理，可以得到项目相关参数的梯度计算公式如下：

$$\frac{\partial \text{CPLR-OPT}}{\partial V_{if}} = \frac{\alpha c_{uit}}{1+\mathrm{e}^{\hat{r}_{uit}}} W_{uf} + \frac{\gamma c_{uij}}{1+\mathrm{e}^{\hat{r}_{uij}}} W_{uf} - \lambda_V V_{if} \tag{7-20}$$

$$\frac{\partial \text{CPLR-OPT}}{\partial V_{tf}} = \frac{\alpha c_{uit}}{1+\mathrm{e}^{\hat{r}_{uit}}} (-W_{uf}) + \frac{\beta c_{utj}}{1+\mathrm{e}^{\hat{r}_{utj}}} W_{uf} - \lambda_V V_{tf} \tag{7-21}$$

$$\frac{\partial \text{CPLR-OPT}}{\partial V_{jf}} = \frac{\alpha c_{utj}}{1+\mathrm{e}^{\hat{r}_{utj}}} (-W_{uf}) + \frac{\gamma c_{uij}}{1+\mathrm{e}^{\hat{r}_{uij}}} (-W_{uf}) - \lambda_V V_{jf} \tag{7-22}$$

$$\frac{\partial \text{CPLR-OPT}}{\partial b_i} = \frac{\alpha c_{uit}}{1+\mathrm{e}^{\hat{r}_{uit}}} + \frac{\gamma c_{uij}}{1+\mathrm{e}^{\hat{r}_{uij}}} - \lambda_b b_i \tag{7-23}$$

$$\frac{\partial \text{CPLR-OPT}}{\partial b_t} = \frac{\alpha c_{uit}}{1+\mathrm{e}^{\hat{r}_{uit}}}(-1) + \frac{\beta c_{utj}}{1+\mathrm{e}^{\hat{r}_{utj}}} - \lambda_b b_t \tag{7-24}$$

$$\frac{\partial \text{CPLR-OPT}}{\partial b_j} = \frac{\beta c_{utj}}{1+\mathrm{e}^{\hat{r}_{utj}}}(-1) + \frac{\gamma c_{uij}}{1+\mathrm{e}^{\hat{r}_{uij}}}(-1) - \lambda_b b_j \tag{7-25}$$

基于上面的梯度计算公式，可以得到模型参数的更新公式如下：

$$\theta = \theta + \eta \frac{\partial \text{CPLR-OPT}}{\partial \theta} \tag{7-26}$$

式中，η 表示学习速率。

具体的 CPLR 算法伪代码如图 7-8 所示。首先，随机初始化模型参数：用户隐特征矩阵 $\boldsymbol{W}$、项目隐特征矩阵 $\boldsymbol{V}$ 和项目偏置向量 $\boldsymbol{b}$；并针对每个用户 u，将项目集合 I 划分为三个子集：P_u、C_u 和 L_u。然后，采用随机梯度下降（SGD）算法对参数进行迭代更新：每次迭代过程中，随机选取一个用户 u，并针对该用户随机选取一个项目三元组 (i, j, t) 使得 $i \in P_u$，$t \in C_u$，$j \in L_u$，并根据梯度更新对应参数的取值。待迭代结束，即参数收敛或是迭代次数达到预先设定的阈值，返回模型参数。在实际应用中，通常将所有的正则化系数设置为一个统一的值 λ；控制系数 α、β 和 γ 可以先尝试 $\{0, 1\}$ 两种取值。

CPLR 算法：

输入： 用户反馈数据集 $F = \{(u, i)\}$，用户邻域大小 k，最大迭代次数 T，隐空间维度 d，学习速率 η，正则化系数 λ，控制系数 α、β 和 γ

输出： 模型参数 $\theta = \{\boldsymbol{W} \in \mathbb{R}^{|U| \times d}, \boldsymbol{V} \in \mathbb{R}^{|I| \times d}, \boldsymbol{b} \in \mathbb{R}^{|I|}\}$

初始化：

随机初始化参数 $\boldsymbol{W} \in \mathbb{R}^{|U| \times d}$，$\boldsymbol{V} \in \mathbb{R}^{|I| \times d}$，$\boldsymbol{b} \in \mathbb{R}^{|I|}$；

循环　对每一个用户 $u \in U$ 执行：

从用户集 U 中寻找和用户 u 最近的 k 个邻居建立用户 u 的邻域 N_u；

根据用户 u 和邻域 N_u 的反馈信息将项目集合 I 划分为三个子集：P_u，C_u 和 L_u；

迭代训练过程：

循环　直至参数收敛或是迭代次数到达阈值 T：

从用户集 U 中随机选择一个用户 $u \in U$；

分别从集合 P_u，C_u 和 L_u 中随机选择一个项目 $i \in P_u$，$t \in C_u$，$j \in L_u$；

根据式（7-19）~式（7-25）计算相关参数的梯度；

根据式（7-26）更新参数 W_{uf}、V_{if}、V_{jf}、V_{tf}、b_i、b_j 和 b_t 的取值。

图 7-8　CPLR 算法伪代码

在学习得到用户隐特征矩阵 $\boldsymbol{W}$、项目隐特征矩阵 $\boldsymbol{V}$ 和项目偏置向量 $\boldsymbol{b}$ 后，可以采用和矩阵分解相同的方法进行推荐，即根据式（7-18）计算用户对项目的偏好。

在构建用户邻域 N_u 时，CPLR 算法采用余弦相似度计算两个用户 u 和 w 的相似度，即

$$\mathrm{sim}(u, w)=\frac{|P_u \cap P_w|}{\sqrt{|P_u| \cdot |P_w|}} \tag{7-27}$$

式中，P_u 和 P_w 分别表示用户 u 和 w 的正反馈项目集。

基于用户 u 的邻域 N_u 和项目之间的相似度，可以计算出针对用户 u 的成对偏好置信系数 c_{uit}、c_{utj} 和 c_{uij}：

$$c_{uit}=\frac{1+s_{ui}}{1+s_{ut}},\ c_{utj}=1+s_{ut},\ c_{uij}=1+s_{ui} \tag{7-28}$$

式中，$i \in P_u$，$t \in C_u$，$j \in L_u$；s_{ui} 和 s_{ut} 表示邻域支持系数。针对非剩余集中的项目 i，即 $i \in P_u \cup C_u$，邻域支持系数 s_{ui} 的定义如下：

$$s_{ui}=\sum_{w \in N_u} \mathrm{sim}(u, w) \cdot I(i \in P_w) \tag{7-29}$$

式中，$I(x)$ 是一个二元指示函数，当 x 为真时，$I(x)$ 取值为 1，否则 $I(x)$ 取值为 0。越多和用户 u 相似的邻域用户对项目 i 有过正反馈，则用户 u 喜欢项目 i 的可能性越大。

7.3 列表级排序学习模型

不同于点级排序学习和对级排序学习模型将排序问题转化为分类或回归问题进行求解分析，列表级排序学习模型直接对项目的排序列表进行优化。目前主要有两种优化方式：

1）直接对基于排序的评价指标进行优化，如 CLiMF 算法和 CofiRank 算法。由于针对排序的评价指标（如 nDCG）通常是非平滑的，因此需要先通过代理损失函数或是函数不等式放缩将其转化为连续函数，然后再进行优化求解。

2）构造针对排序的目标函数进行优化。有多种不同的目标函数构造方法，例如，Rank-Cosine 算法使用正确排序与预测排序之间的余弦相似度作为目标函数，ListNet 算法使用正确排序与预测排序之间的 KL 距离（Kullback-Leibler Divergence）作为损失函数。

7.3.1 P-Push CR 算法

以优化评价指标 AUC 为代表的对级排序学习算法（如 BPR 算法）假设被比较的项目对（i，j）所在的位置与其对损失函数的贡献度是无关的。这意味着排名较高和排名较低的对级损失（错误）是等价的。针对 Top-N 推荐问题，这一假设并不合理，因为 Top-N 推荐只关注于排名比较靠前的项目。

为解决这一问题，Shi 等人提出了 CLiMF（Collaborative Less is More Filtering）算法，即“少即是好”的协同过滤。CLiMF 算法通过最大化平均倒排序 RR（Reciprocal Rank）评价指标来学习排序函数，并采用平滑倒排序策略将计算复杂度降为线性。CLiMF 算法的目标是直接优化正反馈项目在列表中的位置，忽略了负反馈（或无反馈）样本。Christakopoulou 等人提出的 P-Push CR（P-Norm Push Collaborative Ranking）算法，即“推动负反馈项目向后”的协同过滤，则是从负反馈（或是无反馈）样本的角度来构建目标（损失）函数。P-Push

CR 算法通过最小化用户推荐列表中负反馈（或无反馈）项目的“高度（Height）”（一种评价指标）来学习排序函数，以此来降低负反馈（或无反馈）项目在推荐列表中的排名。

1. 优化目标

针对用户 u 的一个负反馈（或无反馈）项目 $i(i \in L_u^-)$，可以构建一个称为“高度”的评价指标：

$$H_{ui} = \sum_{j \in L_u^+} I(\hat{r}_{uj} \leqslant \hat{r}_{ui}) \tag{7-30}$$

式中，L_u^- 表示用户 u 的负反馈（或无反馈）项目集合，L_u^+ 表示用户 u 的正反馈项目集合；$I(x)$ 是一个指示函数，当 x 为真时，$I(x) = 1$，否则 $I(x) = 0$；$\hat{r}_{ui}$ 表示用户 u 对项目 i 的感兴趣程度预测值。H_{ui} 指的是对于用户 u 的一个负反馈项目 i 有多少个正反馈项目的预测评分（感兴趣程度）比它低。负反馈项目的“高度”越高，意味着推荐列表中的正反馈项目的排名越低。因此，好的推荐算法应该降低负反馈项目的“高度”，将负反馈项目“推”到推荐列表的后面。

根据式（7-30）不难看出，H_{ui} 不是一个平滑的函数，不可微（即不可求导），导致不能用梯度下降法直接进行优化。因此，需要对其进行处理以使之平滑。对于 H_{ui} 中不可微的指示函数 $I(\hat{r}_{uj} \leqslant \hat{r}_{ui})$，P-Push CR 算法采用对数损失函数进行近似：

$$I(\hat{r}_{uj} \leqslant \hat{r}_{ui}) \approx \log(1 + \exp(-(\hat{r}_{uj} - \hat{r}_{ui})))$$

进一步，可以得到平滑后的 H_{ui} 函数：

$$H_{ui} \approx \sum_{j \in L_u^+} \log(1 + \exp(-(\hat{r}_{uj} - \hat{r}_{ui}))) \tag{7-31}$$

P-Push CR 算法使用 L_p 范数来构建基于负反馈项目“高度”指标 H_{ui} 的损失函数，并利用用户给予过正反馈的项目数来进行归一化，同时加入正则化项 $\|\theta\|^2$ 以防止过拟合，最终得到目标函数 $F(\theta)$：

$$\begin{aligned} F(\theta) &= \sum_{u=1}^{M} \frac{1}{n_u} \sum_{i \in L_u^-} (H_{ui})^p + \lambda \|\theta\|_F^2 \\ &= \sum_{u=1}^{M} \frac{1}{n_u} \sum_{i \in L_u^-} \Big(\sum_{j \in L_u^+} \log(1 + \exp(-(\hat{r}_{uj} - \hat{r}_{ui}))) \Big)^p + \lambda \|\theta\|_F^2 \end{aligned} \tag{7-32}$$

式中，M 表示用户总数；n_u 表示用户 u 给予过正反馈的项目数；p 是 L_p 范数参数，通常将 p 设置为 2，当 p 太大时会导致数值优化不稳定；λ 表示正则化系数。

2. 模型优化与参数学习

针对用户 u 对项目 i 的感兴趣程度 $\hat{r}_{ui}$，P-Push CR 算法采用矩阵分解法进行预测，即将 $\hat{r}_{ui}$ 表示成用户 u 的隐特征向量 $\boldsymbol{U}_u$ 与项目 i 的隐特征向量 $\boldsymbol{V}_i$ 的内积：

$$\hat{r}_{ui} = \langle \boldsymbol{U}_u, \boldsymbol{V}_i \rangle \tag{7-33}$$

用户隐特征矩阵 $\boldsymbol{U}$ 和项目隐特征矩阵 $\boldsymbol{V}$ 就是模型要学习的参数 θ。

P-Push CR 算法的目标函数 $F(\theta)$ 是一个双凸（Bi-convex）函数，因此可以采用交替最小化（Alternating Minimization）对其进行优化求解，即先固定 $\boldsymbol{V}$ 不变更新 $\boldsymbol{U}$，然后再固定 $\boldsymbol{U}$ 不变更新 $\boldsymbol{V}$，如此反复迭代，直至收敛。在第 $t+1$ 次迭代时，采用批量梯度下降法对目标函数进行优化求解，分别对用户隐特征向量 $\boldsymbol{U}_u$ 与项目隐特征向量 $\boldsymbol{V}_i$ 求偏导可得

$$\frac{\partial F(\boldsymbol{U},\boldsymbol{V})}{\partial U_u} = \frac{p}{n_u}\sum_{i\in L_u^-}\left[(H_{ui})^{p-1}\sum_{j\in L_u^+} g(\hat{r}_{uj}-\hat{r}_{ui})(\boldsymbol{V}_i-\boldsymbol{V}_j)\right]+\lambda \boldsymbol{U}_u$$

$$\frac{\partial F(\boldsymbol{U},\boldsymbol{V})}{\partial \boldsymbol{V}_i} = \sum_{u\in \Gamma_i^-}\frac{p}{n_u}\sum_{j\in L_u^-}\left[(H_{uj})^{p-1}\sum_{k\in L_u^+} g(\hat{r}_{uk}-\hat{r}_{uj})\boldsymbol{U}_u\right] - \sum_{u\in \Gamma_i^+}\frac{p}{n_u}\sum_{j\in L_u^-}\left[(H_{uj})^{p-1}\sum_{k\in L_u^+} g(\hat{r}_{uk}-\hat{r}_{uj})\boldsymbol{U}_u\right]+\lambda \boldsymbol{V}_i$$

式中，$g(x)=1/(1+\mathrm{e}^x)$（注意不是 Sigmoid 函数）；Γ_i^+ 表示对项目 i 有过正反馈的用户集合，Γ_i^- 表示对项目 i 有过负反馈（或是无反馈）的用户集合。在实际应用中，由于用户集合较大，在计算针对某个项目 i 的参数 V_i 的偏导 $\partial F(\boldsymbol{U},\boldsymbol{V})/\partial \boldsymbol{V}_i$ 时无法或是难以考虑 Γ_i^+ 和 Γ_i^- 中的所有用户，因此每次只能从中采样出一个子集进行计算，即采用批量梯度下降法。

基于上面的梯度计算公式，可以得到模型参数的更新公式如下：

$$\boldsymbol{U}_u^{t+1} = \boldsymbol{U}_u^t - \eta\frac{\partial F(\boldsymbol{U}^t,\boldsymbol{V}^t)}{\partial \boldsymbol{U}_u} \tag{7-34}$$

$$\boldsymbol{V}_i^{t+1} = \boldsymbol{V}_i^t - \eta\frac{\partial F(\boldsymbol{U}^{t+1},\boldsymbol{V}^t)}{\partial \boldsymbol{V}_i} \tag{7-35}$$

式中，η 表示学习速率；$\boldsymbol{U}_u^t$ 和 $\boldsymbol{V}_i^t$ 分别表示第 t 轮迭代更新后用户 u 的隐特征向量和项目 i 的隐特征向量。

7.3.2　CofiRank 算法

CofiRank 算法将排序学习问题转化为结构估计（Structured Estimation）问题，即学习一个函数以最大化某个基于排序的评价指标，如 nDCG。具体而言，CoFiRank 算法通过最大化间隔矩阵分解（Maximum Margin Matrix Factorization，MMMF）来直接优化评价指标nDCG。

1. 优化目标

假设有 m 个用户和 n 个项目，归一化折损累积增益（normalized Discounted Cumulative Gain，nDCG）评价指标被定义为

$$DCG@k(\boldsymbol{y},\ \boldsymbol{\pi}) = \sum_{i=1}^{k}\frac{2^{y_{\pi_i}}-1}{\log_2(i+2)} \qquad nDCG@k(\boldsymbol{y},\ \boldsymbol{\pi}) = \frac{DCG@k(y,\ \pi_i)}{DCG@k(y,\ \pi_s)}$$

式中，$\boldsymbol{y}\in\{0,\ 1,\ 2,\ \cdots,\ r\}^N$ 表示一个评分向量；$\boldsymbol{\pi}$ 表示评分向量 y 的某种置换序列，$\boldsymbol{\pi}_i$ 表示在序列中排在第 i 位的项目；$\boldsymbol{\pi}_s$ 为向量 $\boldsymbol{y}$ 中的评分按照降序排列得到的序列（标准置换序列）；截断阈值 k 表示只选取项目列表中前 k 个项目来计算 nDCG 的值，即 k 表示用户考虑的推荐项目数。可以看出，上述 nDCG 定义和第 6 章中的定义在形式上略有不同，但基本思想一样。出现这一现象的原因在于，nDCG 评价指标首次被提出时，只给出了它的基本思想，而没有给出具体的定义形式。相比于 AUC，nDCG 更加注重排在前面的项目之间的正确顺序。如果前面项目的排序出现错误，得到的惩罚将更大。

CoFiRank 算法希望学习一个偏好矩阵 $\boldsymbol{F} \in R^{m\times n}$，并利用其元素值 F_{ui} 去估计项目 i 在用户 u 的项目列表中的排名。给定观测到的评分矩阵 $\boldsymbol{Y} \in R^{m\times n}$，CoFiRank 算法以 nDCG 评价指标为基础，定义了一个评价预测矩阵 $\boldsymbol{F}$ 好坏的函数：

$$R(\boldsymbol{F}, \boldsymbol{Y}) = \sum_{u=1}^{m} nDCG@k(\boldsymbol{Y}^u, \boldsymbol{\pi}^u) \tag{7-36}$$

式中，$\boldsymbol{Y}^u$ 表示用户 u 的实际评分向量；$\boldsymbol{\pi}^u$ 表示根据用户 u 的预测评分向量 $\boldsymbol{F}^u$ 按降序排列形成的项目排序。

CoFiRank 算法的目标是最大化目标函数 $R(\boldsymbol{F}, \boldsymbol{Y})$。由于 $R(\boldsymbol{F}, \boldsymbol{Y})$ 是一个分段函数（非凸函数），所以无法直接进行平滑优化。为解决这一问题，CoFiRank 算法采用结构化估计（Structured Estimation）方法，并根据 Polya-Littlewood-Hardy 不等式将目标函数 $R(F, Y)$ 转化为如下的损失函数：

$$L(\boldsymbol{F}, \boldsymbol{Y}) = \sum_{u=1}^{m} l(\boldsymbol{F}^u, \boldsymbol{Y}^u) \tag{7-37}$$

其中，

$$l(\boldsymbol{f}, \boldsymbol{y}) = \max_{\pi}[\Delta(\boldsymbol{y}, \boldsymbol{\pi}) + \langle \boldsymbol{c}, \boldsymbol{f}_{\pi} - \boldsymbol{f}\rangle]$$

$$\Delta(\boldsymbol{y}, \boldsymbol{\pi}) = 1 - nDCG(\boldsymbol{y}, \boldsymbol{\pi})$$

式中，$l(\boldsymbol{f}, \boldsymbol{y})$ 表示相比真实评分向量 $\boldsymbol{y}$，预测评分向量 $\boldsymbol{f}$ 的损失；$\langle \boldsymbol{a}, \boldsymbol{b}\rangle$ 表示两个向量 $\boldsymbol{a}$ 和 $\boldsymbol{b}$ 的内积；$\boldsymbol{c}$ 表示一个参考的降序排序向量，其中第 i 个位置的元素 $c_i = (i+1)^{-0.25}$；$\boldsymbol{f}$ 表示预测矩阵 $\boldsymbol{F}$ 中的一个行向量；$\boldsymbol{y}$ 表示观测评分矩阵中相应的一个行向量（对应于一个用户）；$\boldsymbol{\pi}$ 表示一个给定评分向量的某种置换序列。可以证明，上述损失函数具有凸函数的性质，可以找到它的上界。

为了避免过拟合问题，CoFiRank 算法引入正则化项；同时采用矩阵分解的方法来估算矩阵 $\boldsymbol{F}$，即 $\boldsymbol{F}=\boldsymbol{U}\boldsymbol{V}^{\mathrm{T}}$，从而得到最终的目标函数：

$$\min_{U, V} L(\boldsymbol{U}\boldsymbol{V}^{\mathrm{T}}, \boldsymbol{Y}_{train}) + \frac{\lambda}{2}[\|\boldsymbol{U}\|_F^2 + \|\boldsymbol{V}\|_F^2] \tag{7-38}$$

式中，矩阵 $\boldsymbol{U} \in R^{m\times d}$ 和 $\boldsymbol{V} \in R^{n\times d}$ 分别表示用户隐特征矩阵和项目隐特征矩阵，为模型要学习的参数；λ 表示正则化系数；d 表示隐藏空间的维度。

2. 模型优化与参数学习

针对目标函数式（7-38），CoFiRank 算法采用交替最优化算法进行优化求解，即每次固定一个参数矩阵 $\boldsymbol{U}$ 或 $\boldsymbol{V}$，求解另外一个参数矩阵，然后交替进行。假设先固定项目隐特征矩阵 $\boldsymbol{V}$，则求解用户隐特征矩阵 $\boldsymbol{U}$ 的目标函数为

$$R(\boldsymbol{U}) = L(\boldsymbol{U}\boldsymbol{V}^{\mathrm{T}}, \boldsymbol{Y}_{train}) + \frac{\lambda}{2}\|\boldsymbol{U}\|_F^2$$

式中，正则化项 $\|\boldsymbol{U}\|_F^2$ 是比较容易计算和最小化的，而另一项损失 L 则优化起来比较复杂。

为解决这一问题，CoFiRank 算法采用捆集法（Bundle Method for Regularized Risk Minimization，BMRM）对上述目标函数进行优化求解。该方法采用连续泰勒估计以获取 L 的下界，并通过优化下界以使得整个算法的计算复杂度较低。但该算法的具体实现较为复杂，感兴趣的读者可参考论文作者提供的开源代码。

习题

1. 请简述基于排序学习的推荐的基本思想。
2. 请对比分析点级排序学习、对级排序学习和列表级排序学习的优缺点和应用场景。
3. 选择一种你熟悉的编程语言，实现 BPR 算法，并选择一个公开数据集进行验证。
4. 选择一种你熟悉的编程语言，实现 CLiMF 算法，并选择一个公开数据集进行验证。
5. 调研一下最新的本章未提及的基于排序学习的推荐算法。

第 8 章 基于情境感知的推荐

传统的推荐系统主要利用用户和项目之间的关联性进行推荐，而忽略了用户所处的情境。因此，推荐的结果并不能满足用户在特定情境中的需要，进而导致推荐结果不够准确、用户满意度低等问题。基于情境感知的推荐系统通过将情境信息融入推荐过程中，能够为用户提供更为准确、有效的推荐。

用户兴趣并非一成不变的，而通常是会随着所处情境的变化而发生改变。例如，在电影推荐中，用户对电影的偏好会因其同伴的不同而发生变化，当同伴为情侣或同伴为父母这两种不同情境时，用户可能会选择完全不同主题的电影。在新闻推荐中，用户对新闻的偏好会因为时间不同而发生变化：在工作日的早晨，用户可能倾向于阅读新闻时事，工作日的晚上则更愿意了解股票信息；而在周末，用户需要的可能是娱乐新闻或购物信息。在电子商务推荐中，用户对商品的偏好会因其购买意图的不同而发生变化，不同的购物意图可能导致不同的购物行为，例如，购书以提升自己的专业技能，买包或鲜花作为礼物送给他人，买电子产品以满足生活需要等。

情境感知技术最早由 Schilit 于 1994 年提出，所谓情境感知，就是通过智能手机、可穿戴设备等“感知”当前的环境和情境，从而利用环境和情境信息为用户提供更为人性化的设计体验。

考虑情境信息，推荐系统的目标可以定义为：在恰当的时间、恰当的地点、恰当的场合，通过恰当的媒介，给用户推荐能满足用户偏好、需求和意图的信息。

8.1 情境信息的定义

目前，对情境信息还没有形成统一的定义。一般来说，情境信息泛指“能够对某件事情产生影响的条件和环境”。针对推荐问题，除了“用户-项目”评分（或反馈）信息、用户属性信息和项目属性信息之外，能够影响用户行为（评分或反馈）的所有因素皆可看成情境因素，如图 8-1 所示。

从用户的角度，情境信息可以划分为两部分：用户内在情感和用户外部环境，即

$$情境 = (内在)情感 + (外部)环境$$

用户内在情感包括用户心情、用户意图（购买意图）、用户认知等。用户当前的心情会

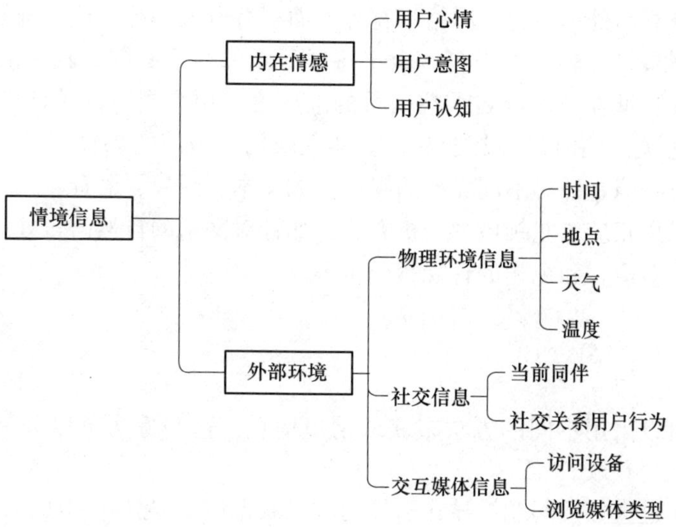

图 8-1　情境信息分类图

影响他对项目的偏好。以音乐推荐为例，当用户比较高兴时，系统应该推荐一些欢快的音乐；当用户比较悲伤时，可能推荐一些忧伤的音乐更合适。用户的意图也是影响用户偏好的一个重要因素。同样是购物，针对工作需要和针对日常生活，用户可能会对项目的种类、品牌、价格等表现出完全不同的偏好。现实生活中，用户不会选择其不了解的项目，因为用户对这些项目的认知水平较低；而当用户对项目有较高的认知时，就很可能会去选择这些项目。

用户的外部环境信息可以进一步划分为几种不同类型：物理环境信息、社交信息和交互媒体信息。物理环境信息包括时间、地点（位置、周边环境）、天气、温度等。时空（时间和空间位置）信息是最为常用的物理环境信息。不仅因为这两类信息容易获取，而且还因为它们包含了大量能够帮助预测用户行为和当前偏好的信息。给定位置信息，结合其他相关信息（如电子地图），系统能够推理出用户周围的环境，是在购物中心还是在旅游景点，是在工作地点还是在个人住所，周围有哪些商家或是餐厅等。再结合时间信息，如是否为用餐时间、是否为节假日、是否有特定事件发生（商铺打折、特色活动等），就可以给用户推荐一些其感兴趣但是还未知的信息或服务。

社交信息包括当前同伴、社交关系用户行为等。用户同伴的偏好和行为会影响用户的偏好。针对一组用户的推荐称为组群推荐（Group Recommendation），需要综合考虑组内所有用户的偏好。当独自一个人去看电影时，其偏好也可能会受其社交关系用户行为的影响，如可能会优先选择朋友们最近已经看过或经常讨论的电影。

交互媒体信息包括访问设备（计算机、平板、手机等）、用户当前正浏览的媒体类型（文本、图片、视频）等。随着信息技术的不断发展，人们与推荐系统的交互不再仅局限于早期的在个人计算机（PC）上看文本信息。人们现在可以通过不同类型设备，采用不同的方式和推荐系统进行交互。除了传统的个人计算机之外，常见的访问设备还有便携式计算机和智能手机。除此之外，用户还可以通过智能手表、手环以及其他一些移动设备或是嵌入式设备和推荐系统进行交互。除了传统的文本，交互媒体类型也变得多式多样，包括图片、语音、视频等。交互设备与媒体类型也是影响推荐结果的重要因素。不同类型的设备，其在屏幕尺寸、计算与处理能力、网络带宽等方面都有较大差异，这些都是推荐系统需要考虑的因素。对于屏幕尺寸较小的设备，由于每屏显示的内容有限，且一般操作起来较为困难，所以更应该注重推荐列表排名顶端项目的准确度。用户当前的关注点（正在观看的内容）或行为（最近关注的内容）都能够很好地反映用户当前的兴趣，可以据此来推荐其感兴趣的商品或信息。但是针对不同类型的媒体，如文本、图片、语音、视频等，其分析方法各不相同，需要采用相应专业领域的分析方法，如针对文本的自然语言处理与分析、针对图片的图像分析、针对语音和视频的音视频分析等。

8.2 情境信息的获取

实际应用中可以采用不同的方法来获取情境信息，这些方法可以分为三大类：显式获取、隐式获取和推理获取。

显式获取是通过直接问问题或显式引导的方式获得情境信息。例如，音乐推荐中通过提供带标签的音乐集的方式引导用户自己选择当前的心情：轻松、伤感、安静、兴奋等，当前的场景：散步、学习、驾驶、睡前等。书籍（电商）推荐中采用标签或是类型过滤的方式引导用户自己选择当前的购买意图：学习用书、儿童书籍、休闲读物等。

隐式获取是指在不需要用户主动反馈或是在用户未察觉的状态下隐式地从数据或环境中获得情境信息。例如，基于位置的服务推荐（LBS）通过 GPS 获得用户当前的位置信息；与时间相关的推荐利用事务时间戳或是系统时钟获得时间情境信息。

推理获取是指通过规则或统计推理方式推断出情境信息。例如，通过可穿戴式设备获取用户的生理体征信息，结合用户当前的状态（工作、休息、运动）信息，便可推理出用户当前的心情。根据用户当前所处的地点（公司 vs 家庭）和当前时间（工作时间 vs 休息时间）可推理出用户当前的意图：工作需要还是生活所需。还可以根据用户最近的或是当前会话的行为信息来推理用户当前的意图；通过用户的 IP 地址、用户当前的行为（如线下购物支付行为）等信息可推理得到用户当前的地理位置信息。

上述三种情境获取方式各有优缺点。显式获取最为直接，但是它要求：①用户清楚知道其当前所处的情境；②用户能够准确地描述或选择当前的情境信息；③用户愿意配合并主动输入这些信息。隐式获取能够避免显式获取时对用户的干扰，且能够反映出用户当前真实的情境，但其要求有相应的设备或是方法能够获取得到所需的情境信息。推理获取的方式能够在无法采用显式或隐式获取的时候使用，但它需要领域知识或大量历史数据来构造规则或是学习模型。实际应用中，如果可行的话，应优先选择隐式获取，这样不仅能够避免对用户的干扰，提升用户的满意度，而且能够获得真实的情境信息。当无法通过隐式获取时，如果有足够的领域知识或历史数据，则可尝试推理获取的方式；否则，只能采用显式获取的方式来获得情境信息。在某些场景下，可以通过多种方式同时获取情境信息，并相互检验，以获得更加准确的情境信息。

8.3 基于情境感知的推荐系统框架

传统的不考虑情境信息的推荐可以看作从“用户-项目”对到用户行为（评分或反馈）的一种映射，如图 8-2a 所示，具体定义如下：

$$f: \text{User} \times \text{Item} \rightarrow \text{Action}$$

式中，User 表示用户信息（用户属性或画像）；Item 表示项目信息（项目属性或画像）；Action 表示用户行为。

基于情境感知的推荐问题，如图 8-2b 所示，可以定义为

$$f: \text{User} \times \text{Item} \times \text{Context} \rightarrow \text{Action}$$

式中，Context 表示情境信息。对应的推荐系统结构如图 8-3 所示。

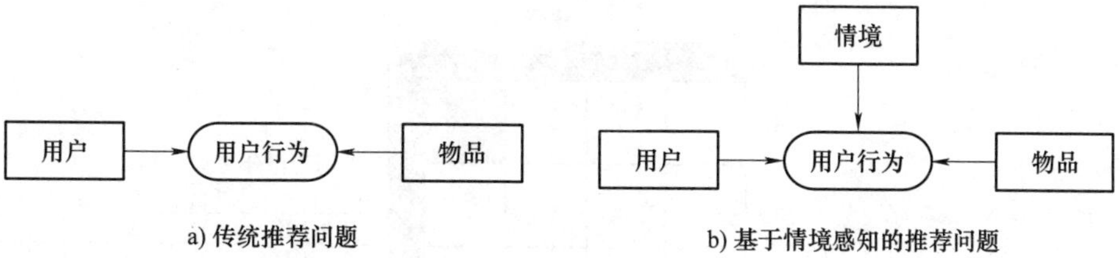

图 8-2　推荐问题示意图

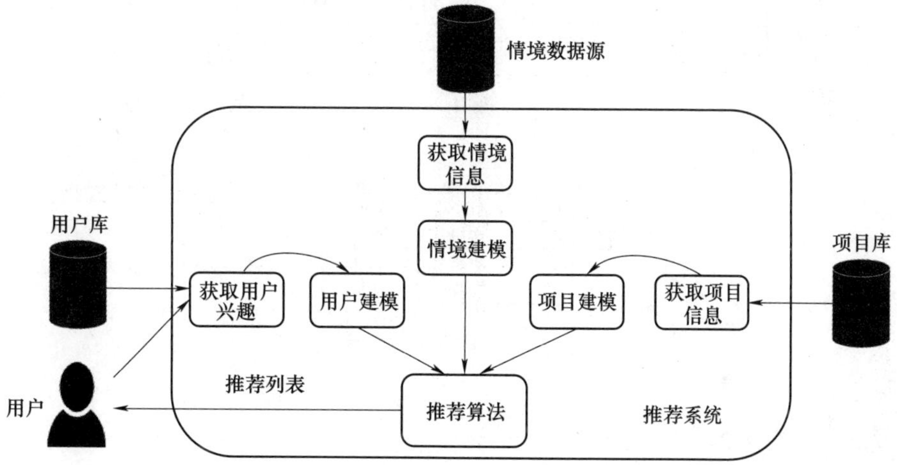

图 8-3　基于情境感知的推荐系统结构

在构建基于情境感知的推荐模型之前，需要先对情境信息进行建模和表示。实际应用中，通常采用数据立方体（即多维矩阵）的方式来对情境信息进行表示。

8.3.1　数据立方体

数据立方体是一类多维矩阵，可以让用户从多个角度探索和分析数据集。在进行可视化分析时，通常是一次同时考虑三个因素（维度），所以称这种方法为数据立方体，如图 8-4 所示。但是数据立方体不局限于三个维度，实际应用中通常用多个维度的数据来构建数据立方体。在基于数据立方体的情境信息表示中，每类情境信息对应于数据立方体的一个维度。在数据存储时，数据立方体的每个维度都有一个关系表与之相关联。情境信息（Context）可以看作所有属性笛卡儿积的子集，例如，Context = Time×Location×Companion，其中 Time 表示时间属性，Location 表示位置属性，Companion 表示同伴属性。

数据立方体实际上是将二维数据表推广到高维度的立方图，其优势是能够结构化地表达

数据，便于计算和处理，而缺点是稀疏性会比二维数据表更加严重。

从推荐问题的角度，加入情境信息之后，可以看作根据不同的情境维度对传统的“用户-项目”行为表（矩阵）进行了分层或是拆分，如把评分行为数据按照不同时段进行划分，如图8-4所示。这将进一步加剧数据稀疏问题，即每种情境（如每个时段）的用户行为数据过少。为了缓解这一问题，需要利用情境信息的层次化特性。

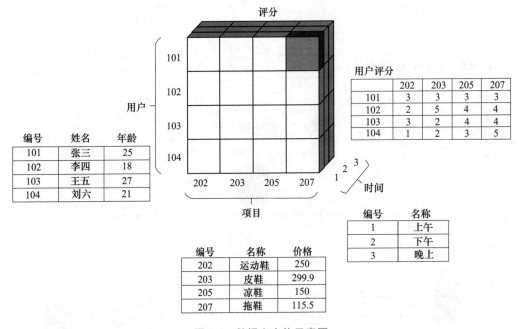

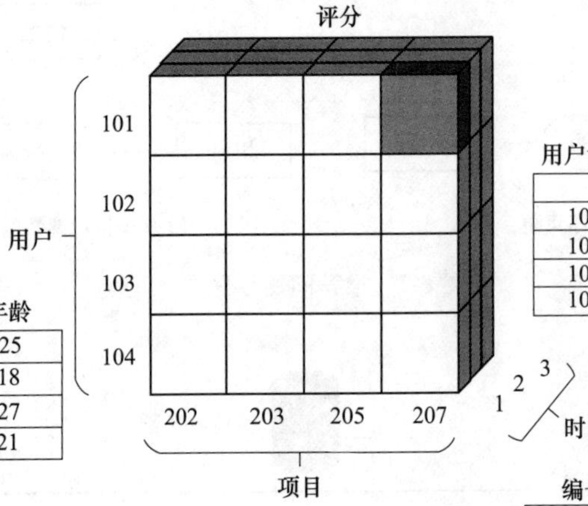

用户评分

	202	203	205	207
101	3	3	3	3
102	2	5	4	4
103	3	2	4	4
104	1	2	3	5

编号	姓名	年龄
101	张三	25
102	李四	18
103	王五	27
104	刘六	21

编号	名称
1	上午
2	下午
3	晚上

编号	名称	价格
202	运动鞋	250
203	皮鞋	299.9
205	凉鞋	150
207	拖鞋	115.5

图8-4 数据立方体示意图

8.3.2 基于树的层次信息表达

情境信息通常具有聚合特性，具体表现在一类情境因素可能包含多个子属性。例如，时间因素可以表示为

$$\text{Time}:=<\text{Date},\ \text{DayOfWeek},\ \text{Festival}>$$

它除了包括具体的日期Date之外，还包括当前日期的一些属性：是否周末（DayOfWeek）、节假日（Festival）等。

此外，情境信息一般呈现出较为复杂的层次结构，例如，常用的地理位置信息可以表示为

$$\text{Location}:=<\text{Latitude},\ \text{Longitude},\ \text{Road},\ \text{District},\ \text{City},\ \text{Province},\ \text{Country}>$$

它除了包括精确的经纬度信息（Latitude-Longitude）之外，还包括各级行政区域：街道（Road）、区/县（District）、市（City）、省（Province）、国家（Country）等。

层次化的情境信息可以通过树形结构进行表示。地理位置可以按照行政区域分层：街道→区/县→市→省→国家，时间信息也可以表示成如图8-5所示的树状结构。

除了物理情境信息可以采用层次树的形式进行表示，其他类型的情境信息也可以采用类似的方法进行表示。例如，用户的购买意图可以表示成如图8-6所示的树状结构。

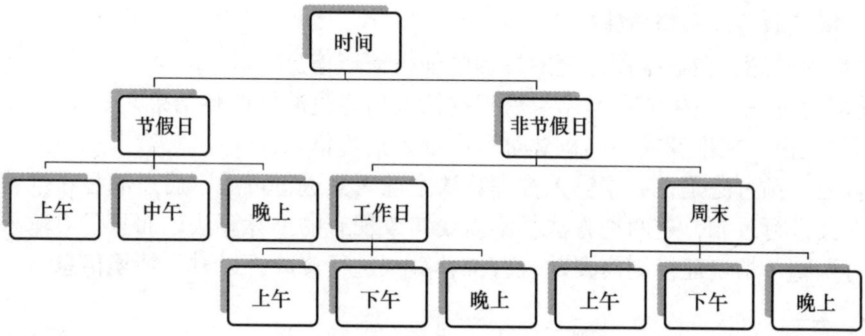

图 8-5　时间信息树状层次化示意图

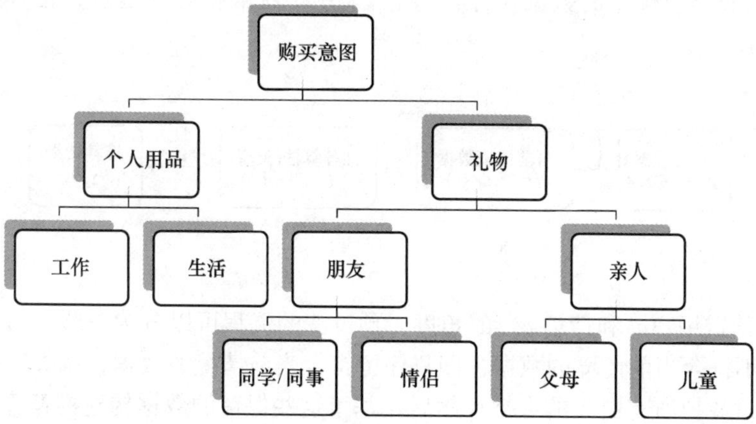

图 8-6　购买意图树状层次化示意图

8.4 融合情境信息的推荐模型

传统的不考虑情境信息的推荐过程如图 8-7 所示，主要包括三个组成部分：输入（数据）、推荐模型（映射函数）和输出（推荐列表）。输入为历史用户-项目交互数据，推荐模型为从“用户-项目”对到用户行为的映射函数 f：User × Item → Action，输出为针对给定用户的项目列表（排序）。

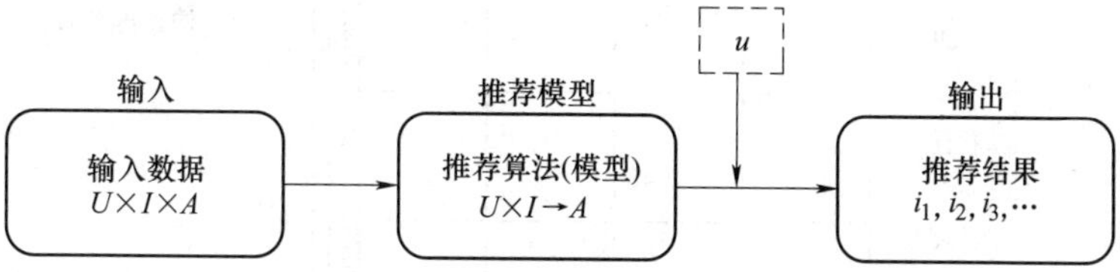

图 8-7　传统的推荐过程示意图

融合情境信息的推荐模型是指基于情境信息对用户进行偏好抽取和行为预测，然后给出推荐结果，即基于情境信息学习和刻画用户兴趣。其映射函数为 f：User × Item × Context → Action。根据情境信息融入推荐生成过程的不同，可以将基于情境感知的推荐分为三类：情境预过滤、情境后过滤和情境建模。

1）情境预过滤：在数据预处理的过程中加入情境信息。

2）情境后过滤：在生成推荐结果后根据情境信息过滤或调整结果。

3）情境建模：在推荐模型的构建过程中加入情境信息。

简而言之，预过滤是在数据输入推荐算法之前对其进行过滤，后过滤是在推荐算法输出结果之后对其进行过滤，这两种方法都不需要修改现有的推荐算法，而只是对输入模块和输出模块进行调整。情境建模则需要对现有推荐算法进行修改，以融入情境信息。

8.4.1 情境预过滤

情境预过滤的基本思想为：首先根据给定情境 c 对输入数据进行过滤，只保留给定情境 c 下的数据（数据立方体中的数据切片），然后采用传统的推荐过程进行推荐，其过程示意图如图 8-8 所示。

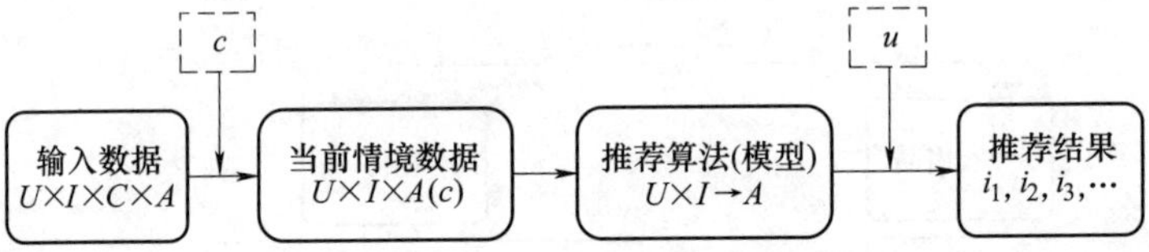

图 8-8 情境预过滤过程示意图

从个体（给定用户 u 和情境 c）的角度，预过滤的流程可以分为三步。首先，根据给定情境 c 过滤掉不符合当前情境的数据，即只保留符合当前情境的数据，例如，如果给定情境为晚上，则会过滤掉所有白天的数据；然后，基于这些保留的数据构建推荐算法；最后，根据构建好的算法，针对给定用户 u 给出推荐结果。

从系统实现角度来看，基于预过滤的算法分为两个部分：离线预处理或模型训练、在线推荐。基于邻域的推荐算法，需要通过离线预处理获得相似矩阵和邻域矩阵。基于模型的推荐算法，需要通过离线模型训练获得模型参数。在离线处理过程中，首先根据情境信息对输入数据进行划分，如图 8-9 所示，每次只取一种情境下的数据，即数据立方体中的一个数据

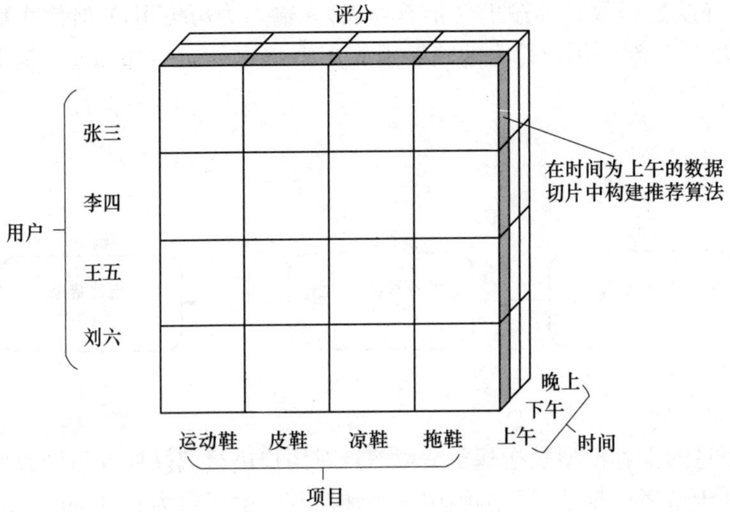

图 8-9 对输入数据进行划分

切片；然后针对每个数据切片，即一种情境 c_i，分别构建一个传统的推荐模型 f_{c_i}：User × Item → Action。在推荐的过程中，先根据给定情境 c_i 选择推荐模型 f_{c_i}，然后利用该模型针对给定用户 u 给出推荐列表。

情境预过滤能够在不更改现有推荐算法的情况下将情境信息融入推荐过程中，但是在实际应用中，情境预过滤会进一步加剧数据稀疏性问题，导致在某些情境下，缺少足够多的数据来构建或训练推荐模型。为解决这一问题，可以利用情境信息的层次化特性对情境进行泛化，例如，将“周一晚上十点”扩大到“周一晚上”，再到“工作日晚上”“每天晚上”，最后扩大至“任意时间”。将特殊情境泛化为范围更大的、更为一般的情境，这时只需要将不同子集进行合并操作，即可得到新情境下的数据集。情境泛化能够获得更多可用的历史数据，但同时也会引入额外的噪声数据（不同情境下的用户行为），进而影响推荐效果。因此，应该通过预设规则或是其他方式，尽早停止泛化，例如，行为集的大小或稠密度达到预设的阈值后停止泛化。

8.4.2　情境后过滤

情境后过滤的基本思想为：首先利用所有可用的历史数据（忽略情境信息，即不分情境），采用传统的推荐过程针对给定用户 u 给出推荐结果，然后利用情境 c 对推荐结果进行调整，以生成符合情境条件的最终推荐结果，其过程示意图如图 8-10 所示。

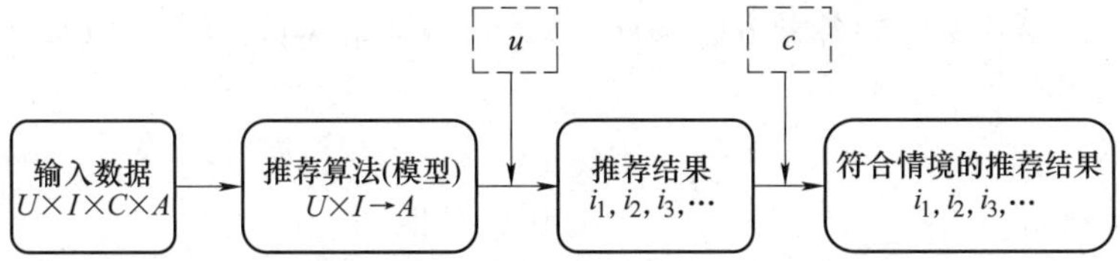

图 8-10　情境后过滤过程示意图

对推荐结果进行调整的方式有两种：过滤和重排序。采用过滤方法，即从推荐列表中删除不满足给定情境 c 的项目，可能会导致剩余项目集过小或是为空集。可以采用情境泛化的方法来扩大剩余集（推荐列表），但是需要人工或是通过其他方法确定应该泛化到什么程度以及泛化后的剩余项目该如何排序。

推荐结果重排序的方法是直接根据一定的规则，利用情境信息对推荐结果进行重新排序。常用的重排序方法是根据项目与给定情境的匹配程度对项目排序进行调整，例如，餐厅推荐中，情境为当前物理位置，则可以根据候选餐厅与给定位置的距离对其进行重排序。

8.5　情境建模

与情境预过滤和情境后过滤不同，情境建模是指将情境信息融入推荐模型的构造和学习过程中。将情境信息以一种计算机能够处理的方式进行定义和存储，在推荐模型的构造和学习过程中，直接在推荐函数中把情境信息作为预测用户行为的显式因素来考虑，生成得到一个多维推荐函数。

情境建模需要处理高维数据，相比于情境预过滤和情境后过滤，其复杂度更高，同时也更能有效地挖掘出用户、项目和情境三者之间的关联关系。情境建模适用于情境信息与用户偏好耦合度较高的情况。

基于情境建模的推荐方法可以分为两大类：基于邻域的方法和基于模型的方法。

8.5.1　基于邻域的方法

基于邻域的情境建模的基本思想是将传统的基于邻域的二维方法推广到包含情境的多维情形。例如，假设情境信息仅考虑时间，即推荐函数为f：User × Item × Time → Rating，则基于邻域的评分或反馈预测函数为

$$\hat{r}_{u,i,t}=\frac{\sum_{(u',i',t')\in N(u,i,t)} s[(u,i,t),(u',i',t')]\times r_{u',i',t'}}{\sum_{(u',i',t')\in N(u,i,t)} s[(u,i,t),(u',i',t')]} \tag{8-1}$$

式中，$s[(u,i,t),(u',i',t')]$表示样本(u,i,t)和(u',i',t')的相似度；$N(u,i,t)$表示样本(u,i,t)的邻域；$r_{u',i',t'}$表示用户u'在情境t'下对项目i'的评分或反馈。

样本相似度$s[(u,i,t),(u',i',t')]$通常采用维度分解的方式进行加权求和：

$$s[(u,i,t),(u',i',t')]=w_1\cdot s_1(u,u')+w_2\cdot s_2(i,i')+w_3\cdot s_3(t,t') \tag{8-2}$$

式中，$s_1(u,u')$、$s_2(i,i')$和$s_3(t,t')$分别表示用户(u,u')之间、项目(i,i')之间和情境(t,t')之间的相似度；w_1、w_2和w_3分别表示对应相似度的权值，且$w_1+w_2+w_3=1$。

$s_1(u,u')$和$s_2(i,i')$可以采用第 2 章基于协同过滤的各种相似度度量方法进行计算，$s_3(t,t')$也可以采用类似的行为相似度计算。另外一种常用的相似度计算方法是基于内容的相似度，可以采用第 4 章中的各种方法来计算$s_1(u,u')$和$s_2(i,i')$，$s_3(t,t')$，可以利用 0-1 相似度进行计算：

$$s_3(t,t')=\begin{cases}1, & t=t'\\ 0, & \text{其他}\end{cases}$$

样本相似度$s[(u,i,t),(u',i',t')]$还可以采用基于距离度量的方式进行计算，例如：

$$s[(u,i,t),(u',i',t')]=\frac{1}{d[(u,i,t),(u',i',t')]} \tag{8-3}$$

其中d表示距离函数，可以采用加权曼哈顿距离：

$$d[(u,i,t),(u',i',t')]=w_1d_1(u,u')+w_2d_2(i,i')+w_3d_3(t,t')$$

或是加权欧几里得距离：

$$d[(u,i,t),(u',i',t')]=\sqrt{w_1d_1^2(u,u')+w_2d_2^2(i,i')+w_3d_3^2(t,t')}$$

式中，$d_1(u,u')$、$d_2(i,i')$和$d_3(t,t')$分别表示用户(u,u')之间、项目(i,i')之间和情境(t,t')之间的距离；w_1、w_2和w_3分别表示对应相似度的权值。$d_1(u,u')$和$d_2(i,i')$可以采用基于协同行为或是基于内容的方法进行计算。情境(t,t')之间的距离$d_3(t,t')$也可以采用多种方法进行计算，例如：

$$d_3(t,t')=|t-t'|$$

或

$$d_3(t,t')=\begin{cases}0, & t=t'\\ +\infty, & \text{其他}\end{cases}$$

采用基于邻域的方法，需要预先确定相似度的计算方法和邻域$N(u,i,context)$的寻找方法。相似度的度量，特别是情境相似度的度量一般依赖于领域知识。邻域$N(u,i,$

context）一般采用 k 近邻，即根据相似度度量确定最相似的 k 个样本。此外，基于邻域的方法计算复杂度一般较高。为解决这些问题，可以采用基于模型的方法。

8.5.2　基于模型的方法

在基于模型的情境建模方法中，除了可以采用传统的机器学习模型，如支持向量机（SVM）、人工神经网络、逻辑回归等，还可以采用一些针对矩阵分解的扩展模型，如因子分解机。

因子分解机可以看作一种有监督的机器学习算法，训练数据为带标签的样本集：

$$S = \{(\boldsymbol{x}^{(1)}, y^{(1)}), (\boldsymbol{x}^{(2)}, y^{(2)}), \cdots, (\boldsymbol{x}^{(N)}, y^{(N)})\}$$

式中，$(\boldsymbol{x}^{(i)}, y^{(i)})$ 表示一个样本；$\boldsymbol{x}^{(i)}$ 表示特征向量；$y^{(i)}$ 表示对应的标签，如评分预测问题中的评分值或 Top-N 推荐问题中的隐式反馈行为。

当不考虑情境信息时，历史的用户评分数据除了可以表示为传统协同过滤算法中使用的评分矩阵，还可以转换成为一个评分样本集，如图 8-11 所示。通常采用独热编码（One hot encode）的方式对用户和项目进行编码，转换成特征向量 $\boldsymbol{x} = (x_1, \cdots, x_p)$。例如：

$$\text{用户 A}: \boldsymbol{u}_{\mathrm{A}} = (1, 0, 0, \cdots, 0)$$
$$\text{用户 B}: \boldsymbol{u}_{\mathrm{B}} = (0, 1, 0, \cdots, 0)$$
$$\text{用户 C}: \boldsymbol{u}_{\mathrm{C}} = (0, 0, 1, \cdots, 0)$$

用户	电影	评分
Alice	Titanic	5
Alice	Notting Hill	3
Alice	Star Wars	1
Bob	Star Wars	4
Bob	Star Trek	5
Charlie	Titanic	1
Charlie	Star Wars	5
…	…	…

→

	用户 A	用户 B	用户 C	电影 TI	电影 NH	电影 SW	电影 ST	标记（评分）y	
$\boldsymbol{x}^{(1)}$	1	0	0	1	0	0	0	5	$\boldsymbol{y}^{(1)}$
$\boldsymbol{x}^{(2)}$	1	0	0	0	1	0	0	3	$\boldsymbol{y}^{(2)}$
$\boldsymbol{x}^{(3)}$	1	0	0	0	0	1	0	1	$\boldsymbol{y}^{(3)}$
$\boldsymbol{x}^{(4)}$	0	1	0	0	0	1	0	4	$\boldsymbol{y}^{(4)}$
$\boldsymbol{x}^{(5)}$	0	1	0	0	0	0	1	5	$\boldsymbol{y}^{(5)}$
$\boldsymbol{x}^{(6)}$	0	0	1	1	0	0	0	1	$\boldsymbol{y}^{(6)}$
$\boldsymbol{x}^{(7)}$	0	0	1	0	0	1	0	5	$\boldsymbol{y}^{(7)}$

（特征向量 $\boldsymbol{x}$）

图 8-11　因子分解机训练集构造方法示意图

给定训练样本集 $S = \{(\boldsymbol{x}^{(1)}, y^{(1)}), (\boldsymbol{x}^{(2)}, y^{(2)}), \cdots, (\boldsymbol{x}^{(N)}, y^{(N)})\}$，其中特征向量 $\boldsymbol{x} \in \mathbb{R}^p$，标签 $y \in \mathbb{R}$，则可以采用简单的线性回归模型进行预测：

$$\hat{y}(x) = w_0 + \sum_{i=1}^{p} w_i x_i \tag{8-4}$$

其中 $w_0 \in \mathbb{R}$ 和 $w \in \mathbb{R}^p$ 为待学习的模型参数。这个模型也被称为 1 阶的因子分解机模型。

对上述模型进行扩展，可以得到 2 阶或更高阶的因子分解机模型，实际应用中最为常用的是 2 阶因子分解机模型，即考虑特征变量之间的 2 阶交互：

$$\hat{y}(x) = w_0 + \sum_{i=1}^{p} w_i x_i + \sum_{i=1}^{p}\sum_{j \geqslant i}^{p} w_{ij} x_i x_j \tag{8-5}$$

其中 $w_0 \in \mathbb{R}$、$w \in \mathbb{R}^p$ 和 $\boldsymbol{W} \in \mathbb{R}^{p \times p}$ 为待学习的模型参数。针对推荐问题，如图 8-11 所示，特

征向量的维度等于用户数量和项目数量的加和，即 $p=|U|+|I|$。在实际应用中，由于 p 值较大，2阶交互的参数矩阵 $\boldsymbol{W}$ 是一个庞大的稀疏矩阵，难以存储和利用，更加难以学习，因为无法满足一般机器学习任务中的一个隐含假设：样本量大于参数量。由于实际应用中的样本量是预先已经基本给定的，所以解决这一问题的关键在于减少参数量。为此，因子分解机基于（矩阵）数据降维的思想，采用矩阵分解的方法来对参数矩阵 $\boldsymbol{W}$ 进行估计，即 $w_{ij}=\langle \boldsymbol{v}_i, \boldsymbol{v}_j\rangle = \sum_{f=1}^{k} v_{i,f}\cdot v_{j,f}$，其中 $\boldsymbol{v}_i \in \mathbb{R}^k$ 表示实体（用户或项目）i 的隐特征向量，对应的预测函数变为

$$\hat{y}(x) = w_0 + \sum_{i=1}^{p} w_i x_i + \sum_{i=1}^{p}\sum_{j\geqslant i}^{p} \langle \boldsymbol{v}_i, \boldsymbol{v}_j\rangle x_i x_j \tag{8-6}$$

其中 $w_0\in\mathbb{R}$、$w\in\mathbb{R}^p$ 和 $\boldsymbol{V}\in\mathbb{R}^{p\times k}$ 为待学习的模型参数。由于 $k\ll p$，所以模型的复杂度大大降低。当不考虑情境信息时，模型等价于带偏置的矩阵分解。

当考虑情境信息时，可以直接将情境信息作为额外的特征加到特征向量 $\boldsymbol{x}$ 中，如图8-12所示，对应的预测模型保持不变。

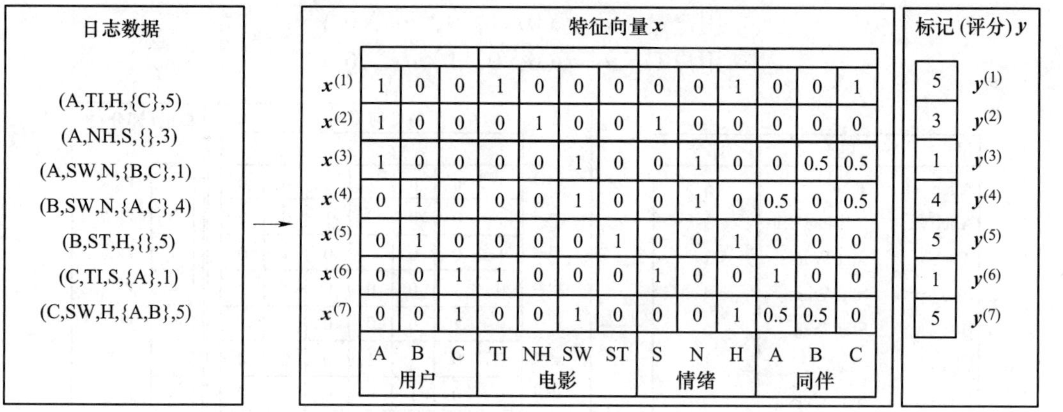

图8-12 包含情境信息的特征转换示意图

因子分解机（FM）可以看作一种基于矩阵分解的机器学习算法。对于因子分解机来说，最大的特点是对于稀疏的数据具有很好的学习能力。因子分解机可以推广到高阶的形式，即将更多互异特征分量之间的相互关系考虑进来。阶数越高，考虑特征之间的交互作用越全面，但对应的复杂度也越高，所以实际中普遍采用的还是2阶因子分解机模型。除了推荐系统之外，因子分解机还可以应用于其他的机器学习任务，特别是需要考虑特征之间交互作用（如推荐系统中关注于用户特征和项目特征之间的交互）时。

进一步考虑特征之间的相互关系，可以发现不同类型的特征之间的相互作用通常是不同的，这就衍生出了“特征场”（Field）的概念。相同类型的特征可以放入同一个Field中，比如在图8-12的例子中，特征A、B同属于“用户”这个Field，特征TI、NH则属于“电影”这个Field。由于特征在不同Field之间的影响是不同的，场感知分解机（Field-aware Factorization Machine，FFM）认为每种特征与不同Field的特征相互作用时其隐特征向量是不同的，因此在FFM中每种特征有多个隐特征向量，其预测函数为

$$\hat{y}(x) := w_0 + \sum_{i=1}^{p} w_i x_i + \sum_{i=1}^{p-1}\sum_{j=i+1}^{p} \langle \boldsymbol{v}_{if_j}, \boldsymbol{v}_{jf_i} \rangle x_i x_j \tag{8-7}$$

式中，f_i 表示第 i 种特征所属的 Field；$\boldsymbol{v}_{ij}$ 表示第 i 种特征与第 j 个 Field 相互作用时使用的隐特征向量。

为了同时考虑高阶特征组合与低阶特征组合，DeepFM 算法将因子分解机（FM）与深度神经网络（DNN）相结合，利用多层神经网络学习高阶特征之间的相互关系。DeepFM 由两部分组成：FM 部分与 DNN 部分，两者共享同一个嵌入表示。如图 8-13 所示，其中，FM 部分是二阶因子分解机模型，其输出为

$$y_{FM}(x) := w_0 + \sum_{i=1}^{p} w_i x_i + \sum_{i=1}^{p-1}\sum_{j=i+1}^{p} \langle \boldsymbol{v}_i, \boldsymbol{v}_j \rangle x_i x_j \tag{8-8}$$

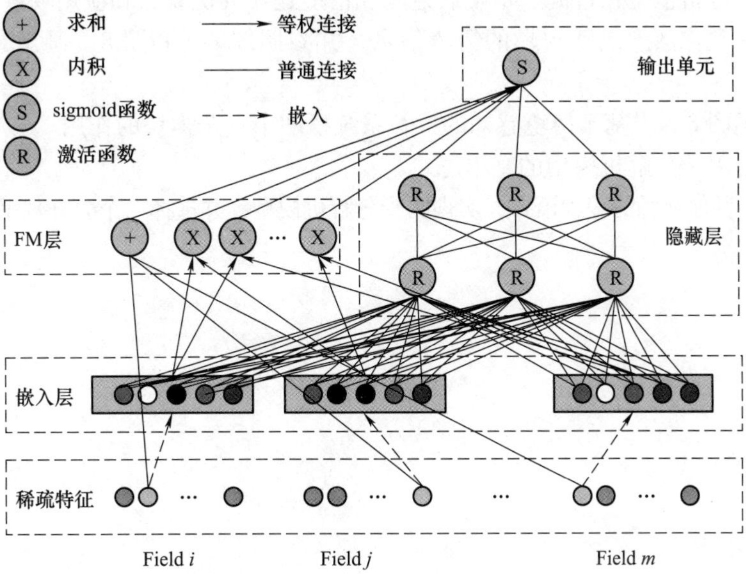

图 8-13　DeepFM 算法框架示意图

DNN 部分中，将 FM 部分的隐特征向量作为输入特征的嵌入层，将每个 Field 的特征转换成为相同维度的隐特征向量，通常情况下模型的稀疏特征中每个 Field 为独热编码（当输入特征为连续特征时，可以预先进行特征离散化），因此可以根据如下公式得到嵌入层的输出：

$$e_i = \sum_{j=s_i}^{t_i} x_j v_j \tag{8-9}$$

$$a^{(0)} = [e_1, e_2, \cdots, e_m] \tag{8-10}$$

式中，e_i 表示第 i 类 Field 的特征嵌入表示；s_i 表示第 i 类 Field 的起始下标；t_i 表示第 i 类 Field 的结束下标；$a^{(0)}$ 表示嵌入层的输出；m 表示特征 Field 的个数。再将嵌入层的输出输入到多层感知机中，第 l 层的输出为

$$a^{(l+1)} = f(W^{(l)} a^{(l)} + b^{(l)}) \tag{8-11}$$

式中，$a^{(l)}$、$W^{(l)}$ 和 $b^{(l)}$ 分别是第 l 层的模型输出、参数与偏置；f 为激活函数，一般使用 Re-

LU 函数。接着将最后一层的输出通过全连接层得到 DNN 部分的最终输出：

$$y_{DNN} = W^{(L)} a^{(L)} + b^{(L)} \tag{8-12}$$

式中，L 表示隐藏层的层数。

最终将 FM 部分与 DNN 部分的输出通过 sigmoid 函数进行融合，得到 DeepFM 模型的预测函数：

$$\hat{y} := \text{sigmoid}(y_{FM} + y_{DNN}) \tag{8-13}$$

习题

1. 请简述基于情境感知的推荐的基本思想和主要假设。
2. 请对比分析情境预过滤、情境后过滤和情境建模的优缺点和应用场景。
3. 选择一类你熟悉或感兴趣的情境信息，并参照图 8-5 和图 8-6 画出其树状层次示意图。
4. 请简述图 8-3 中基于情境感知的推荐系统框图中各个模块的作用。
5. 请简述因子分解机模型的基本思想。
6. 选择一种你熟悉的编程语言，实现因子分解机模型，并选择一个公开数据集进行验证。

第 9 章　基于时空信息的推荐

第 8 章主要介绍了基于情境感知推荐的一些通用方法和模型。针对不同的情境信息，为了更好地利用其进行推荐，一般需要结合其特性和相关领域知识，以构建更加专业、有效的模型。

情境信息有很多种，其中最为常用且容易获取的是时间情境和空间（位置）情境。本章将主要介绍如何对时间和空间这两种情境信息进行建模并融入推荐算法中。本章侧重于 Top-N 推荐问题，即为目标用户生成推荐列表。

9.1　基于时间信息的推荐

时间信息是最易获取的情境信息，也是最为常用且有效的情境信息之一。可以通过系统时钟、事务时间戳等方法隐式地获取时间信息。

用户的兴趣和需求通常并非固定不变，而是会随着时间推移、用户的成长或经历而发生改变，这一现象称为时间效应。因此，在对用户进行画像时，应该重点关注用户最近的行为，因为这些行为更能体现用户当前的兴趣和需求。不仅用户画像会受到时间的影响，项目画像也会受到时间影响。项目都是有生命周期的，有些项目的生命周期比较短，如新闻、招聘信息、促销活动等，一旦时间超过项目的时间生命周期，再进行推荐就没有意义了。此外，某些特定项目还会受到季节效应的影响，如夏天穿 T 恤、冬天穿羽绒服等。

考虑到时间效应，在做推荐时应及时响应用户的新行为，更新和调整推荐列表，从而满足用户不断变化的兴趣和需求。同时，还需要平衡用户近期行为和长期行为的影响，既要让推荐列表反映出用户近期行为所体现的兴趣变化（短期偏好），又要保证推荐列表对用户兴趣预测的延续性（长期偏好）。

原始的时间作为变量是连续且有序的。在推荐过程中，可以从不同的角度考虑和利用时间信息：

1）离散的时间段（时间分片）：通过变量离散化将连续的时间变量转换为离散变量，即按一定规则将时间划分为片段，并假设在同一片段内的时间具有相同的时间标签，例如，将一天划分为上午、下午和晚上。

2）时间间隔：将绝对的时间数值转换为两两相对的时间间隔（差值），并假设时间间隔越近的对象相似度或相关度越高。

3）时间有序性：忽略时间的具体数值，而只保留时间的有序性，假设用户行为的相对顺序具有一定的规律，如购买了计算机主机后通常会购买计算机配件。

针对离散的时间段信息，可以采用第8章介绍的情境预过滤、情境后过滤或是基于因子分解机的情境建模等方法。接下来将主要介绍如何从时间间隔和时间有序性的角度对时间信息进行建模和利用。

9.1.1　最近最热门推荐算法

基于热度的推荐是一种简单且常用的推荐算法，特别是在新闻咨询、社区论坛等应用领域。该方法不存在用户冷启动问题，在没有用户历史行为信息的情况下，仅根据当前的时间信息，给用户推荐最近最热门的项目。

给定（当前）时间 T，项目 i 最近的热度（或流行度）定义为

$$n_i(T) = \sum_{(u,\ i,\ t)\in Train,\ t<T} \frac{1}{1+\alpha(T-t)} \tag{9-1}$$

式中，α 表示时间衰减的参数。对于历史行为数据集 $Train$ 中的一个样本 $(u,\ i,\ t)$，其对项目 i 的热度贡献（或影响）与该行为样本发生的时间 t 有关，行为时间 t 距离给定时间 T 越近，则其对热度的贡献越大。这一算法的核心思想是从时间间隔的角度来利用时间信息。

最近最热门算法虽然能够避免用户冷启动问题，但是对于新项目，由于缺少历史行为数据，导致无法对其进行推荐，即存在项目冷启动问题。此外，由于这种推荐算法忽略了用户信息，导致其推荐结果缺乏个性化。

9.1.2　基于时间的项目协同过滤

在不考虑时间影响因素时，基于项目的协同过滤算法可以用余弦相似度计算项目之间的相似度：

$$w_{ij} = \frac{|N(i)\cap N(j)|}{\sqrt{|N(i)\|N(j)|}} \tag{9-2}$$

式中，$N(i)$ 表示对项目 i 有过正反馈行为的用户集；$N(i)\cap N(j)$ 表示同时对项目 i 和项目 j 有过正反馈行为的用户集合。

在获得项目相似度矩阵之后，可以根据用户的历史行为针对给定用户进行在线的个性化推荐。给定用户 u，对于候选项目 i，用户的兴趣度 $p(u,\ i)$ 可根据如下加权公式进行计算：

$$p(u,\ i) = \sum_{j\in N(u)\cap S(i,\ k)} w_{ij} r_{uj} \tag{9-3}$$

式中，集合 $S(i,\ k)$ 表示项目 i 的 k 近邻邻域；$N(u)$ 表示用户 u 有过正反馈行为的项目集合；w_{ij} 表示项目 i 和项目 j 之间的相似度；r_{uj} 表示用户 u 对项目 j 的兴趣度。对于 Top-N 推荐，用户对项目的兴趣度 r_{uj} 为二值（0-1）变量，如要么购买过，要么还未购买。

在加入时间因素后，可认为用户在相隔越短的时间内有过正反馈行为的项目具有更高的相似度，对应的项目相似度计算公式可以表示为

$$w_{ij} = \frac{\sum_{u\in N(i)\cap N(j)} f(|t_{ui}-t_{uj}|)}{\sqrt{|N(i)\|N(j)|}} \tag{9-4}$$

式中，t_{ui} 和 t_{uj} 分别表示用户 u 对项目 i 和项目 j 的反馈时间；$f(|t_{ui}-t_{uj}|)$ 表示时间衰减项：

$$f(|t_{ui}-t_{uj}|)=\frac{1}{1+\alpha|t_{ui}-t_{uj}|} \tag{9-5}$$

式中，α 是时间衰减参数。如果用户的兴趣变化快，则 α 的取值应该较大，反之则应该取较小的值。

除了项目相似度计算以外，时间因素还会对在线推荐过程产生影响，即用户的近期行为相比用户的远期行为更能体现用户当前的兴趣。因此，在预测用户当前的兴趣时，应该将用户近期反馈项目的权重增大，优先推荐与用户近期喜欢或购买过的项目相似的项目。在得到用户对项目产生行为的时间信息后，可以计算用户的兴趣度 $p(u,i)$：

$$p(u,i)=\sum_{j\in N(u)\cap S(i,k)} w_{ij}\frac{r_{uj}}{1+\beta|t_0-t_{uj}|} \tag{9-6}$$

式中，t_0 表示当前时间；t_{uj} 表示用户 u 购买（或喜欢）项目 j 的时间，t_{uj} 越靠近 t_0，则和项目 j 相似的项目在用户 u 的推荐列表中排名越靠前；$S(i,k)$ 表示项目 i 的 k 近邻集合；β 为时间衰减参数。

9.1.3　基于时间的用户协同过滤

与基于项目的协同过滤算法一样，基于用户的协同过滤同样可以通过加入时间信息来增加预测的准确度。在不考虑时间信息时，用户相似度同样可以通过余弦相似度进行计算，但是在基于时间的用户协同过滤中还需要考虑时间效应，两个用户对相同项目产生反馈行为的时间相距越近，则两个用户间的兴趣相似度越高。具体的用户相似度计算公式如式（9-7）所示：

$$w_{uv}=\frac{\sum_{i\in N(u)\cap N(v)}\frac{1}{1+\alpha(|t_{ui}-t_{vi}|)}}{\sqrt{|N(u)||N(v)|}} \tag{9-7}$$

式中，α 表示时间衰减参数；$N(u)$ 和 $N(v)$ 分别表示用户 u 和用户 v 有过正反馈的项目集合；t_{ui} 和 t_{vi} 分别表示用户 u 和用户 v 对项目 i 产生反馈行为的时间。

除了计算用户相似度外，时间因素还会对在线推荐过程产生影响，为用户推荐和其兴趣相似的用户最近反馈过的项目。在得到用户对项目产生反馈行为的时间信息后，可以用式（9-8）计算用户 u 对项目 i 的兴趣度 $p(u,i)$：

$$p(u,i)=\sum_{v\in S(u,k)} w_{uv}\frac{r_{vi}}{1+\beta|t_0-t_{vi}|} \tag{9-8}$$

式中，β 仍然表示时间衰减参数；t_0 表示当前时间；t_{vi} 表示用户 v 对项目 i 产生反馈行为的时间；$S(u,k)$ 表示用户 u 的 k 近邻邻域；r_{vi} 表示用户 v 对项目 i 的兴趣度。对于 Top-N 推荐，用户对项目的兴趣度 r_{vi} 为二值（0-1）变量。

上述三种模型：最近最热门推荐算法、基于时间的项目协同过滤和基于时间的用户协同过滤，都是从时间间隔的角度考虑时间信息对推荐的影响，都隐含假设：时间间隔越短或时间越近，则影响越大，权重越高。但这些模型都忽略了用户行为的连续性。针对这一问题，可以采用基于会话的推荐和基于序列感知的推荐。

9.1.4　基于会话的推荐

会话（Session）的本来含义是指有始有终的一系列动作或消息，例如，打电话时从拿起电话拨号到挂断电话这中间的一系列过程可以称之为一个会话；网上购物时从登录到选购商品再到结账离开这样的一系列过程也可以称之为一个会话。实际的应用中，会话通常指一次网络连接：用户（客户端）与服务器建立起连接并进行数据传输之后主动断开或是长时间无操作（隐含用户已离开）。

基于会话的推荐实际上是以会话为单位对时间进行分片，以考虑用户的兴趣漂移（Interest Drift），其本质上还是考虑用户、项目和时间的三元组关系，即<user，item，time>。不同于传统的不区分用户的固定时间划分，如工作日 vs 周末、上午 vs 下午 vs 晚上等，会话是一种面向用户的、临时的、不固定的时间划分。因此，基于会话的用户行为分析更能反映出用户当前的偏好或是意图。

以会话为单位的用户行为体现的是用户的短期偏好，而用户的行为通常会由他的长期偏好和短期偏好共同决定。为解决这一问题，可以将三元组<user，item，time>拆分为两个部分：<user，item>和<session，item>，其中 session 表示会话（时间段）。用户对项目的每个反馈根据其时刻 time 对应于某个会话 session，可以用二部图表示其关系并用以分析用户的短期偏好，如图 9-1 的右侧部分所示。传统的用户-项目二部图忽略时间信息，可用于分析用户的长期偏好。将这两个二部图进行整合，可以得到如图 9-1 所示的一个网络图模型，以综合考虑长期偏好行为信息和短期偏好行为信息。用户 u 的长期偏好表征可以用 $N(u)$ 表示，其表示与用户节点 u 相连的项目节点集合。而用户的短期偏好可以用 $N(u, t)$ 表示，其表示与用户 u 在 t 时刻的会话节点 $session(u, t)$ 相连的项目节点集合。

图 9-1 中的会话节点 $session(u, T)$ 表示用户 u 在 T 时刻开始的一个会话。在一个会话中，用户可能会对一个或多个项目产生反馈，例如，节点 $session_1(u_1, T_0)$ 表示在 T_0 时刻开始的一个会话中用户 u_1 对项目 i_1 和项目 i_3 有过正反馈。

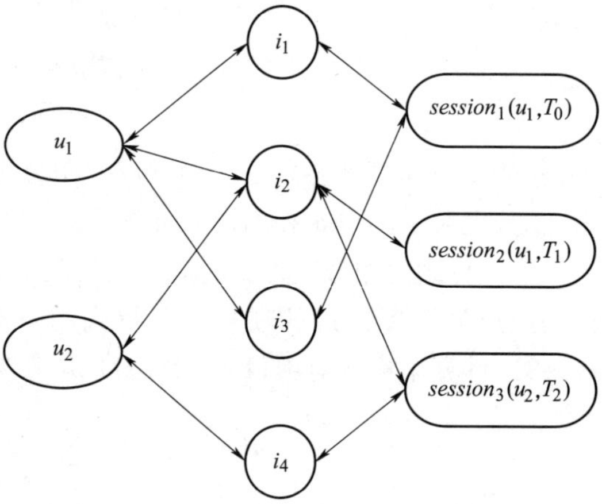

图 9-1　基于会话的用户行为网络图模型

在构建好如图 9-1 所示的网络图之后，可以采用不同的方法产生推荐列表。可以通过随机游走或物质扩散直接计算用户和项目之间的相关度，进而根据这些相关度对用户进行个性化推荐。为了调整用户长期偏好和短期偏好的不同影响，可以对图模型中不同类型的有向边（$v \rightarrow v'$）设置不同的权重 $w(v, v')$：

$$w(v, v') = \begin{cases} 1, & v \in U \cup S,\ v' \in I \\ \eta_u, & v \in I,\ v' \in U \\ \eta_s, & v \in I,\ v' \in S \end{cases} \tag{9-9}$$

式中，U、I 和 S 分别表示用户节点集、项目节点集和会话节点集。从项目节点 $v \in I$ 到用户节点 $v' \in U$ 的有向边的权值设为 η_u，表示用户长期偏好的影响；从项目节点 $v \in I$ 到会话节点 $v' \in S$ 的有向边的权值设为 η_s，表示用户短期偏好的影响。

基于上述网络图，可以对基于项目的协同过滤进行扩展。先分别基于用户-项目二部图和项目-会话二部图计算项目之间的相似度，然后对两者进行加权求和得到最终的项目相似度，进而根据这些相似度向用户推荐和他有过正反馈的项目相似的项目。针对每个二部图，可以采用余弦相似度来计算项目之间的相似度：

$$\omega_{ij} = \frac{|N(i) \cap N(j)|}{\sqrt{|N(i)||N(j)|}} \tag{9-10}$$

当采用用户-项目二部图时，$N(i)$ 和 $N(j)$ 分别表示对项目 i 和项目 j 有过正反馈的用户集合；当采用项目-会话二部图时，$N(i)$ 和 $N(j)$ 分别表示包含项目 i 和项目 j 的会话集合。

上述几种模型都是基于绝对时间间隔或时间分段进行建模，忽略了时间信息所包含的有序性，即用户反馈行为的顺序信息。序列模式表示的是用户短期的动态行为，也就是在比较短的时间间隔用户对项目的反馈行为之间的联系，例如，某用户在购买了手机以后，在短时间内又购买了手机壳等手机配件，但是从长时间来看，用户不会一直购买手机相关配件，因此购买手机配件就不是一种长期的用户行为。考虑序列感知的常用建模方法有：频繁模式挖掘（Frequent Pattern Mining，FPM）、马尔可夫模型（Markov Model，MM）、循环神经网络（Recurrent Neural Network，RNN）、注意力机制（Attention Machanism）。其中频繁模式挖掘在第 3 章的关联规则模型中已经做过具体介绍。在下一节中将会对另外几种建模方法做进一步的介绍。

9.2　基于序列感知的推荐

基于序列感知的推荐假设用户过去的行为是有序的且可以看作具有离散观测值的时间序列。通常来说，序列建模技术旨在从过去的观测中学得模型，用以对未来的行为进行预测。马尔可夫模型（MM）和循环神经网络（RNN）是两种常用的序列建模方法。

马尔可夫模型将有序的观察数据视为由一个离散随机过程产生的。马尔可夫性质假设在已知系统当前所处状态的条件下，系统未来的演变不依赖于以往的演变，即在已知“现在”的条件下，“将来”与“过去”独立，具有这种性质的随机过程称为马尔可夫过程。由于马尔可夫性质极大地简化了对随机过程的理解和分析，因此得以在自动控制、科学管理等方面被广泛应用。在基于序列感知的推荐系统中，马尔可夫性质可解释为用户的下一个行为仅依赖于最近发生的一次或有限数量的历史行为。

循环神经网络是一类以序列数据作为输入，在序列的演进方向（时间推移的方向）进行递归，且所有节点（循环单元）按链式连接的递归神经网络（Recursive Neural Network，RNN）。在每个时间步，RNN 的隐藏状态是通过当前的序列输入和上一步的隐藏状态计算而得的。隐藏状态将被用来预测项目在序列的下一个位置出现的概率。与马尔可夫模型相比，这种循环反馈机制能够记忆每一个历史数据的影响，克服了马尔可夫模型只能利用有限历史行为的限制，因此 RNN 非常适合用于对用户行为序列中的复杂动态规律进行建模。

9.2.1 基于马尔可夫模型的序列预测

假设已知每个用户 u 的历史行为序列：$I^u=(i_1^u, i_2^u, \cdots, i_{t-1}^u, i_t^u)$，其中 i_t^u 表示用户 u 第 t 次正反馈的项目。在实际应用中，用户一次可能反馈一个项目，也可能一次反馈多个项目。为了统一表示，用“Basket（购物篮）”来定义同一用户在同一时间所反馈的项目的集合，如图 9-2 所示。

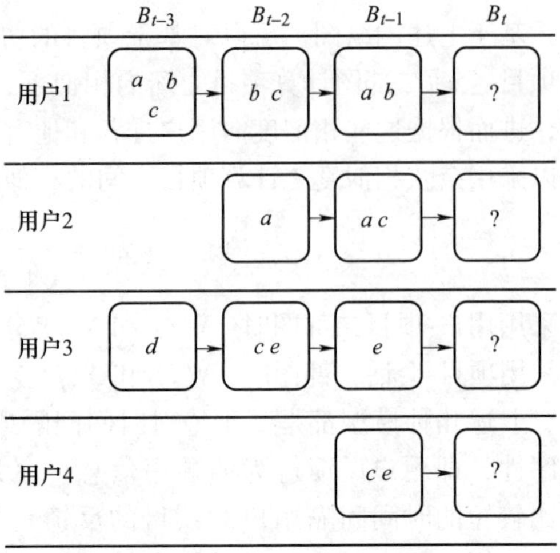

图 9-2 有序购物篮行为数据示意图

设 U 表示所有用户的集合，I 表示所有项目的集合。对于每一个用户 $u \in U$，其历史行为用 B^u 表示，$B^u=(B_1^u, \cdots, B_t^u)$，其中 $B_t^u \subseteq I$ 表示用户 u 第 t 次正反馈的项目集。所有用户的历史行为可以表示为 $B=\{B^{u_1}, \cdots, B^{u_{|U|}}\}$。

推荐系统的目标是预测用户下一次会对哪些项目感兴趣，即为用户 u 的第 t 次行为创建个性化的排名：

$$<_{u,t} \subset I$$

基于这个排名，可以为用户 u 推荐排名前 n 的项目。

1. 基于统一转移矩阵的序列预测

为了简化问题，可以假设所有用户的转移矩阵是相同的，即采用非个性化马尔可夫链模型。而个性化推荐只是体现在将转移矩阵应用于用户最后一次反馈的项目，由于用户最后一次反馈的项目可能不同，因此对其下一次行为的预测结果也可能会不同。

如果以购物篮 Basket 为基本单元，总共有 $2^{|I|}$ 种可能的购物篮，对应的转移矩阵大小为 $2^{|I|} \times 2^{|I|}$。给定上一次行为的购物篮 B_{t-1}，下一次行为的购物篮为 B_t 的（转移）概率为 $p(B_t \mid B_{t-1})$。由于 B_t 可能是项目集 I 的任意一个子集，所以马尔可夫链模型的状态空间大小为 $2^{|I|}$。由于基于购物篮 Basket 的状态转移矩阵过大，难以估计，所以可以将其简化为基于项目的转移矩阵，即其中的元素为

$$a_{l,i}=p(i \in B_t \mid l \in B_{t-1}) \tag{9-11}$$

表示在上一次（B_{t-1}）对项目 l 有过正反馈的条件下，下一次（B_t）会对项目 i 产生正反馈的概率。这样一来，状态空间的大小减小为 $|I|$，对应的转移矩阵大小变为 $|I|^2$。

给定所有用户的历史行为数据，可以采用最大似然法估计状态转移概率 $a_{l,i}$ 的值：

$$\hat{a}_{l,i}=\hat{p}(i \in B_t \mid l \in B_{t-1})=\frac{\hat{p}(i \in B_t \wedge l \in B_{t-1})}{\hat{p}(l \in B_{t-1})}=\frac{|\{(B_t, B_{t-1}): i \in B_t \wedge l \in B_{t-1}\}|}{|\{(B_t, B_{t-1}): l \in B_{t-1}\}|} \tag{9-12}$$

在获得状态转移矩阵之后，当给定用户上一次的反馈项目集时，可以预测用户下一次会对项目 i 给予正反馈的概率为

$$p(i \in B_t \mid B_{t-1})=\frac{1}{|B_{t-1}|}\sum_{l \in B_{t-1}} p(i \in B_t \mid l \in B_{t-1}) \tag{9-13}$$

如图9-2所示，假设上一次用户购买了项目c，需要计算用户下一次购买不同项目的概率。可以使用的数据一共有三组，分别是$(a,b,c)\rightarrow(b,c)$、$(b,c)\rightarrow(a,b)$和$(c,e)\rightarrow(e)$。通过统计下一次每个项目出现的次数，可以得到

$$a_{31}=\frac{1}{3}\approx 0.33\quad a_{32}=\frac{2}{3}\approx 0.67\quad a_{33}=\frac{1}{3}\approx 0.33\quad a_{34}=0\quad a_{35}=\frac{1}{3}\approx 0.33$$

分别表示从项目c转移到项目a、b、c、d和e的概率。同理，可以得到转移矩阵$\boldsymbol{A}$中其他元素的值。由于每个购物篮所包含项目的数量可能大于1，导致转移矩阵一行所有元素的加和$\sum_{j=1}^{|I|}a_{i,j}$可能大于1。

得到了转移矩阵$\boldsymbol{A}$，就可以用它来预测下次用户会对各个项目给予正反馈的概率。例如，对于用户4，最后一次其购买的项目为c和e，则下一次他会购买各个项目的概率为

$$p(a\in B_t\mid c,e)=0.5\times(0.33+0.0)=0.165$$
$$p(b\in B_t\mid c,e)=0.5\times(0.67+0.0)=0.335$$
$$p(c\in B_t\mid c,e)=0.5\times(0.33+0.0)=0.165$$
$$p(d\in B_t\mid c,e)=0.5\times(0.0+0.0)=0.000$$
$$p(e\in B_t\mid c,e)=0.5\times(0.33+1.0)=0.665$$

因此，下一次应该优先给用户4推荐项目e，其次是项目b。

2. 基于个性化转移矩阵的序列预测

上文假设所有用户的转移矩阵都是相同的，忽略了用户行为转移的个性化。为了解决这一问题，可以假设每个用户有一个独立的转移矩阵，即采用个性化的马尔可夫链模型。对应转移概率由$p(B_t\mid B_{t-1})$变为$p(B_t^u\mid B_{t-1}^u)$。

设用户u对应的转移矩阵为$\boldsymbol{A}^u$，其中的元素$a_{u,l,i}$表示用户u上一次对项目l有过正反馈的条件下，其下一次会对项目i产生正反馈的概率：

$$a_{u,l,i}=p(i\in B_t^u\mid l\in B_{t-1}^u)\tag{9-14}$$

采用最大似然法对其进行估计可得

$$\hat{a}_{u,l,i}=\hat{p}(i\in B_t^u\mid l\in B_{t-1}^u)=\frac{\hat{p}(i\in B_t^u\wedge l\in B_{t-1}^u)}{\hat{p}(l\in B_{t-1}^u)}=\frac{|\{(B_t^u,B_{t-1}^u):i\in B_t^u\wedge l\in B_{t-1}^u\}|}{|\{(B_t^u,B_{t-1}^u):l\in B_{t-1}^u\}|}\tag{9-15}$$

对应的，当给定用户u上一次的反馈项目集B_{t-1}^u时，可以预测用户u下一次对项目i反馈的概率为

$$p(i\in B_t^u\mid B_{t-1}^u)=\frac{1}{|B_{t-1}^u|}\sum_{l\in B_{t-1}^u}p(i\in B_t^u\mid l\in B_{t-1}^u)\tag{9-16}$$

每一个用户对应一个转移矩阵$\boldsymbol{A}^u$，所有用户的转移矩阵构成一个三维张量$\boldsymbol{\mathcal{A}}\in[0,1]^{|U|\times|I|\times|I|}$。当采用最大似然法进行估计时，假设待估计的参数$a_{u,l,i}$之间相互独立，当观测得到的行为数据较少时可能会导致欠拟合。而实际应用中，能获得的用户历史行为数据矩阵通常很稀疏，导致估计的结果并不可靠。为解决这一问题，可以采用张量分解法进行转移张量估计，以打破参数之间的独立性，同时考虑相似用户、项目、转移情况之间的相互影响。

可以采用 Tucker 分解（Tucker Decomposition）对转移张量$\boldsymbol{\mathcal{A}}$进行估计：

$$\hat{\boldsymbol{\mathcal{A}}} = \boldsymbol{\mathcal{C}} \times_U \boldsymbol{V}^U \times_L \boldsymbol{V}^L \times_I \boldsymbol{V}^I \tag{9-17}$$

式中，$\boldsymbol{\mathcal{C}}$表示核张量；$\boldsymbol{V}^U$ 表示用户的隐特征矩阵；$\boldsymbol{V}^L$ 表示上一次反馈项目的隐特征矩阵；$\boldsymbol{V}^I$ 表示要预测的项目的隐特征矩阵。

$$\boldsymbol{\mathcal{C}} \in \mathbb{R}^{k_U \times k_L \times k_I} \qquad \boldsymbol{V}^U \in \mathbb{R}^{|U| \times k_U} \qquad \boldsymbol{V}^L \in \mathbb{R}^{|I| \times k_L} \qquad \boldsymbol{V}^I \in \mathbb{R}^{|I| \times k_I}$$

其中张量分解的维度分别是 k_U、k_L 和 k_I。为了计算方便，通常会设置 $k_U = k_L = k_I$。

观测得到的转移张量$\boldsymbol{\mathcal{A}}$非常稀疏，可以用下面的公式来估计用户 u 的行为转移概率：

$$\hat{a}_{u,l,i} = \langle \boldsymbol{v}_u^{U,I}, \boldsymbol{v}_i^{I,U} \rangle + \langle \boldsymbol{v}_i^{I,L}, \boldsymbol{v}_l^{L,I} \rangle + \langle \boldsymbol{v}_u^{U,L}, \boldsymbol{v}_l^{L,U} \rangle \tag{9-18}$$

式中，向量 $\boldsymbol{v}_u^{U,I} \in \boldsymbol{V}^{U,I}$ 和向量 $\boldsymbol{v}_i^{I,U} \in \boldsymbol{V}^{I,U}$ 分别表示基于用户和项目交互（反馈）矩阵得到的用户 u 的隐特征向量和项目 i 的隐特征向量；向量 $\boldsymbol{v}_i^{I,L} \in \boldsymbol{V}^{I,L}$ 和向量 $\boldsymbol{v}_l^{L,I} \in \boldsymbol{V}^{L,I}$ 分别表示基于项目转移矩阵得到的上一次反馈项目 i 的隐特征向量和下一次反馈项目 l 的隐特征向量；向量 $\boldsymbol{v}_u^{U,L} \in \boldsymbol{V}^{U,L}$ 和向量 $\boldsymbol{v}_l^{L,U} \in \boldsymbol{V}^{L,U}$ 与向量 $\boldsymbol{v}_u^{U,I}$ 和向量 $\boldsymbol{v}_i^{I,U}$ 的含义相似，都可看作针对用户和项目交互矩阵进行分解得到的隐特征向量。矩阵 $\boldsymbol{V}^{U,I} \in \mathbb{R}^{|U| \times k_{U,I}}$、$\boldsymbol{V}^{I,U} \in \mathbb{R}^{|I| \times k_{U,I}}$、$\boldsymbol{V}^{I,L} \in \mathbb{R}^{|I| \times k_{I,L}}$、$\boldsymbol{V}^{L,I} \in \mathbb{R}^{|L| \times k_{L,I}}$、$\boldsymbol{V}^{U,L} \in \mathbb{R}^{|U| \times k_{U,L}}$ 和 $\boldsymbol{V}^{L,U} \in \mathbb{R}^{|L| \times k_{L,U}}$ 都是需要学习的模型参数矩阵。

FPMC（Factoring Personalized Markov Chains）模型就是基于上述思想设计的一种序列预测方法。其利用张量分解［式（9-18）］得到的 $\hat{\boldsymbol{\mathcal{A}}}$来对 $p(i \in B_t^u \mid B_{t-1}^u)$ 建模：

$$\hat{p}(i \in B_t^u \mid B_{t-1}^u) = \frac{\sum_{l \in B_{t-1}^u} \hat{a}_{u,l,i}}{|B_{t-1}^u|} = \frac{\sum_{l \in B_{t-1}^u} (\langle \boldsymbol{v}_u^{U,I}, \boldsymbol{v}_i^{I,U} \rangle + \langle \boldsymbol{v}_i^{I,L}, \boldsymbol{v}_l^{L,I} \rangle + \langle \boldsymbol{v}_u^{U,L}, \boldsymbol{v}_l^{L,U} \rangle)}{|B_{t-1}^u|} \tag{9-19}$$

由于 (U, I) 和 L 之间相互独立，所以可以将 $\langle \boldsymbol{v}_u^{U,I}, \boldsymbol{v}_i^{I,U} \rangle$ 从求和符号中移出：

$$\hat{p}(i \in B_t^u \mid B_{t-1}^u) = \langle \boldsymbol{v}_u^{U,I}, \boldsymbol{v}_i^{I,U} \rangle + \frac{1}{|B_{t-1}^u|} \sum_{l \in B_{t-1}^u} (\langle \boldsymbol{v}_i^{I,L}, \boldsymbol{v}_l^{L,I} \rangle + \langle \boldsymbol{v}_u^{U,L}, \boldsymbol{v}_l^{L,U} \rangle) \tag{9-20}$$

推荐系统的任务是获得个性化的项目排名 $<_{u,t} \subset I$。因此，只关心 $\hat{p}(i \in B_t^u \mid B_{t-1}^u)$，$i \in I$ 的相对大小。$\sum_{l \in B_{t-1}^u} \langle \boldsymbol{v}_u^{U,L}, \boldsymbol{v}_l^{L,U} \rangle$ 这部分的信息来源于用户 u 以及上一次反馈的项目 l，而与下一次的项目 i 无关。因此，可以简化上面的 FPMC 模型，用户 u 在下一次对项目 i 的感兴趣程度为

$$\hat{x}_{u,t,i} = \langle \boldsymbol{v}_u^{U,I}, \boldsymbol{v}_i^{I,U} \rangle + \frac{1}{|B_{t-1}^u|} \sum_{l \in B_{t-1}^u} \langle \boldsymbol{v}_i^{I,L}, \boldsymbol{v}_l^{L,I} \rangle \tag{9-21}$$

为了估计模型参数 $\{\boldsymbol{V}^{U,I}, \boldsymbol{V}^{I,U}, \boldsymbol{V}^{L,I}, \boldsymbol{V}^{I,L}\}$，FPMC 算法采用基于时间序列的对级排序学习算法 S-BPR（Sequential BPR）构造目标函数：

$$\underset{\Theta}{\operatorname{argmax}} \prod_{u \in U} \prod_{B_t \in B^u} p(>_{u,t} \mid \Theta) p(\Theta)$$

式中，Θ 表示模型参数 $\{\boldsymbol{V}^{U,I}, \boldsymbol{V}^{I,U}, \boldsymbol{V}^{L,I}, \boldsymbol{V}^{I,L}\}$。与 BPR 中的假设相同，S-BPR 将 $p(>_{u,t} \mid \Theta)$ 写为

$$\prod_{u \in U} \prod_{B_t \in B^u} \prod_{i \in B_t} \prod_{j \notin B_t} p(i >_{u,t} j \mid \Theta)$$

由于 $i >_{u,t} j$ 等价于 $\hat{x}_{u,t,i} >_{\mathbb{R}} \hat{x}_{u,t,j}$，所以可以得到

$$p(i >_{u,t} j \mid \Theta) = p(\hat{x}_{u,t,i} >_{\mathbb{R}} \hat{x}_{u,t,j} \mid \Theta) = p(\hat{x}_{u,t,i} - \hat{x}_{u,t,j} >_{\mathbb{R}} 0 \mid \Theta) \tag{9-22}$$

同 BPR 一样，在此采用 Sigmoid 函数进行概率估计，即 $p(x > 0) := \sigma(x) = \dfrac{1}{1 + \mathrm{e}^{-x}}$，则

$$p(i >_{u,t} j \mid \Theta) = \sigma(\hat{x}_{u,t,i} - \hat{x}_{u,t,j}) \tag{9-23}$$

同时假设 $\Theta \sim \mathrm{N}\left(0, \dfrac{1}{\lambda_\Theta}\right)$，则可以得到 SBPR 的最大化对数后验概率为

$$\begin{aligned}
&\underset{\Theta}{\operatorname{argmax}} \ \ln \prod_{u \in U} \prod_{B_t \in B^u} p(>_{u,t} \mid \Theta) p(\Theta) \\
&= \underset{\Theta}{\operatorname{argmax}} \ \ln \prod_{u \in U} \prod_{B_t \in B^u} \prod_{i \in B_t} \prod_{j \notin B_t} \sigma(\hat{x}_{u,t,i} - \hat{x}_{u,t,j}) p(\Theta) \\
&= \underset{\Theta}{\operatorname{argmax}} \sum_{u \in U} \sum_{B_t \in B^u} \sum_{i \in B_t} \sum_{j \notin B_t} \ln\sigma(\hat{x}_{u,t,i} - \hat{x}_{u,t,j}) - \lambda_\Theta \|\Theta\|_F^2
\end{aligned} \tag{9-24}$$

式中，λ_Θ 表示正则化系数；$\hat{x}_{u,t,i}$ 表示用户 u 在下一次（t）对项目 i 的感兴趣程度，可根据式（9-21）进行估算。

大多数情况下，马尔可夫链不能简单地应用于序列感知推荐，因为数据稀疏性会导致转移矩阵的不良估计。可以通过一些方法来增强，如常用的跳过（Skipping）方法，以减轻数据稀疏性的影响。基于观察序列 $< x_1, x_2, x_3 >$ 的出现，可以推测序列 $< x_1, x_3 >$ 也有较大可能出现。例如，如果有人先后购买了项目 x_1、x_2 和 x_3，那么很可能有人会在购买项目 x_1 后接着购买项目 x_3。

9.2.2 基于循环神经网络的序列预测

循环神经网络（RNN）可以看作一个随着时间推移重复发生的网络结构，如图 9-3 所示。整体上来看，循环神经网络和其他神经网络类似，由输入层、隐藏层和输出层组成，如图 9-3 左侧所示。和传统神经网络不同之处在于，在循环神经网络的隐藏层有一个箭头表示数据的循环更新，以达到记忆的目的。图 9-3 右侧为循环神经网络隐藏层的展开图（假设只有一个隐藏层），其中 x_t 表示在 t 时刻的输入，$\boldsymbol{h}_t$ 表示在 t 时刻的隐藏状态，y_t 表示在 t 时刻的输出。可以看出，t 时刻的输出 y_t 取决于 t 时刻的隐藏状态 $\boldsymbol{h}_t$，即

$$y_t = f(\boldsymbol{h}_t \boldsymbol{V} + \boldsymbol{b}_y) \tag{9-25}$$

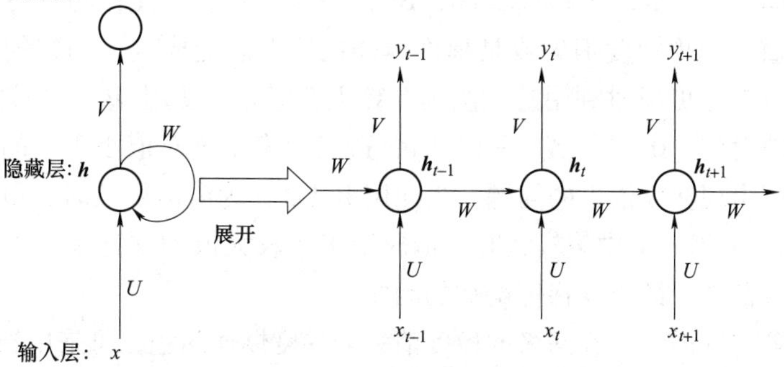

图 9-3　单隐藏层的循环神经网络示意图

式中，$\boldsymbol{V}$ 表示连接隐藏层和输出层的边的权值；$\boldsymbol{b}_y$ 表示输出层的偏置向量；f 表示输出层神经元所采用的激活函数。

常用的激活函数有 sigmoid 函数、tanh 函数和 ReLU 函数：

sigmoid 函数：$f(x)=\dfrac{1}{1+\mathrm{e}^{-x}}$

tanh 函数：$f(x)=\dfrac{1-\mathrm{e}^{-2x}}{1+\mathrm{e}^{-2x}}$

ReLU 函数：$f(x)=\max(0,\ x)=\begin{cases}0, & x<0\\ x, & x\geqslant 0\end{cases}$

t 时刻的隐藏状态 $\boldsymbol{h}_t$ 取决于 t 时刻的输入 $\boldsymbol{x}_t$ 和 $t-1$ 时刻的隐藏状态 $\boldsymbol{h}_{t-1}$：

$$\boldsymbol{h}_t=g(\boldsymbol{x}_t\boldsymbol{U}+\boldsymbol{h}_{t-1}\boldsymbol{W}+\boldsymbol{b}_h) \tag{9-26}$$

式中，$\boldsymbol{U}$ 表示连接输入层和隐藏层的边的权值；$\boldsymbol{W}$ 表示连接隐藏层内部（隐藏节点之间）的边的权值；$\boldsymbol{b}_h$ 表示隐藏层的偏置向量；g 表示隐藏层神经元所采用的激活函数。

循环神经网络会对前面的信息进行记忆并应用于当前输出的计算中，不同于传统的神经网络中同一隐藏层的节点之间是无连接的，循环神经网络中同一隐藏层的节点之间是有连接的。由于循环网络不仅具有记忆性，而且采用参数共享（$\boldsymbol{U}$、$\boldsymbol{V}$、$\boldsymbol{W}$、$\boldsymbol{b}_h$、$\boldsymbol{b}_y$）的方式进行网络结构学习，因此能以很高的效率对序列的非线性特征进行学习。

基于循环神经网络的推荐模型通常采用独热编码的方法来表示输入。模型的输入为用户的点击序列，即输入向量的长度与项目的总数量一致，被反馈的项目相应的位置设为 1，其余位置设为 0。假设项目集总共包括 n 个项目，则可以用长度为 n 的 0-1 向量表示输入。当前时刻 t，第 i 个项目被点击或购买，则当前时刻的输入向量的第 i 位取值为 1，其他位都取值为 0。例如，包含 5 个项目的集合中的第 3 个项目表示为（0，0，1，0，0）。相应的，预测输出 $\hat{y}_t$ 采用长度为 n 的概率向量表示，其中第 j 位的取值表示用户下一次会对项目 j 给予反馈的概率，例如，（0.1，0.8，0.2，0.3，0.6）表示对第一个项目给予反馈的概率为 0.1，对第二个项目给予反馈的概率为 0.8 等。

传统的循环神经网络在进行模型训练时会出现梯度消失或梯度爆炸的问题，导致无法实现预期的长期记忆（或依赖）功能。针对循环神经网络，一般还是采用基于随机梯度下降（Stochastic Gradient Descent，SGD）法进行模型训练。为了计算梯度，需要把循环展开，即采用沿时间的反向传播（Back-Propagation Through Time，BPTT）进行参数更新，其基本原理和传统的反向传播（Back-Propagation，BP）算法一样。因此，随着时间间隔（传播次数）不断增大，就会出现梯度消失或是梯度爆炸的问题。造成这一问题的根本原因在于梯度下降算法在进行参数更新时利用链式法则计算更新值。当使用 sigmoid 或 tanh 作为激活函数时，将所有值映射到［0，1］或［-1，1］，造成很多个绝对值小于 1 的项连乘，梯度很快就会逼近零，即出现梯度消失的问题。当使用 ReLU 作为激活函数时，虽然能够避免梯度消失的问题，但是当参数 $\boldsymbol{W}$ 中值较大时，造成很多个较大值的项连乘，梯度很快就会变得过大甚至超出计算范围，即出现梯度爆炸的问题。

为避免或缓解传统循环神经网络的梯度消失或梯度爆炸问题，可采用长短期记忆（Long Short-Term Memory，LSTM）网络或是门控循环单元（Gated Recurrent Unit，GRU）网络。

LSTM 网络的核心结构是细胞（cell）单元，如图 9-4 所示，用 c_t 表示当前时刻的细胞状态，并通过三个门控制细胞之间信息的传输：输入门（Input Gate）i_t 负责控制新信息的输入，遗忘门（Forget Gate）f_t 负责决定丢弃多少信息，输出门（Output Gate）o_t 负责对输出信息进行过滤。GRU 网络可以看作 LSTM 网络的一个简化版本，它只包含两个门：重置门和更新门，分别用于控制保留多少前一时刻隐藏层的信息和加入多少候选隐藏层的信息。LSTM 和 GRU 都可以灵活控制长短距离的依赖信息。

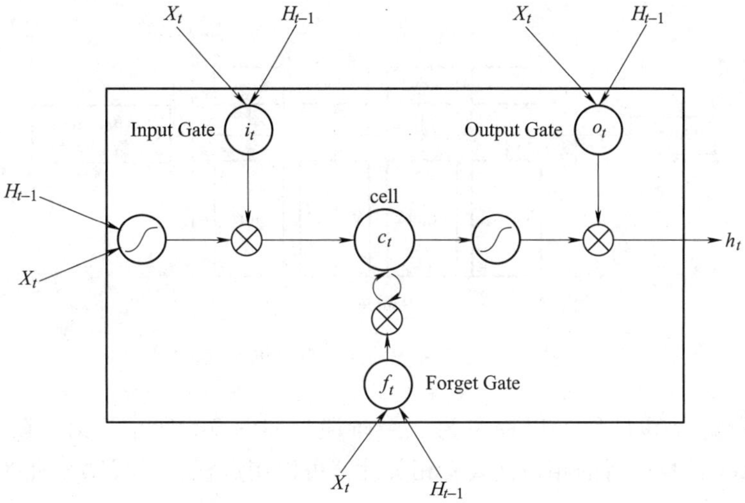

图 9-4　LSTM 的细胞（cell）结构展开图

9.2.3　基于注意力机制的序列预测

基于传统循环神经网络的预测模型会强制性地考虑所有历史项目，导致与候选项目高度相关的项目被弱化，且传递的信号很难使产生的序列推荐被理解与说明。例如，某用户最近依次购买了 A(智能手表)、B(智能手机)、C(台式计算机）和 D(鼠标)，接下来该用户可能会购买 E(手机壳)，因为其之前购买的 B(手机）需要配件。基于传统循环神经网络的预测模型会强制性地将所有前面购买的项目（$A\sim D$）转化为一个向量 $\boldsymbol{h}_4$，以用来预测下一个项目。但由于项目 A(智能手表)、C(台式计算机）和 D(鼠标）都与 E(手机壳）无关，导致很难正确地推荐出项目 E（手机壳)。

针对上述问题，可以引入外部存储单元（记忆矩阵）来维护用户历史行为序列，并通过注意力机制对记忆矩阵中内容进行有选择性地读取与利用。

1. 注意力机制

由于存在信息处理瓶颈，人类难以或是无法同时处理所有可得信息，会选择性地关注所有信息中的一部分，同时忽略其他可见的信息。注意力（Attention）机制的本质是模仿人类这种感知事物的方式，从大量信息中筛选出少量重要信息，并聚焦到这些信息上，而忽略其他不重要的信息。

设信息源 Source 为存储在存储器内的内容，其组织形式为一系列的<键 Key-值 Value>对，其中 Key 为存储地址或是数据索引，Value 为具体的数据内容。针对给定目标 Target 中某个查询 Query，计算 Query 和各 Key 的相关性得到对应 Value 的权重系数 Similarity($Query$, Key_i)，进而对 Value 进行加权求和，可得到最终的 Attention 数值（见图 9-5），即

$$\text{Attention}(Query,\ Source) = \sum_{i=1}^{K} \text{Similarity}(Query,\ Key_i) * Value_i$$

不同于传统的硬选址机制，即仅取出 Key = Query 对应的 Value 值（如在字典中查生字），注意力机制可以看作一种软寻址机制，即根据 Key 与 Query 的相似度来抽取和利用 Value 值。

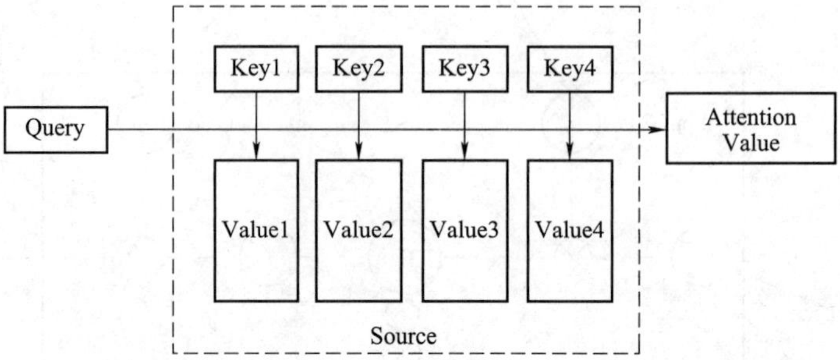

图 9-5　基于注意力的信息查询示意图

注意力机制的计算过程可以抽象为三个阶段，如图 9-6 所示。第一阶段是根据查询 Query 和索引 Key 计算两者的相似性或者相关性，可以用点积、多层感知机（MLP）等多种计算方式：

$$s_i = f(\boldsymbol{Q},\ \boldsymbol{K}_i) = \boldsymbol{Q}^{\mathrm{T}} \boldsymbol{K}_i \quad \text{或} s_i = f(\boldsymbol{Q},\ \boldsymbol{K}_i) = MLP(\boldsymbol{Q},\ \boldsymbol{K}_i)$$

第二阶段的任务是对第一阶段的原始分值 s_i 进行归一化处理，通常采用 softmax 函数，即

$$a_i = \text{softmax}(s_i) = \frac{\exp(s_i)}{\sum_j \exp(s_j)}$$

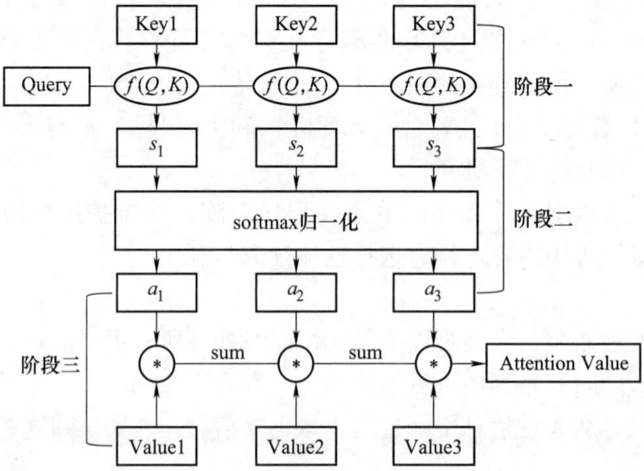

图 9-6　注意力机制的三阶段示意图

第三阶段是利用所得权值 a_i，通过对存储的 Value 值进行加权求和得到 Attention 值，即

$$Attention\_Value = \sum_i a_i Value_i$$

基于注意力机制，结合记忆网络，可以构建出一个如图 9-7 所示的序列推荐模型。面向候选项目 i，可以通过注意力机制查询用户的历史行为数据，以得到用户 u 的短期记忆表征 $\boldsymbol{p}_u^m$，即

$$\boldsymbol{p}_u^m = READ(M^u, \boldsymbol{q}_i) = \sum_{k=1}^{K} z_{ik}\, \boldsymbol{m}_k^u$$

式中，$\boldsymbol{m}_k^u$ 表示用户 u 的记忆矩阵中第 k 个历史项目的嵌入表示；z_{ik} 为通过 softmax 归一化的权重值，即

$$z_{ik} = \mathrm{softmax}(w_{ik}) = \frac{\exp(w_{ik})}{\sum_j \exp(w_{ij})}$$

式中，$w_{ik} = (\boldsymbol{q}_i)^{\mathrm{T}} \boldsymbol{m}_k^u$ 为候选项目 i 与用户历史项目 k 的嵌入表示的相似度。值得注意的是，这里注意力机制中信息源 Source 中索引 Key 和数值 Value 相同，都为记忆网络中存储的项目的嵌入表示 $\boldsymbol{m}_k^u$。

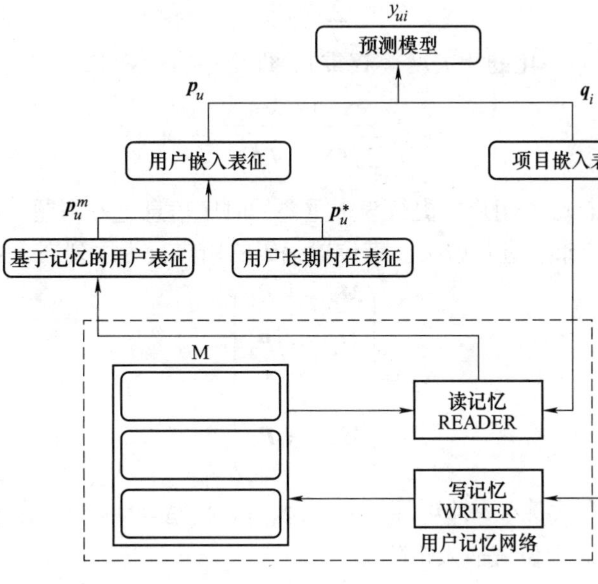

图 9-7　基于记忆网络（Memory Network）的序列推荐模型

为了综合考虑用户的短期兴趣和长期偏好，可以将用户表征为

$$\boldsymbol{p}_u = MERGE(\boldsymbol{p}_u^*, \boldsymbol{p}_u^m) \triangleq \boldsymbol{p}_u^* + \alpha \boldsymbol{p}_u^m$$

式中，$\boldsymbol{p}_u^*$ 表示用户 u 的长期内在表征；$\boldsymbol{p}_u^m$ 表示通过注意力机制得到的用户的短期记忆表征；α 为调制这两者相对重要程度的一个系数。在此基础上，可以采用各种相关度计算方法，如点积、多层感知机等，预测用户 u 对候选项目 i 的兴趣度：

$$\hat{y}_{ui} = PREDICT(\boldsymbol{p}_u, \boldsymbol{q}_i)$$

在此基础上，可以通过引入适当的损失函数，如点级的分类损失或对级的排序损失，进行模

型训练和参数学习。

实际应用中，记忆网络中的记忆（存储）区域空间是有限的。当序列长度超出记忆容量 K 时，需要采用一定的规则如先进先出（FIFO），对存储区域内容进行更新，如删除序列头部（最早加入）的项目。

2. 自注意力机制

自注意力（Self-attention）机制是注意力机制的一种变体，是 Transformer 和 BERT 等模型的核心，已广泛应用于自然语言处理（NLP）领域，如机器翻译、问答系统等。相比传统的注意力机制，自注意力机制减少了对外部信息的依赖，更擅长捕捉数据或特征的内部相关性。

顾名思义，自注意力机制是以 Source 自身为查询 Query 的注意力机制，试图建模 Source 内部元素之间自注意力。自注意力机制可以理解为 Target = Source 这种特殊情况下的注意力机制。

自注意力机制假设查询 Query、索引 Key 和数值 Value 共用相同的原始输入 $\boldsymbol{x}$，并可以分别通过转换矩阵 $\boldsymbol{W}^q$、$\boldsymbol{W}^k$ 和 $\boldsymbol{W}^v$ 将其转换到相应的查询空间、索引空间和数值空间，即

$$\boldsymbol{q}^i = \boldsymbol{W}^q \boldsymbol{x}_i \qquad \boldsymbol{k}^i = \boldsymbol{W}^k \boldsymbol{x}_i \qquad \boldsymbol{v}^i = \boldsymbol{W}^v \boldsymbol{x}_i$$

在此基础上，利用注意力机制，可以得到最终的加权调整后的输出：

$$o^i = \sum_j z_{ij} \boldsymbol{v}^i$$

式中，z_{ij} 为通过 softmax 归一化的相关度（权重），即

$$z_{ij} = \frac{\exp(\boldsymbol{q}^i \boldsymbol{k}^j)}{\sum_l \exp(\boldsymbol{q}^i \boldsymbol{k}^l)}$$

针对自注意力机制忽略了用户历史行为中重要的时序信息这一问题，可以通过引入位置编码（Positional Embedding）进行解决。带位置编码的用户行为序列嵌入表征为

$$\boldsymbol{E}_u = \begin{pmatrix} \boldsymbol{M}_{s_{u,1}} + \boldsymbol{P}_1 \\ \boldsymbol{M}_{s_{u,2}} + \boldsymbol{P}_2 \\ \vdots \\ \boldsymbol{M}_{s_{u,n}} + \boldsymbol{P}_n \end{pmatrix}$$

式中，$\boldsymbol{M} \in \mathbb{R}^{|I| \times d}$ 表示项目嵌入表征矩阵；$S_u = (S_{u,1}, S_{u,2}, \cdots, S_{u,|S_u|})$ 表示用户 u 的历史交互序列；$\boldsymbol{P} \in \mathbb{R}^{n \times d}$ 表示位置嵌入矩阵。

9.3 基于空间信息的推荐

除了时间信息以外，另一个常用的情境信息是空间信息。特别是随着移动互联网和物联网技术的兴起，位置（空间）信息的获取变得越来越容易。

可以从不同角度考虑位置信息对用户偏好的影响。同一区域的用户由于受文化、社交等方面的影响，通常会有相似的偏好；而不同区域的用户可能会有不同的偏好。同一用户在不同位置的偏好可能会发生变化，假设一位上海的用户到北京旅游，正在西单逛商场，临近中午时应该给该用户推荐西单商场附近的餐厅，若此时还给用户推荐位于上海的餐厅，即使餐

厅评分很高、口味很适合，但此时此地也是不合适的。由此可见，位置信息对个性化推荐是至关重要的。

9.3.1　位置信息的获取与推理

要实现基于位置情境的推荐，需要先获取用户位置相关的信息。可以采用显式、隐式和推理等不同方法来获取位置信息。其中最为常用的是通过隐式的方式获取：针对移动终端的用户，可以利用移动设备上的 GPS 传感器来获取用户的位置。其次是通过推理的方式获取：针对通信设备，可以利用电信运营商的无线电通信网络的基站位置信息推理出用户当前的位置；针对 PC，可以利用 IP 地址推理出用户当前的位置；针对线上社交网络用户，可以通过用户在社交平台上分享的带位置标签的照片、微博、微信动态等推理出用户的位置；针对线下的消费者，可以通过用户的刷卡或是扫码消费的商铺位置推理出持卡人的位置。当无法采用隐式和推理方式获取到用户位置时，可以采用显式的方式获取，让用户选择或是输入当前的位置（区域）。

用户的位置会随着用户的移动实时地发生变化。当一位用户开车或是乘车快速经过一个位置时，系统还给他推荐刚刚获取到的位置附近的信息，可能并不是用户需要的。因此，相对于某个时间点的位置信息，更重要的是用户驻留较长时间的区域信息，称为驻留点。用户的驻留点信息可以通过用户的行为轨迹数据进行推理得到。设用户的轨迹为 $p_1 \rightarrow p_2 \rightarrow \cdots \rightarrow p_n$，则驻留点 s 可由子轨迹来定义 $p_i \rightarrow \cdots \rightarrow p_j$，要求该轨迹满足 $k \in [i, j)$，$\mathrm{dist}(p_k, p_{k+1}) < \delta$ 且 $\mathrm{int}(p_i, p_j) > \tau$，其中 $\mathrm{dist}(p_k, p_{k+1}) < \delta$ 表示相邻两点的距离足够短，$\mathrm{int}(p_i, p_j) > \tau$ 表示用户在一个地方停留的时间足够长。根据用户的行为轨迹和驻留点信息，可以推理出用户当前的状态和意图：逛商场、逛公园、参观景点等，如图 9-8 所示。

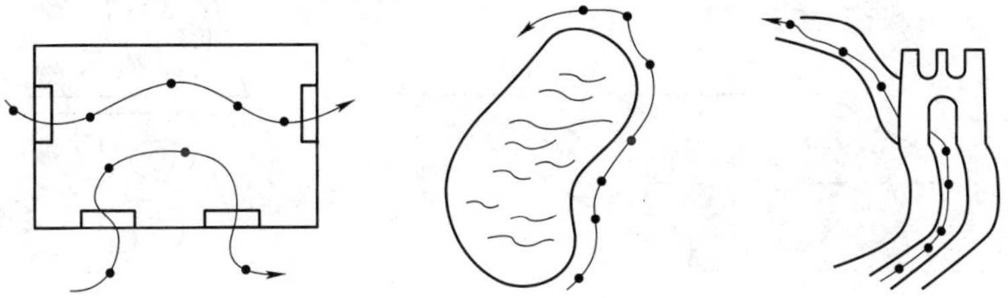

图 9-8　不同驻留点场景的示例

9.3.2　基于位置信息的推荐

基于位置的服务（Location Based Services，LBS）是一种常用的移动推荐方法。在移动互联网时代，用户随时随地都能通过移动设备接入互联网，位置信息的获取变得更加容易。而且移动推荐更加强调实时性，需要实时根据当前位置做出推荐，例如，用户在午餐时间位于某区域，那可能需要该区域附近餐厅的相关信息，而非距离较远的餐厅信息。基于位置的服务主要用于推荐和地理位置相关的项目或信息，如商家、餐厅、景点等兴趣点。

基于位置的推荐算法通常会显式或隐式地利用两个基本假设：区域性偏好和局部移动。

区域性偏好假设不同区域的用户有不同的偏好，如四川人喜欢吃辣的，上海人喜欢吃甜的。局部移动假设用户不愿意走（移动）太远，如身在上海的四川人不会也不可能为了吃一顿午餐回四川。

可以采用第8章基于情境感知的推荐中介绍的各种不同的方式来构建基于位置情境的推荐：预过滤、后过滤和情境建模。当采用基于情境的预过滤方式时，首先根据位置信息过滤掉非当前位置的历史行为数据，然后基于这些数据采用传统的推荐算法进行推荐。为解决数据稀疏问题，这类方法的关键在于位置情境泛化。可以采用基于行政区域级别的方式进行位置泛化：街道→乡镇→县→市→省→国家，但这需要有额外的地图或地理知识信息。另一种常用的位置泛化方法是通过地理空间金字塔模型。可以直接根据经纬度（GPS获取得到的信息）进行空间抽象：从上（顶）往下（底），对整个空间进行不断地细化（划分），如图9-9所示。也可以采用树状层次聚类模型（Tree-Based Hierarchical Graph，TBHG）进行抽象，如图9-10所示：将从用户轨迹中抽取的驻留点进行形式化表示，再利用基于密度的聚类算法，对驻留点进行递归聚类，先将驻留点聚成较多的类簇，再对类簇中心继续进行聚类以得到较少的类簇，如此递归下去，可以得到层次化聚类结果，其中不同层次的类簇表示不同粒度的显著位置区域。

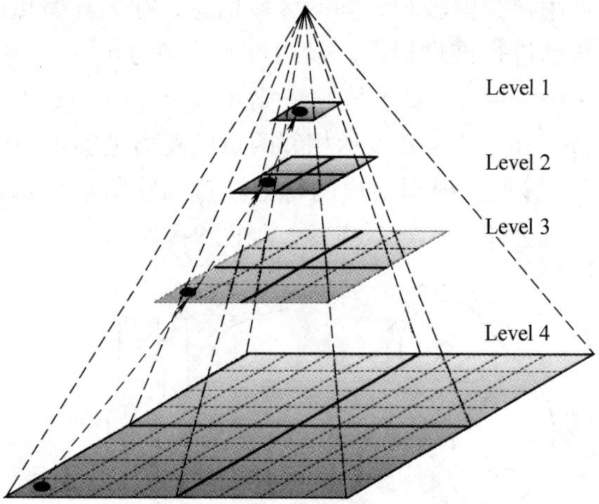

图9-9　地理空间金字塔示意图

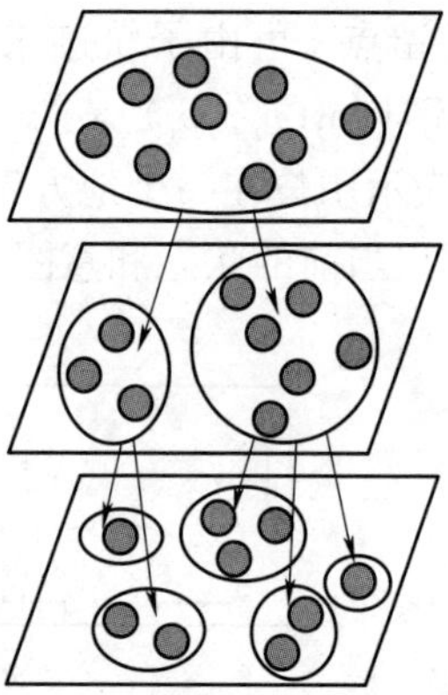

图9-10　树状层次聚类模型

当采用基于情境的后过滤方式时，先基于所有的可用数据采用传统的推荐算法得到推荐列表，然后利用位置信息对推荐结果进行重排序（排序调整）。重排序的主要依据是局部移动性，即用户不愿意移动太远。一种常用的做法是根据距离对兴趣度进行惩罚，即

$$p'(u,\ i)=p(u,\ i)/\mathrm{dist}(l_u,\ l_i)$$

式中，$p(u,\ i)$表示不考虑位置时，用户u对项目i的兴趣度；$\mathrm{dist}(l_u,\ l_i)$表示用户u当前的位置l_u和项目i所在位置l_i的距离；$p'(u,\ i)$表示修正后用户u对项目i的兴趣度。

当采用情境建模的方式时，有多种方法可以用于对位置信息进行建模。针对基于邻域的算法，可以直接利用用户位置和项目位置的空间距离来计算相似度或相关度。针对基于模型的算法，可以直接利用位置来构建模型，也可以利用基于位置推理出来的场景和状态信息（购物、旅游等）来构建各种模型，如基于张量分解的模型、基于因子分解机的模型等。

9.3.3 融合其他信息的推荐

空间信息常和其他情境信息结合起来一起用于推荐，如时间信息、社交信息等。

时间信息和空间信息通常会综合起来使用，常见的应用有活动推荐、新闻资讯推荐、路线推荐等。活动、新闻等资讯信息通常生命周期较短，如商店的促销打折活动、机构的庆典活动、时事新闻等，当其生命周期结束以后，再给用户推荐就没有意义了。而且这些资讯信息通常还有位置信息，如活动举办的位置、新闻事件发生的位置等，如果给用户推荐距离过远的活动资讯，可能用户也并不会感兴趣。因此，针对这些应用，只有综合考虑时间和空间信息，才能产生用户感兴趣的推荐列表。

和空间信息相关的另一个常见应用是路线推荐，如出行交通、旅游路线等。在这类应用中，不仅要考虑空间位置信息，还需要考虑时间、天气、可达性等信息，如节假日或特殊活动可能导致特别拥塞。此外，还可以采用 9.2 节中介绍的时序感知模型对行为轨迹（位置序列）进行建模。

除了时间信息之外，社交信息是另外一种经常和位置信息结合使用的情境信息。例如，在进行活动推荐时，可以结合用户社交或是朋友圈中的信息，给用户推荐其可能感兴趣的活动；在进行旅游景点推荐时，优先推荐社交关系用户（朋友或亲人）造访过的地方。除了可以直接使用从其他渠道（如社交平台）获取得到的社交信息，还可以利用位置信息进行社交关系推理，如利用 GPS 位置信息结合无线网络 SSID（Wi-Fi 名）就能推理出用户是否在同一私有或公共空间中，再结合位置属性（办公区、住宅等）就能推理出用户之间是同事关系还是家人（或室友）关系。

习题

1. 请简述基于时间间隔、时间分片、时间序列的三类情境感知推荐算法的基本思想。

2. 选择一种你熟悉的编程语言，实现一种基于时间的用户协同过滤，并选择一个公开数据集进行验证。

3. 请简述基于马尔可夫模型的序列预测模型的基本思想。

4. 请简述 FPMC 模型的基本思想。

5. 调研分析一下基于时空推荐的应用场景和典型应用案例。

第10章 基于社交关系的推荐

基于情境感知的推荐意在恰当的时间、恰当的地点、恰当的场合，通过恰当的媒介，给用户推荐能满足其当前偏好、需求和意图的信息。前一章重点介绍了基于时空信息的情境感知推荐，本章将主要介绍基于社交信息的情境感知推荐。

互联网的飞速发展，极大地促进了在线社交网络的形成和发展，并已成为用户创造、共享信息的重要渠道。如今，互联网上活跃着众多社交网络服务，如微博、微信、Facebook、Twitter、LinkedIn等。这些社交平台上大量活跃用户的网络行为给社交网络分析提供了支持，同时也为其他跨学科问题研究提供了数据和研究场景。社交网络的本质是描述用户间的社交关系，社交关系的建立依赖于用户间的社交活动、真实社会关系以及社交需求等，同时在很大程度上也引导着用户的社交行为。

依据社交网络中用户关系的构建特点，社交信息能够在一定程度上表示用户的偏好。传统推荐方法假设用户在做决策时相互独立，忽略了用户之间的相互影响。然而在现实生活中，人们在做决策时通常会向家人和朋友寻求建议或者意见，亲朋的偏好会在一定程度上影响用户最终的选择。根据一项调查报告结果，约85%的中国受访者在一定程度上信赖来自家人或朋友的推荐。因此，可以通过利用社交信息来量化用户间的相互影响，以便更好地模拟真实场景下的推荐和决策过程。这类方法称为基于社交关系的推荐，也称社交化推荐。

本章将首先介绍常用的两类社交关系数据：好友关系和信任关系。然后，分别从基于邻域推荐和基于模型推荐的角度出发，介绍几种常用的社交化推荐模型。最后，介绍一类基于社会曝光的推荐算法。

10.1 社交关系数据

社交关系大致可分为两大类：信任式社交关系和好友式社交关系。信任式社交关系为单向关系，而好友式社交关系则为双向关系。例如，微博、Facebook、Twitter等平台上的社交关系为单向信任式关系，而微信、豆瓣、QQ等平台上的社交关系则为双向好友式社交关系。好友式社交关系往往是在现实生活中已是好友关系的前提下构建的，而这一特点并不完全适用于信任式社交关系。信任关系可细分为信任与被信任，用户A信任用户B是一种主动行为，潜在意味着“用户 A 想成为用户 B 的好友”；而用户 B 被用户 A 信任则是一种被动行为，潜在意味着“用户 B 对用户 A 有一定的影响”。因此，信任式社交关系比好友式社交关系更加精细。信任式社交关系构建的前提是具有相似的偏好与品味，然而这一特点并不完全适用于好友式社交关系的构建。在好友式社交关系中，互为好友的用户可能是因为有共同的偏好而成为好友，也可能是因为其他原因，如现实世界中的同学关系、亲属关系等。因此，基于不同类型的社交关系能挖掘出的信息也不尽相同。

假设系统中有 m 个用户，则社交关系可以表示为一个 $m \times m$ 的矩阵 $\boldsymbol{S} = \{S_{ij}\}_{m\times m}$：

$$S_{ij} = \begin{cases} 1, & \text{用户 } u_i \text{ 信任用户 } u_j\text{，或用户 } u_i \text{ 和用户 } u_j \text{ 是好友} \\ 0, & \text{其他} \end{cases}$$

当社交关系仅包含好友关系时，社交关系矩阵 $\boldsymbol{S}$ 是一个对称矩阵，即 $S_{ij} = S_{ji}$。当社交关系包含信任关系时，社交关系矩阵不一定对称，即可能出现 $S_{ij} = 1$（用户 u_i 信任用户 u_j）但 $S_{ji} = 0$（用户 u_j 并不信任用户 u_i）。用户 u_i 的社交关系集合 $S(i)$ 表示为

$$S(i) = \{u_j \in U \mid S_{ij} = 1\}$$

式中，U 表示所有用户的集合。

图 10-1a 是一个好友式社交关系网络的例子。图中，用户 u_1 与 u_2、u_1 与 u_4、u_1 与 u_5、u_2 与 u_3、u_2 与 u_4、u_2 与 u_5 以及 u_3 与 u_5 都是好友关系。对应的社交关系矩阵如图 10-1b 所示，如果用户 u_i 和 u_j 之间是好友关系，则 $S_{ij} = 1$，否则 $S_{ij} = 0$。用户 u_1 的社交关系集合为 $\{u_2, u_4, u_5\}$。

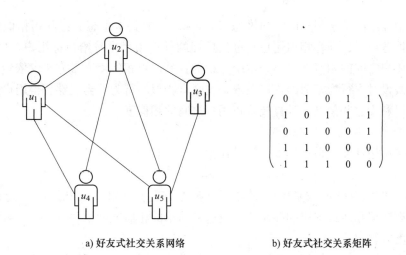

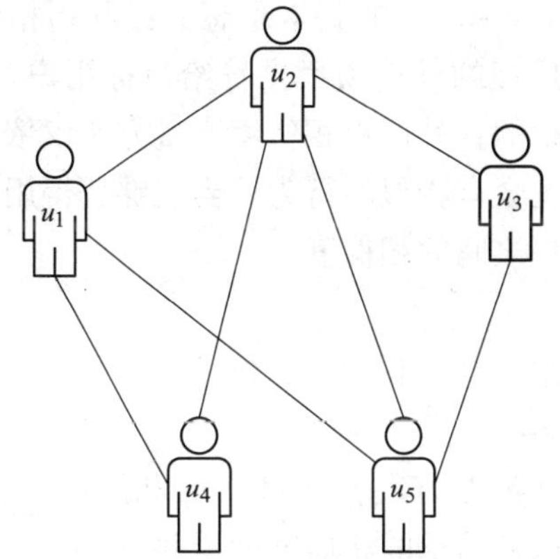

a) 好友式社交关系网络

$$\begin{pmatrix} 0 & 1 & 0 & 1 & 1 \\ 1 & 0 & 1 & 1 & 1 \\ 0 & 1 & 0 & 0 & 1 \\ 1 & 1 & 0 & 0 & 0 \\ 1 & 1 & 1 & 0 & 0 \end{pmatrix}$$

b) 好友式社交关系矩阵

图 10-1　好友式社交关系示意图

图 10-2a 是一个信任式社交关系网络的例子，图中有向边表示信任关系。从图中可以看出，只有用户 u_3 和 u_5 是相互信任的关系，其余的用户之间都是单向信任的关系。对应的社交关系矩阵如图 10-2b 所示，矩阵的行表示信任者用户，列表示被信任者用户，S_{ij} 表示用户 u_i 信任用户 u_j 的程度。用户 u_1 的信任用户集合为 $\{u_2, u_4\}$，用户 u_1 的被信任用户集合为 $\{u_5\}$。

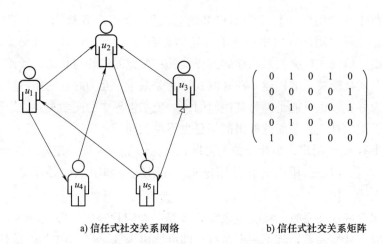

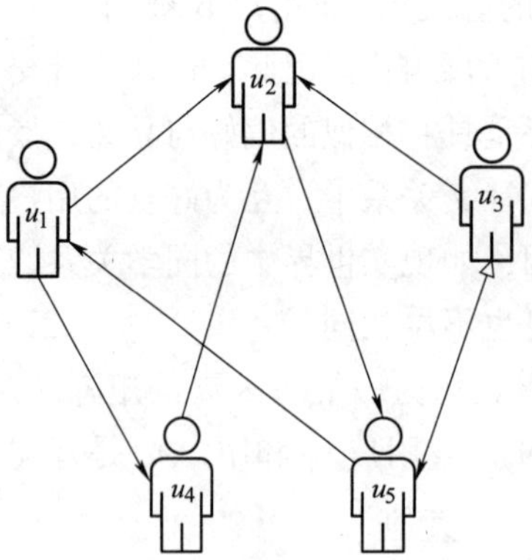

a) 信任式社交关系网络

$$\begin{pmatrix} 0 & 1 & 0 & 1 & 0 \\ 0 & 0 & 0 & 0 & 1 \\ 0 & 1 & 0 & 0 & 1 \\ 0 & 1 & 0 & 0 & 0 \\ 1 & 0 & 1 & 0 & 0 \end{pmatrix}$$

b) 信任式社交关系矩阵

图 10-2　信任式社交关系示意图

10.2　基于邻域的社交化推荐

社交关系可以看作一种重要的用户属性信息，进而用于对用户进行画像（建模）。因此，可以利用社交关系信息对现有的基于邻域的推荐算法进行改进。

10.2.1　基于用户的协同过滤

第 2 章中介绍的基于用户的协同过滤（User-CF）的基本思想为：利用相似用户的行为为目标用户推荐项目，即将相似用户有过正反馈的候选项目推荐给目标用户。User-CF 的关键在于计算用户之间的相似度。第 2 章中介绍的各种用户相似度度量方法仅依赖于用户的行为数据，其假设过去行为相似的用户在未来也会有相似的行为。当能够获得用户之间的社交关系时，可以利用这些信息来计算或修正用户之间的相似度。

1. 基于社交信息的用户相似度

可以直接利用社交关系矩阵 **S** 来计算用户之间的相似度，例如：

$$w_{ij} = S_{ij}$$

即如果用户 u_i 信任用户 u_j 或是用户 u_i 和用户 u_j 是好友，则用户 u_i 和用户 u_j 的相似度为 1。但是由于噪声数据和活跃用户的存在，导致这种简单的相似度度量并不可靠。可以通过用户之间的熟悉度来缓解这些问题。

一般来说，用户更加相信自己熟悉的好友的推荐，因此在进行协同过滤时应该考虑用户之间的熟悉度。用户 u_i 和用户 u_j 的熟悉度（Familiarity）描述的是用户 u_i 和用户 u_j（在现实社会中）的熟悉程度，也被称为社交相似度。熟悉度可以通过用户之间的共同好友比例来度量，也就是说如果用户 u_i 和用户 u_j 很熟悉，则一般来说他们应该有很多共同的好友。具体的计算公式如下：

$$f(u_i, u_j) = \frac{|S(i) \cap S(j)|}{|S(i) \cup S(j)|}$$

式中，$S(i)$ 和 $S(j)$ 分别表示用户 u_i 和用户 u_j 的社交关系（信任用户或是好友用户）集合。

单依靠社交关系（如熟悉度）来度量用户相似度，通常并不可靠。例如，人们都和自己的父母很熟悉，但很多时候和父母的兴趣却并不相似。因此，在度量用户相似度时还需要考虑兴趣相似度。兴趣相似度可以通过和 User-CF 类似的方式度量，即如果两个用户给予正反馈的项目集合重合度越高，则两个用户的兴趣相似度也越高。具体计算公式如下：

$$s(u_i, u_j) = \frac{|R(u_i) \cap R(u_j)|}{|R(u_i) \cup R(u_j)|}$$

式中，$R(u_i)$ 和 $R(u_j)$ 分别表示用户 u_i 和用户 u_j 有过正反馈的项目集合。

基于用户之间的熟悉度 $f(u_i, u_j)$ 和兴趣相似度 $s(u_i, u_j)$，可以构建出用户之间的相似度度量：

$$w_{ij} = g(f(u_i, u_j), s(u_i, u_j))$$

具体的计算可以通过熟悉度 $f(u_i, u_j)$ 和兴趣相似度 $s(u_i, u_j)$ 加权求和得到：

$$w_{ij} = \alpha f(u_i, u_j) + (1 - \alpha)s(u_i, u_j)$$

式中，α 表示调节两种度量影响的权值。也可以通过两者相乘得到：

$$w_{ij} = f(u_i, u_j)s(u_i, u_j)$$

2. 基于邻域的协同推荐

计算得到用户之间的相似度之后，可以给用户推荐和他兴趣相似的邻域用户有过正反馈的项目。针对基于隐式反馈的 Top-N 推荐问题，可以用如下的公式度量用户 u 对项目 i 的感兴趣程度：

$$p(u, i) = \sum_{v \in S(u, K) \cap N(i)} w_{uv} r_{vi}$$

式中，$S(u, K)$ 表示用户 u 的 K 近邻，即包含和用户 u 兴趣最相似的 K 个用户；$N(i)$ 表示对项目 i 有过正反馈行为的用户集合；w_{uv} 表示用户 u 和用户 v 的相似度；r_{vi} 代表用户 v 对项目 i 的兴趣度。针对隐式反馈（如购买记录）数据，如果用户 v 对项目 i 有过正反馈，则 $r_{vi} = 1$；否则 $r_{vi} = 0$。

如果用户不仅购买项目，而且还会对所购买过的项目给一个评分，评分越高说明用户对项目越满意。基于这些评分数据，可以进行评分预测，具体的计算公式如下：

$$r_{ui} = \frac{\sum_{v \in S(u, K) \cap N(i)} w_{uv} r_{vi}}{\sum_{v \in S(u, K) \cap N(i)} w_{uv}}$$

式中，$S(u, K)$ 表示用户 u 的 K 近邻，即包含和用户 u 兴趣最相似的 K 个用户；$N(i)$ 表示对项目 i 有过评分的用户集合；r_{vi} 表示用户 v 对项目 i 的评分；w_{uv} 表示用户 u 和用户 v 的相似度。如果考虑用户的评分偏置，可以用如下公式预测用户 u 对项目 i 的评分：

$$r_{ui} = \bar{r}_u + \frac{\sum_{v \in S(u, K) \cap N(u)} w_{uv}(r_{vi} - \bar{r}_v)}{\sum_{v \in S(u, K) \cap N(u)} w_{uv}}$$

式中，$\bar{r}_u$ 表示用户 u 的评分平均值，即用户 u 的评分偏置。

10.2.2　基于图扩散的推荐

用户的社交关系可以表示为社交网络图，用户对项目的行为可以表示为用户-项目二部图，而这两种图可以有机地结合在一起，如图 10-3 所示。该图中有两类不同的节点：用户节点和项目节点（用方块表示）。如果用户 u 对项目 i 有过正反馈行为，则有一条边连接对应的两个节点，如图 10-3 中用户 u_1 对项目 a 和 b 有过正反馈行为。如果用户 u 和用户 v 是好友关系，则有一条边连接对应的两个用户节点，如图 10-3 中用户 u_1 和用户 u_2、u_3、u_5 是好友。

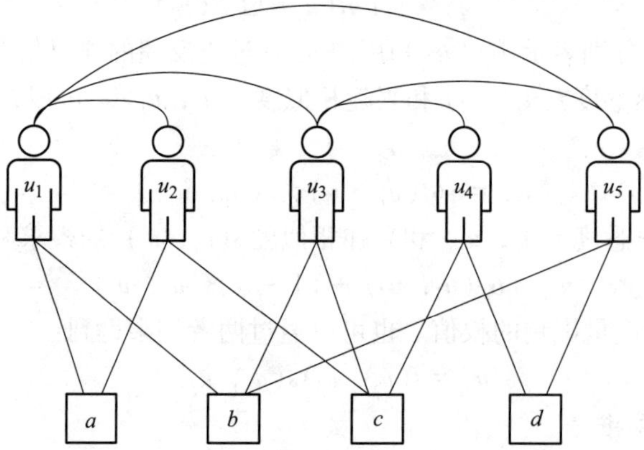

图 10-3　融合社交关系的用户、项目关系示意图

除了节点和边，还需要定义网络图中边的权重。设用户和项目之间边的权重为 1，可以通过设置图中用户和用户之间边的权重 α 来调节社交关系信息和用户行为信息的相对重要程度。如果设置 $\alpha > 1$，则意味着社交关系信息比用户行为信息更加重要；如果设置 $\alpha < 1$，则意味着用户行为信息更加重要。

确定好边的权重之后，可以采用基于图扩散的方法计算用户与项目之间的相关度，并基于此为目标用户生成推荐列表。其基本思想为：从给定用户节点出发，沿着网络中的边进行随机游走，直至达到系统稳定状态，计算到达各项目节点的概率，并据此对项目进行排序。

下面将以第 2 章中介绍的物质扩散算法为例，给出一个基于图扩散的社交化推荐的具体例子。首先，在目标用户已反馈的各个项目上分别放置一个单位的资源。然后，通过网络扩散将资源分发给目标用户潜在感兴趣的项目，如图 10-4 所示。最后，根据资源拥有量对项目进行排序。假设用户 u_1 为目标用户，具体的算法步骤如下：

1）在目标用户有过正反馈的各个项目上分别放置一个单位的资源，如图 10-4a 所示。

2）项目上的资源通过用户-项目二部图扩散至对这些项目有过正反馈的用户上，如图 10-4b 所示。

3）用户上的资源通过用户-项目二部图和用户社交关系网络扩散到这些用户有过正反馈的项目和其好友或信任用户上，如图 10-4c 所示。

4）将用户上的资源通过用户-项目二部图扩散到这些用户有过正反馈的项目上，如图 10-4d 所示。

5）重复步骤 2）~ 4），直至各项目的资源量达到稳定状态或是迭代次数达到预设的阈值。

6）根据项目最终获得的资源数量进行降序排列并形成推荐列表。

在每步进行物质扩散的过程中，每个节点会将其自身的资源，根据其输出边上的权值，按比例分发给其相邻节点。相应的，可以根据下面的公式更新各节点的资源量：

$$p_j^{t+1} = \sum_{j \in N(i)} \frac{p_i^t w_{ij}}{\sum_{k \in N(i)} w_{ik}}$$

式中，p_i^t 表示在第 t 轮迭代中节点 i 的资源量；$N(i)$ 表示和节点 i 相邻的节点的集合；w_{ij} 表示连接节点 i 和节点 j 的边的权值；$\sum_{k \in N(i)} w_{ik}$ 表示从节点 i 输出的所有边的权值的加和。如图 10-4 所示，假设图中所有边的权值都为 1，即 $\alpha = 1$。

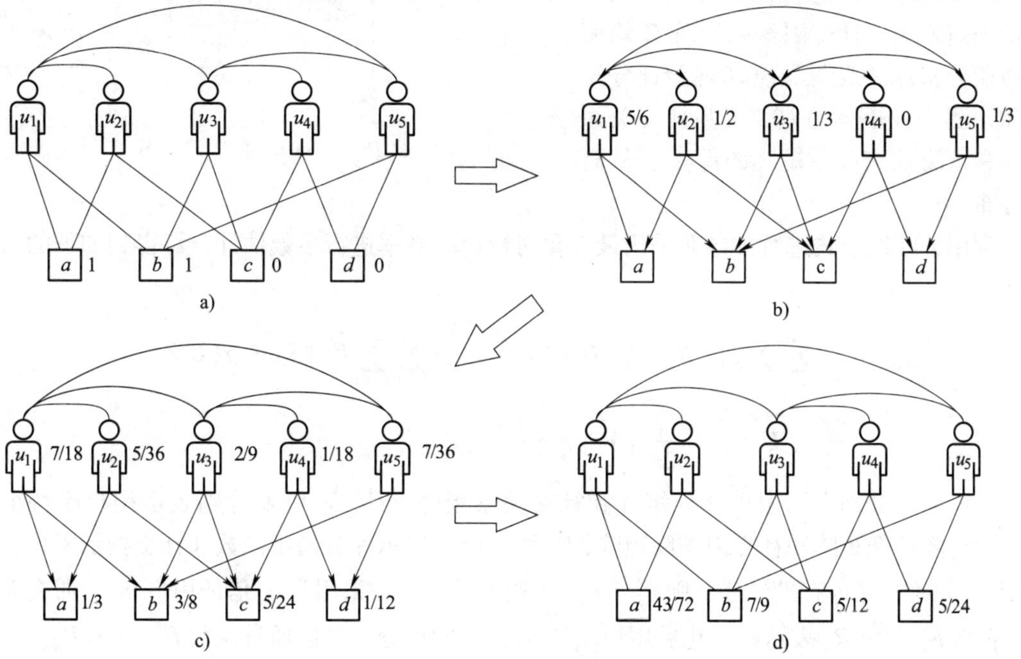

图 10-4　融合社交关系的物质扩散示意图

10.3　基于模型的社交化推荐

社交关系作为一种辅助信息，可用来修正现有的基于模型的协同过滤算法。基于模型的社交化推荐的本质是通过引入额外的社交信息来影响评分（或反馈）矩阵的重建或分解过程。根据对社交信息利用方式的不同，可将基于模型的社交化推荐分为两大类：基于潜在社交因子学习的推荐模型和基于显式社交关系的推荐模型。

10.3.1　基于潜在社交因子学习的推荐

基于潜在社交因子学习的推荐模型假设：①用户之间的社交关系是由一组潜在的社交因子和一组潜在的用户因子共同决定的；②社交关系矩阵和用户评分矩阵共享相同的潜在用户因子。

SoRec 是一种典型的基于潜在社交因子学习的推荐算法，主要针对评分预测问题。SoRec 算法假设推荐系统和社交网络共享一个潜在用户空间，并通过同时分解用户评分矩阵和社交关系矩阵将社交信息融入推荐模型中。基于概率矩阵分解（PMF）的框架，可得SoRec算法的示意图如图10-5所示，其中$\boldsymbol{U}_i$、$\boldsymbol{V}_j$和$\boldsymbol{Z}_k$分别表示用户隐特征变量、项目隐特征变量和社交因子特征变量，R_{ij}和S_{ik}分别表示用户评分变量和社交关系变量。

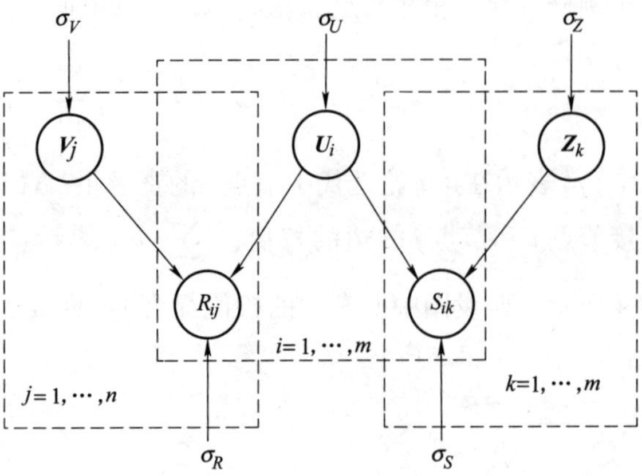

图10-5　SoRec算法示意图

假设：①用户隐特征矩阵$\boldsymbol{U}$、项目隐特征矩阵$\boldsymbol{V}$、社交因子隐矩阵$\boldsymbol{Z}$均服从高斯分布；②观测噪声（观测评分矩阵和预测评分矩阵的差、观测社交关系矩阵和预测社交关系矩阵的差）服从高斯分布。

利用贝叶斯公式进行推导并采用最大化对数后验概率进行参数估计，可得到如下的目标函数：

$$L_{SoRec}=\frac{1}{2}\sum_{i=1}^{m}\sum_{j=1}^{n}I_{ij}^{R}\left(R_{ij}-g(\boldsymbol{U}_i\boldsymbol{V}_j^{\mathrm{T}})\right)^2+\frac{\lambda_S}{2}\sum_{i=1}^{m}\sum_{k=1}^{m}I_{ik}^{S}\left(S_{ik}-g(\boldsymbol{U}_i\boldsymbol{Z}_k^{\mathrm{T}})\right)^2+\frac{\lambda_U}{2}\|\boldsymbol{U}\|_F^2+\frac{\lambda_V}{2}\|\boldsymbol{V}\|_F^2+\frac{\lambda_Z}{2}\|\boldsymbol{Z}\|_F^2$$

式中，$\boldsymbol{R}$和$\boldsymbol{S}$分别表示用户评分矩阵和社交关系矩阵；$\boldsymbol{U}$、$\boldsymbol{V}$和$\boldsymbol{Z}$分别表示用户隐特征矩阵、项目隐特征矩阵和社交因子隐矩阵；I_{ij}^{R}和I_{ik}^{S}分别表示评分指示函数和社交指示函数，如果用户u_i对项目v_j有过评分，则$I_{ij}^{R}=1$，否则$I_{ij}^{R}=0$，如果用户u_i信任用户u_k，那么$I_{ik}^{S}=1$，否则$I_{ik}^{S}=0$；R_{ij}表示归一化后用户u_i对项目v_j的评分，可以通过函数$f(x)=x/R_{max}$对评分进行归一化，其中R_{max}表示最大可能评分值；S_{ik}表示用户u_i和用户u_k的社交关系；$\boldsymbol{U}_i$、$\boldsymbol{V}_j$和$\boldsymbol{Z}_k$分别表示用户u_i、项目v_j和社交因子z_k的隐特征向量；$g(x)$表示Sigmoid函数，即$g(x)=1/(1+\exp(-x))$，将输入x约束在[0，1]区间内；$\lambda_S=\frac{\sigma_R^2}{\sigma_S^2}$，$\lambda_U=\frac{\sigma_R^2}{\sigma_U^2}$，$\lambda_V=\frac{\sigma_R^2}{\sigma_V^2}$，$\lambda_Z=\frac{\sigma_R^2}{\sigma_Z^2}$，$\sigma_R^2$、$\sigma_S^2$、$\sigma_U^2$、$\sigma_V^2$和$\sigma_Z^2$分别表示对应变量的方差；$\|\cdot\|_F^2$表示矩阵的弗罗贝尼乌斯范数（Frobenius Norm）的二次方，给定矩阵$\boldsymbol{A}\in\boldsymbol{R}^{m\times n}$，则$\|\boldsymbol{A}\|_F^2=\sum_{i=1}^{m}\sum_{j=1}^{n}|a_{ij}|^2$。

上述目标函数中第一项$\sum_{i=1}^{m}\sum_{j=1}^{n}I_{ij}^{R}\left(R_{ij}-g(\boldsymbol{U}_i\boldsymbol{V}_j^{\mathrm{T}})\right)^2$表示评分矩阵重建损失，第二项$\sum_{i=1}^{m}\sum_{k=1}^{m}I_{ik}^{S}\left(S_{ik}-g(\boldsymbol{U}_i\boldsymbol{Z}_k^{\mathrm{T}})\right)^2$表示社交关系矩阵重建损失，后面三项可看作针对参数的L2正则。

利用梯度下降法可以找到上述目标函数的某个局部最优解，对应各参数的梯度计算公式如下：

$$\frac{\partial L}{\partial U_i}=\sum_{j=1}^{n} I_{ij}^{R} g'(\boldsymbol{U}_i\boldsymbol{V}_j^{\mathrm{T}})(g(\boldsymbol{U}_i\boldsymbol{V}_j^{\mathrm{T}})-R_{ij})\boldsymbol{V}_i+\lambda_S\sum_{j=1}^{m} I_{ik}^{S} g'(\boldsymbol{U}_i\boldsymbol{Z}_k^{\mathrm{T}})(g(\boldsymbol{U}_i\boldsymbol{Z}_k^{\mathrm{T}})-S_{ik})\boldsymbol{Z}_k+\lambda_U\boldsymbol{U}_i$$

$$\frac{\partial L}{\partial V_j}=\sum_{i=1}^{m} I_{ij}^{R} g'(\boldsymbol{U}_i\boldsymbol{V}_j^{\mathrm{T}})(g(\boldsymbol{U}_i\boldsymbol{V}_j^{\mathrm{T}})-R_{ij})\boldsymbol{U}_i+\lambda_V\boldsymbol{V}_j$$

$$\frac{\partial L}{\partial Z_k}=\lambda_S\sum_{i=1}^{m} I_{ik}^{S} g'(\boldsymbol{U}_i\boldsymbol{Z}_k^{\mathrm{T}})(g(\boldsymbol{U}_i\boldsymbol{Z}_k^{\mathrm{T}})-S_{ik})\boldsymbol{U}_i+\lambda_Z\boldsymbol{Z}_k$$

式中，$g'(x)$ 表示 Sigmoid 函数的导数，即 $g'(x)=\frac{\mathrm{e}^x}{(1+\mathrm{e}^x)^2}$。为了减少模型参数设置的复杂度，通常设 $\lambda_U=\lambda_V=\lambda_Z$。

10.3.2 基于显式社交关系的推荐

基于显式社交关系的推荐模型假设：①好友的偏好会直接影响用户最终的决策；②互为好友的用户偏好相似。

1. 基于信任好友偏好的推荐算法

RSTE 是一种典型的基于显式社交关系的推荐算法，其假设：①用户有各自对项目的偏好；②用户会受到其信任朋友的影响，并且有更大可能购买其朋友推荐的项目；③用户最终的决策是自身偏好和其朋友偏好共同影响的结果。基于概率矩阵分解（PMF）的框架，可得 RSTE 算法示意图如图 10-6 所示，其中 $\boldsymbol{U}_i$ 和 $\boldsymbol{V}_j$ 分别表示用户隐特征变量和项目隐特征变量；S_{ik} 表示用户 u_i 对用户 u_k 的信任程度；N_{ui} 表示用户 u_i 的社交关系用户集合；R_{ij}^{*} 表示基于用户偏好的评分预测，R_{ij}^{**} 表示基于社交关系的评分预测，α 表示 R_{ij}^{*} 对最终评分预测的影响权重。

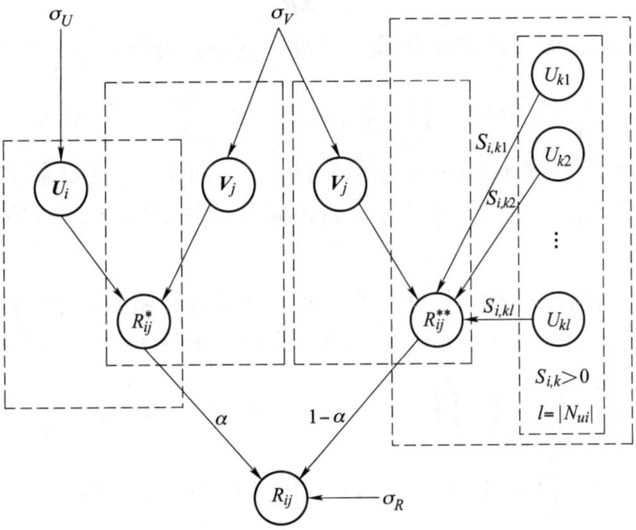

图 10-6 RSTE 算法示意图

RSTE 算法在对目标用户进行评分预测时不仅会利用用户的偏好信息，还会综合考虑用户所信任好友的偏好。具体而言，RSTE 算法将根据用户自身偏好得到的预测评分和根据用户信任好友偏好得到的预测评分进行加权平均，以得到用户对项目的最终预测评分。和 SoRec 算法一样，为了不失一般性，可以通过归一化操作将评分数值 R_{ij} 映射到［0，1］区间上。例如，

可以通过函数 $f(x)=x/R_{\max}$ 对评分进行归一化，其中 R_{max} 表示最大可能评分值。

仅根据信任好友的偏好对用户评分进行预测，可表示为

$$\hat{R}_{ij}^{**}=\frac{\sum_{k\in S(i)} R_{kj}S_{ik}}{|S(i)|}$$

式中，$\hat{R}_{ij}^{**}$ 表示基于社交关系预测的用户 u_i 对项目 v_j 评分值；R_{kj} 表示用户 u_k 对项目 v_j 的评分观测值；$S(i)$ 表示用户 u_i 信任的用户集合，$|S(i)|$ 表示这个集合的大小（即用户 u_i 信任的用户的数量）；S_{ik} 表示用户 u_i 对用户 u_k 的信任程度。

实际上，可以对 S_{ij} 进行标准化，并把常数项 $|S(i)|$ 略去，进而得到如下计算公式：

$$\hat{R}_{ij}^{**}=\sum_{k\in S(i)} R_{kj}S_{ik}$$

式中，S_{ik} 表示标准化后的用户信任度，即 $S_{ik}=\dfrac{S_{ik}}{|S(i)|}$。用户 u_i 对所有项目的评分预测值可以表示为

$$\begin{pmatrix}\hat{R}_{i1}\\ \hat{R}_{i2}\\ \vdots\\ \hat{R}_{in}\end{pmatrix}=\begin{pmatrix}R_{11} & R_{21} & \cdots & R_{m1}\\ R_{12} & R_{22} & \cdots & R_{m2}\\ \vdots & \vdots & & \vdots\\ R_{1n} & R_{2n} & \cdots & R_{mn}\end{pmatrix}\begin{pmatrix}S_{i1}\\ S_{i2}\\ \vdots\\ S_{im}\end{pmatrix}$$

推广到所有用户，可得

$$\hat{\boldsymbol{R}}=\boldsymbol{SR}$$

仅考虑社交关系时，假设观测评分 $\boldsymbol{R}$ 服从如下的条件分布：

$$p(\boldsymbol{R}\mid \boldsymbol{S},\ \boldsymbol{U},\ \boldsymbol{V},\ \sigma_R^2)=\prod_{i=1}^{m}\prod_{j=1}^{n}\left[\mathcal{N}\left(R_{ij}\mid g\left(\sum_{k\in S(i)} S_{ik}\boldsymbol{U}_k\boldsymbol{V}_j^{\mathrm{T}}\right),\ \sigma_R^2\right)\right]^{I_{ij}^R}$$

式中，$\mathcal{N}$ 表示正态分布；g 表示 Sigmoid 函数。同样，这里的 S_{ij} 是已经对原始数据进行标准化操作后得到的用户间信任度；I_{ij}^R 表示评分指示函数，如果用户 u_i 对项目 v_j 有过评分，则 $I_{ij}^R=1$，否则 $I_{ij}^R=0$。

综合考虑用户自身的偏好和信任好友的偏好，利用贝叶斯公式进行推导，可以得出基于观测评分和社交关系的用户隐特征矩阵 $\boldsymbol{U}$、项目隐特征矩阵 $\boldsymbol{V}$ 的条件分布：

$$P(\boldsymbol{U},\ \boldsymbol{V}\mid \boldsymbol{R},\ \boldsymbol{S},\ \sigma_R^2,\ \sigma_U^2,\ \sigma_V^2)\propto\prod_{i=1}^{m}\prod_{j=1}^{n}\left[\mathcal{N}\left(R_{ij}\mid g\left(\alpha\,\boldsymbol{U}_i\boldsymbol{V}_j^{\mathrm{T}}+(1-\alpha)\sum_{k\in S(i)} S_{ik}\boldsymbol{U}_k\boldsymbol{V}_j^{\mathrm{T}}\right),\ \sigma_R^2\right)\right]^{I_{ij}^R}\times\prod_{i=1}^{m}\mathcal{N}(\boldsymbol{U}_i\mid 0,\ \sigma_U^2 I)\times\prod_{j=1}^{n}\mathcal{N}(\boldsymbol{V}_j\mid 0,\ \sigma_V^2 I)$$

式中，参数 $\alpha\in[0,\ 1]$ 表示用户基于自己兴趣进行决策的程度。

RSTE 算法通过如下公式来预测用户 u_i 对项目 v_j 的评分：

$$\hat{R}_{ij}=\alpha\,\boldsymbol{U}_i\boldsymbol{V}_j^{\mathrm{T}}+(1-\alpha)\sum_{k\in S(i)} S_{ik}\boldsymbol{U}_k\boldsymbol{V}_j^{\mathrm{T}}$$

式中，前一项 $\boldsymbol{U}_i\boldsymbol{V}_j^{\mathrm{T}}$ 表示根据用户 u_i 自身偏好预测的评分值；后一项 $\sum_{k\in S(i)} S_{ik}\boldsymbol{U}_k\boldsymbol{V}_j^{\mathrm{T}}$ 表示根据用户 u_i 的好友 $S(i)$ 的偏好预测的评分值。

采用最大化对数后验概率进行参数估计，可得到如下的目标函数：

$$L_{RSTE} = \frac{1}{2}\sum_{i=1}^{m}\sum_{j=1}^{n} I_{ij}^{R}\left(R_{ij} - g\left(\alpha \boldsymbol{U}_i \boldsymbol{V}_j^{\mathrm{T}} + (1-\alpha)\sum_{k\in S(i)} S_{ik}\boldsymbol{U}_k\boldsymbol{V}_j^{\mathrm{T}}\right)\right)^2 + \frac{\boldsymbol{\lambda}_U}{2}\|U\|_F^2 + \frac{\boldsymbol{\lambda}_V}{2}\|V\|_F^2$$

式中，$\lambda_U = \frac{\sigma_R^2}{\sigma_U^2}$，$\lambda_V = \frac{\sigma_R^2}{\sigma_V^2}$；$\|\cdot\|_F^2$ 表示矩阵的弗罗贝尼乌斯范数的平方；$g(x)$ 表示 Sigmoid 函数，即 $g(x) = 1/(1+\exp(-x))$；R_{ij} 表示归一化后用户 u_i 对项目 v_j 的评分。

利用梯度下降法可以求解得到上述目标函数的某个局部最优解，对应各参数的梯度计算公式如下：

$$\frac{\partial L}{\partial U_i} = \alpha\sum_{j=1}^{n} I_{ij}^{R} g'(X_{ij})(g(X_{ij}) - R_{ij})\boldsymbol{V}_j + (1-\alpha)\sum_{p\in B(i)}\sum_{j=1}^{n} I_{pj}^{R} g'(X_{pj})(g(X_{pj}) - R_{pj})S_{pi}\boldsymbol{V}_j + \boldsymbol{\lambda}_U\boldsymbol{U}_i$$

$$\frac{\partial L}{\partial V_j} = \sum_{i=1}^{m} I_{ij}^{R} g'(X_{ij})(g(X_{ij}) - R_{ij})\left(\alpha\boldsymbol{U}_i + (1-\alpha)\sum_{k\in S(i)} S_{ik}\boldsymbol{U}_k\right) + \boldsymbol{\lambda}_V\boldsymbol{V}_j$$

式中，$S(i)$ 表示用户 u_i 信任的用户的集合；$B(i)$ 表示信任用户 u_i 的用户的集合；$g'(x)$ 表示 Sigmoid 函数的导数 $g'(x) = \frac{\mathrm{e}^x}{(1+\mathrm{e}^x)^2}$。为了简化表示，令 $X_{ij} = \alpha\boldsymbol{U}_i\boldsymbol{V}_j^{\mathrm{T}} + (1-\alpha)\sum_{k\in S(i)} S_{ik}\boldsymbol{U}_k\boldsymbol{V}_j^{\mathrm{T}}$。为了减少模型参数设置的复杂度，通常设 $\boldsymbol{\lambda}_U = \boldsymbol{\lambda}_V$。

2. 基于社交关系的用户偏好学习

另一类基于显式社交关系的推荐算法假设：互为好友的用户的隐特征向量相似，或是可以通过好友的隐特征向量来重建目标用户的隐特征向量，并据此来学习用户的偏好。

SocialMF 算法是一种典型的基于社交关系来学习用户偏好的推荐算法。其假设用户的偏好在很大程度上取决于其所信任的好友偏好，因此，用户的隐特征向量可以表示成其信任好友的隐特征向量的加权平均：

$$\boldsymbol{U}_i = \sum_{k\in S(i)} S_{ik}\boldsymbol{U}_k$$

式中，S_{ik} 表示标准化后的用户信任度，即 $S_{ik} = \frac{S_{ik}}{|S(i)|}$。

和前面介绍的算法一样，SocialMF 算法采用基于概率矩阵分解（PMF）的框架，从概率思想引入，假定用户和项目的隐特征矩阵 $\boldsymbol{U}$ 和 $\boldsymbol{V}$ 均满足均值为 0 的高斯分布，最终的预测评分满足高斯噪声。SocialMF 算法的示意图如图 10-7 所示，其中各符号的含义与图 10-6 中的含义相同。

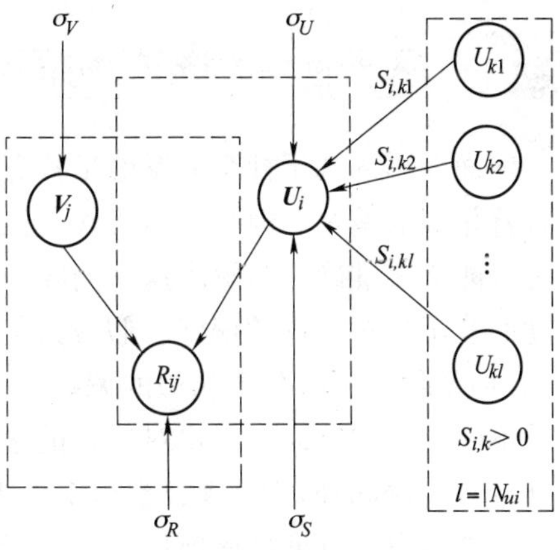

图 10-7　SocialMF 算法示意图

由于用户的隐特征向量可以通过其所信任好友的隐特征向量构建而来，故假设用户的隐特征向量的条件分布为

$$p(\boldsymbol{U}|\boldsymbol{S},\sigma_U^2,\sigma_S^2) \propto p(\boldsymbol{U}|\sigma_U^2)p(\boldsymbol{U}|\boldsymbol{S},\sigma_S^2)$$

根据贝叶斯公式，可得用户的隐特征向量 $\boldsymbol{U}$ 和项目的隐特征向量 $\boldsymbol{V}$ 的后验分布：

$$P(\boldsymbol{U},\boldsymbol{V}|\boldsymbol{R},\boldsymbol{S},\sigma_R^2,\sigma_S^2,\sigma_U^2,\sigma_V^2) \propto p(\boldsymbol{R}|\boldsymbol{U},\boldsymbol{V},\sigma_R^2)p(\boldsymbol{U}|\boldsymbol{S},\sigma_U^2,\sigma_S^2)p(\boldsymbol{V}|\sigma_V^2)$$

采用最大化对数后验概率进行参数估计，通过取负对数，删除与参数无关的项，可得

SocialMF 模型的目标函数：

$$L_{SocialMF}=\frac{1}{2}\sum_{i=1}^{m}\sum_{j=1}^{n}I_{ij}^{R}(R_{ij}-g(\boldsymbol{U}_i\boldsymbol{V}_j^{\mathrm{T}}))^2+\frac{\lambda_S}{2}\sum_{i=1}^{n}(\boldsymbol{U}_i-\sum_{k\in S(i)}S_{ik}\boldsymbol{U}_k)(U_i-\sum_{k\in S(i)}S_{ik}\boldsymbol{U}_k)^{\mathrm{T}}$$
$$+\frac{\lambda_U}{2}\|\boldsymbol{U}\|_F^2+\frac{\lambda_V}{2}\|\boldsymbol{V}\|_F^2$$

式中，I_{ij}^R 表示评分指示函数，如果用户 u_i 对项目 v_j 有过评分，则 $I_{ij}^R=1$，否则 $I_{ij}^R=0$；R_{ij} 表示观测到的用户 u_i 对项目 v_j 的评分；$g(x)$ 表示 Sigmoid 函数，即 $g(x)=1/(1+\exp(-x))$；$S(i)$ 表示用户 u_i 的社交关系用户集合；S_{ik} 表示对原始数据进行标准化操作后得到的用户间信任度；正则化系数 $\lambda_S=\frac{\sigma_R^2}{\sigma_S^2}$，$\lambda_U=\frac{\sigma_R^2}{\sigma_U^2}$，$\lambda_V=\frac{\sigma_R^2}{\sigma_V^2}$。上述目标函数中的第一项 $\sum_{i=1}^{m}\sum_{j=1}^{n}I_{ij}^R(R_{ij}-g(\boldsymbol{U}_i\boldsymbol{V}_j^{\mathrm{T}}))^2$ 表示评分矩阵重建损失，第二项 $\sum_{i=1}^{n}(\boldsymbol{U}_i-\sum_{k\in S(i)}S_{ik}\boldsymbol{U}_k)(\boldsymbol{U}_i-\sum_{k\in S(i)}S_{ik}\boldsymbol{U}_k)^{\mathrm{T}}$ 可看作基于社交关系的一个正则化项，后面两项 $\|\boldsymbol{U}\|_F^2$ 和 $\|\boldsymbol{V}\|_F^2$ 是两项常规的 L2 正则化项。

和 SocialMF 算法类似，SoReg 算法假设互为好友的用户的隐特征向量相似，并基于此构建了另一个基于社交关系的正则化项：

$$\sum_{i,k}l(U_i,U_k,S_{i,k})=\sum_{i}\sum_{k\in S(i)}S_{ik}\|\boldsymbol{U}_i-\boldsymbol{U}_k\|_F^2$$

在矩阵分解模型的基础上，通过引入上述正则项，可得如下的目标函数：

$$L_{SoReg}=\frac{1}{2}\sum_{i=1}^{m}\sum_{j=1}^{n}I_{ij}^R(R_{ij}-\boldsymbol{U}_i\boldsymbol{V}_j^{\mathrm{T}})^2+\frac{\lambda_S}{2}\sum_{i}\sum_{k\in S(i)}S_{ik}\|\boldsymbol{U}_i-\boldsymbol{U}_k\|_F^2+\frac{\lambda_U}{2}\|\boldsymbol{U}\|_F^2+\frac{\lambda_V}{2}\|\boldsymbol{V}\|_F^2$$

式中，I_{ij}^R 表示评分指示函数；R_{ij} 表示观测到的用户 u_i 对项目 v_j 的评分；S_{ik} 表示用户 u_i 和用户 u_k 之间社交关系；$S(i)$ 表示用户 u_i 的社交关系用户集合。

10.4 基于社会曝光的协同过滤

前面介绍的基于社交关系的推荐算法，都是基于一个重要的假设：人们与他们的社交好友有着相似的偏好。但是，由于线上社交的各种不同动机以及在线社交网络的动态性，这一假设可能不太准确。为解决这一问题，可以放松假设，只利用社交信息捕获项目对用户的曝光度而非用户对项目的偏好。假设人们可能会从其朋友那里获取到项目信息（称为社会曝光），但是他们不必分享相似的偏好。

不同于显式反馈中用户对项目的主动打分，隐式反馈中用户-项目对的观测值一般以二值（0-1）数据的形式呈现，数值 1 代表用户对项目有过正反馈，数值 0 则具有两种可能解释：一是用户没有见过该项目，二是用户见过该项目但是不感兴趣。为解决 0 值数据的二义性问题，可以在用户隐式反馈信息（只有正反馈数据）的基础上，引入项目曝光度。

假设用户见过某项目但是没有给予正反馈，就表示用户不喜欢该项目；而对于用户没有接触过的项目，则无法确定用户的喜好。这一思想隐含假设用户在平台上的行为过程分成两个步骤：曝光和行动。首先，项目被用户发现，即曝光步骤；然后，用户根据其对项目的偏好采取行动。基于社会曝光度能够有效地挖掘未观测到的数据的含义。

基于社会曝光的协同过滤算法 SERec 就是基于这一思想设计的，其假设社交信息会在曝光水平上影响用户，然后通过曝光影响评分预测。设 α_{ij} 表示项目 v_j 是否被曝光给用户 u_i，$\boldsymbol{U}_i$ 表示用户 u_i 的偏好，$\boldsymbol{V}_j$ 表示项目 v_j 的属性，R_{ij} 表示用户 u_i 对项目 v_j 的反馈。根据曝光度的定义可知，是否曝光服从伯努利分布。另外，假设 $\boldsymbol{U}_i$、$\boldsymbol{V}_j$ 和 $(R_{ij} \mid \alpha_{ij}=1)$ 都服从高斯分布，具体表示如下：

$$\alpha_{ij} = Bernoulli(\mu_{ij})$$
$$\boldsymbol{U}_i \sim \mathcal{N}(0,\ \sigma_U^2 \boldsymbol{I}_d)$$
$$\boldsymbol{V}_j \sim \mathcal{N}(0,\ \sigma_V^2 \boldsymbol{I}_d)$$
$$P(R_{ij}=0 \mid \alpha_{ij}=0)=1$$
$$(R_{ij} \mid \alpha_{ij}=1) \sim \mathcal{N}(\boldsymbol{U}_i \boldsymbol{V}_j^{\mathrm{T}},\ \sigma_R^2)$$

式中，μ_{ij} 表示项目 v_j 被曝光给用户 u_i 的先验概率；σ_U^2、σ_V^2、σ_R^2 表示对应高斯分布的方差；d 表示潜在空间的维度。

SERec 算法框架主要包括两个部分：用户评分部分和社会曝光部分，如图 10-8 所示。用户评分部分实质上是一个基于概率的矩阵分解模型，社会曝光部分对每个用户-项目对计算曝光度的先验值 μ_{ij}，其中 $\boldsymbol{U}_i$ 表示用户 u_i 的偏好隐特征向量，$\boldsymbol{V}_j$ 表示项目 v_j 的属性隐特征向量，$\boldsymbol{\Phi}(S)$ 表示社交曝光函数。

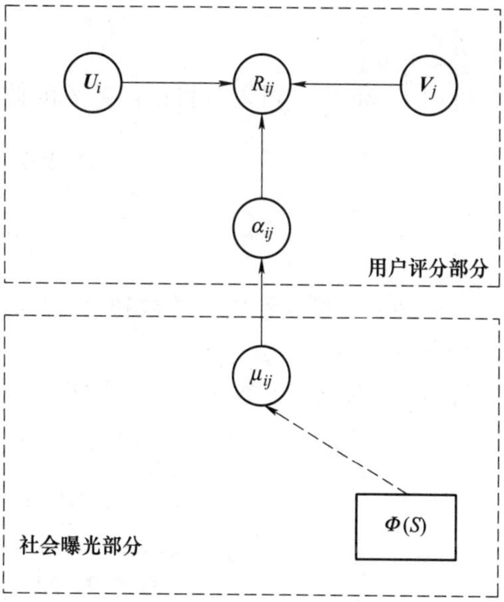

图 10-8 SERec 算法框架

项目曝光度可以通过社会提升的方式来估算，即假设一个用户关于项目的知识可以通过其朋友得到提升。换句话说，如果一个用户的朋友和某个项目进行了互动，则可认为这个项目对这个用户有更高的曝光度。另外，一个项目越流行，曝光度也就会越高，使用伯努利分布的共轭先验—— *Beta* 分布来表示项目 v_j 有对用户 u_i 的内在曝光度 e_{ij}，以反映项目 j 的流行程度（如被购买或点击的频率）。根据上面的信息，可以得到社会提升的函数为

$$\mu_{ij} = e_{ij} + \boldsymbol{\Phi}(S)$$
$$\boldsymbol{\Phi}(S) = \sum_{f \in S(i)} s\mu_{fj}$$

式中，s 表示社交影响系数（模型的一个超参）；$S(i)$ 表示用户 u_i 的社交关系集（即用户 u_i 的好友用户集合）。

由于模型中含有未观测到的隐含数据——曝光度 α_{ij}，难以采用梯度下降法进行优化学习，因此使用期望最大化（Expectation-Maximization，EM）算法来进行参数估计。EM 算法的计算框架由 E 步（Expectation-step）和 M 步（Maximization step）交替组成，算法的收敛性可以确保迭代至少逼近局部极值。

在 E 步中，假设模型参数 U_i 和 V_j 已知，计算未观测到的隐变量——曝光度 α_{ij} 的期望。

对于曝光变量 α_{ij}，需要针对每个用户——项目对计算其期望值 $E(\alpha_{ij})$。这里可以分两种情况进行讨论，当 $R_{ij}=1$ 时（即观测到用户 u_i 对项目 v_j 的评分），则 $\alpha_{ij}=1$，即项目 v_j 一

定被曝光过给用户 u_i；当 $R_{ij}=0$ 时，可以通过如下公式计算曝光变量 α_{ij} 的期望值：

$$E[\alpha_{ij} \mid R_{ij}=0]=\frac{\mu_{ij}\mathcal{N}(0 \mid \boldsymbol{U}_i\boldsymbol{V}_j^{\mathrm{T}},\ \sigma_R^2)}{\mu_{ij}\mathcal{N}(0 \mid \boldsymbol{U}_i\boldsymbol{V}_j^{\mathrm{T}},\ \sigma_R^2)+(1-\mu_{ij})}$$

为了简化书写，定义 $P_{ij}=E[\alpha_{ij} \mid R_{ij}=0]$；如果 $R_{ij}=1$，则直接定义 $P_{ij}=1$。

在 M 步中，假设曝光变量 α_{ij} 的期望 P_{ij} 已知，目标是找到使得对数似然函数 L 最大化的参数：

$$L=\sum_{i,\ j\in R^-}\log(\mu_{ij}\mathcal{N}(0 \mid \boldsymbol{U}_i\boldsymbol{V}_j^{\mathrm{T}},\ \sigma_R^2)+(1-\mu_{ij}))+\sum_{i,\ j\in R^+}\log(\mu_{ij}\mathcal{N}(1 \mid \boldsymbol{U}_i\boldsymbol{V}_j^{\mathrm{T}},\ \sigma_R^2))-\frac{\lambda_U}{2}\Sigma_i\boldsymbol{U}_i\boldsymbol{U}_i^{\mathrm{T}}-\frac{\lambda_V}{2}\Sigma_j\boldsymbol{V}_j\boldsymbol{V}_j^{\mathrm{T}}$$

式中，R^- 表示未观测到用户-项目对的集合，R^+ 表示观测到用户-项目对的集合；$\lambda_U=\frac{\sigma_R^2}{\sigma_U^2}$，$\lambda_V=\frac{\sigma_R^2}{\sigma_V^2}$。

针对 U_i 和 V_j，可以令目标函数 L 的偏导等于零对其进行更新：

$$U_i\leftarrow\left(\sum_{j=1}^{n}P_{ij}\boldsymbol{V}_j\boldsymbol{V}_j^{\mathrm{T}}+\lambda_U\boldsymbol{I}_d\right)^{-1}(\Sigma_jP_{ij}R_{ij}\boldsymbol{V}_j)$$

$$V_j\leftarrow\left(\sum_{i=1}^{m}P_{ij}\boldsymbol{U}_i\boldsymbol{U}_i^{\mathrm{T}}+\lambda_V\boldsymbol{I}_d\right)^{-1}(\Sigma_iP_{ij}R_{ij}\boldsymbol{U}_i)$$

式中，m 和 n 分别表示用户总数和项目总数；$\boldsymbol{I}_d$ 表示维度为 d 的单位矩阵，d 表示潜在（隐藏）空间的维度。

针对曝光先验概率 μ_{ij}，寻找使得目标函数 L 最大化的 μ_{ij} 等价于计算 Beta 分布 $Beta(\alpha_1+\Sigma_{i'}P_{i'j}+(s-1)\sum_{f\in S(i)}P_{fj},\ \alpha_2+|U|-\Sigma_{i'}P_{i'j})$ 的众数，即

$$\mu_{ij}\leftarrow\frac{\alpha_1+\sum_{i'}P_{i'j}+(s-1)\sum_{f\in S(i)}P_{fj}-1}{\alpha_1+\alpha_2+|U|+(s-1)\sum_{f\in S(i)}P_{fj}-2}$$

式中，$|U|$ 表示用户数量，$s\geqslant 1$ 表示社交影响系数（模型的一个超参）。

习题

1. 请简述基于社交关系的推荐算法的基本思想和主要假设。
2. 选择一种你熟悉的编程语言，实现一种基于邻域的社交化推荐算法，并选择一个公开数据集进行验证。
3. 选择一种你熟悉的编程语言，实现一种基于潜在社交因子学习的推荐算法，并选择一个公开数据集进行验证。
4. 选择一种你熟悉的编程语言，实现一种基于显式社交关系的推荐算法，并选择一个公开数据集进行验证。
5. 请简述基于社会曝光的协同过滤的基本思想。
6. 调研分析一下基于社交关系的推荐算法的应用场景和典型应用案例。

第 11 章 基于异质信息网络的推荐

传统的图模型（或算法），如 PageRank 算法，大多假设网络图中的节点和边都是同种类型的，即为同质信息网络。虽然这一假设大大简化了处理和分析流程，但是也容易造成有用信息的遗漏。在现实世界中，对象（节点）以及对象之间的关系（边）的类型往往是多种多样的。相比于同质信息网络，异质信息网络更适合于对这些信息进行建模和分析。采用异质信息网络，可以有效地将各种可用的信息进行统一的表示，进而构建出各种不同的混合推荐算法。

本章将首先介绍异质信息网络相关的一些基本概念，然后分别从基于邻域和基于模型的两个不同角度介绍各种基于异质信息网络的推荐算法。

11.1 基本概念

1. 信息网络

信息网络（Information Network）被定义为带有节点类型映射 $\phi: V \rightarrow O$ 和边类型映射 $\psi: E \rightarrow R$ 的有向图 $G=(V, E)$，其中每个节点 $v \in V$ 属于某一个特定的节点类型 $\phi(v) \in O$，且每条边 $e \in E$ 属于某一个特定的边类型 $\psi(e) \in R$。

在信息网络中，如果两条边的类型相同，则这两条边共享相同的起始节点类型以及结束节点类型。

2. 异质信息网络/同质信息网络

如果一个信息网络的节点类型数量 $|O|>1$ 或者边类型数量 $|R|>1$，则称其为异质信息网络（Heterogeneous Information Network）；反之称其为同质信息网络（Homogeneous Information Network），即节点类型数量 $|O|=1$ 且边类型数量 $|R|=1$。

相比于同质信息网络，异质信息网络的分布更加广泛，并且能够更加全面地表示网络的组成对象和它们之间的关系。为方便表示，本章将用 HIN（Heterogeneous Information Network）表示异质信息网络。

3. 网络模式

网络模式（Network Schema）是定义在节点类型和边类型上的一个有向图，是信息网络的描述模板。

网络模式全面地描述了信息网络的结构模式，能够帮助指导对网络语义的挖掘。对于一种边类型 r，其起始节点类型为 s，结束节点类型为 t，则可以表示为

$$s \xrightarrow{r} t$$

对于每种边的类型 r，都有一个相应的逆类型（逆关系）r^{-1}，可以表示为

$$t \xrightarrow{r^{-1}} s$$

通常情况下，以上两种关系并不等价，如信任与被信任、老师和学生等，除非是对称的，如朋友、同学关系等。

4. 元路径

元路径（Meta Path）是定义在网络模式上连接两类节点的一条路径。从 o_1 到 o_{l+1} 的元路径可以定义为 $o_1 \xrightarrow{r_1} o_2 \xrightarrow{r_2} \cdots \xrightarrow{r_l} o_{l+1}$，用 $r \equiv r_1 \circ r_2 \circ \cdots \circ r_l$ 表示节点类型之间的一种复合关系，其中 $\circ$ 表示关系之间的复合算子，o_i 表示节点类型，r_i 表示边类型。

元路径刻画了节点之间的语义关系。如图 11-1 所示，图 11-1a 的 UMU 路径表示两个用户看了同一部电影；图 11-1b 的 UMGMU 路径表示两个用户观看了同一类型的电影；图 11-1c 的 UMG 路径表示用户观看了某一类型的电影。

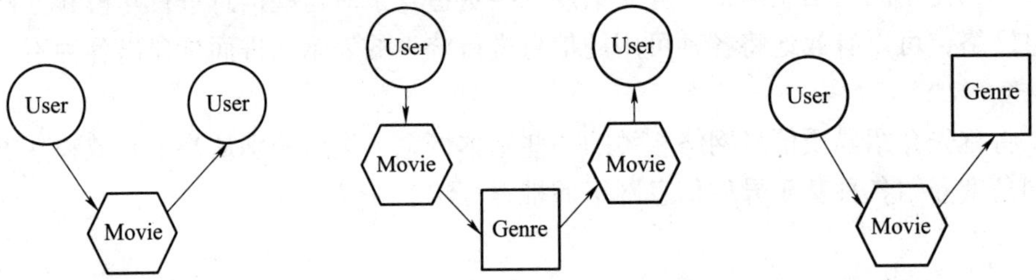

a) UMU　　b) UMGMU　　c) UMG

图 11-1　多种元路径示例

作为网络数据的一种新的建模方式，HIN 更契合异构的数据本征，它能够包含更多的信息以及整合丰富的语义关系。HIN 可应用于相似度度量、分类、排序、推荐等多个场景或领域。同协同过滤算法一样，基于 HIN 的推荐算法分为两大类：基于邻域的 HIN 推荐算法和基于模型的 HIN 推荐算法。接下来将分别对这两类算法进行介绍。

11.2 基于邻域的 HIN 推荐算法

基于邻域的 HIN 推荐算法的基本思想是：首先通过异质信息网络计算节点之间（用户与用户、项目与项目、用户与项目）的相似度或相关度，然后据此进行推荐。如果能够计算得到用户之间的相似度或是项目之间的相似度，则可以根据第 2 章中介绍的基于邻域的协同过滤算法进行推荐。如果能够计算得到用户与项目之间的相关度，则针对给定用户，可直接根据相关度对候选项目进行排序以生成推荐列表。

11.2.1 基于随机游走的相关度度量

随机游走是进行同质信息网络分析的一种常用方法：从某节点出发，按照节点之间的转

移概率分布随机地选择相邻节点进行跳转。基于类似的思想，随机游走可以推广到异质信息网络中。

随机游走有两种常见形式：基于马尔可夫过程的随机游走（也被称为一般性随机游走）和带重启的随机游走。基于马尔可夫过程的随机游走假设下一时刻（$t+1$ 时刻）的网络状态 $\boldsymbol{z}^{(t+1)}$ 仅依赖于当前时刻（t 时刻）的网络状态 $\boldsymbol{z}^{(t)}$，即

$$\boldsymbol{z}^{(t+1)} = \boldsymbol{z}^{(t)}\boldsymbol{P}$$

式中，$\boldsymbol{P}$ 表示转移概率矩阵；$z^{(t)}$ 表示 t 时刻落在网络中各节点的概率分布。带重启的随机游走则假设在每一次的跳转中都会以一定的概率直接返回到初始状态 $z^{(0)}$，即

$$\boldsymbol{z}^{(t+1)} = \alpha \boldsymbol{z}^{(t)}\boldsymbol{P} + (1-\alpha)\boldsymbol{z}^{(0)} \tag{11-1}$$

式中，α 表示继续游走的概率。具体的计算流程和相关示例可以参看第 2 章 2.7 节。

对于异质信息网络中的随机游走，核心是构建转移概率矩阵 $\boldsymbol{P}$。由于异质信息网络中存在不同类型的边，这些异质的边可能存在不同的转移概率分布，可以直接对这些边进行建模。HeteRS 算法假设不同类型的边的转移概率分布不同，需要分别为其构建转移概率矩阵，然后基于这些转移概率矩阵在异质信息网络上进行统一的随机游走过程直至收敛。

$$\boldsymbol{z}^{(t+1)} = \sum_{r\in\Omega}\alpha_r \boldsymbol{z}^{(t)}\boldsymbol{P}_r + \left(1-\sum_{r\in\Omega}\alpha_r\right)\boldsymbol{z}^{(0)} \tag{11-2}$$

式中，$z^{(0)}$ 表示初始状态，给定用户 u，则只有对应用户节点的初始状态值为 1，其他节点的初始状态值都为 0；$r\in\Omega$ 表示边的类型，α_r 和 $\boldsymbol{P}_r$ 分别表示对应的继续游走概率和转移概率矩阵。α_r 为待学习的模型参数。在构建转移概率矩阵 $\boldsymbol{P}_r$ 时，首先根据关系（边类型）r 构建邻接矩阵 $\boldsymbol{A}_r$，即只保留类型为 r 的边，然后采用等概率的方法计算相邻节点 i 到 j 的转移概率：

$$P_r(i,j)=\begin{cases}\dfrac{1}{\operatorname{sum}(\boldsymbol{A}_r(i,\ .))}, & \operatorname{sum}(\boldsymbol{A}_r(i,\ .))>0\\[2ex] \dfrac{1}{|\{k\in V|\ \phi(k)=\phi(j)\}|}, & \operatorname{sum}(\boldsymbol{A}_r(i,\ .))=0\end{cases}$$

式中，$\operatorname{sum}(\boldsymbol{A}_r(i,\ .))$ 表示邻接矩阵 $\boldsymbol{A}_r$ 第 i 行元素的和，即节点 i 的出度。当 $\operatorname{sum}(\boldsymbol{A}_r(i,\ .))=0$ 时，$P_r(i,j)=1/N$，其中 N 表示和节点 j 类型 $\phi(j)$ 相同的所有节点的数量，即 $N=|\{k\in V|\ \phi(k)=\phi(j)\}|$。

随着随机游走步长（迭代次数）的增加，相比于有用信息，会引入更多的噪声。为解决这一问题，HeteLearn 算法提出采用带重启的有限步随机游走（如 $t=3$）来计算节点之间的相关度。

采用基于随机游走的相关度度量容易导致入度较大的节点的相关度较高，即存在流行偏置（Popular Bias）的问题。其次，这类算法的本质可以看作采用随机扩散的方法来扩散相关度，忽略了异质信息网络中的语义信息，导致其结果缺乏可解释性。

11.2.2　基于元路径的相关度度量

由于元路径能够表示节点间的语义关联关系，因此可以利用元路径信息来度量节点之间的相关度，且可解释性更强。如图 11-2 所示，针对一个电影推荐场景，可以为其构建相应的异质信息网络、网络模式和元路径，其中每一条元路径都可以表示一个基础的推荐模型。

例如，基于用户的协同过滤：U→M→U→M；基于社交的推荐：U→U→M；基于内容的推荐：U→M→G→M，U→M→A→M 等。

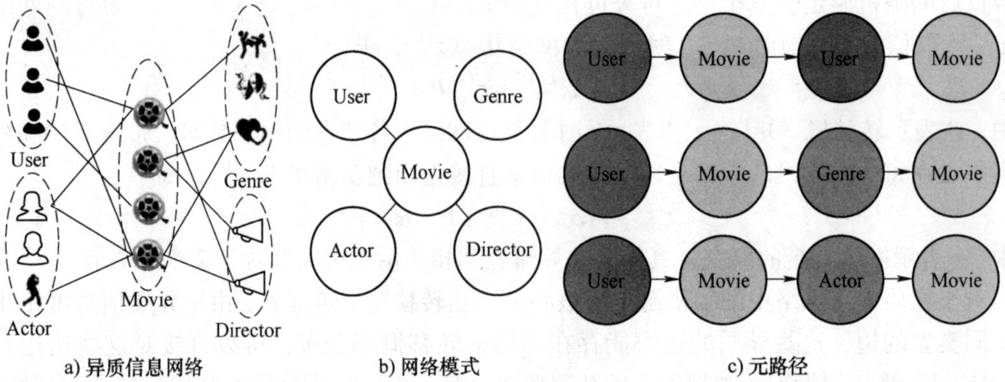

图 11-2 元路径构造示意图

最简单的基于元路径的相关度度量方法为路径计数法（PathCount），即给定元路径 P，两节点之间的路径实例数越多，则这两个节点在元路径 P 下的相关度越高。由于该方法存在着诸多问题，如流行偏置问题，研究者们尝试构建一些改进的度量方法。这些方法可分为两大类：同质节点间的相似度度量方法和异质节点间的相关度度量方法。

1. 同质节点间的相似度度量

两个对象的相似度本质上反映了在某空间下两者的距离远近，所以相似度需要满足以下性质：

$$s(x_i, x_j) = s(x_j, x_i)$$

$$s(x_i, x_i) = 1$$

$$s(x_i, x_j) \in [0, 1]$$

为了满足上述性质，同时为了解决 PathCount 和随机游走中存在的流行偏置问题，一种称为 PathSim 的算法被提出。其主要是用来度量同类型节点（同质节点）x 和 y 之间的相似度，因此其要求元路径是对称的，即 $P = o_1 \to o_2 \to \cdots \to o_{k-1} \to o_k \to o_{k-1} \to \cdots \to o_2 \to o_1$。基于此，PathSim 算法设计的相似度函数为

$$\mathrm{sim}_{PathSim}^{(P)}(x, y) = \frac{2|\{p_{x \rightsquigarrow y} : p_{x \rightsquigarrow y} \in P\}|}{|\{p_{x \rightsquigarrow x} : p_{x \rightsquigarrow x} \in P\}| + |\{p_{y \rightsquigarrow y} : p_{y \rightsquigarrow y} \in P\}|} \tag{11-3}$$

式中，$p_{x \rightsquigarrow y}$ 表示从节点 x 到节点 y 的路径实例。节点 x 与节点 y 之间的路径实例越多，相似度越高；若节点 x 和节点 y 到其自身的可达路径越多，说明节点 x 和节点 y 按对称元路径 P 的连接越发散，相似度越小。

为了更好地理解 PathSim 算法的原理，下面将结合一个具体的实例来进行说明。以对称元路径（User-Genre-User，UGU）为例，它表示的语义是看过同一类（Genre）电影的两位用户（User）。表 11-1 是一个异质信息网络中用户和电影类型的邻接矩阵 $\boldsymbol{W}_{UG}$，表示每个用

户看过某种类型电影的数量。

表 11-1　用户与电影类型之间的邻接矩阵示例

用户	电影类型			
	爱情	喜剧	科幻	战争
刘一	2	8	4	1
陈二	10	4	2	0
张三	0	2	9	5
李四	2	1	0	8
王五	7	3	2	1

表 11-1 中用户刘一观看了 2 部爱情电影，也就是说从刘一用户节点出发有 2 条路径到达爱情这个电影类型节点。在喜剧电影中，用户陈二看了其中 4 部，即从喜剧类型节点到陈二用户节点的路径有 4 条。据此类推，可以得到用户刘一和用户陈二在 UGU 路径下的相似度为

$$s(\text{刘一，陈二}) = \frac{2\times(2\times10+8\times4+4\times2+1\times0)}{(2\times2+8\times8+4\times4+1\times1)+(10\times10+4\times4+2\times2)} \approx 0.585$$

给定一条对称的元路径，可以采用矩阵运算的方式来计算起始节点和终止节点之间的 PathSim 值。在这之前，需要了解可交换矩阵（Commuting Matrix）的概念。给定一个异质信息网络，在元路径 $P=(o_1o_2\cdots o_l)$ 下的可交换矩阵 $\boldsymbol{M}$ 被定义为

$$\boldsymbol{M} = \boldsymbol{A}_{o_1o_2}\boldsymbol{A}_{o_2o_3}\cdots\boldsymbol{A}_{o_io_j}\cdots\boldsymbol{A}_{o_{l-1}o_l}$$

式中，$\boldsymbol{A}_{o_io_j}$ 表示 o_i 类型节点与 o_j 类型节点之间的邻接矩阵，例如，表 11-1 所示的用户与电影类型之间的邻接矩阵 $\boldsymbol{A}_{UG}$；$M(i,j)$ 表示 o_1 类型中的第 i 个对象节点和 o_l 类型中的第 j 个对象节点在元路径 P 下的总路径数。

利用可交换矩阵 $\boldsymbol{M}$，计算 PathSim 的公式可以改写为

$$s(x_i, x_j) = \frac{2M_{ij}}{M_{ii}+M_{jj}}$$

针对上述元路径为 UGU 的例子，其可交换矩阵为

$$\boldsymbol{M} = \boldsymbol{A}_{UG}\boldsymbol{A}_{GU} = \begin{pmatrix} 2 & 8 & 4 & 1 \\ 10 & 4 & 2 & 0 \\ 0 & 2 & 9 & 5 \\ 2 & 1 & 0 & 8 \\ 7 & 3 & 2 & 1 \end{pmatrix}\begin{pmatrix} 2 & 10 & 0 & 2 & 7 \\ 8 & 4 & 2 & 1 & 3 \\ 4 & 2 & 9 & 0 & 2 \\ 1 & 0 & 5 & 8 & 1 \end{pmatrix} = \begin{pmatrix} 85 & 60 & 57 & 20 & 47 \\ 60 & 120 & 26 & 24 & 86 \\ 57 & 26 & 110 & 42 & 29 \\ 20 & 24 & 42 & 69 & 25 \\ 47 & 86 & 29 & 25 & 63 \end{pmatrix}$$

将刘一和陈二两位用户的数据代入上述计算公式，可得

$$s(\text{刘一，陈二}) = s(x_1, x_2) = \frac{2M_{12}}{M_{11}+M_{22}} = \frac{2\times60}{85+120} \approx 0.585$$

利用可交换矩阵计算 PathSim 值会方便很多，但是当候选对象很多时，仍需要花费大量的时间提前计算好可交换矩阵 $\boldsymbol{M}$。

2. 异质节点间的相关度度量

PathSim 算法只能计算对称元路径的两个端点的相似度，对于非对称元路径端点的相似

度又该如何衡量呢？如果沿用 PathSim 算法的思路，从一类节点到另一类节点的路径数是有实际意义的，但是定义式（11-3）中分母的节点到自身的路径数就会出现问题，所以需要从一种新的视角来重新审视这个问题。

HeteSim 算法以对级随机游走的方式来考虑此问题。假设从路径 P 两端的两个节点向元路径的中点相向运动，那么就可以将两端节点的相关度（相似度）定义为两者在中间某个节点相遇的概率。

HeteSim 算法会用到两种基础矩阵：转移概率矩阵（Transition Probability Matrix）和可达概率矩阵（Reachable Probability Matrix）。

对于一个网络模式 $o_1 \xrightarrow{r} o_2$，其邻接矩阵为 $\boldsymbol{A}_{o_1o_2}$，设 $\boldsymbol{U}_{o_1o_2}$ 为在关系类型 r 下，起始对象类型为 o_1，终止对象类型为 o_2 的转移概率矩阵。$\boldsymbol{U}_{o_1o_2}$ 是通过邻接矩阵 $\boldsymbol{A}_{o_1o_2}$ 沿行向量方向归一化得到的。同理，令 $\boldsymbol{V}_{o_1o_2}$ 是通过邻接矩阵 $\boldsymbol{A}_{o_1o_2}$ 沿列向量方向归一化得到的矩阵。$\boldsymbol{V}_{o_1o_2}$ 的定义是在关系类型 r^{-1} 下，起始对象类型为 o_2，终止对象类型为 o_1 的转移概率矩阵。显然，两者满足以下关系：

$$\boldsymbol{U}_{o_1o_2} = \boldsymbol{V}_{o_2o_1}^{\mathrm{T}}, \ \boldsymbol{V}_{o_1o_2} = \boldsymbol{U}_{o_2o_1}^{\mathrm{T}}$$

式中，$\boldsymbol{V}_{o_2o_1}^{\mathrm{T}}$ 表示矩阵 $\boldsymbol{V}_{o_2o_1}$ 的转置。

给定一个异质信息网络，沿着元路径 $P=(o_1o_2\cdots o_lo_{l+1})$ 的可达概率矩阵 $\boldsymbol{PM}_P$ 被定义为

$$\boldsymbol{PM}_P = \boldsymbol{U}_{o_1o_2}\boldsymbol{U}_{o_2o_3}\cdots\boldsymbol{U}_{o_lo_{l+1}}$$

$\boldsymbol{PM}_P(i,\ j)$ 表示第 i 个 o_1 类型对象沿着元路径 P 到达第 j 个 o_{l+1} 类型对象的概率。

给定元路径 $P=(o_1o_2\cdots o_lo_{l+1})$，两端的两类节点 o_1 和 o_{l+1} 在中点类型 o_{mid} 相遇的概率为

$$\begin{aligned} HeteSim(o_1,\ o_{l+1} \mid P) &= HeteSim(o_1,\ o_{l+1} \mid P_LP_R) \\ &= \boldsymbol{U}_{o_1o_2}\cdots\boldsymbol{U}_{o_{mid-1}o_{mid}}\boldsymbol{V}_{o_{mid}o_{mid+1}}\cdots\boldsymbol{V}_{o_lo_{l+1}} \\ &= \boldsymbol{U}_{o_1o_2}\cdots\boldsymbol{U}_{o_{mid-1}o_{mid}}\boldsymbol{U}_{o_{mid+1}o_{mid}}^{\mathrm{T}}\cdots\boldsymbol{U}_{o_{l+1}o_l}^{\mathrm{T}} \\ &= \boldsymbol{U}_{o_1o_2}\cdots\boldsymbol{U}_{o_{mid-1}o_{mid}}(\boldsymbol{U}_{o_{l+1}o_l}\cdots\boldsymbol{U}_{o_{mid+1}o_{mid}})^{\mathrm{T}} \\ &= \boldsymbol{PM}_{P_L}\boldsymbol{PM}_{P_R^{-1}}^{\mathrm{T}} \end{aligned}$$

式中，$\boldsymbol{PM}_{P_L}$ 表示左半段路径 $P_L=(o_1o_2\cdots o_{mid})$ 的可达概率矩阵；$\boldsymbol{PM}_{P_R^{-1}}^{\mathrm{T}}$ 表示右半段路径 $P_R^{-1}=(o_{l+1}o_l\cdots o_{mid})$ 的可达概率矩阵。

沿着给定元路径 $P=(o_1o_2\cdots o_lo_{l+1})$，两个对象 a 和 b 之间的相关度可以表示为

$$HeteSim(a,\ b \mid P) = \boldsymbol{PM}_{P_L}(a,:)\boldsymbol{PM}_{P_R^{-1}}^{\mathrm{T}}(b,:)$$

式中，$(a,:)$ 表示矩阵的第 a 行。

以上计算中，HeteSim 算法以中点类型 o_{mid} 为界限，通过左右两边可达概率矩阵的乘积得到相关度矩阵。当元路径的中间节点不好界定（元路径长度为偶数）时，将无法按此公式进行计算。为解决这一问题，HeteSim 算法在中间插入一个新的类型节点 E，例如，将 AB 这种元路径变为 AEB，这样处理不会改变 AB 元路径下的拓扑结构，也不会影响到相关度的计算。

除此之外，根据上述定义得到的相关度的取值范围不满足 $s(x_i,\ x_j) \in [0,\ 1]$，因此需要加上归一化项：

$$HeteSim(a, b \mid P) = \frac{\boldsymbol{PM}_{P_L}(a,:)\boldsymbol{PM}^{\mathrm{T}}_{P_R^{-1}}(b,:)}{\sqrt{\|\boldsymbol{PM}_{P_L}(a,:)\| \|\boldsymbol{PM}^{\mathrm{T}}_{P_R^{-1}}(b,:)\|}} \tag{11-4}$$

11.2.3　基于元路径和随机游走混合的相关度度量

为了综合利用随机游走的灵活性和元路径的语义信息，可以将上述两类方法进行混合。PathRank 算法就是一种直接混合带重启的随机游走和路径指导（Path-guide）的异质信息网络相关度度量方法。

PathRank 值是随机游走者在经过足够次数的随机游走迭代之后在每个节点所处的平稳概率值。在每一次的迭代（游走）过程中，随机游走者有三种选择：

1）转移，在转移概率 w_{trans} 下，随机跳转到一个相邻的节点。

2）重新启动，在重新启动概率 $w_{restart}$ 下，回到起始节点。

3）路径跟随，在路径跟随概率 w_{path} 下，跟随满足给定的路径指南中的路径之一进行游走。

对于一个异质信息网络 $G=(V, E, O, R, \phi, \psi)$ 和一个元路径集合（路径指南）$PG=\{g_1, \cdots, g_m, \cdots, g_{|PG|}\}$，PathRank 向量 z 被定义为

$$\boldsymbol{z}^{(t+1)} = w_{trans}\boldsymbol{z}^{(t)}\boldsymbol{P}_{\Sigma} + w_{path}\sum_{g_m \in PG} w_m \boldsymbol{z}^{(t)}\boldsymbol{P}_{gm} + w_{restart}\boldsymbol{z}^{(0)} \tag{11-5}$$

式中，$\boldsymbol{P}_{\Sigma}$ 是一个去掉边类型和节点类型之后的同质网络的 $|\boldsymbol{V}|\times|\boldsymbol{V}|$ 转移概率矩阵；$\boldsymbol{P}_{gm}$ 是针对给定元路径 $g_m \in PG$ 的一个 $|\boldsymbol{V}|\times|\boldsymbol{V}|$ 转移概率矩阵，所有给定元路径的权重之和为 1，即 $\sum_{m=1}^{|PG|} w_m = 1$；三种游走方式的概率和为 1，即 $w_{trans}+w_{path}+w_{restart}=1$；$\boldsymbol{z}^{(0)}$ 表示初始状态向量。

当 $w_{trans}=0$，$w_{path}=1$，$w_{restart}=0$ 时，PathRank 算法退化成为基于路径约束的随机游走算法（Path Constrained Random Walk）。当 $w_{trans}>0$，$w_{path}=0$，$w_{restart}>0$ 时，PathRank 算法退化成为带重启的随机游走算法。

11.3　基于模型的 HIN 推荐算法

前一节主要介绍如何利用异质信息网络构建基于邻域的推荐算法，重点介绍如何利用异质信息网络计算用户与用户之间、项目与项目之间的相似度，或是直接计算用户与项目之间的相关度。本节将主要介绍如何利用异质信息网络构建基于模型的推荐算法。这些算法大致可以分为两类：两阶段融合模型和端到端学习模型。

11.3.1　两阶段融合模型

两阶段融合（Two-stage Fusion）是指将基于异质信息网络的推荐模型学习分为两个阶段：第一阶段负责完成对异质信息网络中的特征提取或相关度度量，第二阶段在此基础上进行融合学习。两阶段融合的方法可分为三类：①对基于不同方法预测得到的结果进行融合，即决策层融合；②融合从不同角度获取得到的特征，并利用这些特征构造基于机器学习的推荐模型，即特征层融合；③将从异质信息网络中获取得到的有用信息以正则项（约束）的

形式融入模型的目标函数中，即模型层融合。

1. 基于预测结果的融合

基于异质信息网络，采用不同的方法或是利用不同的信息，可以得到不同的预测（推荐）结果。基于这些预测结果，可以采用不同的方法对其进行融合，以得到最终的预测结果。

基于随机游走的相关度度量或是基于多条元路径相关度平均的方法都隐含假设各种不同类型的边或是元路径对用户偏好（推荐结果）的影响是相同的。但实际应用中，不同类型的边或元路径对用户偏好的影响会有较大差异。例如，读者在购书的过程中可能会关注作者是否具有一定的权威性或知名度，即关注于路径 user-book-author-book；而不会关注书籍的出版地是在北京还是在上海，即不太会关注路径 user-book-city-book。为了解决这一问题，可以采用基于线性加权或其他方式对不同元路径的预测结果进行融合。

给定用户-项目对（u_i，e_j），假设基于每一条给定元路径 $p \in P$，都可以得到一个用户与项目的相关度预测结果 $\hat{r}_{ij}^{(p)}$，则可以通过线性加权求和对这些预测结果进行融合：

$$\hat{r}_{ij} = \sum_{p \in P} \omega_p \, \hat{r}_{ij}^{(p)} \tag{11-6}$$

式中，ω_p 表示元路径 p 的权重（融合模型的参数）。如果进一步假设不同用户对不同元路径的预测结果的偏好不同，其元路径权重也存在个性化，则可用 $\omega_p^{(i)}$ 代替 ω_p，表示用户 u_i 对元路径 p 的偏好。

这是一种显式的融合方法，主要包括两个阶段：第一阶段负责完成基于各条给定元路径 p 的预测结果 $\hat{r}_{ij}^{(p)}$；第二阶段负责权重 $\omega^{(p)}$（融合模型参数）的学习。

（1）第一阶段：基于给定元路径 p 的预测结果 $\hat{r}_{ij}^{(p)}$

可以直接采用 11.2.2 节中介绍的基于元路径（邻域信息）的相关度度量方法来预测用户 u_i 和项目 e_j 在给定元路径 p 下的相关度 $\hat{r}_{ij}^{(p)}$。也可以采用基于模型的方法来预测用户 u_i 和项目 e_j 在给定元路径 p 下的相关度 $\hat{r}_{ij}^{(p)}$。

基于模型的方法的基本思想是首先通过基于邻域的算法估算出针对给定元路径 p 的一个用户-项目相关矩阵 $\widetilde{\boldsymbol{R}}^{(p)}$，然后以矩阵 $\widetilde{\boldsymbol{R}}^{(p)}$ 为基础采用基于模型的方法（如矩阵分解）预测用户和项目在元路径 p 下的相关度。这种做法能够缓解由于相关矩阵 $\widetilde{\boldsymbol{R}}^{(p)}$ 稀疏而导致无法给出有效预测结果的问题。HeteRec 算法就是这样的一种算法。

为了得到用户-项目相关矩阵 $\widetilde{\boldsymbol{R}}^{(p)}$，HeteRec 算法只考虑 user-item-∗-item 形式的元路径（即用户 user 首先通过一条边到达项目 item，然后再通过一条或多条边到达另一项目 item）。直观来看，通过在不同的元路径上扩散隐式反馈数据中已观测到的用户偏好，从而使得用户能够和其他项目联系起来。通过定义目标用户和沿着不同元路径上所有可能的项目之间的用户偏好扩散得分，能在不同语义的假设下衡量未观测到的用户-项目相互关系的可能性（相关度）。

针对 user-item-∗-item 形式的元路径，可以形式化为 $P = R_1R_2\cdots R_k$，其中 $dom(P) = user$，$range(P) = item$，令 $P' = R_2\cdots R_k$，则 $dom(P') = item$，$range(P') = range(P) = item$，即元路径 P 上的第一条边为用户-项目：$R_1 = user \rightarrow item$，元路径 P 的末端节点为项目节点：$range(R_k) = item$。由于路径 P' 的起点和终点都是项目节点 $item$，因此可以通过 PathSim 算法计算元路径 P 上用户节点 u_i 和项目节点 e_j 之间的用户偏好扩散得分如下：

$$s(u_i, e_j \mid P) = \sum_{e_k \in I} A_{u_i, e_k} \text{PathSim}(e_k, e_j) = \sum_{e_k \in I} \frac{2 \times A_{u_i, e_k} \times |\{p_{e_k \rightsquigarrow e_j}: p_{e_k \rightsquigarrow e_j} \in P'\}|}{|\{p_{e_k \rightsquigarrow e_k}: p_{e_k \rightsquigarrow e_k} \in P'\}| + |\{p_{e_j \rightsquigarrow e_j}: p_{e_j \rightsquigarrow e_j} \in P'\}|} \tag{11-7}$$

式中，$p_{e_k \rightsquigarrow e_j}$ 表示项目节点 e_k 和项目节点 e_j 之间的一条路径，$p_{e_k \rightsquigarrow e_k}$ 表示从项目节点 e_k 出发后返回其自身的一条路径，$p_{e_j \rightsquigarrow e_j}$ 表示从项目节点 e_j 出发后返回其自身的一条路径；$\boldsymbol{A}$ 表示邻接矩阵，如果用户 u_i 和项目 e_k 相邻（即之间有边相连），则 $A_{u_i, e_k} = 1$，否则 $A_{u_i, e_k} = 0$。

下面将通过一个例子来阐述用户偏好扩散得分，如图 11-3 所示。

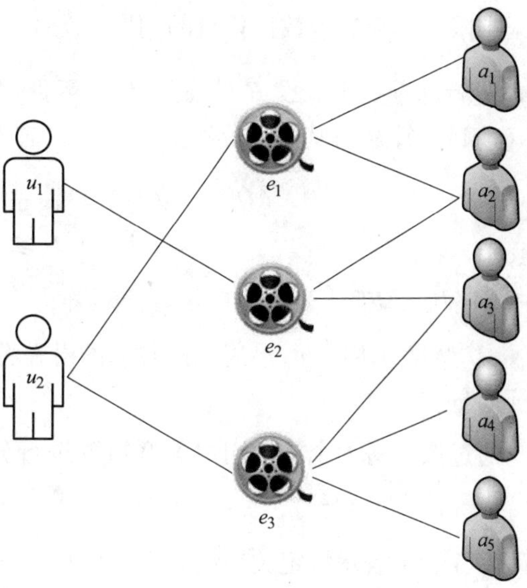

图 11-3　异质信息网络示意图

如图 11-3 所示，一个简单的异质信息网络图包含了 2 个用户（u_1 和 u_2）、3 部电影（e_1、e_2 和 e_3）和 5 个演员（a_1，…，a_5）。现需要使用 user-movie-actor-movie 作为计算用户偏好扩散得分的元路径 P，以计算用户 u_1 对各项目的偏好。基于隐式反馈数据 R，知道用户 u_1 看过电影 e_2。根据图 11-3 中的异质信息网络图的结构可知，有 1 条 movie-actor-movie 路径实例连接电影节点 e_1 和电影节点 e_2，有 2 条 movie-actor-movie 路径实例从电影节点 e_1 出发后又返回其自身，2 条 movie-actor-movie 路径实例从电影节点 e_2 出发后又返回其自身。结合以上两部分信息，设元路径 $P = \textit{user-movie-actor-movie}$，$P' = \textit{movie-actor-movie}$，根据式（11-7）可得

$$R_{u_1, e_2} = 1,\ |\{p_{e_1 \rightsquigarrow e_2}: p_{e_1 \rightsquigarrow e_2} \in P'\}| = 1,\ |\{p_{e_1 \rightsquigarrow e_1}: p_{e_1 \rightsquigarrow e_1} \in P'\}| = 2,\ |\{p_{e_2 \rightsquigarrow e_2}: p_{e_2 \rightsquigarrow e_2} \in P'\}| = 2$$

进一步，可以计算基于元路径 P 的用户 u_1 对电影 e_1 的偏好预测值为

$$s(u_1, e_1 \mid P) = \frac{2 \times R_{u_1, e_2} \times |\{p_{e_1 \rightsquigarrow e_2}: p_{e_1 \rightsquigarrow e_2} \in P'\}|}{|\{p_{e_1 \rightsquigarrow e_1}: p_{e_1 \rightsquigarrow e_1} \in P'\}| + |\{p_{e_2 \rightsquigarrow e_2}: p_{e_2 \rightsquigarrow e_2} \in P'\}|} = \frac{2 \times 1 \times 1}{2 + 2} = 0.5$$

同理，可以得到基于元路径 P 的用户 u_1 对电影 e_3 的偏好预测值为

$$s(u_1, e_3 \mid P) = \frac{2 \times R_{u_1, e_2} \times |\{p_{e_3 \rightsquigarrow e_2}: p_{e_3 \rightsquigarrow e_2} \in P'\}|}{|\{p_{e_3 \rightsquigarrow e_3}: p_{e_3 \rightsquigarrow e_3} \in P'\}| + |\{p_{e_2 \rightsquigarrow e_2}: p_{e_2 \rightsquigarrow e_2} \in P'\}|} = \frac{2 \times 1 \times 1}{2 + 3} = 0.4$$

通过计算元路径连接的用户节点和项目节点之间的用户偏好扩散得分，能得到一个基于扩散的用户偏好矩阵 $\widetilde{\boldsymbol{R}} \in \mathbb{R}^{m \times n}$。矩阵 $\widetilde{\boldsymbol{R}}$ 中的一行 $\widetilde{\boldsymbol{R}}_i$ 表示用户 u_i 对个项目的可能偏好，如果用户按照元路径探索网络中的新内容，如电影主演，以图 11-3 中的数据为例，可以计算得到用户偏好矩阵 $\widetilde{\boldsymbol{R}} = \begin{pmatrix} 0.5 & 1.0 & 0.4 \\ 1.0 & 0.9 & 1.0 \end{pmatrix}$，其中 $\widetilde{R}_{ij}$ 表示用户 u_i 对项目 e_j 的偏好预测值。

通过重复这一过程，给定 L 条不同的元路径，能计算得到 L 个不同的扩散用户偏好矩阵。这些用户偏好矩阵记为 $\widetilde{\boldsymbol{R}}^{(1)}$，$\widetilde{\boldsymbol{R}}^{(2)}$，…，$\widetilde{\boldsymbol{R}}^{(L)}$。这个过程通过异质信息网络图中不同

的元路径传播了用户的偏好，模仿了用户的信息发现过程。扩散得分表明了在特定元路径的语义下特定用户对候选项目给予正反馈的可能性。

在实际应用中，用户和项目数量庞大，导致用户偏好矩阵 $\widetilde{\boldsymbol{R}}$ 会过于庞大；而且由于观测数据有限，还会导致数据稀疏的问题。为了解决这些问题，可以采用矩阵分解对用户偏好矩阵 $\widetilde{\boldsymbol{R}}$ 进行降维处理。设 $\widetilde{\boldsymbol{R}}^{(p)}$ 表示基于元路径 p 的扩散用户偏好矩阵，可使用非负矩阵分解（NMF）算法对其进行分解：

$$(\hat{\boldsymbol{U}}^{(p)},\ \hat{\boldsymbol{V}}^{(p)}) = \operatorname{argmin}_{U,\ V} \ \| \widetilde{\boldsymbol{R}}^{(p)} - \boldsymbol{U}\boldsymbol{V}^{\mathrm{T}} \|_F^2 \qquad (11\text{-}8)$$
$$\text{s.t. } \boldsymbol{U} \geqslant 0,\ \boldsymbol{V} \geqslant 0$$

式中，$\hat{\boldsymbol{U}}^{(p)} \in \boldsymbol{R}^{m\times d}$ 表示用户隐特征矩阵；$\hat{\boldsymbol{V}}^{(p)} \in \boldsymbol{R}^{n\times d}$ 表示项目隐特征矩阵；$d < \min(n, m)$。$\hat{\boldsymbol{U}}_i^{(p)}$ 表示用户 u_i 沿着元路径 p 的潜在特征向量，$\hat{\boldsymbol{V}}_j^{(p)}$ 表示项目 e_j 沿着元路径 p 的潜在特征向量。

通过依次对 L 个扩散用户偏好矩阵进行分解，产生了 L 对用户和项目的表示（$\hat{\boldsymbol{U}}^{(1)}$，$\hat{\boldsymbol{V}}^{(1)}$），（$\hat{\boldsymbol{U}}^{(2)}$，$\hat{\boldsymbol{V}}^{(2)}$），…，（$\hat{\boldsymbol{U}}^{(L)}$，$\hat{\boldsymbol{V}}^{(L)}$）。根据用户偏好扩散过程，每个低秩特征对（$\hat{\boldsymbol{U}}^{(i)}$，$\hat{\boldsymbol{V}}^{(i)}$）表示特定关系语义下的用户和项目。进一步，可以得到用户 u_i 对项目 e_j 在元路径 p 下的偏好预测值：

$$\hat{r}_{ij}^{(p)} = \hat{\boldsymbol{U}}_i^{(p)}\ \hat{\boldsymbol{V}}_j^{(p)\mathrm{T}}$$

（2）第二阶段：学习元路径权重

在获得不同元路径的预测结果后，可以采用各种决策融合算法对其进行融合，其中最为常用的是加权融合，即

$$\hat{r}_{ij} = \sum_{p\in P} \omega_p\, \hat{r}_{ij}^{(p)} = \sum_{p\in P} \omega_p\, \hat{\boldsymbol{U}}_i^{(p)}\ \hat{\boldsymbol{V}}_j^{(p)\mathrm{T}} \qquad (11\text{-}9)$$

式中，ω_p 表示元路径 p 的（全局）权重，为待学习的模型参数。

式（11-9）假设不同用户对元路径的偏好相同，即所有用户共用同一组权值 $\boldsymbol{\omega}$，缺乏个性化。实际应用中，不同用户对不同元路径的预测结果的偏好通常不同，其元路径权重也应该体现用户个性化。但由于数据稀疏的原因，难以充分学习到个性化的权值 $\omega_p^{(i)}$，即用户 u_i 对元路径 p 的偏好。为解决这些问题，一种常用方法是对用户进行聚类，即假设同一簇的用户具有相同的元路径偏好：

$$\hat{r}_{ij} = \sum_{k=1}^{|C|} \operatorname{sim}(C_k,\ u_i) \sum_{p\in P} \boldsymbol{\omega}_p^{\{k\}}\ \hat{r}_{ij}^{(p)}$$

式中，C 表示与用户 u_i 相关的聚类；$\operatorname{sim}(C_k,\ u_i)$ 表示聚类中心 C_k 和用户 u_i 的（余弦）相似度；$\boldsymbol{\omega}_p^{\{k\}}$ 表示第 k 簇用户对元路径 p 的偏好。例如，HeteRec 算法根据用户的偏好对用户进行聚类，具体而言，其首先通过对用户-项目评分矩阵进行分解得到用户的嵌入表示（隐特征向量），然后利用用户的嵌入表示采用 *k-means* 算法对其进行聚类。

基于聚类的方法虽然能够缓解参数缺乏个性化的问题，但需要预先确定聚类簇的数量。为了解决这些问题，SemRec 算法提出采用社交信息约束用户对元路径的偏好，其目标函数为

$$L_{SemRec} = \sum_{u_i \in U,\ v_j \in I} \| r_{ij} - \sum_{p \in P} \omega_p^{(i)} \hat{r}_{ij}^{(p)} \|_F^2 + \lambda \sum_{i \in U} \sum_{p \in P} \| \omega_p^{(i)} - \sum_{k \in U} s_{i,k}^{(p)} \omega_p^{(k)} \|_F^2$$

(11-10)

式中，$\omega_p^{(i)}$ 表示用户 $u_i \in U$ 对元路径 p 的偏好；$s_{i,k}^{(p)}$ 表示基于元路径 p 下用户 $u_i \in U$ 和 $u_k \in U$ 的相似度；r_{ij} 表示用户 u_i 对项目 v_j 的偏好观测值。

2. 基于特征转换的融合

基于特征转换的融合是指先基于异质信息网络进行特征提取，即第一阶段先进行信息提取；然后利用这些特征采用常规的机器学习模型来构造预测模型，即第二阶段进行信息利用。这种方法也被称为隐式融合，如 FMG(FM with Group lasso) 算法。

FMG 算法首先利用元路径和元结构来度量用户与项目的相关度（具体采用 PathCount 和 StructCount)，然后对这些相关度矩阵进行分解以得到不同元路径/结构下的用户隐特征向量和项目隐特征向量，最后将这些隐特征向量拼接起来作为特征输入因子分解机模型中进行学习。

具体来说，给定 L 条元路径，对于一个样本，用户和项目分别可以得到 L 组特征。假设每组特征的维度为 F，那么拼接起来的（用户-项目对）维度为 $2LF$ 的特征向量就可以表示为

$$\boldsymbol{x}^n = \underbrace{\hat{\boldsymbol{U}}_{u_i^n}^{(1)}, \cdots, \hat{\boldsymbol{U}}_{u_i^n}^{(l)}, \cdots, \hat{\boldsymbol{U}}_{u_i^n}^{(L)}}_{L}, \underbrace{\hat{\boldsymbol{V}}_{e_j^n}^{(1)}, \cdots, \hat{\boldsymbol{V}}_{e_j^n}^{(l)}, \cdots, \hat{\boldsymbol{V}}_{e_j^n}^{(L)}}_{L}$$

式中，$\boldsymbol{x}^n$ 表示第 n 个样本（用户-项目对）；u_i^n 表示第 n 个样本对应的用户；e_j^n 表示第 n 个样本对应的项目；$\hat{\boldsymbol{U}}_{u_i^n}^{(l)}$ 表示第 n 个样本的用户沿着第 l 条元路径的潜在特征；$\hat{\boldsymbol{U}}_{e_j^n}^{(l)}$ 表示第 n 个样本的项目沿着第 l 条元路径的潜在特征。得到上面的特征向量之后，就可以套用经典的因子分解机模型来构建预测函数：

$$\hat{y}^n(w, \boldsymbol{V}) = w_0 + \sum_{i=1}^{d} w_i x_i^n + \sum_{i=1}^{d} \sum_{j=i+1}^{d} < \boldsymbol{v}_i, \boldsymbol{v}_j > x_i^n x_j^n \tag{11-11}$$

式中，$\hat{y}^n$ 表示模型对第 n 个样本的评分预测值；w_0 表示整体评分偏差；w_i 表示一阶特征参数，$\boldsymbol{V}$ 表示二阶特征参数；v_i 表示矩阵 $\boldsymbol{V}$ 的第 i 行；$< \boldsymbol{v}_i, \boldsymbol{v}_j >$ 表示向量 $\boldsymbol{v}_i$ 与向量 $\boldsymbol{v}_j$ 的点积。

在上述预测函数的基础上，可以用如下损失函数（平方损失）进行模型参数学习：

$$\min_{w, V} \sum_{n=1}^{N} (y^n - \hat{y}^n(w, \boldsymbol{V}))^2$$

除了因子分解机模型，也可以采用深度神经网络来对元路径的特征进行学习。NeuACF 算法首先使用基于 PathSim 的方法计算不同元路径下的用户相似度和项目相似度，然后对这些相似度矩阵进行矩阵分解以得到用户隐特征向量和项目隐特征向量，并将这些特征放入设计好的深度神经网络中学习泛化后的用户隐特征向量 $\boldsymbol{U}_i$ 和项目隐特征向量 $\boldsymbol{V}_j$，即

$$\boldsymbol{U}_i = DNN(\hat{\boldsymbol{U}}_i^{(1)}, \cdots, \hat{\boldsymbol{U}}_i^{(p)}, \cdots \hat{\boldsymbol{U}}_i^{(|P_U|)})$$

$$\boldsymbol{V}_j = DNN(\hat{\boldsymbol{V}}_j^{(1)}, \cdots, \hat{\boldsymbol{V}}_j^{(p)}, \cdots \hat{\boldsymbol{V}}_j^{(|P_I|)})$$

最后，采用交叉熵设计目标函数，并进行模型参数的学习。

基于特征转换的融合，首先通过从异质信息网络中抽取信息来构造特征；然后基于这些特征采用机器学习模型来构建推荐模型，即更多常规的机器学习模型都可以应用在面向异质

信息网络的推荐任务上。

3. 基于正则约束的融合

通过异质信息网络获取得到的有用信息，如节点之间的相关度，可以作为一种约束加入传统的协同过滤模型中，这种约束一般是以正则项的形式出现在损失函数中。

Hete-MF 算法使用 PathSim 得到的异质信息网络中项目节点的相似度矩阵 $\boldsymbol{S}_I$，然后将其作为项目隐变量的一个正则约束加入矩阵分解模型的目标函数中：

$$L_{Hete\text{-}MF}=\|\boldsymbol{R}-\boldsymbol{U}\boldsymbol{V}^{\mathrm{T}}\|_F^2+\lambda_I\sum_{i,j\in I}\sum_{p\in P}\omega_I^{(p)}S_I^{(p)}(i,j)\|\boldsymbol{V}_i-\boldsymbol{V}_j\|_F^2+\lambda_0(\|\boldsymbol{U}\|_F^2+\|\boldsymbol{V}\|_F^2+\|\omega_I\|_F^2) \tag{11-12}$$

式中，$\boldsymbol{R}$ 表示观测到的用户评分矩阵，$\boldsymbol{U}$ 和 $\boldsymbol{V}$ 分别表示用户隐特征矩阵和项目隐特征矩阵；$S_I^{(p)}(i,j)$ 表示基于元路径 p 得到的项目 i 和项目 j 的相似度，$w_I^{(p)}$ 表示元路径 p 的权重；λ_I 和 λ_0 分别为项目相似正则项和传统 L2 正则项的系数。

Hete-CF 算法在 Hete-MF 算法基础上不仅考虑项目之间的相似度，还考虑了用户之间的相似度、用户与项目之间的相关度：

$$\begin{aligned}L_{Hete\text{-}CF}=&\|\boldsymbol{R}-f(\boldsymbol{U}\boldsymbol{V}^{\mathrm{T}})\|_F^2+\lambda_I\sum_{i,j\in I}\sum_{p\in P_I}\omega_I^{(p)}S_I^{(p)}(i,j)\|\boldsymbol{V}_i-\boldsymbol{V}_j\|_F^2+\\&\lambda_U\sum_{i,j\in U}\sum_{p\in P_U}\omega_U^{(p)}S_U^{(p)}(i,j)\|\boldsymbol{U}_i-\boldsymbol{U}_j\|_F^2+\\&\lambda_{UI}\sum_{p\in P_{UI}}\omega_{UI}^{(p)}\sum_{u\in U,i\in I}\|R_{ui}^{(p)}-f(\boldsymbol{U}\boldsymbol{V}^{\mathrm{T}})\|_F^2+\\&\lambda_0(\|\boldsymbol{U}\|_F^2+\|\boldsymbol{V}\|_F^2+\|\boldsymbol{\omega}_I\|_F^2+\|\boldsymbol{\omega}_U\|_F^2+\|\boldsymbol{\omega}_{UI}\|_F^2)\end{aligned}$$

式中，$\boldsymbol{R}$ 表示观测到的用户评分或反馈矩阵，$\boldsymbol{U}$ 和 $\boldsymbol{V}$ 分别表示用户隐特征矩阵和项目隐特征矩阵；$S_I^{(p)}(i,j)$ 表示基于元路径 $p\in P_I$ 得到的项目 i 和项目 j 的相似度，P_I 表示给定的连接项目节点的元路径集合；$S_U^{(p)}(i,j)$ 表示基于元路径 $p\in P_U$ 得到的用户 i 和用户 j 的相似度，P_U 表示给定的连接用户节点的元路径集合；$R_{ui}^{(p)}$ 表示用户节点 u 和项目节点 i 在元路径 $p\in P_{UI}$ 下的连接情况，P_{UI} 表示给定的连接用户节点和项目节点的元路径集合；f 表示一种映射函数，如果是基于隐式反馈的 Top-N 推荐问题，则观测矩阵 $\boldsymbol{R}$ 中的元素值为 $\{0,1\}$，基于元路径 p 的连接矩阵 $\boldsymbol{R}^{(p)}$ 中的元素值需要转换为二值 $\{0,1\}$ 或是 $[0,1]$ 区间中，f 可以采用 Sigmoid 函数，即 $f(x)=1/(1+\exp(-x))$；λ_I、λ_U、λ_{UI} 和 λ_0 分别为各正则项对应的系数。

11.3.2　端到端的学习模型

前述的两阶段融合法将信息提取和信息利用分为两个阶段：第一阶段进行信息提取，其结果作为第二阶段模型学习（信息利用）的输入。由于两个阶段是串联的关系，导致前一阶段的误差，如忽略重要的有用信息或是引入大量的无关噪声，会在后一阶段被放大。端到端（End-to-end）的学习模型将这两部分有机地结合在一起，同时进行信息提取和信息利用（任务学习），以减少由于独立的信息提取可能造成的有用信息丢失或无关噪声的引入。

HueRec 算法是一种典型的基于异质信息网络的端到端学习算法，将信息提取和信息利用有机地结合在一起，通过构建一个统一框架进行模型学习，以避免由于两阶段分离导致在信息提取阶段丢失有用的推荐信息。该算法的损失函数同时包含异质信息网络重建损失 $Loss^{HIN}$ 和推荐损失 $Loss^{REC}$：

$$Loss^{Total} = \frac{1}{|\boldsymbol{U}||\boldsymbol{I}|}\sum_{u \in U}\sum_{i \in I}(Loss_{u,i}^{REC} + \lambda_1 Loss_{u,i}^{HIN}) + \lambda_2 \|\Theta\|_F^2 \tag{11-13}$$

式中，$\boldsymbol{U}$ 和 $\boldsymbol{I}$ 分别表示用户集合和项目集合；$\sum_{u \in U}\sum_{i \in I} Loss_{u,i}^{HIN}$ 表示 HIN 结构重建损失，$\sum_{u \in U}\sum_{i \in I} Loss_{u,i}^{REC}$ 表示推荐损失；λ_1 和 λ_2 均为控制系数。

两阶段融合方法在进行异质信息网络信息提取时通常假设各条元路径之间是相互独立的，并分别针对每条元路径 p 进行信息提取，如提取针对元路径 p 的用户隐特征矩阵 $\boldsymbol{U}^{(p)}$ 和项目隐特征矩阵 $\boldsymbol{V}^{(p)}$。这一假设并不合理，因为整个信息网络是共用相同的用户集合 U 和项目集合 $\boldsymbol{I}$，而非各元路径有自己独立的用户集合和项目集合。此外，单条元路径对应的可交换矩阵还可能存在数据稀疏的问题。为解决这些问题，HueRec 算法假设在不同的元路径下存在共同（或统一）的用户特征和共同的项目特征，如图 11-4a 所示，并使用来自所有元路径的信息来学习统一的用户表示和项目表示，如图 11-4b、图 11-4c 所示。同时假设用户对元路径有不同的偏好，并尝试学习这种偏好以做出更好的个性化推荐，如图 11-4d 所示。

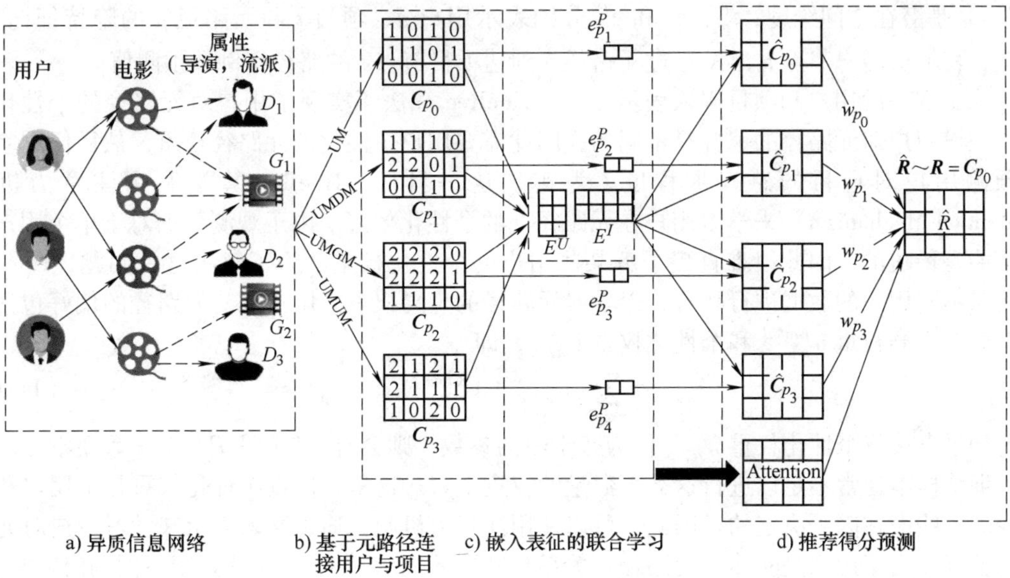

图 11-4　HueRec 算法框架

在 HueRec 算法中，将用户和项目之间的元路径视为用户-项目交互的上下文（Context），并假设它们包含用于预测用户-项目交互的有用信息。然而，这些元路径的原始可交换矩阵可能是稀疏的或有噪声的。为了提取对用户建模和项目建模有用的信息，HueRec 算法提出同时学习所有用户、项目和元路径的嵌入表示。因此，可以利用元路径之间的相互关联信息来缓解单条元路径上的数据稀疏性和噪声问题。

为了度量基于所有 l 条元路径 $P = \{p_1, \cdots, p_l\}$ 得到的嵌入表示的有效性，针对每个用户-项目对定义了一个损失函数：

$$Loss_{u,i}^{HIN} = \frac{1}{|P|}\sum_{p \in P} Loss_{u,i,p}^{HIN} w_p \tag{11-14}$$

式中，w_p 表示元路径 $p \in P$ 的权重，用以控制不同元路径对推荐的重要性；$Loss_{u,i,p}^{HIN}$ 表示用户-项目对在元路径 p 上的网络结构重建（预测）损失，采用 Sigmoid 交叉熵来定义：

$$Loss_{u,i,p}^{HIN} = -y\log(\sigma(\hat{c}_{u,i,p})) - (1-y)\log(1-\sigma(\hat{c}_{u,i,p})) \tag{11-15}$$

$$y = \begin{cases} 1, & c_{u,i,p} \geqslant \text{average}(\boldsymbol{C}_{p,u}) \\ 0, & c_{u,i,p} < \text{average}(\boldsymbol{C}_{p,u}) \end{cases}$$

式中，σ 为 Sigmoid 函数，即 $\sigma(x)=1/(1+\exp(-x))$；$\boldsymbol{C}_p$ 表示基于元路径 p 的可交换矩阵；$\boldsymbol{C}_{p,u}$ 表示从用户节点 u 出发经过元路径 p 到达各项目节点的路径实例数向量；$c_{u,i,p}$ 表示从用户节点 u 出发经过元路径 p 到达项目节点 i 的路径实例数，$\hat{c}_{u,i,p}$ 为对应的预测值。

假定路径实例数 $c_{u,i,p}$ 是由用户-项目和元路径的一部分潜在（隐藏）特征共同决定。因此，预测 $\hat{c}_{u,i,p}$ 的关键在于学习用户、项目和元路径的嵌入（隐藏）表示。和之前的方法假设用户-项目在不同元路径下有不同的嵌入表示不一样，HueRec 算法认为元路径是上下文，假定存在不同元路径下的用户和项目统一的嵌入表示：

$$\hat{c}_{u,i,p} = f(\boldsymbol{e}_u^U, \boldsymbol{e}_i^I, \boldsymbol{e}_p^P) = \sum_{q=1}^{d} e_{u,q}^U e_{i,q}^I e_{p,q}^P \tag{11-16}$$

式中，d 是潜在空间维度；$\boldsymbol{e}_u^U$、$\boldsymbol{e}_i^I$ 和 $\boldsymbol{e}_p^P$ 分别表示用户 u、项目 i 和元路径 p 的隐特征向量；$\hat{c}_{u,i,p}$ 表示从用户节点 u 出发经过元路径 p 到达项目节点 i 的路径实例数预测值。

除了统一的用户和项目嵌入表示之外，HueRec 算法还实现了用户对元路径的个性化偏好。假设用户对元路径的偏好是不同的，因此需要用户个性化的元路径权重，然后使用它们来预测用户对项目的感兴趣程度。为实现这一目标，HueRec 算法利用注意力机制（Attention Mechanism）来学习用户在元路径上的个性化偏好。由于观测数据对于单个用户来说可能是稀疏的，因此很难直接了解某些用户的个性化权重。为了解决这一问题，HueRec 算法对不同用户的数据进行融合，以学习元路径的全局权重。用户 u 对元路径的偏好包括两个部分：全局权重 w_p^{Global} 和个性化权重 $w_{u,p}$，即

$$\hat{r}_{u,i} = \sum_{p\in P}(w_{u,p} + w_p^{Global})\hat{c}_{u,i,p} \tag{11-17}$$

如果直接将个性化权重 $w_{u,p}$ 作为待学习的参数，则会有 $|U|\times|P|$ 个参数要学习。然而，训练样本通常不足以进行这么多数量的权重学习。这里，假设个性化权重是由用户和元路径的一些潜在因子决定的。因此，可以使用注意力机制，通过嵌入表示来学习用户对元路径的偏好。由于用户是实体，元路径是关系，其嵌入表示 e^U 和 e^P 应该处于不同的潜在空间。因此，需要将它们的嵌入表示转换到一个相同的空间，然后将转换后的嵌入表示的点积作为用户对元路径偏好的度量：

$$\boldsymbol{w}_u = \text{softmax}((\boldsymbol{M}_{pa}\boldsymbol{E}^P)^{\mathrm{T}}\boldsymbol{M}_{ua}\boldsymbol{e}_u^U) \tag{11-18}$$

式中，$\boldsymbol{w}_u=(w_{u,1}, \cdots, w_{u,l})$ 表示用户 u 的个性化元路径权重向量；$\boldsymbol{E}^P$ 表示所有元路径的嵌入表示矩阵；$\boldsymbol{e}_u^U$ 表示用户 u 的嵌入表示；$\boldsymbol{M}_{pa}$ 和 $\boldsymbol{M}_{ua}$ 分别表示从元路径嵌入空间和从用户嵌入空间到共同嵌入空间的转换矩阵；softmax 是一个向量转换函数，若 $\boldsymbol{y}=\text{softmax}(\boldsymbol{x})$，则：

$$y_i = \frac{e^{x_i}}{\sum_{j=1}^{d} e^{x_j}} \tag{11-19}$$

其中 $\boldsymbol{x}$ 和 $\boldsymbol{y}$ 都是长度为 d 的向量，x_i 和 y_i 分别表示 $\boldsymbol{x}$ 和 $\boldsymbol{y}$ 的第 i 个元素。

基于上述过程得到的用户 u 对项目 i 的兴趣度预测值 $\hat{r}_{u,i}$，HueRec 算法采用 Sigmoid 交

叉熵来定义推荐损失函数：

$$Loss_{u,i}^{REC}=-r_{u,i}\log(\sigma(\hat{r}_{u,i}))-(1-r_{u,i})\log(1-\sigma(\hat{r}_{u,i}))\tag{11-20}$$

式中，$r_{u,i}$ 表示观测到的用户 u 对项目 i 的隐式反馈，取值为 $\{0,1\}$。

综上所述，HueRec 算法通过对两部分损失 $Loss^{HIN}$ 和 $Loss^{REC}$ 同时进行优化，实现了端到端的学习，进而可以同时学习出用户对于元路径的偏好和用户-项目-元路径的嵌入表示。图 11-5 展示了 HueRec 算法的模型训练（学习）结构，虚线下方是预测部分，虚线上方则描述了监督过程。

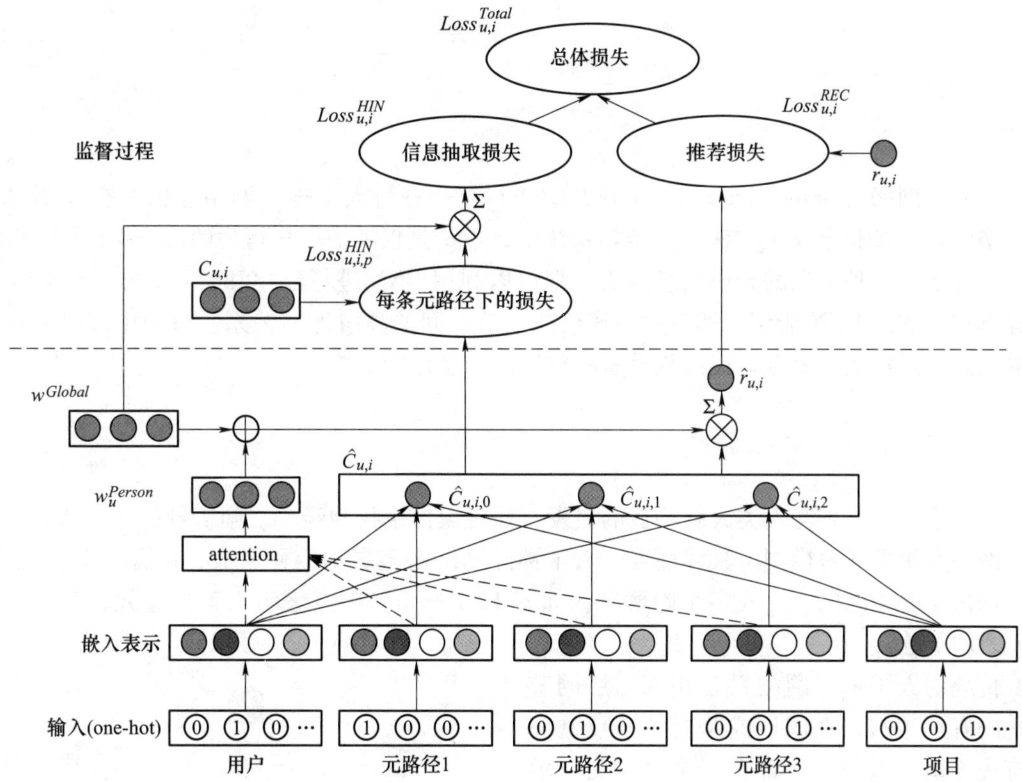

图 11-5　HueRec 算法的模型训练（学习）结构

习题

1. 请简述基于异质信息网络的推荐的基本思想和主要假设。

2. 选择一种你熟悉的编程语言，实现一种基于随机游走的计算相关度的算法，并选择一个公开数据集进行验证。

3. 选择一种你熟悉的编程语言，实现一种基于元路径的计算相关度的算法，并选择一个公开数据集进行验证。

4. 调研一下最新的本章未提及的基于异质信息网络的推荐算法。

5. 调研分析一下基于异质信息网络的推荐的应用场景和典型应用案例。

第 12 章　基于图神经网络的推荐

图神经网络（Graph Neural Network，GNN）是一种将人工神经网络应用在拓扑图（也称网络图）上的机器学习方法。在推荐系统中，不论是仅考虑用户行为的用户-项目二部图，还是综合考虑各种信息的异质信息网络，都可以利用 GNN 进行建模和学习。相比于传统的推荐算法，利用 GNN 能够更加有效地捕获图中节点间的高阶连通关系，对图中多跳邻居包含的信息进行传播和聚合，进而提升系统整体的推荐性能。

12.1 图神经网络简介

人工神经网络是受人类大脑构造的启发，通过模仿生物神经元之间信号相互传递方式而设计的一类机器学习模型。具体而言，人工神经网络由多层神经元组成，包含一个输入层、一个输出层和中间的一个或多个隐藏层。如图 12-1 所示，节点表示人工神经元，边表示神经元之间的连接。

传统的人工神经网络只在相邻两层的节点之间有边连接，在同层或跨层的节点之间没有边连接。每条边上都有一个对应的权值 w_{ij}，用于调整和控制神经元之间的信息传递。每个节点都有一个对应的偏置 b_i 和激活函数 f，用于调整其收集的输入信息并决定其输出的信息。例如，针对某个神经元节点 i，其输出为

$$o_i = f\Big(\sum_{j \in N(i)} w_{ij} o_j + b_i\Big) \qquad (12\text{-}1)$$

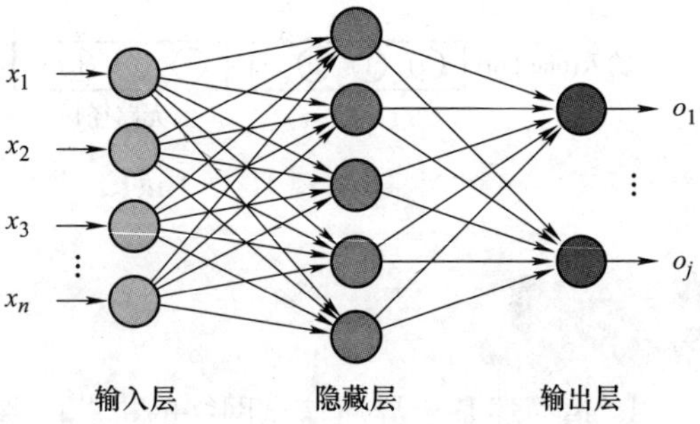

图 12-1　人工神经网络结构示意图

式中，$N(i)$ 表示与节点 i 有连接的前一层节点的集合；w_{ij} 表示连接节点 i 和节点 j 的边的权值。

图神经网络（GNN）是指使用人工神经网络来学习图结构数据，提取和发掘图结构数据中的特征和模式，以满足聚类、分类、预测、分割、生成等图学习任务需求的算法总称。图结构一般由节点和边组成，其中的节点和边都蕴含着一定量的信息。节点通常包含实体或概念信息，而边则包含实体或概念之间的关联信息。如图 12-2 所示，在推荐应用场景下，

可以基于用户与项目之间的交互行为数据构建出用户-项目二部图，还可以在此基础上融合社交、属性等辅助信息，构建出信息更加丰富、结构更加复杂的异质性信息网络。

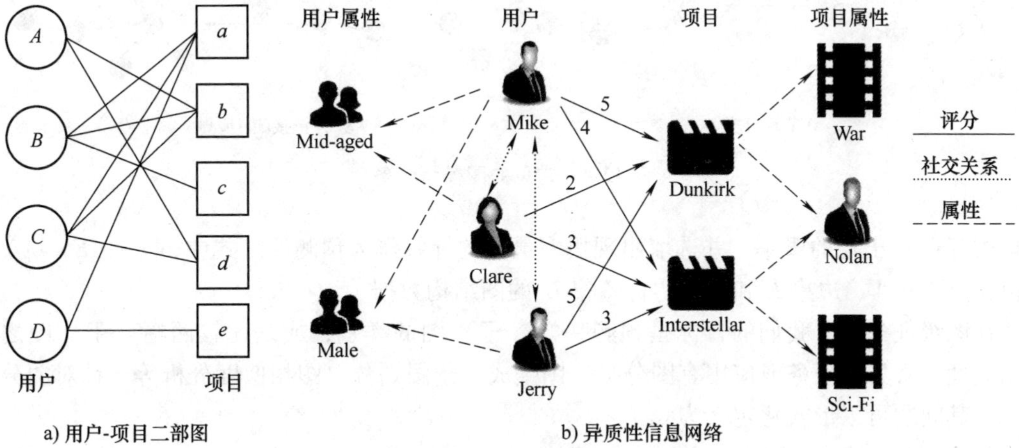

图 12-2　推荐应用场景中的图结构

与传统的图像、序列等欧氏数据相比，网络图数据具有邻居数量任意、没有固定节点排序、拓扑结构复杂等特点，导致网络图数据无法直接映射到欧氏空间中，进而难以或是无法直接通过向量（或坐标）来表示网络图数据，也很难用传统的神经网络结构来对其进行建模。然而，网络图在建模多个实体之间复杂的交互关系上，相比于其他数据结构具有明显的优势。

12.1.1　任务分类与定义

图神经网络有着广泛的应用场景。常见的基于图模型的任务可以分为三大类：节点级任务、边级任务和图级任务，如图 12-3 所示。

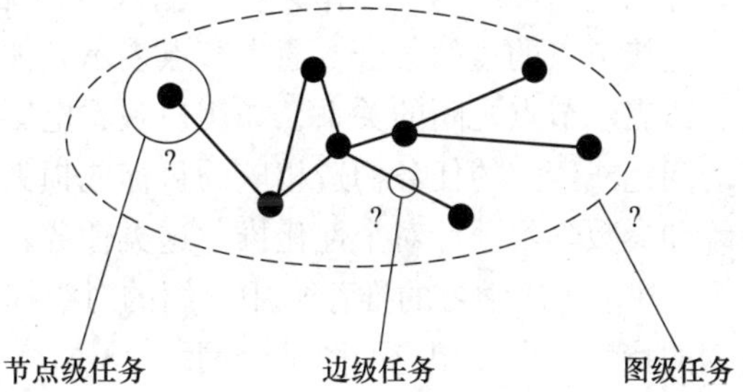

图 12-3　基于图模型的不同类型任务示意图

在节点级任务中，我们的目标是预测某个或某些节点的标签或特性。常见的节点级任务有节点分类、节点回归、节点聚类等。针对最为常见的节点分类任务（见图 12-4a），其问题可以形式化定义为

$$f(v,G(V,E,L_V)) = \text{argmax}_y p(l_v = y \mid G(V,E,L_V)) \tag{12-2}$$

即根据给定的图结构数据 G，估算针对目标节点 v 的各种标签 y 出现的概率，并选取出现概率最大的标签作为预测值。式中，$G(V, E, L_V)$ 表示包含节点集 V、边集 E 和部分节点标签集 L_V的图结构数据。

在边级任务中，我们的目标是预测某条边或某些边是否存在，或是预测给定边的权值或特性。常见的边级任务有边分类、边聚类和链接（边）预测等。针对最为常见的边分类和链接（边）预测任务（见图 12-4b），其问题可以统一形式化定义为

$$f(e_{ij},G(V,E,L_E)) = \text{argmax}_y p(l_{eij} = y \mid G(V,E,L_E)) \tag{12-3}$$

即根据给定的图结构数据 G，估算针对连接节点 i 和节点 j 的边 e_{ij} 的各种标签 y（边的类型或

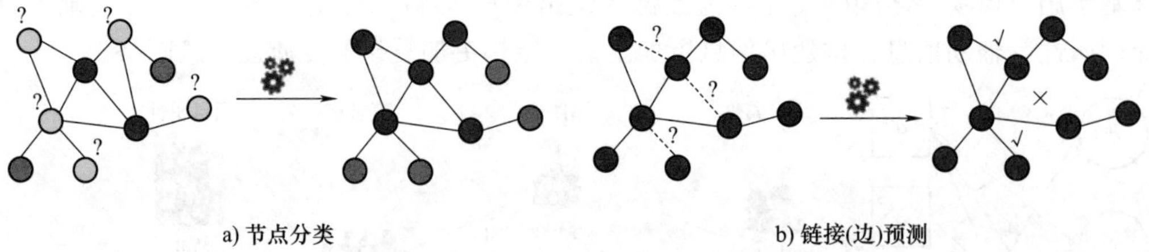

图 12-4 常见的图模型任务

边是否存在）出现的概率，并选取出现概率最大的标签作为预测值。式中，$G(V,\ E,\ L_E)$ 表示包含节点集 V、边集 E 和部分边标签集 L_E 的图结构数据。

在图级任务中，我们的目标是预测一幅（子）图的类别，或是比较两幅（子）图之间的相似性，常见的任务或应用有图分类、图生成、子图划分、图相似度分析等。针对图分类任务，其问题可以形式化定义为

$$f(G_j,\{(G_i,l_i)\mid i=1,\cdots,n\})=\mathrm{argmax}_y p(l_{Gj}=y\mid(G_i,l_i),i=1,\cdots,n) \tag{12-4}$$

式中，$\{(G_i,\ l_i)\mid i=1,\ \cdots,\ n\}$ 表示一组带标签的图数据。

如果将相关数据用网络图表示，则个性化推荐任务可以转换为一个链接（边）预测任务。目标是预测用户和项目之间丢失的或未来可能出现的链接（边）。

12.1.2 一般流程与框架

图神经网络设计的一般流程与框架如图 12-5 所示。首先，需要对问题和数据进行抽象，定义并构造出图结构，即作为模型输入的网络图 $G(V,\ E)$，其中 V 代表图中的节点集，E 代表连接节点的边的集合。通常节点表示实体或属性，如用户、电影、用户性别、电影类型等；边表示节点之间的关系，如用户观看电影、电影属于某种类型等。接着，需要根据待求解的问题或给定的任务构造相应的目标或损失函数，用以评估模型学习的好坏，并用于模型训练和参数学习。针对个性化推荐这类任务，可以采用传统的点级损失函数，也可以采用第 7 章（基于排序学习的推荐）中介绍的对级损失函数或列表级损失函数。最后，根据问题和数据的特性，设计相应的图神经网络（GNN）模型。

GNN 模型的典型架构如图 12-5 的中间部分所示，主要包括采样模块（可选）、传播模块和池化模块（可选）三部分。

1）采样模块：当图结构复杂，每个节点关联的邻居节点较多时，用每个节点全部的邻域信息更新全量节点的嵌入表示会导致较高的计算复杂度。因此，需要采样模块对图中的节点做预筛选，以降低信息获取以及状态更新的计算复杂度。

2）传播模块：传播模块用于在节点之间进行信息传播，以便通过多层网络模型聚合的信息可以同时捕获节点特征和网络拓扑结构信息。在传播模块中，通常采用卷积算子或循环算子聚合来自邻居的信息，还可以使用跳跃连接操作从节点的历史表示中收集信息以缓解多层神经网络中的过度平滑问题。

3）池化模块：池化操作的作用是数据降维和维度统一，可用于解决图结构数据中邻居数量任意、没有固定节点排序、拓扑结构复杂等问题。在传播模块中，进行信息聚合时可能会使用到池化操作；当需要高级子图或图的表示时，也需要利用池化模块从节点集合中提取

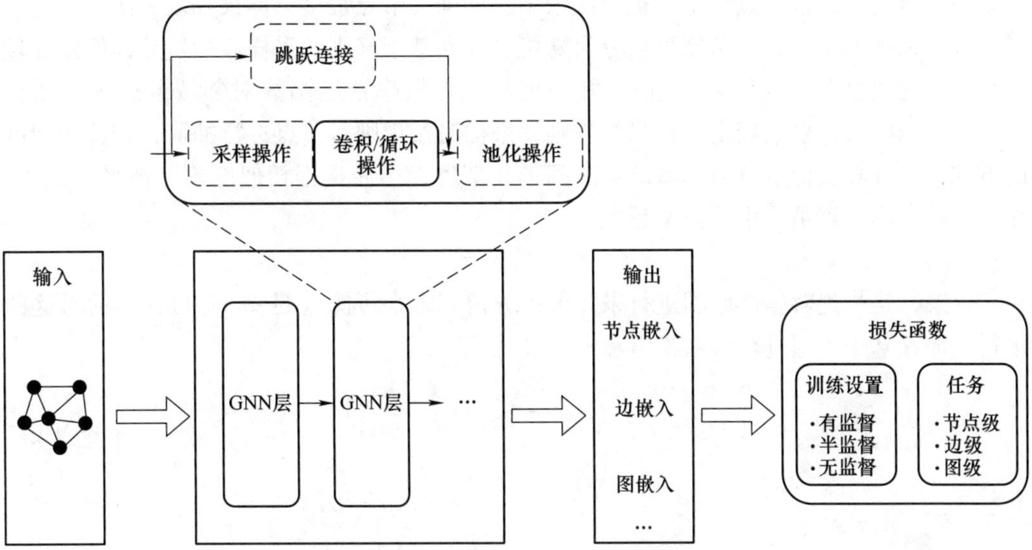

图 12-5 图神经网络设计的一般流程与框架

信息。

在构造模型损失函数时，除了可以构造和任务相关的有监督损失函数外，如分类损失、回归损失等，还可以利用图结构自身的信息构造无监督的损失函数，如图结构重建损失、邻居节点相似损失等。除此之外，还可以综合考虑上述两方面的信息，构造半监督的损失函数。

12.1.3 采样模块

采样是指从总体中抽取个体或子集的过程。当总体过大或是过于复杂时，可以通过采样来减少数据并降低计算复杂度，但通常也会导致一部分的信息丢失。本质上，不同的采样方式和采样规模是在原始图信息和计算效率之间进行不同的权衡。图神经网络中常用的采样方式有节点采样和子图采样两种。

1. 节点采样

节点采样是指从目标节点邻域中选择节点子集的过程。为了降低计算复杂度，在每一次进行节点嵌入表示状态更新时，模型通常会从目标节点的邻域中选择一个子集来进行信息传播和节点更新，而并非用全部的邻居节点（见图 12-6）。设 $N(v)$ 为目标节点 v 的邻域节点集合，则节点采样可定义为

$$N^s(v)=\text{Sample}(N(v),s) \tag{12-5}$$

式中，Sample(·) 为采样函数；s 表示采样次数，即采样结果集的大小；$N^s(v)$ 为 s 次采样后的结果。

节点采样的方式有多种，可以从不同角度对其进行划分。从抽取的样本是否会被重新放回候选集的角度，可以分为有放回采样和无放回采样。有放回采样是指在采样邻居节点时，采中某一节点之后，该节点在下次采样时还有同样的概率再次被采中，即同一节点可以被多次抽取。GraphSAGE 模型采用的便是有放回采样方式。无放回采样是指在采样邻居节点时，

采中某一节点之后，该节点将不会被再次采中，即同一节点最多只能被抽取一次。

从确定采样概率方式的角度可以分为随机采样和基于规则的采样。随机采样假定邻域节点服从某一先验分布（如均匀分布），并根据相应的概率密度函数对邻域节点进行随机采样。基于规则的采样事先确定一种采样规则，采样时按规则对节点进行抽取，如按相似度采样的方式，先计算目标节点与邻域节点之间的相似度，然后根据相似度确定被采样的概率，即相似度越高的节点被采中的概率越大。

2. 子图采样

子图采样是指先对整体原图进行采样或拆分得到多个子图（见图 12-7），然后对这些子图进行采样并基于子图进行参数学习和模型训练。

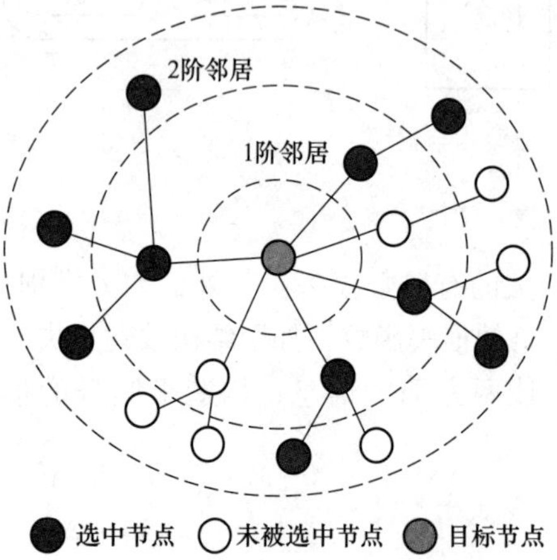

图 12-6 节点采样示意图

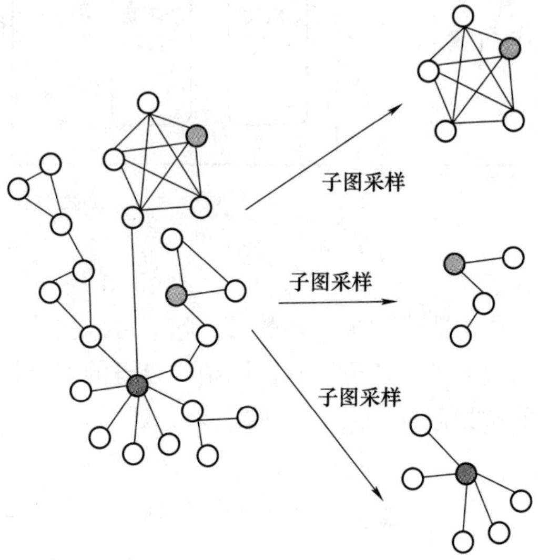

图 12-7 子图采样示意图

子图采样的基本思想是：①通过提取适当的连通子图并在子图内进行完整的信息传播和参数更新，以尽量避免在子图中传播时的信息丢失；②通过综合利用许多子图的信息，实现总体上对完整原图良好表示的图学习。

为实现上述目标，在进行子图采样或拆分时要求：①考虑来自相邻节点的联合信息，相互之间具有较高影响的节点应该尽可能放在同一子图中；②为了保证能够探索到完整的图结构和标签空间，每条边都应该有一定的概率被采样到。

子图采样虽然能够更加有效地避免邻域指数级扩张的问题（见图 12-8），但是需要预先设计一套有效的子图采样方法。ClusterGCN 模型利用图聚类结果进行子图采样，GraphSAINT 模型直接通过对节点或边进行采样来生成子图。

12.1.4 池化模块

池化是一种是模仿人类视觉系统的数据降维操作。在传统的卷积神经网络中，池化操作常用来降低信息冗余，减少网络参数和计算成本，防止过拟合现象。在图神经网络中，通过池化可以实现数据维度的统一，以解决图结构数据中邻居数量任意、没有固定节点排序、拓

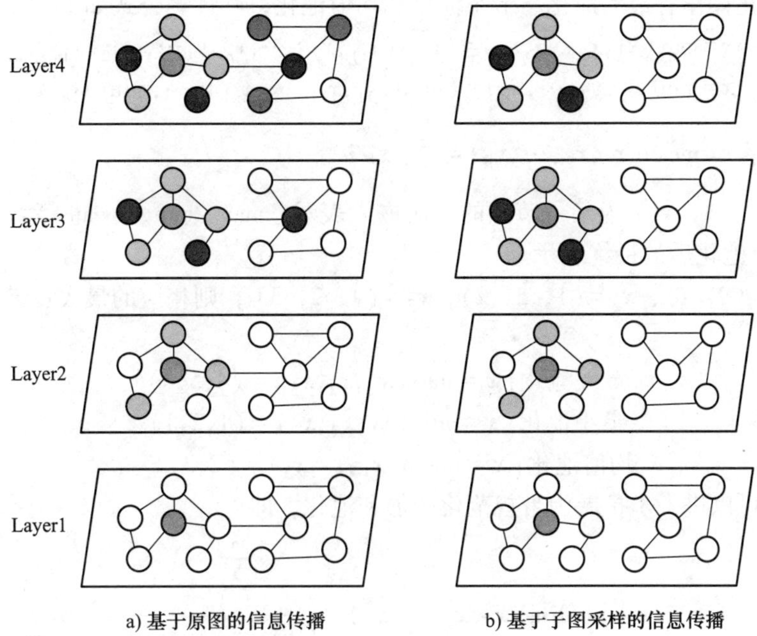

图 12-8　子图采样对信息传播影响的示意图

扑结构复杂等问题。

池化操作的输入是一个高维数据或是一组维度相同的向量，如（$\boldsymbol{x}_1$，$\boldsymbol{x}_2$，…，$\boldsymbol{x}_n$），其中 $\boldsymbol{x}_i \in \mathbb{R}^d$，$i=1$，…，$n$。池化操作的输出是一个低维数据或一个向量。本质上，池化是一个将高维数据映射到低维数据的降维操作，其形式化定义如下：

$$\boldsymbol{x}=\text{pooling}\,(\boldsymbol{x}_1,\boldsymbol{x}_2,\cdots,\boldsymbol{x}_n) \tag{12-6}$$

式中，（$\boldsymbol{x}_1$，$\boldsymbol{x}_2$，…，$\boldsymbol{x}_n$）$\in \mathbb{R}^{n\times d}$ 为一个高维数据或是一组维度都为 d 的向量，pooling 为执行池化的函数，$\boldsymbol{x} \in \mathbb{R}^d$ 为池化后的最终表示。池化模块可作为传播模块的子模块，在传播模块中进行信息聚合（见图 12-9）。

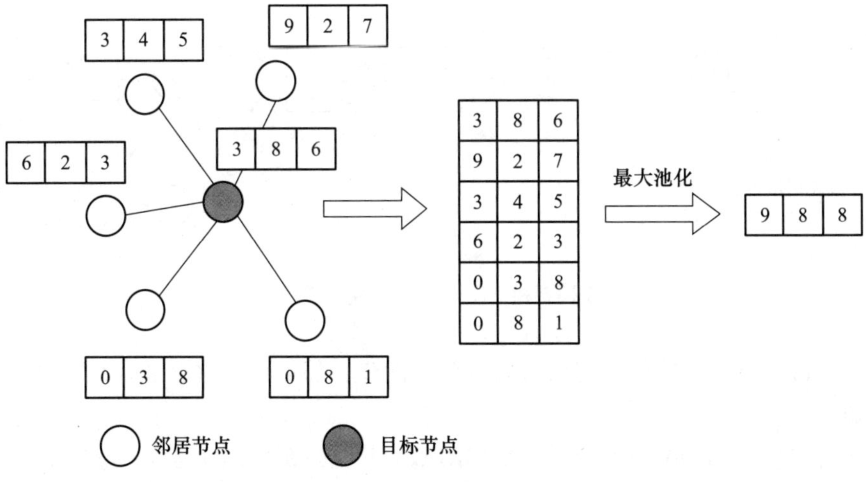

图 12-9　池化操作示意图

常用的池化操作有最大池化、最小池化和均值池化，其计算公式如下：

最大池化：$\boldsymbol{x}=\max(\boldsymbol{x}_1,\boldsymbol{x}_2,\cdots,\boldsymbol{x}_n)=(\max(x_{11},x_{21},\cdots,x_{n1}),\cdots,\max(x_{1n},x_{2n},\cdots,x_{nn}))$

最小池化：$\boldsymbol{x}=\min(\boldsymbol{x}_1,\boldsymbol{x}_2,\cdots,\boldsymbol{x}_n)=(\min(x_{11},x_{21},\cdots,x_{n1}),\cdots,\min(x_{1n},x_{2n},\cdots,x_{nn}))$

均值池化：$\boldsymbol{x}=\text{mean}(\boldsymbol{x}_1,\boldsymbol{x}_2,\cdots,\boldsymbol{x}_n)=\sum_{i=1}^{n}\boldsymbol{x}_i/n$

式中，$(\boldsymbol{x}_1, \boldsymbol{x}_2, \cdots, \boldsymbol{x}_n)$ 为某一节点的高阶嵌入表示；max、min、mean 等为相关的池化函数；$\boldsymbol{x}$ 为该节点池化后的最终表示。

设 $\boldsymbol{x}_1=(1, 2, 1)$，$\boldsymbol{x}_2=(1, 5, 2)$，$\boldsymbol{x}_3=(4, 2, 3)$，则相应的最大、最小和均值池化结果分别为

$$\text{最大池化}: \boldsymbol{x}=\max(\boldsymbol{x}_1,\boldsymbol{x}_2,\boldsymbol{x}_3)=(4,5,3)$$
$$\text{最小池化}: \boldsymbol{x}=\min(\boldsymbol{x}_1,\boldsymbol{x}_2,\boldsymbol{x}_3)=(1,2,1)$$
$$\text{均值池化}: \boldsymbol{x}=\text{mean}(\boldsymbol{x}_1,\boldsymbol{x}_2,\boldsymbol{x}_3)=(2,3,2)$$

均值池化可以进一步扩展为带规范化的加和池化，即

$$\boldsymbol{x}=\text{pooling}(\boldsymbol{x}_1,\boldsymbol{x}_2,\cdots,\boldsymbol{x}_n)=\frac{\sum_{i=1}^{n}x_i}{f_N(x_1,x_2,\cdots,x_n)} \tag{12-7}$$

式中，$f_N(\boldsymbol{x}_1, \boldsymbol{x}_2, \cdots, \boldsymbol{x}_n)$ 为规范化函数，如 $f_N(\boldsymbol{x}_1, \boldsymbol{x}_2, \cdots, \boldsymbol{x}_n)=|\{\boldsymbol{x}_1, \boldsymbol{x}_2, \cdots, \boldsymbol{x}_n\}|=n$ 对应于均值池化。

12.1.5 传播模块

传播模块负责利用图结构对节点信息进行传播以及对节点状态进行更新。在传播模块中，各个节点的信息通过图中的边（连接）在节点之间进行流动传播，并帮助节点不断进行自身的状态更新（见图 12-10）。

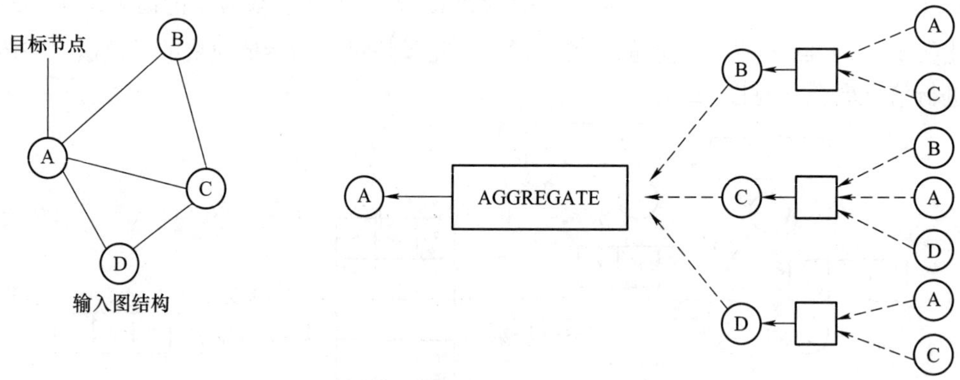

图 12-10 图中信息传播示意图

针对每个目标节点 u 的信息传播可以拆分为两步：邻域信息聚合和信息更新，相应的形式化定义如下：

$$\begin{aligned}\boldsymbol{h}_u^{(k+1)} &= \text{UPDATE}^{(k)}(\boldsymbol{h}_u^{(k)},\text{AGGREGATE}^{(k)}(\{\boldsymbol{h}_v^{(k)},\forall v\in N(u)\})) \\ &= \text{UPDATE}^{(k)}(\boldsymbol{h}_u^{(k)},\ \boldsymbol{m}_{N(u)}^{(k)})\end{aligned} \tag{12-8}$$

式中，$\boldsymbol{h}_v^{(k)} \in \mathbb{R}^d$ 为节点 v 在第 k 个 GNN 层中（嵌入）向量表示；$\text{AGGREGATE}^{(k)}$ 和 $\text{UPDATE}^{(k)}$ 分别为第 k 层的聚合函数和更新函数；$N(u)$ 表示（采样后的）目标节点 u 的邻居节点集合；$\boldsymbol{m}_{N(u)}^{(k)}$ 表示聚合邻居节点信息得到的消息（message）向量；$\boldsymbol{h}_u^{(k+1)}$ 为目标节点 u 经过利用邻居节点信息更新后的向量表示。

当邻域集合 $N(u)$ 不确定或是大小不固定时，聚合函数 $\text{AGGREGATE}^{(k)}$ 可以采样池化操作进行数据降维，将高维（$|N(u)| \times d$ 维）数据 $\{\boldsymbol{h}_v^{(k)}, \ \forall v \in N(u)\}$ 降维到与 $\boldsymbol{h}_u^{(k)} \in \mathbb{R}^d$ 相同的维度，即 $\boldsymbol{m}_{N(u)}^{(k)} \in \mathbb{R}^d$。

按照信息聚合的方式不同，图中的信息传播方法可以分为基于卷积算子的传播、基于循环算子的传播、跳跃连接传播等类型。

1. 基于卷积算子的传播

基于卷积算子的传播方法借鉴卷积神经网络（CNN）的思想，使用共享卷积层提取邻域信息，并与自身信息聚合，更新节点的嵌入状态。根据卷积核权重设置的不同，可以分为基于固定权重的卷积方法和基于自适应权重的卷积方法。

基于固定权重的卷积方法是指按预设的卷积核和权重设置对邻居节点信息进行聚合的方法。常用的基于固定权重的卷积方法有均值池化、加和池化、带规范化的加和池化等。以均值池化为例有

$$\boldsymbol{m}_{N(u)}^{(k)} = \text{AGGREGATE}^{(k)}(\{\boldsymbol{h}_v^{(k)}, \forall v \in N(u)\}) = \frac{\sum_{v \in N(u)} \boldsymbol{h}_v^{(k)}}{|N(u)|} \tag{12-9}$$

基于自适应权重的卷积方法假设卷积权重的设置依赖于目标节点 u 的向量表示和邻域中各节点 $v \in N(u)$ 的向量表示。基于注意力的卷积是一种典型的基于自适应权重的卷积方法，其根据注意力机制，利用节点 u 和节点 v 的向量表示 $\boldsymbol{h}_u^{(k)}$ 和 $\boldsymbol{h}_v^{(k)}$ 来计算这两个节点之间的连接或影响权重（见图 12-11），相应的聚合函数为

$$\boldsymbol{m}_{N(u)}^{(k)} = \text{AGGREGATE}^{(k)}(\{\boldsymbol{h}_v^{(k)}, \forall v \in N(u)\}) = \sum_{v \in N(u)} \alpha_{uv}^{(k)} \boldsymbol{h}_v^{(k)} \tag{12-10}$$

式中，$\alpha_{uv}^{(k)}$ 为根据注意力计算出的邻居节点 $v \in N(u)$ 的信息权重。当采用点积作为向量相似度度量时，根据 9.2.3 节介绍的注意力机制可得

$$\alpha_{uv}^{(k)} = \text{softmax}_v(\boldsymbol{h}_u^{(k)} \boldsymbol{h}_v^{(k)}) = \frac{\exp(\boldsymbol{h}_u^{(k)} \boldsymbol{h}_v^{(k)})}{\sum_{\forall j \in N(u)} \exp(\boldsymbol{h}_u^{(k)} \boldsymbol{h}_j^{(k)})} \tag{12-11}$$

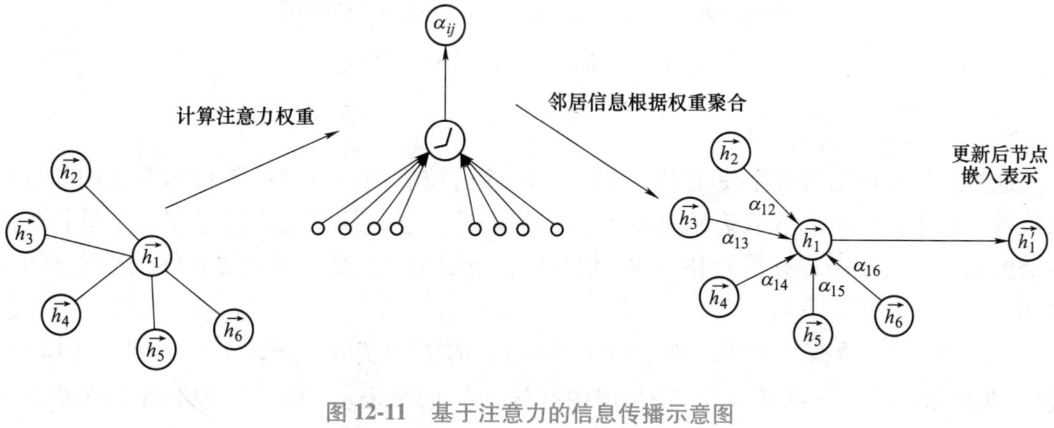

图 12-11 基于注意力的信息传播示意图

设目标节点 u 的初始嵌入表示为 $\boldsymbol{h}_u^{(0)}=(1,2,1)$，且有两个邻居节点 v_1 和 v_2，其初始嵌入表示分别为 $\boldsymbol{h}_{v_1}^{(0)}=(1,5,2)$ 和 $\boldsymbol{h}_{v_2}^{(0)}=(4,2,3)$，则相应的注意力权重为

$$\alpha_{uv_1}^{(0)}=\frac{\exp(\boldsymbol{h}_u^{(0)}\boldsymbol{h}_{v_1}^{(0)})}{\exp(\boldsymbol{h}_u^{(0)}\boldsymbol{h}_{v_1}^{(0)})+\exp(\boldsymbol{h}_u^{(0)}\boldsymbol{h}_{v_1}^{(0)})}=\frac{\exp(13)}{\exp(13)+\exp(11)}=0.8808$$

$$\alpha_{uv_2}^{(0)}=\frac{\exp(\boldsymbol{h}_u^{(0)}\boldsymbol{h}_{v_2}^{(0)})}{\exp(\boldsymbol{h}_u^{(0)}\boldsymbol{h}_{v_1}^{(0)})+\exp(\boldsymbol{h}_u^{(0)}\boldsymbol{h}_{v_2}^{(0)})}=\frac{\exp(11)}{\exp(13)+\exp(11)}=0.1192$$

基于注意力的聚合结果为

$$\boldsymbol{m}_{N(u)}^{(0)}=\sum_{\forall v\in N(u)}\alpha_{uv}^{(0)}\boldsymbol{h}_v^{(0)}=(1.3576,4.6424,2.1192)$$

其中，常见的更新函数 $\mathrm{UPDATE}^{(k)}$ 有池化更新、线性加权、非线性更新等。

池化更新即选择一个池化函数，更新节点自身信息与注意力聚合结果，池化函数可以是均值池化、最大池化、最小池化等，即

$$\boldsymbol{h}_u^{(k+1)}=\mathrm{pooling}(\boldsymbol{h}_u^{(k)},\boldsymbol{m}_{N(u)}^{(k)}) \tag{12-12}$$

线性加权即让节点自身信息与注意力聚合结果过一层线性层，用可学习网络权重来更新节点结果，即

$$\boldsymbol{h}_u^{(k+1)}=\boldsymbol{W}^{(k)}(\boldsymbol{h}_u^{(k)},\boldsymbol{m}_{N(u)}^{(k)}) \tag{12-13}$$

式中，$\boldsymbol{W}^{(k)}$ 表示第 k 层可学习的网络权重矩阵。

非线性加权在线性加权的基础上，再通过非线性函数进行激活，如常用的 ReLU 函数和 LeakyReLU 函数（见图 12-12）：

$$\boldsymbol{h}_u^{(k+1)}=\mathrm{ReLU}(\boldsymbol{W}^{(k)}(\boldsymbol{h}_u^{(k)},\boldsymbol{m}_{N(u)}^{(k)})) \tag{12-14}$$

$$\boldsymbol{h}_u^{(k+1)}=\mathrm{LeakyReLU}(\boldsymbol{W}^{(k)}(\boldsymbol{h}_u^{(k)},\boldsymbol{m}_{N(u)}^{(k)})) \tag{12-15}$$

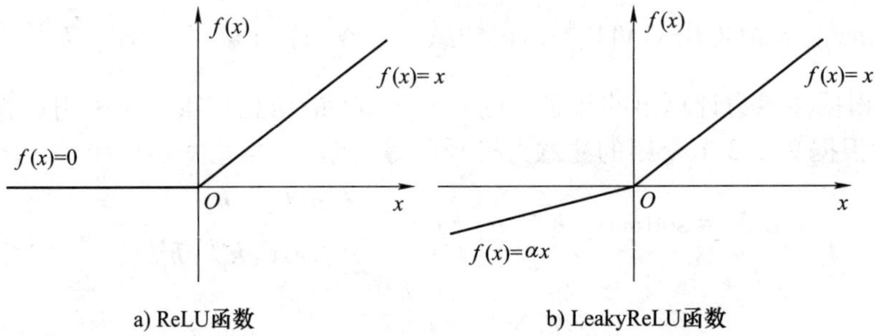

图 12-12 ReLU 函数和 LeakyReLU 函数示意图

2. 基于循环算子的传播

这类方法在传播过程中使用 GRU 或 LSTM 等门控机制，通过控制目标节点的邻域信息以及目标节点当前的嵌入表示来更新目标节点的状态，从而提高信息在图中进行长期传播的能力。基于循环算子的 RecGNN 模型中，每层信息传播和节点更新的核心公式可总结如下：

$$\boldsymbol{h}_u^{(k+1)}=\boldsymbol{f}(\{\boldsymbol{h}_v^{(k)},\forall v\in N(u)\};\boldsymbol{\theta}_z^{(k)})+\boldsymbol{f}(\boldsymbol{h}_u^{(k)};\boldsymbol{\theta}_x^{(k)}) \tag{12-16}$$

式中，$\boldsymbol{h}_v^{(k)}$ 表示节点 v 在第 k 个 GNN 层中（嵌入）向量表示；$\boldsymbol{\theta}_z^{(k)}$ 为控制保留多少前一

层（第 k 层）信息的可训练参数；$\boldsymbol{f}(\{\boldsymbol{h}_v^{(k)},\ \forall v \in N(u)\};\ \boldsymbol{\theta}_z^{(k)})$ 表示保留的前一层邻居传输过来的信息，即为聚合函数 $\text{AGGREGATE}^{(k)}(\{\boldsymbol{h}_v^{(k)},\ \forall v \in N(u)\})$；$\boldsymbol{\theta}_x^{(k)}$ 为控制保留多少当前状态信息的可训练参数；$\boldsymbol{f}(\boldsymbol{h}_u^{(k)};\ \boldsymbol{\theta}_x^{(k)})$ 表示保留的当前状态信息。目标节点 u 最终在第 $k+1$ 层的表示 $\boldsymbol{h}_u^{(k+1)}$ 为保留的前一层邻居传输过来的信息与保留的当前状态信息的加和（见图 12-13）。

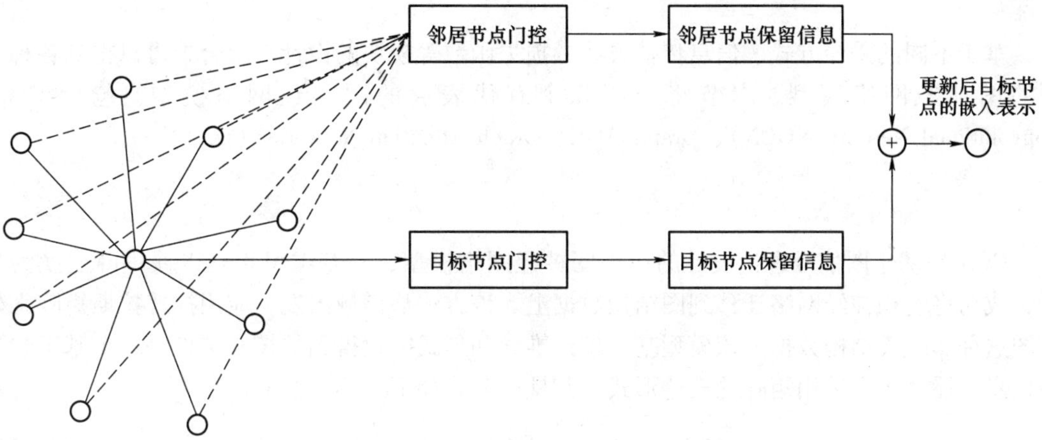

图 12-13　基于循环算子传播示意图

3. 跳跃连接传播

随着网络层数的增加，一些问题也随之出现：①导致邻居节点数呈指数级增长，大大增加传播的噪声；②节点嵌入在聚合后会有相似的表示，进而导致过度平滑问题；③模型参数学习过程中会出现梯度消失或梯度爆炸。为缓解上述问题，可以采用跳跃连接，以更加有效地捕获高阶的邻域信息。

跳跃连接（skip connection）的基本思想是将一层的输出通过走捷径（跳过一些中间层）直接连接到后续不与它相邻的另一层或多层，从而打破传统神经网络中只有相邻两层的节点之间有连接的限制（见图 12-14）。

跳跃连接设计除了要考虑跳跃路径的设计，是跳跃一层还是跳跃多层，关键还在于如何对跳跃信息进行处理与利用，即如何综合考虑正常路径信息（前一层节点的输出信息）和跳跃路径信息。本质上，这是一个信息聚合问题。设 $\boldsymbol{h}^{(k)}$ 和 $\boldsymbol{o}^{(k)}$ 分别表示第 k 层的输入和输出，则跳跃连接的信息聚合函数可以表示为

$$\boldsymbol{h}^{(k)} = \text{AGGREGATE}^{(k)}(\boldsymbol{o}^{(k-1)}, \boldsymbol{s}^{(k)}) \tag{12-17}$$

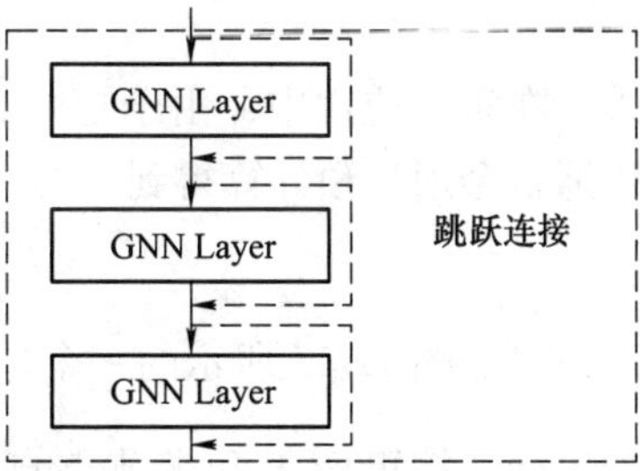

图 12-14　跳跃连接示意图

式中，$\boldsymbol{s}^{(k)} = \{I_{lk}\boldsymbol{o}^{(l)},\ \forall l < k-1\}$ 表示连到第 k 层的跳跃信息；I_{lk} 是一个指示变量，如果存在从第 l 层到第 k 层的跳跃连接，则 $I_{lk}=1$，否则 $I_{lk}=0$。

除了可以采用池化、门控等方法进行信息聚合之外，在跳跃连接设计中还有两种简单常用的聚合方法：相加和拼接。残差网络（Residual Networks）采用的是加和的方式进行信息聚合，即

$$\boldsymbol{h}^{(k)} = \text{AGGREGATE}^{(k)}(\boldsymbol{o}^{(k-1)}, \boldsymbol{s}^{(k)}) = \boldsymbol{o}^{(k-1)} + \boldsymbol{s}^{(k)} \tag{12-18}$$

密集连接卷积网络（Dense Convolutional Networks）则采用的是拼接的聚合方式，即

$$\boldsymbol{h}^{(k)} = \text{AGGREGATE}^{(k)}(\boldsymbol{o}^{(k-1)}, \boldsymbol{s}^{(k)}) = \boldsymbol{o}^{(k-1)} \parallel \boldsymbol{s}^{(k)} \tag{12-19}$$

式中，$\parallel$表示拼接操作。

12.2 图神经网络典型算法

基于不同的采样方式、信息传播方式、损失函数等模块的设计与组合，可以得到各种不同的图神经网络模型。本节将介绍几个有代表性的图神经网络模型，包括 Graph Convolutional Network（GCN）、GraphSAGE、Graph Attention Networks（GAT）等。

12.2.1 GCN 算法

GCN 是基于图信号理论设计的一种图神经网络模型，其基本思想是以傅里叶变换为桥梁，成功将卷积神经网络迁移到图结构数据上。该方法从谱域出发，应用拉普拉斯矩阵来处理图这种非欧氏结构数据。该模型基于理论推导和形式简化得到的核心结果是一个基于卷积的信息传播算子，采用矩阵的表达形式，其核心公式如下：

$$\boldsymbol{H}^{(k+1)} = f(\widetilde{\boldsymbol{D}}^{-\frac{1}{2}} \widetilde{\boldsymbol{A}} \widetilde{\boldsymbol{D}}^{-\frac{1}{2}} \boldsymbol{H}^{(k)} \boldsymbol{W}^{(k)}) \tag{12-20}$$

式中，$\widetilde{\boldsymbol{A}}$表示带自连接的图邻接矩阵，即为输入图结构 $G(V, E)$ 的邻接矩阵 $\boldsymbol{A}$ 加上节点自连接矩阵 $\boldsymbol{I}$；$\widetilde{\boldsymbol{D}}$ 为 $\widetilde{\boldsymbol{A}}$ 的度矩阵，即对角元素 $\widetilde{D}_{ii} = \sum_j \widetilde{A}_{ij}$，其他元素为 0；$\boldsymbol{W}^{(k)}$ 为模型中可学习的权重矩阵；$\boldsymbol{H}^{(k)}$ 为模型中第 k 层更新后的所有节点的嵌入表示结果，即整个网络图的嵌入矩阵；f 为神经网络中的激活函数，如常用的 $\text{ReLU}(\cdot) = \max(0, \cdot)$。

通过原图的邻接矩阵 $\boldsymbol{A}$ 加上节点自连接矩阵 $\boldsymbol{I}$，GCN 模型将信息传播中的邻域聚合函数 $\text{AGGREGATE}^{(k)}(\{\boldsymbol{h}_v^{(k)}, \forall v \in N(u)\})$ 和表达更新函数 $\text{UPDATE}^{(k)}(\boldsymbol{h}_u^{(k)}, \boldsymbol{m}_{N(u)}^{(k)})$ 合二为一。在实际应用中，可以通过使用一个调节参数 α 来控制邻域信息的影响，即

$$\widetilde{\boldsymbol{A}} = \boldsymbol{A} + \alpha \boldsymbol{I} \tag{12-21}$$

此外，在实际应用中，由于矩阵 $\widetilde{\boldsymbol{A}}$ 和 $\widetilde{\boldsymbol{D}}$ 都可以根据给定的图结构 $G(V, E)$ 预先计算得到，所以通常会通过预计算得到

$$\widehat{\boldsymbol{A}} = \widetilde{\boldsymbol{D}}^{-\frac{1}{2}} \widetilde{\boldsymbol{A}} \widetilde{\boldsymbol{D}}^{-\frac{1}{2}} \tag{12-22}$$

设有如图 12-15 所示的一个包含 4 个节点的网络图，相应的原始邻接矩阵 $\boldsymbol{A}$ 和带节点自连接的矩阵 $\widetilde{\boldsymbol{A}} = \boldsymbol{A} + \boldsymbol{I}$ 分别为

$$\boldsymbol{A} = \begin{pmatrix} 0 & 1 & 1 & 0 \\ 1 & 0 & 1 & 1 \\ 1 & 1 & 0 & 1 \\ 0 & 1 & 1 & 0 \end{pmatrix} \qquad \widetilde{\boldsymbol{A}} = \begin{pmatrix} 1 & 1 & 1 & 0 \\ 1 & 1 & 1 & 1 \\ 1 & 1 & 1 & 1 \\ 0 & 1 & 1 & 1 \end{pmatrix}$$

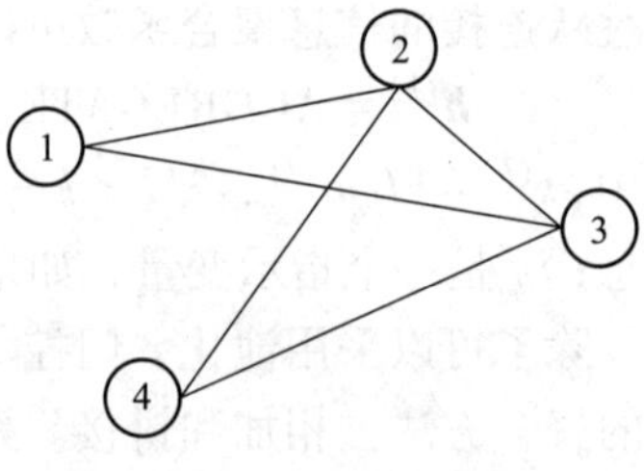

图 12-15　GCN 计算示例图

在此基础上，可以计算得到 $\widetilde{\boldsymbol{A}}$ 的度矩阵 $\widetilde{\boldsymbol{D}}$ 和相应的 $\widetilde{\boldsymbol{D}}^{-\frac{1}{2}}$，即

$$\widetilde{\boldsymbol{D}}=\begin{pmatrix}3&0&0&0\\0&4&0&0\\0&0&4&0\\0&0&0&3\end{pmatrix}\qquad \widetilde{\boldsymbol{D}}^{-\frac{1}{2}}=\begin{pmatrix}\frac{1}{\sqrt{3}}&0&0&0\\0&0.5&0&0\\0&0&0.5&0\\0&0&0&\frac{1}{\sqrt{3}}\end{pmatrix}$$

设节点初始嵌入表示 $\boldsymbol{H}^{(0)}$ 和第 0 层的初始权值矩阵 $\boldsymbol{W}^{(0)}$ 分别为

$$\boldsymbol{H}^{(0)}=\begin{pmatrix}0.6&0.5&-0.2&0\\0.6&-02&0&-0.6\\0&0.4&-0.2&0.2\\-1.0&-0.5&1.0&0.3\end{pmatrix}\qquad \boldsymbol{W}^{(0)}=\begin{pmatrix}0.5&-0.3&0.2&0.6\\-0.4&0.6&0.7&-0.1\\0.8&0.3&0.9&-0.4\\0.5&-0.5&0.7&0.2\end{pmatrix}$$

则根据计算公式 $\boldsymbol{H}^{(k+1)}=\sigma(\widetilde{\boldsymbol{D}}^{-\frac{1}{2}}\widetilde{\boldsymbol{A}}\widetilde{\boldsymbol{D}}^{-\frac{1}{2}}\boldsymbol{H}^{(k)}\boldsymbol{W}^{(k)})$，并采用 $\mathrm{ReLU}(\cdot)=\max(0,\ \cdot)$ 函数作为激活函数 f，可计算出第 1 层的嵌入表示矩阵 $\boldsymbol{H}^{(1)}$ 为

$$\boldsymbol{H}^{(1)}=\begin{pmatrix}0&0.043&0.039&0.228\\0.135&0.081&0.195&0\\0.135&0.081&0.195&0\\0.176&0.073&0.129&0\end{pmatrix}$$

GCN 模型能够通过多层卷积（即多个隐藏层）进行高阶的信息传播，并据此来更新节点的嵌入表示，整体结构如图 12-16 所示。

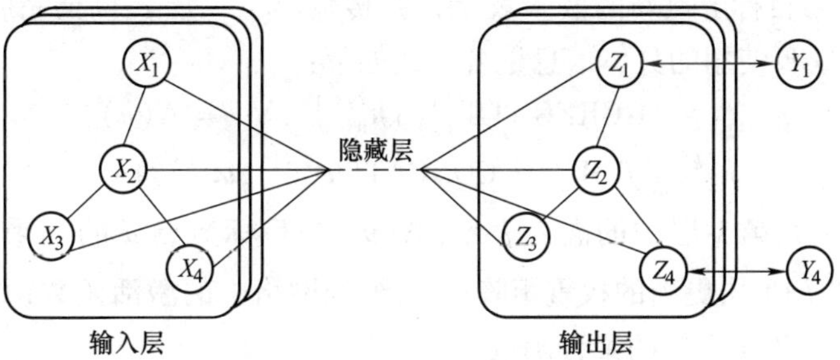

图 12-16　GCN 模型结构示意图

为了学习模型参数，即各个网络层的权值矩阵 $\boldsymbol{W}^{(k)}$，GCN 采用交叉熵作为其损失函数。针对节点多分类问题，其损失函数定义为

$$Loss=-\sum_{l\in\gamma_L}\sum_{f=1}^{n}Y_{lf}\ln Z_{lf}\tag{12-23}$$

式中，γ_L 为类别标签空间；n 为待预测节点数，即模型训练样本个数；Z_{lf} 为第 f 个节点属于类别 l 的预测概率；Y_{lf} 为第 f 个节点是否属于类别 l 的标签，若属于类别 l 则取值为 1，反之则为 0。

12.2.2 GraphSAGE 算法

GraphSAGE（SAmple and aggreGatE）算法在模型训练过程中主要包括节点采样和信息聚合两大步骤（见图 12-17）。

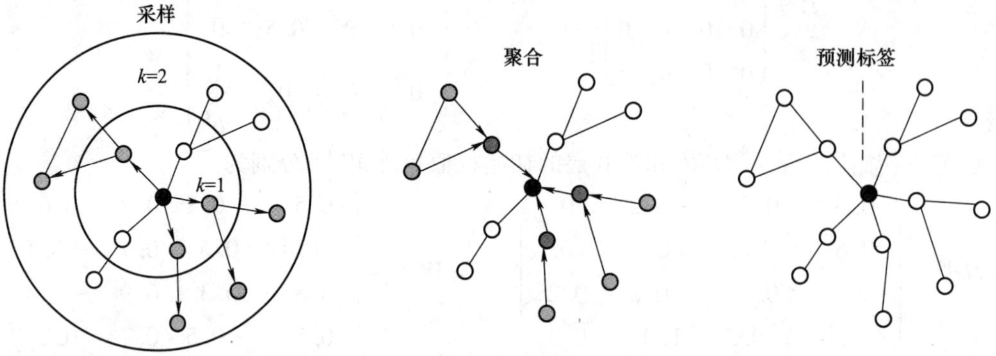

图 12-17 GraphSAGE 算法思想示意图

在节点采样阶段，模型根据给定的图结构 $G(V, E)$，在目标节点 u 的邻居节点集合 $\{v \in V: (u, v) \in E\}$ 中随机选取若干个节点作为给目标节点传输信息的邻域节点集 $N(u)$。在具体的实现过程中，GraphSAGE 算法假设各邻居节点被选取的概率服从均匀分布，即各个邻居节点被选取的概率相同。虽然 GraphSAGE 算法采用固定大小（超参 S）的邻域节点集 $N(u)$，但在每轮（参数学习）迭代中，都会针对每个目标节点 u，重新进行邻域节点采样，即得到不同的邻域节点集 $N(u)$。

在信息聚合阶段，模型聚合各个邻居节点传递过来的信息，并结合目标节点的原有嵌入表示，用网络来学习目标节点新的嵌入表示，并传输至下一层，直至完成全部层数（超参 K）传输。GraphSAGE 使用的具体信息聚合方式如下：

$$\boldsymbol{m}_{N(u)}^{(k)} = \text{AGGREGATE}^{(k)}(\{\boldsymbol{h}_v^{(k-1)}, \forall v \in N(u)\}) \tag{12-24}$$

$$\boldsymbol{h}_u^{(k)} = f(\boldsymbol{W}^{(k)} * \text{CONCAT}(\boldsymbol{h}_u^{(k-1)}, \boldsymbol{m}_{N(u)}^{(k)})) \tag{12-25}$$

式中，$\boldsymbol{h}_v^{(k)}$ 为节点 v 在第 k 层中的嵌入表示；$N(u)$ 为目标节点 u 的（采样）邻域节点集；$\boldsymbol{W}^{(k)}$ 为第 k 层到第 k+1 层更新的权重矩阵；f 为神经网络中的激活函数；CONCAT 为拼接函数；$\text{AGGREGATE}^{(k)}$ 为第 k 层的聚合函数。

不同层中的聚合函数可以相同，也可以不同。常见的聚合函数有均值聚合、最大池化聚合、LSTM 聚合等。LSTM 聚合即采用 LSTM 模型从邻居节点中抽取信息，捕捉各个邻居间的内在联系。采用均值聚合进行信息聚合和信息更新的整体计算公式如下：

$$\boldsymbol{h}_u^{(k)} = f(\boldsymbol{W}^{(k)} * \text{MEAN}(\{\boldsymbol{h}_u^{(k-1)}\} \cup \{\boldsymbol{h}_v^{(k-1)}, \forall v \in N(u)\})) \tag{12-26}$$

为了避免节点的嵌入表示数值规模随着图的卷积运算规模（邻居节点和卷积层数）增加而不断增加，GraphSAGE 在完成每类的信息聚集和更新后，对每个节点的嵌入表示向量进行规范化处理，即

$$\boldsymbol{h}_u^{(k)} = \frac{h_u^{(k)}}{\| h_u^{(k)} \|_2}, \forall u \in V \tag{12-27}$$

综上所述，GraphSAGE 嵌入表示生成（前向传播）算法伪代码如图 12-18 所示。输入为各个节点 $u \in V$ 的初始或当前嵌入表示 $\boldsymbol{x}_u$。在每一轮更新中，节点会先对所有邻居节点进行有放回采样 $N(u)$，对采样的邻居节点 $v \in N(u)$ 通过聚合函数 $\text{AGGREGATE}^{(k)}$ 进行聚合，将邻居节点的聚合结果 $\boldsymbol{m}_{N(u)}^{(k)}$ 和目标节点自身的前一层的嵌入表示 $\boldsymbol{h}_u^{(k-1)}$ 进行拼接 $\text{CONCAT}(\boldsymbol{h}_u^{(k-1)}, \boldsymbol{m}_{N(u)}^{(k)})$，再通过可学习的权重矩阵 $\boldsymbol{W}^{(k)}$ 和激活函数 f 更新节点的嵌入表示。经过多轮（K 轮）更新后，输出节点的最终嵌入表示结果 $z_u = \boldsymbol{h}_u^{(K)}$。

Algorithm：GraphSAGE 嵌入表示生成（前向传播）

Input： Graph $G(V, E)$; input features $\{\boldsymbol{x}_u, \forall u \in V\}$; depth K;
weight matrices $\boldsymbol{W}^{(k)}, \forall k \in \{1, \cdots, K\}$; non-linearity active function f;
differentiable aggregator functions $\text{AGGREGATE}^{(k)}$; neighborhood function N

Output： Vector representations z_u for all $u \in V$

$\boldsymbol{h}_u^0 \leftarrow \boldsymbol{x}_u, \forall u \in V$
for $k = 1, \cdots, K$ do
　for $u \in V$ do
　　$\boldsymbol{m}_{N(u)}^{(k)} = \text{AGGREGATE}^{(k)}(\{\boldsymbol{h}_v^{(k-1)}, \forall v \in N(u)\})$
　　$\boldsymbol{h}_u^{(k)} = f(\boldsymbol{W}^{(k)} * \text{CONCAT}(\boldsymbol{h}_u^{(k-1)}, \boldsymbol{m}_{N(u)}^{(k)}))$
　end
　$\boldsymbol{h}_u^{(k)} = \dfrac{\boldsymbol{h}_u^{(k)}}{\|\boldsymbol{h}_u^{(k)}\|_2}, \forall u \in V$
end
$z_u = \boldsymbol{h}_u^{(k)}, \forall u \in V$

图 12-18　GraphSAGE 嵌入表示生成（前向传播）算法伪代码

为了学习网络模型中的参数，如权值矩阵 $\boldsymbol{W}^{(k)}$，GraphSAGE 算法给出了无监督和有监督两种损失函数。无监督的损失函数是根据网络结构设计的，针对每个节点 $u \in V$ 的嵌入表示，其损失计算公式如下：

$$L_G(z_u) = -\log(\sigma(z_u^{\mathrm{T}} z_v)) - Q \cdot \mathbb{E}_{v_n \sim P_n(v)} \log(\sigma(-z_u^{\mathrm{T}} z_{v_n})) \tag{12-28}$$

式中，$v \in V$ 表示以节点 u 为起点，在给定网络图上进行固定长度随机游走所能到达一个节点，即在 u 附近（邻域）共同出现的一个节点；σ 表示 sigmoid 函数；P_n 表示负采样分布，即在节点 u 的非邻域集合进行采样的分布；Q 定义了负样本的数量。

有监督损失函数需要结合任务目标进行设计，针对分类任务（如节点分类、链接预测），其损失函数可以采用交叉熵损失，即

$$L_{crossEntropy} = -\sum_{l \in y_L} \sum_{f=1}^{n} Y_{lf} \ln Z_{lf} \tag{12-29}$$

式中，y_L 为类别标签空间（即所有可能的标签集合）；n 为预测的样本数（如节分类中的节点数、链接预测中的边数）；Z_{lf} 为第 f 个样本属于类别 l 的预测概率；Y_{lf} 为第 f 个样本是否属于类别 l 的标签（若属于类别 l 取值为 1，反之则为 0）。

12.2.3　GAT 算法

GAT 是一种基于注意力卷积的图神经网络模型，可以看作针对 GraphSAGE 的一种改进

算法。GAT 会根据邻居节点传递的信息，根据注意力机制，计算目标节点与邻居节点之间的信息传递权重，通过加权平均的方式获取聚合的传递信息，进而更新目标节点的嵌入表示，作为 GAT 下一层的输入（见图 12-19）。

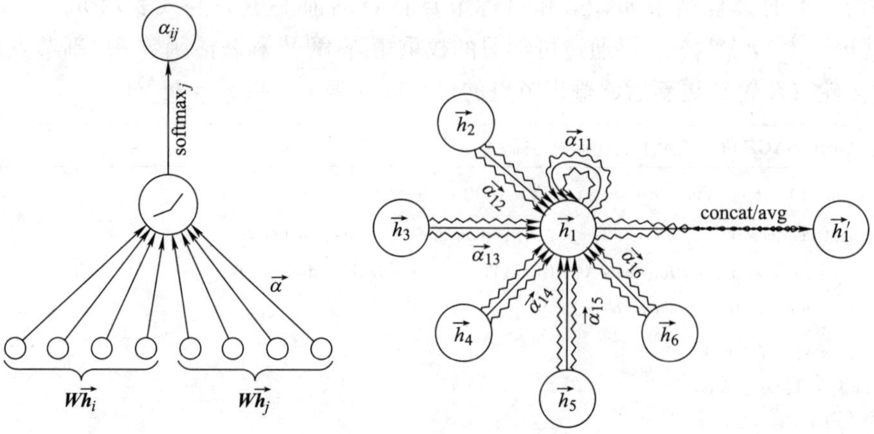

图 12-19 GAT 算法思想示意图

与经典的注意力机制计算权重的方法不同，GAT 模型采用的是一种基于神经网络且带空间转换的注意力权重计算方法：

$$\alpha_{ij} = \text{softmax}_j(\text{LeakyReLU}(\vec{\boldsymbol{a}}^{\mathrm{T}}[\boldsymbol{W}\vec{\boldsymbol{h}}_i \| \boldsymbol{W}\vec{\boldsymbol{h}}_j])) = \frac{\exp(\text{LeakyReLU}(\vec{\boldsymbol{a}}^{\mathrm{T}}[\boldsymbol{W}\vec{\boldsymbol{h}}_i \| \boldsymbol{W}\vec{\boldsymbol{h}}_j]))}{\sum_{k \in N_i} \exp(\text{LeakyReLU}(\vec{\boldsymbol{a}}^{\mathrm{T}}[\boldsymbol{W}\vec{\boldsymbol{h}}_i \| \boldsymbol{W}\vec{\boldsymbol{h}}_k]))} \tag{12-30}$$

式中，α_{ij} 为节点 i 和节点 j 之间的权重系数；$\vec{\boldsymbol{h}}_i$ 与 $\vec{\boldsymbol{h}}_j$ 分别为节点 i 和节点 j 的嵌入表示；N_i 为目标节点 i 的邻居节点集合，其中包括节点 i 自身，这里隐含假设通过节点自循环将聚合 AGGREGATE 和更新 AGGREGATE 两步合并为一步；$\boldsymbol{W}$ 为空间转换矩阵（类似于自注意力中的空间转换）；$\vec{\boldsymbol{a}}^{\mathrm{T}}$ 为神经网络的权值向量，它们都是可学习参数；$\|$表示拼接操作；LeakyReLU 是一种非线性的激活函数，其计算公式为

$$\text{LeakyReLU}(x) = \begin{cases} x, x > 0 \\ \alpha x, x \leqslant 0 \end{cases} \tag{12-31}$$

式中，α 表示负输入斜率，在 GAT 算法中此参数的默认取值为 0.2。

在得到归一化后的注意力权值 α_{ij} 的基础上，可以通过线性组合或非线性变换 f 得到利用邻域信息 $\{\boldsymbol{h}_j^{(k)}, \forall j \in N_i\}$ 更新后的目标节点嵌入表示 $\boldsymbol{h}_i^{(k+1)}$：

$$\boldsymbol{h}_i^{(k+1)} = f\Big(\sum_{j \in N_i} \alpha_{ij} \boldsymbol{W} \boldsymbol{h}_j^{(k)}\Big) \tag{12-32}$$

进一步，为了使得自注意力机制中空间转换参数 $\boldsymbol{W}$ 的学习更加稳定，即避免由于随机初始化导致参数学习不稳定，GAT 模型采用多头注意力，即

$$\boldsymbol{h}_i^{(k+1)} = \sigma\Big(\frac{1}{M}\sum_{m=1}^{M}\sum_{j \in N_i} \alpha_{ij} \boldsymbol{W}^{(m)} \boldsymbol{h}_j^{(k)}\Big) \tag{12-33}$$

式中，M 表示独立的注意力头的数量；$\boldsymbol{W}^{(m)}$ 表示第 m 个注意力头所使用的空间转换矩阵。

和 GraphSAGE 一样，针对分类任务（如节点分类、链接预测），GAT 模型也是采用交叉熵作为损失函数进行模型训练和参数学习。

12.3 基于图神经网络的推荐算法

根据构造的图数据结构的不同，基于图神经网络的推荐算法可以分为两大类：基于用户-项目二部图的推荐和基于异质信息网络的推荐，前者仅利用用户与项目的交互行为数据，而后者则可以在此基础上融合社交、属性等其他辅助信息。

12.3.1 基于用户-项目二部图的协同过滤

这类模型利用用户-项目之间的交互行为数据构建二部图表示，用户和项目为图中的两大类节点，用户-项目之间的反馈为图中的边（见图 12-20）。图神经网络模型通过用户-项目之间的高阶交互关系，来更新用户节点与项目节点的嵌入表示（见图 12-10），从而实现对用户与项目之间交互行为的预测。

用户	反馈项目列表
u_1	i_1，i_2，i_3
u_2	i_2，i_4，i_5
u_3	i_3，i_4

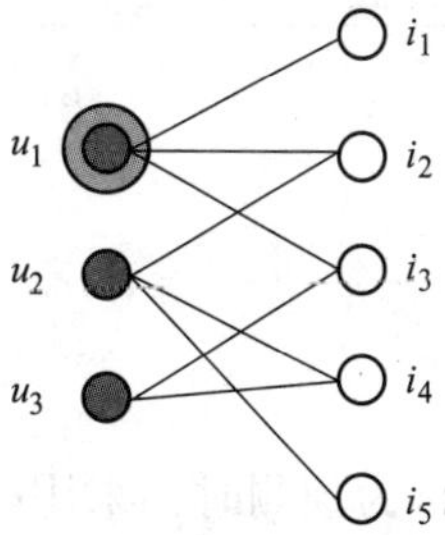

图 12-20　基于用户反馈行为的用户-项目二部图

接下来，将以 LightGCN 模型为例介绍这类算法的基本思想和主要流程，其整体框架如图 12-21 所示。在图神经网络中每一层进行信息聚合时，采用的是带规范化的加和操作，即

$$\boldsymbol{e}_u^{(k+1)} = \sum_{i \in \boldsymbol{N}_u} \frac{1}{\sqrt{|\boldsymbol{N}_u||\boldsymbol{N}_i|}} \boldsymbol{e}_i^{(k)} \tag{12-34}$$

$$\boldsymbol{e}_i^{(k+1)} = \sum_{u \in \boldsymbol{N}_i} \frac{1}{\sqrt{|\boldsymbol{N}_u||\boldsymbol{N}_i|}} \boldsymbol{e}_u^{(k)} \tag{12-35}$$

式中，$\boldsymbol{e}_u^{(k)}$ 和 $\boldsymbol{e}_i^{(k)}$ 分别为用户节点 u 和项目节点 i 在第 k 层的嵌入表示；$\boldsymbol{N}_u$ 表示用户节点 u 的邻域（项目）节点集合；$\boldsymbol{N}_i$ 为项目节点 i 的邻域（用户）节点集合；$\frac{1}{\sqrt{|\boldsymbol{N}_u||\boldsymbol{N}_i|}}$ 表示一种对称的规范化操作。

第 0 层所有用户节点 $u \in U$ 和所有项目节点 $i \in I$ 的嵌入表示 $\boldsymbol{e}_u^{(0)}$ 和 $\boldsymbol{e}_i^{(0)}$ 为模型可学习参数。为了更好地进行参数学习，LightGCN 在进行信息传播时采用了跳跃连接。针对每个用户节点 u，通过将该节点在各网络层的用户嵌入表示加权求和得到其最终的嵌入表示，即

$$e_u^* = \sum_{k=0}^{K} \alpha_k \boldsymbol{e}_u^{(k)} \tag{12-36}$$

其中，权值 $\{\alpha_k\}$ 可作为参数学习，也可通过注意力机制设定。同理，可以得到每个项目节

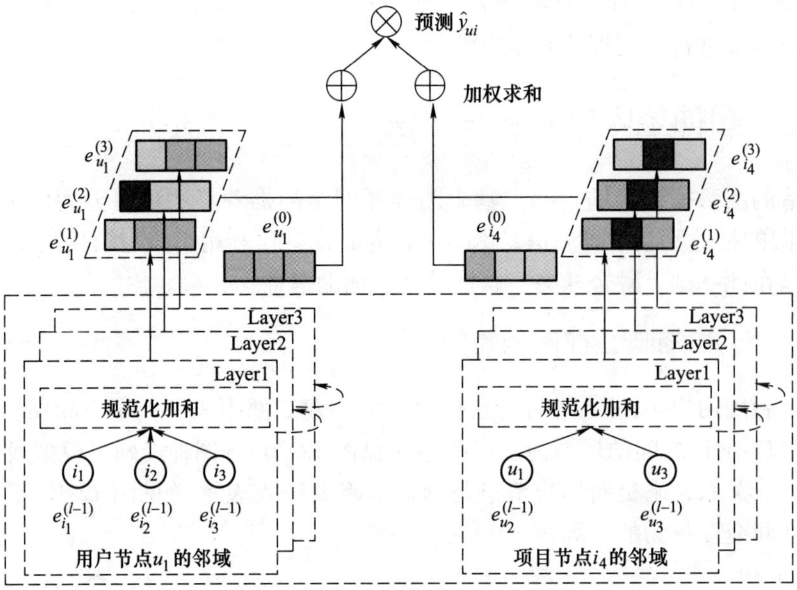

图 12-21　LightGCN 模型结构图

点 i 的嵌入表示：

$$\boldsymbol{e}_i^* = \sum_{k=0}^{K} \alpha_k \boldsymbol{e}_i^{(k)} \tag{12-37}$$

在进行用户行为预测时，采用的是简单的向量内积，即

$$\hat{y}_{ui} = \boldsymbol{e}_u^{*\mathrm{T}} \boldsymbol{e}_i^* \tag{12-38}$$

设 $\boldsymbol{R} \in \mathbb{R}^{|U| \times |I|}$ 为用户-项目的交互行为矩阵，则用户-项目二部图的邻接矩阵 $\boldsymbol{A}$ 可以表示为

$$\boldsymbol{A} = \begin{pmatrix} 0 & \boldsymbol{R} \\ \boldsymbol{R}^{\mathrm{T}} & 0 \end{pmatrix}$$

在此基础上，图神经网络中从第 k 层到第 $k+1$ 层的信息传播可以用矩阵的形式进行表达，即

$$\boldsymbol{E}^{(k+1)} = (\boldsymbol{D}^{-\frac{1}{2}} \boldsymbol{A} \boldsymbol{D}^{-\frac{1}{2}}) \boldsymbol{E}^{(k)} \tag{12-39}$$

式中，$\boldsymbol{E}^{(0)} \in \mathbb{R}^{(|U|+|I|) \times d}$ 为第 0 层的嵌入矩阵，d 为嵌入空间维度；$\boldsymbol{D} \in \mathbb{R}^{(|U|+|I|) \times (|U|+|I|)}$ 是一个对角矩阵，为邻接矩阵 $\boldsymbol{A}$ 的度矩阵。相应的，经过 K 层信息传播和聚合后的整体嵌入表达为

$$\boldsymbol{E} = \sum_{k=0}^{K} \alpha_k \boldsymbol{E}^{(k)} = \sum_{k=0}^{K} \alpha_k \widetilde{\boldsymbol{A}}^k \boldsymbol{E}^{(0)} \tag{12-40}$$

$$\widetilde{\boldsymbol{A}} = \boldsymbol{D}^{-\frac{1}{2}} \boldsymbol{A} \boldsymbol{D}^{-\frac{1}{2}} \tag{12-41}$$

式中，$\widetilde{\boldsymbol{A}}$ 为对称规范化矩阵。

为了学习模型中的参数 $\boldsymbol{E}^{(0)}$，LightGCN 采用基于对级排序学习的 BPR 函数作为损失函数，即

$$L_{BPR} = -\sum_{u \in U} \sum_{i \in N_u} \sum_{j \notin N_u} \ln\sigma(\hat{y}_{ui} - \hat{y}_{uj}) + \lambda \|\boldsymbol{E}^{(0)}\|^2 \tag{12-42}$$

式中，$\|\boldsymbol{E}^{(0)}\|^2$ 为 L_2正则项；λ 为正则化系数。

12.3.2　基于知识图谱的推荐

仅利用用户-项目交互行为的协同过滤算法存在冷启动、数据稀疏等问题。针对这些问题，可以利用基于知识图谱的方法进行缓解，即将项目信息、用户信息、社交网络关系等可以辅助决策的信息，通过知识图谱的方式结合，进而丰富用户-项目之间的高阶关系。这类关系，正好适合利用图神经网络进行建模和利用。

知识图谱（KG）由一系列的三元组 $\{(h, r, t)\}$ 构成，其中每个三元组 (h, r, t) 由两个实体（节点）h、t 和一个关系（边）r 组成，表示从头节点（实体）h 到尾节点（实体）t 之间存在关系 r。例如，三元组（中国，首都，北京）的头节点（实体）h 为“中国”，尾节点（实体）t 为“北京”，关系为“首都”。

基于知识图谱的推荐可抽象为如下问题：给定用户-项目评分的交互矩阵 $\boldsymbol{R}$ 和知识图谱 KG，预测用户 u 对项目 v 是否有潜在兴趣，即

$$\hat{y}_{uv} = f(u, v \mid \boldsymbol{R}, KG, \Theta) \tag{12-43}$$

式中，$\hat{y}_{uv}$ 为用户 u 对项目 v 的偏好性得分；Θ 为函数参数空间。

常用的融合知识图谱的推荐框架有三种：图 12-22a 所示为依次训练，先利用知识图谱进行嵌入学习得到实体（如用户、项目）的嵌入表示，然后将其引入推荐的模型学习中；图 12-22b 所示为联合训练，同时进行知识图谱和推荐系统的嵌入学习，它们之间共享一部分参数（如用户、项目的嵌入表示）；图 12-22c 所示为交替训练，交替地进行知识图谱嵌入学习和推荐系统嵌入学习，它们之间同样会进行参数共享。

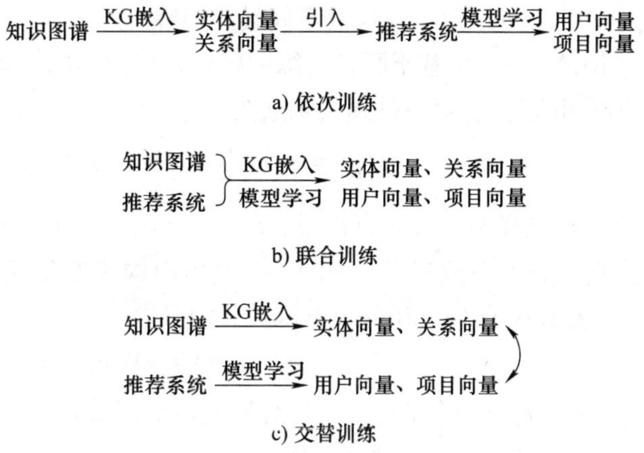

图 12-22　三种融合知识图谱的推荐框架

针对知识图谱嵌入，有多种不同的模型，其中最为常用的是以 TransE 和 TransR 为代表的翻译（Translate）模型，也称为基于距离的模型。TransE 模型将关系 r 的向量表示解释为头实体 h 的向量与尾实体 t 向量之间的转移向量（见图 12-23），其基本思想是：如果一个三元组（h，r，t）为真，则在向量空间中对应的各个向量表示应该满足

$$\boldsymbol{e}_h + \boldsymbol{e}_r \approx \boldsymbol{e}_t \tag{12-44}$$

式中，$\boldsymbol{e}_h$、$\boldsymbol{e}_t$ 和 $\boldsymbol{e}_r$ 分别表示头节点 h、尾节点 t 和关系 r 的嵌入向量表示。

TransE 将实体和关系映射到同一个空间，即隐含假设实体和关系处于相同的语义空间中。但是一个实体通常是多种属性或语义的综合体，并且不同的关系关注于实体的不同属性或语义。实体和关系表达的最佳维度可能不是一致的，因此，将它们映射到同一个空间可能

会限制模型效果。当两个实体具有相似意思时在实体空间中距离应该相近，而当意思不相近时距离应该较远。例如，当（苹果，华为）都代表科技产品时它们的距离应该较近，而当苹果表示水果时它们的距离应该较远。为了解决这个问题，TransR 假设实体和关系处于不同的空间，并且假设不同的关系拥有不同的语义空间。对每个三元组（h，r，t），首先应将实体 h 和 t 投影到对应关系 r 的空间中，然后再建立从头实体 h_r 到尾实体 t_r 的翻译关系（见图12-24），即

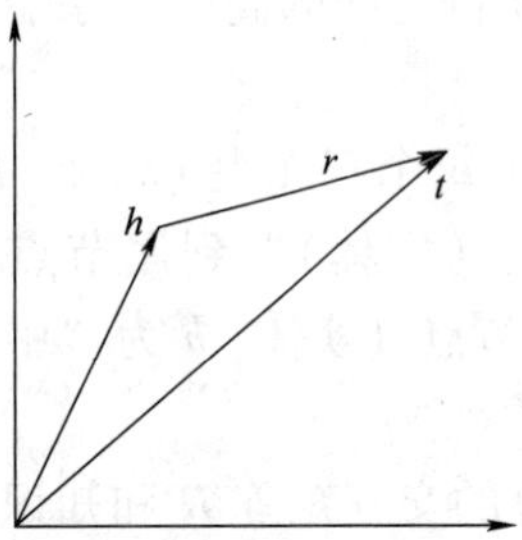

图 12-23　TransE 算法思想示意图

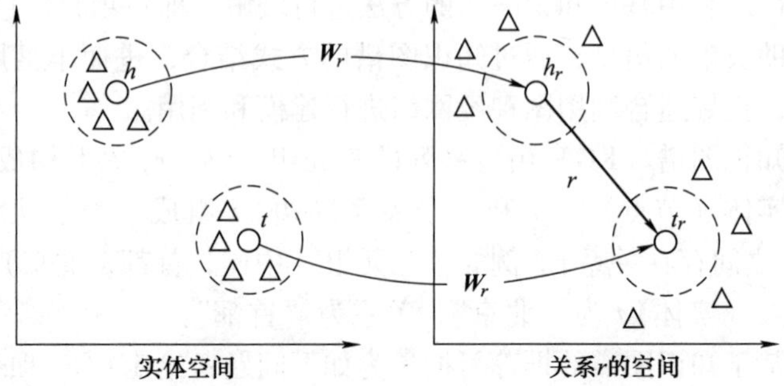

图 12-24　TransR 算法思想示意图

$$e_r \approx e_{t_r} - e_{h_r} = W_r e_t - W_r e_h \tag{12-45}$$

式中，W_r 表示关系 r 对应的空间转换矩阵。

KGAT 是一种基于联合训练的融合知识图谱的推荐模型，其中知识图谱嵌入部分采用的是 TransR 模型，对应的损失函数为

$$L_{KG} = -\sum_{(h,r,t,t') \in \mathcal{T}} \ln\sigma(g(h,r,t') - g(h,r,t)) \tag{12-46}$$

式中，训练样本集 $\mathcal{J} = \{(h, r, t, t') | (h, r, t) \in G, (h, r, t') \notin G\}$，$(h, r, t')$ 表示通过随机替换有效三元组中的一个实体而构建的断开的三元组；σ 表示 sigmoid 函数；$g(h, r, t)$ 表示基于 TransR 的距离函数，即

$$g(h,r,t) = \| W_r e_h + e_{h_r} - W_r e_t \|_2^2 \tag{12-47}$$

式中，e_h，$e_t \in \mathbb{R}^d$ 和 $e_{h_r} \in \mathbb{R}^k$ 分别表示头尾节点 h、t 和关系 r 的嵌入向量表示；$W_r \in \mathbb{R}^{k\times d}$ 表示关系 r 对应的空间转换矩阵。

KGAT 中推荐系统部分采用的是基于注意力卷积的图神经网络模型。针对目标节点 h，其邻域节点信息的聚合函数为

$$e_{N_h}^{(k)} = \mathrm{AGGREGATE}(\{e_t^{(k-1)}, \forall (h,r,t) \in N_h\}) = \sum_{(h,r,t) \in N_h} \pi(h,r,t) e_t^{(k-1)} \tag{12-48}$$

式中，$N_h = \{(h, r, t) | (h, r, t) \in G\}$ 表示综合了知识图谱和用户-项目交互行为的异质信息网络 G 中以 h 为头节点的三元组；$\pi(h, r, t)$ 表示基于知识感知的注意力权重，即

$$\pi(h,r,t) = \frac{\exp(s(h,r,t))}{\sum_{(h,r',t') \in N_h} \exp(s(h,r',t'))} \tag{12-49}$$

式中，$s(h, r, t) = (W_r e_t)^{\mathrm{T}} \tanh(W_r e_h + e_{h_r})$ 表示基于知识关系的注意力得分。

在融合邻域信息对目标节点进行表示更新时，即 $e_h^{(k)} = f(e_h^{(k-1)}, e_{N_h}^{(k)})$，可以采用

GCN，GraphSAGE，Bi-Interaction 等多种更新方式：

$$f_{\mathrm{GCN}} = \mathrm{LeakyReLU}(\boldsymbol{W}(\boldsymbol{e}_h^{(k-1)} + \boldsymbol{e}_{N_h}^{(k)})) \tag{12-50}$$

$$f_{\mathrm{GraphSAGE}} = \mathrm{LeakyReLU}(\boldsymbol{W}(\boldsymbol{e}_h^{(k-1)} \| \boldsymbol{e}_{N_h}^{(k)})) \tag{12-51}$$

$$f_{\mathrm{Bi\text{-}Interaction}} = \mathrm{LeakyReLU}(\boldsymbol{W}_1(\boldsymbol{e}_h^{(k-1)} + \boldsymbol{e}_{N_h}^{(k)})) + \mathrm{LeakyReLU}(\boldsymbol{W}_2(\boldsymbol{e}_h^{(k-1)} \odot \boldsymbol{e}_{N_h}^{(k)})) \tag{12-52}$$

式中，LeakyReLU 为非线性激活函数；$\|$表示拼接操作；$\odot$表示元素积操作；$\boldsymbol{W}$、$\boldsymbol{W}_1$与$\boldsymbol{W}_2$为可学习的权重矩阵。

在此基础上，考虑跳跃连接，并利用拼接操作综合所有 K 层信息得到用户节点 u 和项目节点 i 的最终表示：

$$\boldsymbol{e}_u^* = \boldsymbol{e}_u^{(0)} \| \cdots \| \boldsymbol{e}_u^{(K)}, \qquad \boldsymbol{e}_i^* = \boldsymbol{e}_i^{(0)} \| \cdots \| \boldsymbol{e}_i^{(K)} \tag{12-53}$$

进而，利用向量内积计算用户 u 和项目 i 的匹配得分：

$$\hat{y}_{ui} = \boldsymbol{e}_u^{*\mathrm{T}} \boldsymbol{e}_i^* \tag{12-54}$$

针对推荐任务，KGAT 采用基于对级排序学习的 BPR 函数作为损失函数，即

$$L_{CF} = -\sum_{(u,i,j) \in \mathcal{O}} \ln\sigma(\hat{y}_{ui} - \hat{y}_{uj}) \tag{12-55}$$

式中，$\mathcal{O} = \{(u, i, j) \mid (u, i) \in R, (u, j) \notin R\}$ 表示训练样本集；σ 表示 sigmoid 函数。

KGAT 模型通过综合考虑知识图谱嵌入损失 L_{KG} 和推荐任务损失 L_{CF} 得到整体的损失函数：

$$L_{KGAT} = L_{KG} + L_{CF} + \lambda \|\Theta\|_2^2 \tag{12-56}$$

式中，Θ 表示模型中所有的待学习的参数集合；λ 为正则化系数。

习题

1. 请简述图神经网络用于解决图结构数据中邻居数量任意和没有固定节点排序等问题的主要技术和方法。
2. 请对比分析图神经网络中不同信息传播方法的优缺点和应用场景。
3. 选择一种你熟悉的编程语言，实现一种基于用户-项目二部图和图神经网络的推荐算法，并选择一个公开数据集进行验证。
4. 选择一种你熟悉的编程语言，实现一种基于知识图谱（或异质信息网络）和图神经网络的推荐算法，并选择一个公开数据集进行验证。
5. 调研一下最新的本章未提及的基于图神经网络的推荐算法。

实验 1　基于邻域协同过滤的 Top-N 推荐

（一）实验介绍

实验目标

1）掌握基于邻域协同过滤的 Top-N 推荐流程与算法实现。

2）熟悉不同相似度度量的计算方法以及它们之间的差异。

主要内容

1）构建测试案例，包括输入数据与预期输出结果。

2）实现基于邻域协同过滤的 Top-N 推荐算法。

3）通过测试案例验证算法实现的正确性。

（二）实验步骤

基于邻域协同过滤的 Top-N 推荐算法，主要包含以下几个主要步骤：

1）数据预处理。完成相似度计算的前置工作，包括构建从用户到项目集合的映射。

2）离线计算相似度和邻域集合。利用选定的相似度度量计算用户之间或项目之间的相似度，并据此确定每个用户或项目的邻域集合。

3）在线推荐。针对给定目标用户，先通过邻域信息召回候选项目集合，然后通过邻居加权投票确定候选项目的排序。

接下来以基于用户邻域的协同过滤算法 UserCF 为例，采用 Jupyter Notebook 为实验环境，选用 Python 作为编程语言，对各个步骤进行详细介绍。由于在实现过程中，需要对字典数据进行排序，所以在文件开头需要引入 operator 包中的 itemgetter 函数，即“**from** operator **import** itemgetter”。

1. 数据预处理

首先需要构建实验数据，此处使用第 2 章中表 2-3 的数据。

```
# 输入用户日志数据(示例)
data=[
    ['A','b'],    ['A','d'],
    ['B','a'],    ['B','b'],    ['B','c'],
    ['C','a'],    ['C','b'],    ['C','d'],
    ['D','a'],    ['D','e']
]
```

输入数据中包含 A、B、C、D 四个用户和 a、b、c、d、e 五个项目。根据输入的<u，i>二元组（即用户-项目对）集合，构建从用户到项目集合的映射 users_hist（用于基于用户邻域的协同过滤）和从项目到用户集合的映射 items_hist（用于基于项目邻域的协同过滤）。

```
# users_hist:user->item set 的映射,用户 user 为 key(键),项目集合 item set 为 value(值)
# items_hist:item->user set 的映射,项目 item 为 key(键),用户集合 user set 为 value(值)
users_hist={}# 初始化为空
items_hist={}
for user,item in data:# 遍历数据
    users_hist.setdefault(user,set())   # 设置 value 的默认值为集合
    users_hist[user].add(item)          # 集合中添加 item

    items_hist.setdefault(item,set())   # 设置 value 的默认值为集合
    items_hist[user].add(user)          # 集合中添加 user

users=users_hist.keys()                 # 用户集合
items=items_hist.keys()                 # 项目集合
```

```
print(users_hist);   print(items_hist)   # 打印输出转换后的历史用户行为数据
```

```
输出:
{'A':{'b','d'},'B':{'a','b','c'},'C':{'a','b','d'},'D':{'a','e'}}
{'b':{'C','A','B'},'d':{'C','A'},'a':{'C','D','B'},'c':{'B'},'e':{'D'}}
```

2. 相似度计算

可以采用杰卡德相似度或余弦相似度计算用户 u 和用户 v 的相似度：

$$w_{uv}^{\text{Jac}} = \frac{|N(u) \cap N(v)|}{|N(u) \cup N(v)|} \qquad w_{uv}^{\cos} = \frac{|N(u) \cap N(v)|}{\sqrt{|N(u)\|N(v)|}}$$

在此基础上，可以得到相应的用户相似度矩阵。

```
# 计算用户之间的杰卡德相似度,输出用户相似度矩阵
def calJaccardSim(users,hist_data):
    users_sim=dict()
    for u in users:# 遍历用户
        users_sim[u]={}
        for v in users:# 再次遍历用户
            if u != v:# 跳过当前用户 u
                users_sim[u][v]=[len((hist_data[u])&(hist_data[v]))/
                                 len((hist_data[u])|(hist_data[v]))] # 杰卡德相似度
    return users_sim
```

```
users_JaccardSim=calJaccardSim(users,users_hist)   # 计算并存储用户杰卡德相似度矩阵
print(users_ JaccardSim)        # 打印输出用户相似度矩阵
```

```
输出:
{'A':{'B':[0.25],'C':[0.6666666666666666],'D':[0.0]},
'B':{'A':[0.25],'C':[0.5],'D':[0.25]},
'C':{'A':[0.6666666666666666],'B':[0.5],'D':[0.25]},
'D':{'A':[0.0],'B':[0.25],'C':[0.25]}}
```

3. 寻找邻域

在计算得到用户之间的相似度之后，可以据此寻找与目标用户兴趣相似的用户集合，称为用户邻域。如果采用 K 近邻法，即找出和目标用户最相似的 K 个用户作为其邻域，需要预先确定超参 K 的取值，如 $K=2$。

```
# 根据用户相似度矩阵寻找每个用户的 K 近邻集合
def findNeighbors(users,user_sims,K):
    user_nbs = {}
    for u in users:# 遍历用户
        # 根据用户之间的相似度进行排序,并取 Top-K 结果
        user_nbs[u] = sorted(user_sims[u].items(),key = itemgetter(1),reverse = True)[0:K]
    return user_nbs
```

```
user_nbs = findNeighbors(users,users_JaccardSim,K) # 确定用户的 K 近邻集,K 为超参
print(user_nbs) # 打印输出用户的 K 近邻域集
```

```
输出:
{'A':[('C',[0.6666666666666666]),('B',[0.25])],
'B':[('C',[0.5]),('A',[0.25])],
'C':[('A',[0.6666666666666666]),('B',[0.5])],
'D':[('B',[0.25]),('C',[0.25])]}
```

4. 在线 Top-N 推荐

基于前面的离线处理结果，针对给定目标用户 u 进行在线推荐时，首先需要通过邻域信息 $S(u, K)$ 召回候选项目集合：

$$C(u) = \{i \mid i \notin N(u) \& i \in N(v) \& v \in S(u,K)\}$$

即邻域用户 $v \in S(u, K)$ 有过正反馈（$i \in N(v) \& v \in S(u, K)$）但目标用户 u 还未有正反馈（$i \notin N(u)$）的项目集合。在此基础上，针对每个候选项目 $i \in C(u)$，用户的兴趣度 $p(u, i)$ 可根据邻域用户 $v \in S(u, K)$ 对项目 i 的兴趣度 r_{vi} 通过加权求和得到：

$$p(u,i) = \sum_{v \in S(u,K) \cap N(i)} \omega_{uv} r_{vi}$$

式中，$N(i)$ 表示对项目 i 有过正反馈行为（如购买）的用户集合；ω_{uv} 表示用户 u 和 v 之间的相似度；r_{vi} 表示用户 v 对项目 i 的兴趣度。对于 Top-N 推荐，用户对项目的兴趣度 r_{vi} 一般为二值（0-1）变量，如要么购买过，要么还未购买。

在计算得到用户 u 对候选项目集 $C(u)$ 中各项目 i 的兴趣度 $p(u, i)$ 之后，可以按照兴趣度从高到低的顺序对这些项目进行排序，并将排名最前的 N 个（Top-N）项目推荐给目标用户 u。这里 N 是一个超参，需要预先确定其取值，如 $N=2$。

```
# 给用户推荐 N 个项目
def recommend(user,user_nbs,hist_data,N):
    scores = dict() #

    # 根据用户的邻域信息进行项目召回和加权投票
    for similar_user,similarity_factor in user_nbs[user]:
        for item in hist_data[similar_user]:# 根据邻居用户行为进行项目召回
```

```
            if item in hist_data[user]:# 跳过用户已经反馈的项目
                continue
            scores.setdefault(item,0)
            scores[item] +=similarity_factor[0] # 通过加权投票得到用户兴趣度

    # 根据用户兴趣度对项目进行排序,并取 Top-N 结果
    rec_items=sorted(scores.items(),key=itemgetter(1),reverse=True)[0:N]

    return rec_items
```

```
# 查看推荐结果
for user in ['A','B','C','D']:
    rec_list=recommend(user,user_nbs,users_hist,N) #计算推荐结果,N 为预设的超参
    print("给",user,"推荐:",rec_list) # 打印输出针对用户 user 的 Top-N 推荐结果
```

```
使用杰卡德相似度的推荐结果:
给 A 推荐: [['a',0.9166666666666666],['c',0.25]]
给 B 推荐: [['d',0.75]]
给 C 推荐: [['c',0.5]]
给 D 推荐: [['b',0.5],['c',0.25]]
```

```
使用余弦相似度的推荐结果:
给 A 推荐: [['a',1.2247448713915892],['c',0.4082482904638631]]
给 B 推荐: [['d',1.0749149571305296]]
给 C 推荐: [['c',0.6666666666666666]]
给 D 推荐: [['b',0.8164965809277261],['c',0.4082482904638631]]
```

练习

1. 实现基于余弦相似度的计算函数 calCosineSim (users, hist_data), 并在此基础上实现基于余弦相似度的用户邻域协同过滤。

2. 参照基于用户邻域的协同过滤, 实现基于项目邻域的协同过滤 (提示: 通过数据预处理得到项目-用户倒排表, 在此基础上, 可以复用上述的相似度计算函数)。

3. 尝试实现一些修正的相似度计算方法, 如考虑热门项目或活跃用户惩罚的相似度, 并在一个或多个真实应用数据集上对比分析推荐结果和性能。

4. 尝试将相似度计算和寻找邻域这两步合并为一步, 在计算过程最多只保留 K 近邻的相似度信息, 以避免存储整个相似度矩阵, 从而降低系统整体的空间复杂度。

实验 2　基于矩阵分解的评分预测

（一）实验介绍

实验目标

1）掌握基于梯度下降的模型参数学习方法。

2）掌握基于矩阵分解的协同过滤流程与算法实现。

主要内容

1）构建测试案例，包括输入数据与预期输出结果。

2）实现基于矩阵分解的评分预测算法。

3）通过测试案例验证算法实现的正确性。

（二）实验步骤

基于模型的协同过滤算法，主要包含以下几个主要步骤：

1）数据预处理。完成模型训练的前置工作，包括构建模型训练样本数据集，如用户-项目行为矩阵。

2）模型设计与参数学习。确定预测函数形式和模型目标函数，以及相应的参数学习方法。

3）在线预测与推荐。针对给定用户-项目对，基于学习得到的模型，预测用户对项目的可能行为，如评分数值，并据此为用户产生推荐结果。

接下来以基于矩阵分解的评分预测算法为例，采用 Jupyter Notebook 为实验环境，选用 Python 作为编程语言，对各个步骤进行详细介绍。由于在实现过程中，需要用到 pandas 包中的 DataFrame 数据结构和 numpy 包中的运算函数，所以在文件开头需要添加对应的导入（import）语句，即“**import** pandas”和“**from** numpy **import** *”。

1. 数据预处理

首先需要构建实验数据，此次在第 2 章中表 2-3 数据的基础上补充了相应的评分。

```
# 输入用户日志数据(示例)
data=[
    ['A','b',3],    ['A','d',5],
    ['B','a',3],    ['B','b',1],    ['B','c',2],
    ['C','a',4],    ['C','b',3],    ['C','d',5],
    ['D','a',3],    ['D','e',2]
]
```

输入数据中包含 A、B、C、D 四个用户和 a、b、c、d、e 五个项目。根据输入的<*u*，*i*，

$r_{u,i}$>三元组（即用户-项目-评分）集合，可以构建出对应的用户（评分）行为数据矩阵，缺少的数据（即待预测的行为）可以用 0 值进行填充。

```
# 数据转换:将<用户-项目-评分>三元组集合转换为用户(评分)行为数据矩阵
hist_data={} # 初始化为空
for user,item,record in data:
    hist_data.setdefault(user,{})
    hist_data[user][item]=float(record)
train_data=pandas.DataFrame(hist_data).T.fillna(0) #用 0 补齐缺失值

userOrder=['A','B','C','D'] #用户排序
itemOrder=['a','b','c','d','e'] #项目排序
train_data=train_data[itemOrder] #对列进行排序
train_data=train_data.sort_index() #对行进行排序
```

```
print(train_data) # 打印输出转换并填充后的历史用户行为数据矩阵
```

```
输出:
     a    b    c    d    e
A  0.0  3.0  0.0  5.0  0.0
B  3.0  1.0  2.0  0.0  0.0
C  4.0  3.0  0.0  5.0  0.0
D  3.0  0.0  0.0  0.0  2.0
```

2. 模型实现

利用 LFM 算法进行评分预测，LFM 算法将原始评分矩阵分解为两个拥有相同维度的公共语义空间，得到用户隐特征矩阵 $\boldsymbol{P}$ 和项目隐特征矩阵 $\boldsymbol{Q}$。用户对项目的评分预测采用向量点积，即

$$\hat{r}_{ui} = < \boldsymbol{p}_u, \boldsymbol{q}_i >$$

式中，$\boldsymbol{p}_u$ 表示用户 u 的隐特征向量；$\boldsymbol{q}_i$ 表示项目 i 的隐特征向量。相应模型学习目标（损失）函数为

$$\min_{P,Q} \sum_{(u,i)\in S} (r_{ui} - < \boldsymbol{p}_u, \boldsymbol{q}_i >)^2 + \gamma[\|\boldsymbol{P}\|_F^2 + \|\boldsymbol{Q}\|_F^2]$$

式中，r_{ui}表示用户 u 对项目 i 的实际评分；S 表示已知的（观测到的）用户-项目评分集合；参数 γ 为正则化系数。

采用梯度下降法进行参数学习，损失函数 L 对参数求偏导，可以得到对应的梯度：

$$\frac{\partial L_{ui}}{\partial p_{u,k}} = -2\left(r_{u,i} - \sum_{k=1}^{d} p_{u,k} q_{i,k}\right) q_{i,k} + 2\gamma p_{u,k} = -2 e_{u,i} q_{i,k} + 2\gamma p_{u,k}$$

$$\frac{\partial L_{ui}}{\partial q_{i,k}} = -2\left(r_{u,i} - \sum_{k=1}^{d} p_{u,k} q_{i,k}\right) p_{u,k} + 2\gamma q_{i,k} = -2 e_{u,i} p_{u,k} + 2\gamma q_{i,k}$$

式中，$e_{u,i} = r_{u,i} - \sum_{k=1}^{d} p_{u,k} q_{i,k}$ 表示针对样本（u，i，$r_{u,i}$）的预测误差，d 表示隐空间维度。

```
# 采用梯度下降法进行模型参数学习(矩阵分解)
# 超参 d:隐语义空间维度
# 超参 alpha:学习率(控制梯度更新步长)
# 超参 gamma:正则项系数
# 超参 maxEpoches:最大迭代次数(避免无限或长时间迭代)
def paraLearnByGradDescent(train_data,d,alpha,gamma,maxEpoches):
    dataMat=mat(train_data) # 将用户评分数据转换为矩阵形式
    m,n=shape(dataMat) # 获取矩阵维度信息

    random.seed(123) # 显式地设置随机数种子
    P,Q=mat(random.random((m,d))),mat(random.random((d,n))) # 随机初始化参数

    for step in range(maxEpoches):# 根据重建损失迭代更新参数,直至最大迭代次数
        loss=0.0 # 初始化预测损失
        for u in range(m):              # 遍历所有用户
            for i in range(n):          # 遍历所有项目
                if dataMat[u,i]==0:# 跳过未评分(评分为0)的项目
                    continue
                rui_p=dot(P[u,:],Q[:,i])#利用用户 u 和项目 i 的隐向量点乘预测评分
                error=dataMat[u,i]-rui_p    #预测误差
                loss=loss + error * error # 更新预测损失
                for k in range(d):#利用梯度更新参数
                    P[u,k]=P[u,k]+2 * alpha * (error * Q[k,i]-gamma * P[u,k])#更新 P[u,k]
                    Q[k,i]=Q[k,i]+2 * alpha * (error * P[u,k]-gamma * Q[k,i])#更新 Q[k,i]
        if loss<0.0001:# 损失足够小,表示参数学习过程已收敛,则停止迭代
            break

    return P,Q
```

```
P,Q=paraLearnByGradDescent(train_data,3,0.01,0.01,1000) #学习矩阵分解模型参数
```

3. 评分预测与推荐

利用模型训练得到的参数矩阵，可以对给定用户-项目对的评分行为进行预测。

```
# 根据用户和项目的嵌入表示(模型参数)预测用户 user 对项目 item 的评分
def predict(user,item,userOrders,itemOrders,P,Q):
    u=userOrders.index(user);# 获取用户 user 的索引
    i=itemOrders.index(item);# 获取项目 item 的索引
    rui=dot(P[u,:],Q[:,i]) # 通过用户隐向量和项目隐向量的点乘预测评分值
    return rui
```

```
#应用示例:预测用户 A 对项目 e 的评分
predict('A','e',userOrder,itemOrder,P,Q)
```

```
输出:
matrix([[3.98401273]])
```

利用学习得到用户表征隐矩阵和项目表征隐矩阵，可以重建得到整体的评分矩阵。

```
result=P * Q  # 根据矩阵分解结果重建原矩阵
result=pandas.DataFrame(result,index=['A','B','C','D'],columns=['a','b','c','d','e'])
```

```
print(result) # 打印输出重建矩阵
```

```
输出:
        a          b          c          d          e
A  3.969133  2.992561  2.943913  4.987085  2.769947
B  2.978174  1.013014  1.991524  2.415886  1.590952
C  3.989915  2.982620  2.950924  4.991057  2.763818
D  2.991508  1.616017  2.163671  2.990270  1.990667
```

在此基础上，根据预测评分排序，并去除已评分的项目，得到每个用户的推荐列表。

```
# 推荐列表与预测评分
for user in ['A','B','C','D']:
    rec_list={}
    for item,rate_pred in  result.loc[user].sort_values(ascending=False).items():
        if train_data[item][user]>0:
            continue
        rec_list[item]=rate_pred
    print("给用户",user,"推荐:",rec_list)
```

```
输出:
给用户 A 推荐: {'a':3.969133,'c':2.943912,'e':2.769947}
给用户 B 推荐: {'d':2.415886 'e':1.590951}
给用户 C 进行推荐: {'c':2.950924,'e':2.763817}
给用户 D 进行推荐: {'d':2.990270,'c':2.163670,'b':1.616016}
```

练习

1. 实现 SVD++模型，并对比分析其预测与推荐结果和基础的矩阵分解模型 LFM 的异同。

2. 实现基于矩阵分解的 Top-N 推荐，并对比分析其推荐结果和基于邻域的 Top-N 推荐的异同。

实验 3　面向应用的推荐系统实现

（一）实验介绍

实验目标

1）掌握几种常用的推荐系统性能评价指标。

2）掌握几种常用推荐算法的实际应用。

3）了解混合推荐算法的使用。

主要内容

1）利用公开实验数据集进行应用测试（如 MovieLens 数据集）。

2）实现几种常用的性能评价指标，如平均绝对误差（Mean Absolute Error，MAE）、均方误差（Mean Square Error，MSE）等。

3）对比分析不同推荐算法的效果。

4）尝试构建混合推荐算法，如加权混合，并分析其效果。

（二）实验步骤

本次实验以电影评分作为应用场景，利用公开的 MovieLens-100K 数据集作为实验数据集，主要包含以下几个步骤：

1）性能评价指标的选择与实现。根据应用场景和应用问题，选择合适的性能评价指标并进行实现。针对给定评分预测问题，选择平均绝对误差和均方误差作为性能评价指标。

2）基础模型设计与实现。选择针对评分预测的两个常用模型作为基础模型：隐语义模型 LFM 和基于用户邻域的协同过滤 UserCF，分别进行实现和测试。

3）混合模型的设计与效果分析。基于已实现的基础推荐模型构建混合推荐算法，如加权混合，并对比分析其应用效果。

本实验采用 Jupyter Notebook 为开发环境，选用 Python 作为编程语言。由于在实现过程中需要用到 torch、random、math、pandas 等包中的数据结构或函数，所以在文件开头需要添加对应的导入（import）语句。

```
# 导入相关的包
import torch   # pytorch 标准库
import torch. nn as nn   # 神经网络相关库
from torch. utils. data. dataloader import DataLoader   # 数据迭代器
import torch. optim as optim   # 优化器库
import random   # 随机数和随机操作相关库
import math     # 数学函数库
import numpy as np   # numpy 标准库
import pandas as pd   #pandas 数据处理库
```

```
import os  # 操作系统接口库
import pickle  # 数据存储和载入库

device = "cuda" if torch.cuda.is_available() else "cpu"  # 设置深度学习机器,GPU 优先
```

1. 性能评价指标实现

平均绝对误差（MAE）表示预测值和实际观测值之间绝对误差的平均值。均方误差（MSE）表示预测值和实际观测值之间平方误差的平均值。计算公式分别如下：

$$MAE = \frac{1}{|T|}\sum_{(u,i)\in T}|\hat{r}_{ui} - r_{ui}|$$

$$MSE = \frac{1}{|T|}\sum_{(u,i)\in T}(\hat{r}_{ui} - r_{ui})^2$$

式中，T 表示测试样本集；$\hat{r}_{ui}$ 和 r_{ui} 分别表示预测的和真实的用户 u 对项目 i 的评分。本次实验使用 numpy 科学计算包对这两个性能评价指标进行实现。

```
# 定义评分预测性能评价指标 MAE 和 MSE
# y_true:真实标签(评分)向量
# y_pred:预测标签(评分) 向量
def MAE(y_true,y_pred):
    return np.abs(np.array(y_true)-np.array(y_pred)).mean()


def MSE(y_true,y_pred):
    return np.square(np.array(y_true)-np.array(y_pred)).sum()/len(y_pred)
```

```
# 测试数据:
labels=[1,0,0,0,1,0,1,0]
predictions=[0.9,0.8,0.3,0.1,0.4,0.9,0.66,0.7]
print('MAE:',MAE(labels,predictions))
print('MSE:',MSE(labels,predictions))
```

```
输出:
MAE:0.48
MSE:0.3157
```

2. 基础模型的实现与性能评测

（1）数据加载与划分

本实验使用公开的 MovieLens-100K 数据集作为实验数据集，该数据集的下载地址为 http://grouplens.org/datasets/movielens/。MovieLens-100K 包含 10 万条用户对项目（电影）的评分记录。为了训练并测试模型，需要在完成数据加载后预先将数据集划分成两个子集：训练集和测试集。为了保证实验结果的可重复性，需要预先固定各种随机函数的种子值。

```
def seed_everything(seed=1234):  # 固定各项随机数,保证可复现
    random.seed(seed) # random 库种子
    os.environ['PYTHONHASHSEED']=str(seed) # 系统随机种子
    np.random.seed(seed) # numpy 随机种子
```

```
    torch.manual_seed(seed) # torch 库随机种子
    torch.cuda.manual_seed(seed) # torch 库在 GPU 上的随机种子
    torch.backends.cudnn.deterministic=True # CUDA 随机种子

def load_dataset(data_path,batch_size,train_ratio):# 加载数据并处理
    data_fields=['user_id','item_id','rating','timestamp'] # 设置数据集列名
    data_df=pd.read_table(data_path,names=data_fields) # 根据文件位置读取全部数据

    # 划分训练集与测试集,按 train_ratio :(1- train_ratio)比例进行随机划分
    df_train=data_df.sample(n=int(len(data_df) * train_ratio),replace=False)
    df_test=data_df.drop(df_train.index,axis=0)

    np_train=df_train.to_numpy() # 数据转换为 numpy 格式
    np_test=df_test.to_numpy()    # 数据转换为 numpy 格式

    #训练集迭代器,随机打乱分批,丢弃不足 batch 的部分
    train_loader=DataLoader(np_train,batch_size=batch_size,shuffle=True,drop_last=True)
    #测试集迭代器,不打乱,不丢弃
    test_loader=DataLoader(np_test,batch_size=batch_size,shuffle=False,drop_last=False)

    loader={"train":train_loader,"test":test_loader} # 定义返回字典
    return loader,df_train,df_test,data_df
```

```
seed_everything()# 设置随机种子
epochs=30 # 设置超参:迭代轮数
batch_size=2048 # 设置超参:批大小
lr=0.001 # 设置超参:初始学习率
l2=0.0001 # 设置超参:L2 正则系数
data_path="ml-100k/u.data"   # 数据文件路径,包含用户的评分行为数据

# 加载数据,按 8:2 比例进行训练集和测试集划分
loader,df_train,df_test,df=load_dataset(data_path,batch_size,0.8)
train_loader=loader["train"]
test_loader=loader["test"]

df.head(5) # 展示数据集中前 5 条记录
```

```
输出:
   user_iditem_id  rating   timestamp
0  196  242        3       881250949
1  186  302        3       891717742
2  22   377        1       878887116
3  244  51         2       880606923
4  166  346        1       886397596
```

（2）**LFM** 算法的 **Pytorch** 实现

本实验采用基于 Pytorch 框架的 LFM 评分预测算法实现方式，通过使用 Pytorch 深度学习框架，只需要完成模型前向计算，得到损失函数后即可通过自动求导更新模型参数，使得模型训练更加方便。

```
# 基于 torch 中自带的神经网络库 nn 实现隐语义模型 LFM
class LFM(nn.Module):# 以 nn 中的 Module 类作为基类,定义 LFM 类
  def __init__(self,num_users,num_items,embed_size=80):# 初始化函数
    super(LFM,self).__init__()
    self.num_users=num_users  # 设置超参:用户数量
    self.num_items=num_items  # 设置超参:项目数量
    self.embed_size=embed_size # 设置超参:嵌入维度
    self.user_embedding=nn.Embedding(self.num_users+1,self.embed_size,padding_idx=0)
    self.item_embedding=nn.Embedding(self.num_items+1,self.embed_size,padding_idx=0)

    # 随机初始化用户嵌入矩阵和项目嵌入矩阵,均值为 0,标准差为 0.01
    nn.init.normal_(self.user_embedding.weight,mean=0,std=0.01)
    nn.init.normal_(self.item_embedding.weight,mean=0,std=0.01)

  def forward(self,users,items):  # 前向传播函数,根据用户和项目嵌入表征预测评分
    user_embeddings=self.user_embedding(users)   #(batch,dim)
    item_embeddings=self.item_embedding(items)   #(batch,dim)
    ratings=torch.sum(user_embeddings * item_embeddings,dim=-1) #通过向量积预测评分
    return ratings

  def fit(self,train_loader,optimizer,epochs):  # LFM 模型训练
    loss_func=torch.nn.MSELoss(reduction='mean')  # 设置损失函数为 MSE 函数
    self.train()  # 设置为训练模式
    print("Start to train")
    for epoch in range(epochs):
      epoch_loss=0.0  # 重置每一个 epoch 内损失
      num_batch=len(train_loader)   #获取 batch 大小
      for i,data in enumerate(train_loader):# 遍历每个 batch 数据
          users=data[:,0].long().to(device) # 读取 batch 内用户
          items=data[:,1].long().to(device) # 读取 batch 内项目
          y_ratings=data[:,2].float().to(device) # 读取 batch 内真实评分
          y_preds=self.forward(users,items) # 模型前向计算

          loss=loss_func(y_preds,y_ratings)   # 计算损失
          optimizer.zero_grad()  # 梯度清零
          loss.backward()        # 反向传播
          optimizer.step()  # 梯度更新
          epoch_loss +=loss.item()  # 累积每个 epoch 内的损失
```

```
        epoch_loss /=num_batch  # 计算平均损失
        if(epoch + 1) % 5==0:  # 一定迭代次数后观察损失值变化
            print("Epoch:%d,Loss:%.6f" %(epoch + 1,epoch_loss))

    @torch.no_grad()    # 模型推理,取消梯度
    def evaluate(self,test_loader):  # 模型评估
        self.eval() # 设置模型为预测模式
        y_preds,y_trues=[],[] # 存储预测结果和真实分数
        with torch.no_grad():# 取消梯度
            for i,data in enumerate(test_loader):# 遍历测试集
                users=data[:,0].long().to(device) # 读取用户
                items=data[:,1].long().to(device) # 读取项目
                y_ratings=data[:,2].float().to(device) # 读取真实评分
                y_pred=self.forward(users,items) # 模型预测评分

                y_pred=y_pred.cpu().numpy().flatten().tolist() # 预测结果转换为列表
                y_ratings=y_ratings.cpu().numpy().flatten().tolist()  # 真实评分转换为列表

                y_preds +=y_pred  # 累计所有预测
                y_trues +=y_ratings # 累计所有真实评分

        test_mse=MSE(y_trues,y_preds)
        test_mae=MAE(y_trues,y_preds)
        print("LFM 的 MAE:%.4f" % test_mae)
        print("LFM 的 MSE:%.4f" % test_mse)

        return y_preds
```

```
# 如果模型已存在则直接加载,否则重新训练
if os.path.exists('LFM-model.pkl'):
    with open('LFM-model.pkl','rb') as f:  # 载入模型
        model=pickle.load(f) # 加载模型
else:
    #项目数和用户数取决于所用数据集,在 MovieLens-100K 中分别是 1682 和 943
    model=LFM(num_items=1682,num_users=943).to(device)
    optimizer=optim.Adam(model.parameters(),lr=lr,weight_decay=l2) # 设置优化器
    model.fit(train_loader,optimizer,epochs)
    with open('LFM-model.pkl','wb') as f:  # 保存模型
        pickle.dump(model,f) # 保存到文件

y_preds=model.evaluate(test_loader) # 模型预测并返回预测结果

df_test['lfm']=y_preds

df_test.head(5) # 展示测试数据集中前 5 条记录
```

```
输出:
LFM 的 MAE:0.7473
LFM 的 MSE:0.8975
   user_id item_id  rating  timestamp
0      196   242       3    881250949
1      186   302       3    891717742
2       22   377       1    878887116
3      244    51       2    880606923
4      166   346       1    886397596
```

（3）基于 **UserCF** 的评分预测算法实现

基于 UserCF 的评分预测算法包括离线预计算和在线预测两大部分。离线预计算负责计算用户之间的相似度和寻找各用户的邻域集合，所得结果可以存储在内存或临时文件中，供候选在线预测时使用。

```
import collections        # 导入相关数据结构库
from tqdm import tqdm    # 用于进度提示信息
# 基于用户邻域的协同过滤 UserCF 算法类
class userCF():
  def __init__(self,train_data,num_users,num_items,k=200):
    self.num_users=num_users # 设置超参:用户数量
    self.num_items=num_items # 设置超参:项目数量
    self.top_k=k   # 设置超参:保留近邻数量
    train_data=train_data[['user_id','item_id','rating']].values.tolist()   # 取数据
    self.train_data=train_data
    self.user_sim_matrix=collections.defaultdict(dict)   # 用户相似矩阵
    self.user_ratings=collections.defaultdict(dict)   # 用户评分历史
    self.user_avg_ratings={}   # 用户平均评分
    self.user_remove_avg_ratings=collections.defaultdict(dict) #去平均分后的数据
    self.user_neighbours={}   # 用户邻域

  def get_user_hist(self):#   获取用户全部历史行为
    for user,item,rating in tqdm(self.train_data):  # 遍历训练数据
      self.user_ratings[user][item]=rating

  def calAvgRating(self):  # 计算用户的平均评分
    for user in tqdm(self.user_ratings):# 遍历用户
      user_rating=self.user_ratings[user]   # 单个用户评分记录
      avg_score=sum(user_rating.values()) / len(user_rating)   # 计算平均分
      self.user_avg_ratings[user]=avg_score

  def get_user_remove_avg_rating(self):  # 计算用户减去平均分后的评分记录
    for user in tqdm(self.user_ratings):# 遍历用户
```

```
        avg_score=self.user_avg_ratings[user]   # 获取平均分
        rating_hist=self.user_ratings[user]   # 单一用户评分记录
        for item,rating in rating_hist.items():
            self.user_remove_avg_ratings[user][item]=rating-avg_score #去除平均分

def cal_user_sim(self):# 计算用户评分之间的皮尔逊相似度
    for u in tqdm(range(1,self.num_users + 1)):  # 遍历用户
        for v in range(1,self.num_users + 1):
            if v==u:
                continue
            C=0;    Du=0;    Dv=0  # 初始化分子和分母中的两项方差
            commom_items=self.user_ratings[u].keys() & self.user_ratings[v].keys()
            for item in commom_items:
                C+=self.user_remove_avg_ratings[u][item] * self.user_remove_avg_ratings[v][item]
                Du +=math.pow(self.user_remove_avg_ratings[u][item],2)
                Dv +=math.pow(self.user_remove_avg_ratings[v][item],2)
            if Du * Dv==0:  # 分母为 0
                sim=0  # 相似度设为 0
            else:
                sim=C / math.sqrt(Du * Dv)  # 根据公式计算相似度

            self.user_sim_matrix[u][v]=sim

def find_neighbours(self):# 寻找用户近邻
    for user in tqdm(range(1,self.num_users + 1)):  # 根据相似度寻找用户的 k 近邻
        neighbours=self.user_sim_matrix[user].items() # 获取目标用户近邻与对应相似度
        top_k_neighbours=sorted(neighbours,key=lambda x:x[1],reverse=True)[0:self.top_k]
        self.user_neighbours[user]=top_k_neighbours

def fit(self):
    self.get_user_hist()  # 获取用户行为历史
    self.calAvgRating()  # 计算用户平均评分
    self.get_user_remove_avg_rating()  # 平均分去偏
    self.cal_user_sim()  # 计算用户之间的皮尔逊相似度
    self.find_neighbours()  # 确定用户近邻

def predict(self,target_user,item):# 预测用户对指定项目的评分
    target_user=int(target_user)
    item=int(item)
    if target_user not in self.user_neighbours:  # 若用户不存在近邻,返回平均分
        print("Cannot find user %d 's neighbour" % target_user)
        return self.user_avg_ratings[target_user]
```

```
    neighbours=self.user_neighbours[target_user]  # 获取用户近邻

    numerator=0;  denominator=0 # 初始化分子和分母值
    for neighbor,similarity in neighbours:
      neighbour_rating=self.user_remove_avg_ratings[neighbor]
      if item in neighbour_rating:
        numerator +=similarity * self.user_remove_avg_ratings[neighbor][item]
        denominator +=math.fabs(similarity)

    # 如果没有邻居用户对该项目评价,返回用户平均分
    score=self.user_avg_ratings[target_user] if denominator==0 else self.user_avg_ratings[target_user] + numerator / denominator
    return score
```

```
# 如果模型存在则直接加载,否则重新训练
if os.path.exists('usercf_model.pkl'):
    with open('usercf_model.pkl','rb') as f:  # 加载模型
        user_cf_model=pickle.load(f) # 加载训练好的 userCF 模型
else:
    user_cf_model=userCF(df_train,num_users=943,num_items=1682) # 实例化模型类
    user_cf_model.fit()   # UserCF 离线预计算
    with open('usercf_model.pkl','wb')as f:  # 保存离线预计算结果
        pickle.dump(user_cf_model,f) # 保存模型

user_cf=[]  # 初始化为空

for i in tqdm(range(len(df_test))):  # 遍历测试数据
    x=df_test.iloc[i] # 读取每一条测试数据
    user,item=x['user_id'],x['item_id']
    res=user_cf_model.predict(user,item) # 计算预测结果
    user_cf.append(res)

df_test["user_cf"]=user_cf

print('userCF 的 MSE:',MSE(df_test['rating'],df_test['user_cf']))
print('userCF 的 MAE:',MAE(df_test['rating'],df_test['user_cf']))
```

```
输出:
userCF 的 MSE:0.9706484217411345
userCF 的 MAE:0.7706316570898707
```

3. 混合推荐的实现与性能评测

通过合理混合多个基础推荐算法，如隐语义模型 LFM 与基于用户的协同过滤算法 UserCF，可以提高系统整体的推荐性能。

本实验中采用加权式混合，通过将所有基推荐模型的输出结果进行加权求和，得到最终的模型输出。假设有 n 个不同的基推荐模型，则混合模型的输出为

$$\text{rec}_{\text{weighted}}(u,i)=\sum_{k=1}^{n}\beta_k rec_k(u,i)$$

式中，$rec_k(u, i)$ 表示第 k 个基推荐模型针对给定用户-项目对（u, i）的输出；β_k 表示第 k 个基推荐模型的权重。当所有基推荐模型的权值都相同，即 $\beta_k = 1/n$，是平均融合，参考代码如下：

```
df_test['fusion']=0.5 * df_test['lfm'] + 0.5 * df_test['user_cf']  # 平均加权
print('平均融合的 MSE:',MSE(df_test['rating'],df_test['fusion']))
print('平均融合的 MAE:',MAE(df_test['rating'],df_test['fusion']))
```

```
输出:
平均融合的 MSE:0.8791426214699093
平均融合的 MAE:0.7381474893469738
```

对比分析混合推荐算法和各基础推荐模型的评测结果可以看出，混合推荐算法的性能优于任意单一算法。

练习

1. 实现基于 Item-CF、SVD++模型等其他可用于评分预测的算法或模型，在 MovieLens 数据上进行性能评测，并根据实验结果对比分析不同算法的优缺点。

2. 基于已实现多个基础算法，尝试实现和应用其他混合方法，如切换式混合、级联学习等，并根据实验结果对比分析不同混合方法的优缺点。

参考文献

[1] ANDERSON C. The long tail, Why the future of business is selling less of more [M]. New York: Hachette Books, 2006.

[2] ARMSTRONG R, FREITAG D, JOACHIMS T, et al. WebWatcher: a learning apprentice for the World Wide Web [C]// CHEN S, KNOBLOCK C, LEVY A A, et al. AAAI Spring Symposium on Information Gathering from Heterogeneous, Distributed Environments. Palo Alto: AAAI, 1995: 93-107.

[3] AGRAWAL R, IMIELIŃSKI T, SWAMI A. Mining association rules between sets of items in large databases [C]// BUNEMAN P, JAJODIA S. Proceedings of the 1993 ACM SIGMOD International Conference on Management of Data (SIGMOD'93). New York: ACM, 1993, 22 (2): 207-216.

[4] BALABANOVIC M, SHOHAM Y. Learning information retrieval agents: experiments with automated web browsing [C]// CNEN S, KNOBLOCK C, LEVY A A, et al. AAAI Spring Symposium on Information Gathering from Heterogeneous, Distributed Environments. Palo Alto: AAAI, 1995: 13-18.

[5] BALTRUNAS L, AMATRIAIN X. Towards time-dependant recommendation based on implicit feedback [C]// ADOMAVICIUS G, RICCI F. Workshop on Context-Aware Recommender Systems (CARS'09). New York: ACM, 2009: 25-30.

[6] BALTRUNAS L, LUDWIG B, RICCI F. Matrix factorization techniques for context aware recommendation [C]// MOBASHER B, BURKE R. Proceedings of the fifth ACM Conference on Recommender Systems (RecSys'11). New York: ACM, 2011: 301-304.

[7] BELL R M, BENNETT J, KOREN Y, et al. The million dollar programming prize [J]. IEEE Spectrum, 2009, 46 (5): 28-33.

[8] BOBADILLA J, ORTEGA F, HERNANDO A, et al. Recommender systems survey [J]. Knowledge-Based Systems, 2013, 46: 109-132.

[9] BRIDEG D, GÖKER M H, MCGINTY L, et al. Case-based recommender systems [J]. The Knowledge Engineering Review, 2005, 20 (3): 315-320.

[10] BROWN G, WYATT J, HARRIS R, et al. Diversity creation methods: a survey and categorization [J]. Information Fusion, 2005, 6 (1): 5-20.

[11] BURGES C, SHAKED T, RENSHAW E, et al. Learning to rank using gradient descent [C]// DZEROSKI S. Proceedings of the 22nd International Conference on Machine learning (ICML'05). New York: ACM, 2005: 89-96.

[12] BURKE R. Hybrid recommender systems: survey and experiments [J]. User Modeling and User-Adapted Interaction, 2002, 12 (4): 331-370.

[13] CGO Z, QIN T, LIU T Y, et al. Learning to rank: from pairwise approach to listwise approach [C]// GHAHRAMANI Z. Proceedings of the 24nd International Conference on Machine learning (ICML'07). New York: ACM, 2007: 129-136.

[14] CHEN J, MA T, XIAO C. FastGCN: Fast learning with graph convolutional networks via importance sampling [C]// Proceedings of International Conference on Learning Representations (ICLR'18), 2018.

[15] CHEN L, PU P. Critiquing-based recommenders: survey and emerging trends [J]. User Modeling and User-Adapted Interaction, 2012, 22 (1-2): 125-150.

[16] CHEN X, XU H, ZHANG Y, et al. Sequential recommendation with user memory networks [C]// CHANG

Y, ZHAI C. Proceedings of the Eleventh ACM International Conference on Web Search and Data Mining (WSDM'18). New York: ACM, 2018: 108-116.

[17] CHIANG W L, LIU X, SI S, et al. Cluster-GCN: An efficient algorithm for training deep and large graph convolutional networks [C]// TEREDESAI A, KUMAR V, LI Y, et al. Proceedings of the 25th ACM SIGKDD International Conference on Knowledge Discovery and Data Mining (KDD' 19). New York: ACM, 2019: 257-266.

[18] CHRISTAKOPOULOU K, BANERJEE A. Collaborative ranking with a push at the top [C]// GANGEMI A, LEONARDI S, PANCONESI A. Proceedings of the 24th International Conference on World Wide Web (WWW'15). New York: ACM, 2015: 205-215.

[19] CRESTANI F. Application of spreading activation techniques in information retrieval [J]. Artificial Intelligence Review, 1997, 11 (6): 453-482.

[20] DATTA A, THOMAS H. The cube data model: a conceptual model and algebra for on-line analytical processing in data warehouses [J]. Decision Support Systems, 1999, 27 (3): 289-301.

[21] DAVENPORT A, KALAGNANAM J. A computational study of the Kemeny rule for preference aggregation [C]// COHN A G. Proceedings of the 19th National Conference on Artificial intelligence (AAAI'04). Palo Alto: AAAI, 2004, 4: 697-702.

[22] DESHPANDE M, KARYPIS G. Item-based Top-N recommendation algorithms [J]. ACM Transactions on Information Systems (TOIS), 2004, 22 (1): 143-177.

[23] DU Y, LIU H, WU Z. Modeling multi-factor and multifaceted preferences over sequential networks for next item recommendation [C]// OLIVER N, PÉREZ-CRUZ F, KRAMER S, et al. Proceedings of the Joint European Conference on Machine Learning and Knowledge Discovery in Databases (ECML-PKDD'21). Cham: Springer, 2021: 516-531.

[24] DU Y, LIU H, WU Z, et al. Hierarchical hybrid feature model for Top-N context-aware recommendation [C]// WU X, MOHAN C, RAMAMOHANARAO K. IEEE International Conference on Data Mining (ICDM'18). Piscataway: IEEE, 2018: 109-116.

[25] EKSTRAND M D, RIEDL J T, KONSTAN J A. Collaborative filtering recommender systems [J]. Foundations and Trends in Human-Computer Interaction, 2011, 4 (2): 81-173.

[26] FANG Y, LIN W, ZHENG V W, et al. Semantic proximity search on graphs with metagraph-based learning [C]// Proceedings of the 32nd International Conference on Data Engineering (ICDE' 16). Piscataway: IEEE, 2016: 277-288.

[27] FAWCETT T. An introduction to ROC analysis [J]. Pattern Recognition Letters, 2005, 27 (8): 861-874.

[28] FELFERNIG A, BORATTO L, STETTINGER M, et al. Group recommender systems: an introduction [M]. Berlin: Springer International Publishing, 2018.

[29] FELFERNIG A, ISAK K, SZABO K, et al. The VITA financial services sales support environment [C]// CHEETHAM W, GOKER M. Proceedings of the National Conference on Artificial Intelligence (AAAI'07). Palo Alto: AAAI, 2007, 22 (2): 1692-1699.

[30] FELFERNIG A, KIENER A. Knowledge-based interactive selling of financial services with FSAdvisor [C]// JACOBSTEIN M, PORTER B. Proceedings of the National Conference on Artificial Intelligence (AAAI'05). Palo Alto: AAAI, 2005, 20 (3): 1475-1482.

[31] FREUND Y, IYER R D, SCHAPIRE R E, et al. An Efficient Boosting Algorithm for Combining Preferences [J]. The Journal of Machine Learning Research, 2003, 4: 933-969.

[32] FREUND Y, SCHAPIRE R E. A decision-theoretic generalization of on-line learning and an application to boosting [J]. Journal of Computer and System Sciences, 1997, 55 (1): 119-139.

[33] GABRILOVICH E, MARKOVITCH S. Computing semantic relatedness using Wikipedia-based explicit semantic analysis [C]// SANGAL R, MEHTA H. Proceedings of the 20th International Joint Conference on Artificial Intelligence (IJCAI'07). San Francisco: Morgan Kaufmann Publishers Inc., 2007: 1606-1611.

[34] GAO C, Y ZHENG, LI N, et al. A survey of graph neural networks for recommender systems: challenges, methods, and directions [J]. ACM Transactions on Recommender Systems, 2023, 1 (1): 1-51.

[35] GARCIN F, DIMITRAKAKIS C, FALTINGS B. Personalized news recommendation with context trees [C]// YANG Q, KING I, LI Q. Proceedings of the 7th ACM Conference on Recommender systems (RecSys'13). New York: ACM, 2013: 105-112.

[36] GOLDBERG D, NICHOLS D, OKI B M, et al. Using collaborative filtering to weave an information tapestry [J]. Communications of the ACM, 1992, 35 (12): 61-71.

[37] GOLUB G H, REINSCH C. Singular value decomposition and least squares solutions [J]. Numerische Mathematik, 1970, 14 (5): 134-151.

[38] GOMEZ-URIBE C A, HUNT N. The netflix recommender system: Algorithms, business value, and innovation [J]. ACM Transactions on Management Information Systems (TMIS), 2016, 6 (4): 13.

[39] GUO G, ZHANG J, YORKE-SMITH N. TrustSVD: collaborative filtering with both the explicit and implicit influence of user trust and of item ratings [C]// Proceedings of Twenty-Ninth AAAI Conference on Artificial Intelligence (AAAI'15). Palo Alto: AAAI, 2015: 123-129.

[40] GUO H, TANG R, YE Y, et al. DeepFM: a factorization-machine based neural network for CTR prediction [C]// SIERRA C. Proceedings of the 26th International Joint Conference on Artificial Intelligence (IJCAI'17). Palo Alto: AAAI, 2017: 1725-1731.

[41] GUYON I, ELISSEEFF A. An introduction to variable and feature selection [J]. Journal of Machine Learning Research, 2003, 3 (Mar): 1157-1182.

[42] HAMILTON W L. Graph representation learning [M]. Cham: Springer, 2020.

[43] HAMILTON W L, YING R, LESKOVEC J. Inductive representation learning on large graphs [C]// GUYON I, LUXBURG U, BENGIO S, et al. Proceedings of the 31st International Conference on Neural Information Processing Systems (NIPS'17). Curran Associates, 2017: 1025-1035.

[44] HAN X, SHI C, WANG S, et al. Aspect-level deep collaborative filtering via heterogeneous information networks [C]// LANG J. Proceedings of the Twenty-Seventh International Joint Conference on Artificial Intelligence (IJCAI'18). ijcai. org, 2018: 3393-3399.

[45] HARPER F M, KONSTAN J A. The movielens datasets: history and context [J]. ACM Transactions on Interactive Intelligent Systems, 2016, 5 (4): 19.

[46] HE K, ZHANG X, SHAOQING R, et al. Deep residual learning for image recognition [C]// Proceedings of the IEEE Conference on Computer Vision and Pattern Recognition (CVPR'16). Piscataway: IEEE, 2016: 770-778.

[47] HE X, DENG K, WANG X, et al. LightGCN: simplifying and powering graph convolution network for recommendation [C]// HUANG X. J, CHANG Y, CHENG X, et al. Proceedings of the 43rd International ACM SIGIR Conference on Research and Development in Information Retrieval (SIGIR'20). New York: ACM, 2020: 639-648.

[48] HERBRICH R, GRAEPEL T, OBERMAYER K. Large margin rank boundaries for ordinal regression [M]// SMOLA A J, BARTLETT P L, SCHÖLKOPF B, et al. Advances in neural information processing systems. Cambridge: MIT Press, 2000, 115-132.

[49] HSIEH C K, YANG L, CUI Y, et al. Collaborative metric learning [C]// RICK B, RICK C. Proceedings of the 26th International Conference on World Wide Web (WWW'17). New York: International World

Wide Web Conference Committee (IW3C2), 2017: 193-201.

[50] HIDASI B, QUADRANA M, KARATZOGLOU A, et al. Parallel recurrent neural network architectures for feature-rich session-based recommendations [C]// SEN S, GEYER W. Proceedings of the 10th ACM Conference on Recommender Systems (RecSys'16). New York: ACM, 2016: 241-248.

[51] HOCHREITER S, SCHMIDHUBER J. Long short-term memory [J]. Neural Computation, 1997, 9 (8): 1735-1780.

[52] HOFMANN T. Latent semantic models for collaborative filtering [J]. ACM Transactions on Information Systems (TOIS), 2004, 22 (1): 89-115.

[53] HOSSEINZADEH A M, HARIRI N, MOBASHER B, et al. Adapting recommendations to contextual changes using hierarchical hidden Markov models [C]// WERTHNER H, MARKUS Z M. Proceedings of the 9th ACM Conference on Recommender Systems (RecSys'15). New York: ACM, 2015: 241-244.

[54] HUANG G, LIU Z, MAATEN L, et al. Weinberger. Densely connected convolutional network [C]// Proceedings of the IEEE conference on Computer Vision and Pattern Recognition (CVPR'17). Piscataway: IEEE, 2017: 4700-4708.

[55] HU Y, KOREN Y, VOLINSKY C. Collaborative filtering for implicit feedback datasets [C]// GIANNOTTI F, GUNOPULOS D, TURINI F, et al. 2008 Eighth IEEE International Conference on Data Mining (ICDM'08). Piscataway: IEEE, 2008: 263-272.

[56] HUANG Z, CHUNG W, ONG T H, et al. A graph-based recommender system for digital library [C]// CHEN H, WACTLAR H, CHEN C-C. Proceedings of the 2nd ACM/IEEE-CS Joint Conference on Digital libraries. New York: ACM, 2002: 65-73.

[57] HUANG Z, ZHENG Y, CHENG R, et al. Meta structure: computing relevance in large heterogeneous information networks [C]// Proceedings of the 22nd ACM SIGKDD International Conference on Knowledge Discovery and Data Mining (KDD'16). New York: ACM, 2016: 1595-1604.

[58] JAMALI M, ESTER M. A matrix factorization technique with trust propagation for recommendation in social networks [C]//AMATRIAIN X, TORRENS M. Proceedings of the Fourth ACM Conference on Recommender Systems (RecSys'10). New York: ACM, 2010: 135-142.

[59] JANNACH D. Finding preferred query relaxations in content-based recommenders [M]// CHOUNTAS P, PETROUNIAS I, KACPRZYK J. Intelligent Techniques and Tools for Novel System Architectures. Berlin: Springer, 2008: 81-97.

[60] JANNACH D. Techniques for fast query relaxation in content-based recommender systems [M]// FREKSA C, KOHLHASE M, SCHILL K. KI 2006: advances in artificial intelligence. Berlin: Springer, 2006: 49-63.

[61] JEH G, WIDOM J. Scaling personalized web search [C]// HENCSEY G, WHITE B. Proceedings of the 12th International Conference on World Wide Web (WWW'03). New York: ACM, 2003: 271-279.

[62] JEH G, WIDOM J. SimRank: a measure of structural-context similarity [C]// ZALANE O R. Proceedings of the Eighth ACM SIGKDD International Conference on Knowledge Discovery and Data Mining (KDD'02). New York: ACM, 2002: 538-543.

[63] JIANG Z, LIU H, FU B, et al. Recommendation in heterogeneous information networks based on generalized random walk model and Bayesian personalized ranking [C]// CHANG Y, ZHAI C. Proceedings of the Eleventh ACM International Conference on Web Search and Data Mining (WSDM'18). New York: ACM, 2018: 288-296.

[64] JOACHIMS T. Optimizing search engines using click through data [C]// ZAIANE O, GOEBEL R. Proceedings of the eighth ACM SIGKDD International Conference on Knowledge Discovery and Data Mining (KDD'02). New York: ACM, 2002: 133-142.

[65] JUAN Y, ZHUANG Y, CHIN W, et al. Field-aware factorization machines for CTR prediction [C]// SEN S, GEYER W. Proceedings of the 10th ACM Conference on Recommender Systems (RecSys' 16) . New York: ACM, 2016: 43-50.

[66] KANG W C, MCAULEY J. Self-attentive sequential recommendation [C]// WU X, MOHAN C, RAMAMOHANARAO K. Proceedings of the IEEE International Conference on Data Mining (ICDM' 18) . Piscataway: IEEE, 2018: 197-206.

[67] KAUTZ H, SELMAN B, SHAH M. Referral web: combining social networks and collaborative filtering [J]. Communications of the ACM, 1997, 40 (3): 63-65.

[68] KIPF T N, WELLING M. Semi-supervised classification with graph convolutional networks [C]// International Conference on Learning Representations (ICLR), 2017.

[69] KNIJNENBURG B P, WILLEMSEN M C, GANTNER Z, et al. Explaining the user experience of recommender systems [J]. User Modeling and User-Adapted Interaction, 2012, 22 (4-5): 441-504.

[70] KOBSA A. Generic user modeling systems [J]. User Modeling and User-Adapted Interaction, 2001, 11 (1-2): 49-63.

[71] KOHAVI R, LONGBOTHAM R, DAN S, et al. Controlled experiments on the web: survey and practical guide [J]. Data Mining & Knowledge Discovery, 2009, 18 (1): 140-181.

[72] KOREN Y. The BellKor solution to the Netflix grand prize [J]. Netflix Prize Documentation, 2009, 81 (2009): 1-10.

[73] KOREN Y. Factorization meets the neighborhood: a multifaceted collaborative filtering model [C]// LI Y. Proceedings of the 14th ACM SIGKDD International Conference on Knowledge Discovery and Data Mining (KDD'08). New York: ACM, 2008: 426-434.

[74] KROGH A, VEDELSBY J. Neural network ensembles, cross validation, and active learning [C]// TOURETZKY D S, MOZER M, HASSELMO M E. Proceedings of the 8th International Conference on Neural Information Processing Systems (NIPS'95). Cambridge: MIT Press, 1995: 231-238.

[75] KULIS B. Metric learning: a survey [J]. Foundations and Trends in Machine Learning, 2013, 5 (4): 287-364.

[76] LEE S, PARK S, KAHNG M. PathRank: ranking nodes on a heterogeneous graph for flexible hybrid recommender systems [J]. Expert Systems with Applications, 2013, 40 (2): 684-697.

[77] LEE T Q, PARK Y, PARK Y T. A time-based approach to effective recommender systems using implicit feedback [J]. Expert Systems with Applications, 2008, 34 (4): 3055-3062.

[78] LEMIRE D, MACLACHLAN A. Slope one predictors for online rating-based collaborative filtering [C]// Proceedings of the 2005 SIAM International Conference on Data Mining (SDM'05). Society for Industrial and Applied Mathematics, 2005: 471-475.

[79] LI H, LIN Z. Accelerated proximal gradient methods for nonconvex programming [C]// CORTES C, LAWRENCE N D, LEE D D, et al. Advances in Neural Information Processing Systems (NIPS' 15). 2015: 379-387.

[80] LIEBERMAN H. Letizia: an agent that assists web browsing [C]// Proceedings of the 14th International Joint Conference on Artificial intelligence (IJCAI' 95). San Francisco: Morgan Kaufmann Publishers Inc, 1995: 924-929.

[81] LINDEN G, SMITH B, YORK J. Amazon. com recommendations: item-to-item collaborative filtering [J]. IEEE Internet Computing, 2003 (1): 76-80.

[82] LIU H, DU Y, WU Z. AEM: attentional ensemble model for personalized classifier weight learning [J]. Pattern Recognition, 2019, 96: 10697.

[83] LIU H, DU Y, WU Z. Collaborative probability metric Learning [C]// CAI Y, ISHIKAWA Y, XU J. Web and Big Data. Berlin: Springer, 2018: 198-206.

[84] LIU H, DU Y, WU Z. Generalized ambiguity decomposition for ranking ensemble learning [J]. Journal of Machine Learning Research, 2022, 23 (88): 1-36.

[85] LIU H, JIANG Z, SONG Y, et al. User preference modeling based on meta paths and diversity regularization in heterogeneous information networks [J]. Knowledge-Based Systems, 2019, 181: 104784.

[86] LIU H, LUO J, LI Y, et al. Iterative compilation optimization based on metric learning and collaborative filtering [J]. ACM Transactions on Architecture and Code Optimization, 2022, 19 (1): 1-25.

[87] LIU H, WU Z, XING Z. CPLR: Collaborative pairwise learning to rank for personalized recommendation [J]. Knowledge-Based Systems, 2018, 148: 31-40.

[88] LIU T Y. Learning to rank for information retrieval [J]. ACM SIGIR Forum, 2010, 41 (2): 904-905.

[89] LORENZI F, RICCI F. Case-based recommender systems: a unifying view [M]// MOBASHER B, ANAND S S. Intelligent Techniques for Web Personalization. Berlin: Springer, 2003: 89-113.

[90] LU J, WU D, MAO M, et al. Recommender system application developments: a survey [J]. Decision Support Systems, 2015, 74: 12-32.

[91] LUO C, PANG W, WANG Z, et al. Hete-CF: social-based collaborative filtering recommendation using heterogeneous relations [C]// KUMAR R, TOIVOEN H, PEI J. Proceedings of 2014 IEEE International Conference on Data Mining (ICDM'14). Piscataway: IEEE, 2014: 917-922.

[92] MA H, KING I, LYU M R. Learning to recommend with social trust ensemble [C]// ALLAN J, ASLAM J. Proceedings of the 32nd International ACM SIGIR Conference on Research and Development in Information Retrieval (SIGIR'09). New York: ACM, 2009: 203-210.

[93] MA H, YANG H, LYU M R, et al. SoRec: social recommendation using probabilistic matrix factorization [C]// SHANAHAN J G. Proceedings of the 17th ACM Conference on Information and Knowledge Management (CIKM'08). New York: ACM, 2008: 931-940.

[94] MA H, ZHOU D, LIU C, et al. Recommender systems with social regularization [C]// KING I. Proceedings of the Fourth ACM International Conference on Web Search and Data Mining (WSDM'11). New York: ACM, 2011: 287-296.

[95] MEHTA A, SABERI A, VAZIRANI U, et al. Adwords and generalized on-line matching [C]// Proceedings of the 46th Annual IEEE Symposium on Foundations of Computer Science (FOCS'05). Piscataway: IEEE, 2005: 264-273.

[96] MELVILLE P, MOONEY R J, NAGARAJAN R. Content-boosted collaborative filtering for improved recommendations [C]// DECHTER R, KEARNS M, SUTTON R. Proceedings of the Eighteenth National Conference on Artificial Intelligence (AAAI'02). Palo Alto: AAAI, 2002, 23: 187-192.

[97] MILLER G A. WordNet: a lexical database for English [J]. Communications of the ACM, 1995, 38 (11): 39-41.

[98] MNIH A, SALAKHUTDINOV R R. Probabilistic matrix factorization [C]// KOLLER D, SCHUURMANS D, BENGIO Y, et al. Proceedings of the 20th International Conference on Neural Information Processing Systems (NIPS'08). New York: Curran Associates Inc, 2008: 1257-1264.

[99] NATH S, LIN F X, RAVINDRANATH L, et al. SmartAds: bringing contextual ads to mobile apps [C]// CHU H, HUANG P. Proceeding of the 11th Annual International Conference on Mobile Systems, Applications, and Services. New York: ACM, 2013: 111-124.

[100] PAN R, ZHOU Y, CAO B, et al. One-class collaborative filtering [C]//GIANNOTTI F, GUNOPULOS D, TURINI F, et al. 2008 Eighth IEEE International Conference on Data Mining (ICDM'08).

Piscataway: IEEE, 2008: 502-511.

[101] PANNIELLO U, TUZHILIN A, GORGOGLIONE M. Comparing context-aware recommender systems in terms of accuracy and diversity [J]. User Modeling and User-Adapted Interaction, 2014, 24 (1-2): 35-65.

[102] PANNIELLO U , TUZHILIN A , GORGOGLIONE M , et al. Experimental comparison of pre- vs. post-filtering approaches in context-aware recommender systems [C]// BERGMAN L, TUZHILIN A. Proceedings of the Third ACM Conference on Recommender Systems (RecSys'09). New York: ACM, 2009: 265-268.

[103] PARIKH N, BOYD S. Proximal algorithms [J]. Foundations and Trends ® in Optimization, 2014, 1 (3): 127-239.

[104] PAZZANI M J, BILLSUS D. Content-based recommendation systems [M]// BRUSILOVSKY P, KOBSA A, NEJDL W. The adaptive web. Berlin: Springer, 2007: 325-341.

[105] PENG H, LONG F, DING C. Feature selection based on mutual information: criteria of max-dependency, max-relevance, and min-redundancy [J]. IEEE Transactions on Pattern Analysis & Machine Intelligence, 2005 (8): 1226-1238.

[106] PHAM T A N, Li X, Cong G, et al. A general recommendation model for heterogeneous networks [J]. IEEE Transactions on Knowledge and Data Engineering, 2016, 28 (12): 3140-3153.

[107] PU P, CHEN L, HU R. Evaluating recommender systems from the user's perspective: survey of the state of the art [J]. User Modeling and User-Adapted Interaction, 2012, 22 (4-5): 317-355.

[108] QIN T, ZHANG X D, TSAI M F, et al. Query-level loss functions for information retrieval [J]. Information Processing & Management, 2008, 44 (2): 838-855.

[109] QUERCIA D, LATHIA N, CALABRESE F, et al. Recommending social events from mobile phone location data [C]// WEBB G I, LIU B, ZHANG C, et al. Proceedings of 2010 IEEE International Conference on Data Mining (ICDM'10). Piscataway: IEEE, 2010: 971-976.

[110] RENDLE S, FREUDENTHALER C, GANTNER Z, et al. BPR: Bayesian personalized ranking from implicit feedback [C]// MCALLESTER D. Proceedings of the Twenty-Fifth Conference on Uncertainty in Artificial Intelligence (UAI'09). Arlington: AUAI Press, 2009: 452-461.

[111] RENDLE S, FREUDENTHALER C, SCHMIDT-THIEME L. Factorizing personalized Markov chains for next-basket recommendation [C]// RAPPA M, JONES P. Proceedings of the 19th International Conference on World Wide Web (WWW'10). New York: ACM, 2010: 811-820.

[112] RENNIE J D M, SREBRO N. Fast maximum margin matrix factorization for collaborative prediction [C]// DZEROSKI S. Proceedings of the 22nd International Conference on Machine Learning (ICML'05). New York: ACM, 2005: 713-719.

[113] RESNICK P, IACOVOU N, SUCHAK M, et al. GroupLens: an open architecture for collaborative filtering of netnews [C]// SMITH J B, SMITH F D, MALONE T M. Proceedings of the 1994 ACM Conference on Computer Supported Cooperative Work. New York: ACM, 1994: 175-186.

[114] SARWAR B M, KARYPIS G, KONSTAN J A, et al. Item-based collaborative filtering recommendation algorithms [C]// SHEN V Y, SAITO N, LYU M R, ZURKO M E. Proceedings of the 10th International Conference on World Wide Web (WWW'01). New York: ACM, 2001: 285-295.

[115] SCHAPIRE R E. A brief introduction to boosting [C]// DEAN T. Proceedings of the Sixteenth International Joint Conference on Artificial Intelligence (IJCAI'99). San Francisco: Morgan Kaufmann Publishers Inc. 1999: 1401-1406.

[116] SCHILIT B, ADAMS N, WANT R. Context-aware computing applications [C]// SATYANARAYANAN M. Workshop on Mobile Computing Systems & Applications. Piscataway: IEEE, 1994: 85-90.

[117] SHANI G, HECKERMAN D, BRAFMAN R I. An MDP-based recommender system [J]. Journal of Machine Learning Research, 2005, 6 (Sep): 1265-1295.

[118] SHARDANAND U, MASE P. Social information filtering: algorithms for automating "word of mouth" [C]// KATZ I R, MACK R, MARKS L, et al. Proceedings of the SIGCHI Conference on Human Factors in Computing Systems (CHI'95). New York: ACM, 1995: 210-217.

[119] SHI C, KONG X, HUANG Y, et al. Hetesim: a general framework for relevance measure in heterogeneous networks [J]. IEEE Transactions on Knowledge and Data Engineering, 2014, 26 (10): 2479-2492.

[120] SHI C, LIU J, ZHUANG F, et al. Integrating heterogeneous information via flexible regularization framework for recommendation [J]. Knowledge and Information Systems, 2016, 49 (3): 835-859.

[121] SHI C, HU B, ZHAO W X, et al. Heterogeneous information network embedding for recommendation [J]. IEEE Transactions on Knowledge and Data Engineering, 2018, 31 (2): 357-370.

[122] SHI C, ZHANG Z, LUO P, et al. Semantic path based personalized recommendation on weighted heterogeneous information networks [C]// BAILEY J, MOFFAT A. Proceedings of the 24th ACM International on Conference on Information and Knowledge Management (CIKM'15). New York: ACM, 2015: 453-462.

[123] SHI C, ZHANG Z, JI Y, et al. SemRec: a personalized semantic recommendation method based on weighted heterogeneous information networks [J]. World Wide Web, 2019, 22 (1): 153-184.

[124] SHI C, ZHOU C, KONG X, et al. Heterecom: a semantic-based recommendation system in heterogeneous networks [C]// YANG Q. Proceedings of the 18th ACM SIGKDD International Conference on Knowledge Discovery and Data Mining (KDD'12). New York: ACM, 2012: 1552-1555.

[125] SHI Y, KARATZOGLOU A, BALTRUNAS L, et al. CLiMF: Collaborative Less-is-More Filtering [C]// ROSSI F. Proceedings of the Twenty-Third International Joint Conference on Artificial Intelligence (IJCAI'13). ijcai. org, 2013: 3077-3081.

[126] SMYTH B. Case-based recommendation [M]//BRUSILOVSKY P, KOBSA A, NEJDL W. The adaptive web. Berlin: Springer, 2007: 342-376.

[127] SREBRO N, RENNIE J, JAAKKOLA T S. Maximum-margin matrix factorization [C]// WEISS Y, SCHÖLKOPF B, PLATT J C. Proceedings of the 18th International Conference on Neural Information Processing Systems (NIPS'05). Cambridge: MIT Press, 2005: 1329-1336.

[128] SRIVASTAVA R K, GREFF K, SCHMIDHUBER J. Training very deep networks [C]// CORTES C, LAWRENCE N, LEE N, et al. Proceedings of the 31st International Conference on Neural Information Processing Systems (NIPS'15). Curran Associates, 2015: 2377-2385.

[129] STRUBE M, PONZETTO S P. Computing semantic relatedness using Wikipedia [C]// Proceedings of the Twenty-first National Conference on Artificial Intelligence (AAAI'06). Palo Alto: AAAI, 2006: 1419-1424.

[130] SUN Y, HAN J, YAN X, et al. Pathsim: Meta path-based top-k similarity search in heterogeneous information networks [J]. Proceedings of the VLDB Endowment, 2011, 4 (11): 992-1003.

[131] TERVEEN L, HILL W, AMENTO B, et al. PHOAKS: A system for sharing recommendations [J]. Communications of the ACM, 1997, 40 (3): 59-63.

[132] TURNEY P D. Mining the web for synonyms: PMI-IR versus LSA on TOEFL [M]// RAEDT L D, FLACH P. Machine Learning: ECML 2001. Berlin: Springer, 2001: 491-502.

[133] VASWANI A, SHAZEER N, PARMAR N, et al. Attention is all you need [C]// GUYON I, LUXBURG U, BENGIO S, et al. Proceedings of the 31st International Conference on Neural Information Processing Systems (NIPS'17). Curran Associates, 2017: 6000-6010.

[134] VERBERT K, MANOUSELIS N, OCHOA X, et al. Context-aware recommender systems for learning: a

survey and future challenges [J]. IEEE Transactions on Learning Technologies, 2012, 5 (4): 318-335.

[135] VELIKOVI P, CUCURULL G, CASANOVA A, et al. Graph attention networks [C]// Proceedings of International Conference on Learning Representations (ICLR'18), 2018.

[136] WANG H, ZHAO M, XIE X, et al. Knowledge graph convolutional networks for recommender systems [C]// LIU L, WHITE W R, MANTRACH A, et al. The World Wide Web Conference (WWW'19) . New York: ACM, 2019: 3307-3313.

[137] WANG M, ZHENG X, YANG Y, et al. Collaborative filtering with social exposure: a modular approach to social recommendation [C]//MCILRAITH S A, WEINBERGER K Q. Thirty-Second AAAI Conference on Artificial Intelligence (AAAI'18). Palo Alto: AAAI, 2018: 2516-2523.

[138] WANG P, GUO J, LAN Y, et al. Learning hierarchical representation model for next basket recommendation [C]// BAEZA Y R. Proceedings of the 38th International ACM SIGIR Conference on Research and Development in Information Retrieval (SIGIR'15). New York: ACM, 2015: 403-412.

[139] WANG S, HU L, WANG Y, et al. Sequential recommender systems: challenges, progress and prospects [C]// KRAUS S. Proceedings of the Twenty-Eighth International Joint Conference on Artificial Intelligence (IJCAI'19) . ijcai. org, 2019: 6332-6338.

[140] WANG X, HE X, CAO Y, et al. KGAT: knowledge graph attention network for Recommendation [C]// TEREDESAI A, KUMAR V, LI Y, et al. Proceedings of the 25th ACM SIGKDD International Conference on Knowledge Discovery and Data Mining (KDD'19) . New York: ACM, 2019: 950-958.

[141] WANG X, HE X, WANG M, et al. Neural graph collaborative filtering [C]// PIWOWARSKI B, CHEVALIER M, GAUSSIER E, et al. Proceedings of the 42nd International ACM SIGIR Conference on Research and Development in Information Retrieval (SIGIR'19) . New York: ACM, 2019: 165-174.

[142] WANG X, ZHANG M. How powerful are spectral graph neural networks [C]// CHAUDHURI K, JEGELKA S, SONG L, et al. Proceedings of the 39th International Conference on Machine Learning (ICML'22), 2022: 23341-23362.

[143] WANG Z, LIU H, DU Y, et al. Unified embedding model over heterogeneous information network for recommendation [C]//KRAUS S. Proceedings of the Twenty-Eighth International Joint Conference on Artificial Intelligence (IJCAI'19). ijcai. org, 2019: 3813-3819.

[144] WEIMER M, KARATZOGLOU A, LE Q V, et al. Cofirank maximum margin matrix factorization for collaborative ranking [C]// PLATT J. C, KOLLER D, SINGER Y, et al. Proceedings of the 20th International Conference on Neural Information Processing Systems (NIPS'07). Lakeville: Curran Associates Inc, 2007: 1593-1600.

[145] WU S, SUN F, ZHANG W, et al. Graph neural networks in recommender systems: a Survey [J]. ACM Computing Surveys, 2023, 55 (5): 1-37.

[146] WU Z, PALMER M. Verbs semantics and lexical selection [C]//PUSTEJOVSKY J. Proceedings of the 32nd Annual Meeting on Association for Computational Linguistics (ACL'94). Stroudsburg: Association for Computational Linguistics, 1994: 133-138.

[147] XIA F, LIU T Y, WANG J, et al. Listwise approach to learning to rank: theory and algorithm [C]// COHEN W. Proceedings of the 25th International Conference on Machine learning (ICML'08). New York: ACM, 2008: 1192-1199.

[148] XU X, YURUK N, FENG Z, et al. SCAN: a structural clustering algorithm for networks [C]// Proceedings of the 13th ACM SIGKDD International Conference on Knowledge Discovery and Data Mining (KDD'07). New York: ACM, 2007: 824-833.

[149] YE M , YIN P , LEE W C , et al. Exploiting geographical influence for collaborative point-of-interest rec-

ommendation [C]//BERKHIN P. Proceeding of the 34th International ACM SIGIR Conference on Research and Development in Information Retrieval (SIGIR'11), New York: ACM, 2011: 325-334.

[150] YU F, LIU Q, WU S, et al. A dynamic recurrent model for next basket recommendation [C]//PEREGO R, SEBASTIANI F. Proceedings of the 39th International ACM SIGIR Conference on Research and Development in Information Retrieval (SIGIR'16). New York: ACM, 2016: 729-732.

[151] YU F, ZENG A, GILLARD S, et al. Network-based recommendation algorithms: a review [J]. Physica A: Statistical Mechanics and its Applications, 2016, 452: 192-208.

[152] YU X, REN X, SUN Y, et al. Personalized entity recommendation: a heterogeneous information network approach [C]// CARTERETTE B, DIZA F. Proceedings of the 7th ACM International Conference on Web Search and Data Mining (WSDM'14). New York: ACM, 2014: 283-292.

[153] YU X, SUN Y, NORICK B, et al. User guided entity similarity search using meta-path selection in heterogeneous information networks [C]// CHEN X. Proceedings of the 21st ACM International Conference on Information and Knowledge Management (CIKM'12). New York: ACM, 2012: 2025-2029.

[154] ZHANG Y, DAI H, XU C, et al. Sequential click prediction for sponsored search with recurrent neural networks [C]//BRODLEY C E, STONE P. Proceedings of the Twenty-Eighth AAAI Conference on Artificial Intelligence (AAAI'14). Palo Alto: AAAI, 2014: 1369-1375.

[155] ZHAO H, YAO Q, LI J, et al. Meta-graph based recommendation fusion over heterogeneous information networks [C]//MATWIN S, YU S, FAROOQ F. Proceedings of the 23rd ACM SIGKDD International Conference on Knowledge Discovery and Data Mining (KDD'17). New York: ACM, 2017: 635-644.

[156] ZENG H, ZHOU H, SRIVASTAVA A, et al. GraphSAINT: graph sampling based inductive learning method [C]// Proceedings of International Conference on Learning Representations, 2020.

[157] ZHENG H T, YAN Y H, ZHOU Y M. Graph-based hybrid recommendation using random walk and topic modeling [M]// CHENG R, CUI B, ZHANG Z, et al. Web Technologies and Applications. Berlin: Springer, 2015: 573-585.

[158] ZHOU J, CUI G, HU S, et al. Graph neural networks: a review of methods and applications [J]. AI Open, 2020: 57-81.

[159] ZHOU T, KUSCSIK Z, LIU J G, et al. Solving the apparent diversity-accuracy dilemma of recommender systems [J]. Proceedings of the National Academy of Sciences, 2010, 107 (10): 4511-4515.

[160] ZHOU T, REN J, MEDO M, et al. Bipartite network projection and personal recommendation [J]. Physical review E, 2007, 76 (4): 046115.

[161] ZHOU Z H. Ensemble methods: foundations and algorithms [M]. Boca Raton: Chapman and Hall/CRC, 2012.

[162] HAN J, KAMBER M, PEI J. 数据挖掘：概念与技术 [M]. 范明，孟小峰，译. 北京：机械工业出版社，2012.

[163] JANNACH D, FELFERNIG A, FRIEDRICH G, et al. 推荐系统 [M]. 蒋凡，译. 北京：人民邮电出版社，2013.

[164] RICARDO BAEZE Y, BERTHIER RIBEIRO N. 现代信息检索 [M]. 黄萱菁，张奇，邱锡鹏，译. 2 版. 北京：机械工业出版社，2012.

[165] 里奇，罗卡奇，夏皮拉. 推荐系统：技术、评估及高效算法 [M]. 李艳民，吴宾，潘微科，等译. 2 版. 北京：机械工业出版社，2018.

[166] 黄震华，张佳雯，田春岐，等. 基于排序学习的推荐算法研究综述 [J]. 软件学报，2016，27 (3)：691-713.

[167] 刘宏志，吴中海. 数据分析：方法与应用 [M]. 北京：高等教育出版社，2023.

[168] 姜正申，刘宏志，付彬，等．集成学习的泛化误差和 AUC 分解理论及其在权重优化中的应用 [J]．计算机学报，2019，42（1）：1-15.
[169] 刘华锋，景丽萍，于剑．融合社交信息的矩阵分解推荐方法研究综述 [J]．软件学报，2018，2：340-362.
[170] 孟祥武，刘树栋，张玉洁，等．社会化推荐系统研究 [J]．软件学报，2015，6：1356-1372.
[171] 施瓦茨．选择的悖论：用心理学解读人的经济行为 [M]．梁嘉歆，黄子威，彭珊怡，译．杭州：浙江人民出版社，2013.
[172] 王立才，孟祥武，张玉洁．上下文感知推荐系统 [J]．软件学报，2012，23（1）：1-20.
[173] 吴博，梁循，张树森，等．图神经网络前沿进展与应用 [J]．计算机学报，2022，45（1）：35-68.
[174] 项亮．推荐系统实践 [M]．北京：人民邮电出版社，2012.
[175] 许海玲，吴潇，李晓东，等．互联网推荐系统比较研究 [J]．软件学报，2009，20（2）：350-362.
[176] 岳超源．决策理论与方法 [M]．北京：科学出版社，2009.
[177] 周志华．机器学习 [M]．北京：清华大学出版社，2016.
[178] 朱郁筱，吕琳媛．推荐系统评价指标综述 [J]．电子科技大学学报，2012，41（2）：163-175.